中国石化“十四五”重点图书出版规划项目
航空油料智能建造与建筑工业化建设指南丛书

中国航空油料供油工程建设项目风险管控与监督

张知诚◎主编

中国石化出版社
·北京·

内 容 提 要

本书聚焦供油工程建设项目风险管理，从风险辨识、分析评价和监督管控等全业务流程入手，详细介绍了建设项目各阶段、各方面风险的种类、特点及管控方法，在引入前沿理论的同时，通过翔实的具体实践案例分析，对供油工程建设项目风险管控与监督进行了全面论述。

本书适合从事民航、企业信息与数字化、交通运输、社会科研等行业人员参考阅读。

图书在版编目(CIP)数据

中国航空油料供油工程建设项目风险管控与监督 / 张知诚主编. — 北京：中国石化出版社，2023. 11

ISBN 978-7-5114-7262-5

Ⅰ. ①中… Ⅱ. ①张… Ⅲ. ①航空油料-供应-建筑工程-项目管理-风险管理-中国 Ⅳ. ①V351. 19

中国国家版本馆 CIP 数据核字(2023)第 236339 号

中国石化出版社出版发行

地址：北京市东城区安定门外大街 58 号

邮编：100011　电话：(010)57512500

发行部电话：(010)57512575

http://www.sinopec-press.com

E-mail：press@sinopec.com

北京富泰印刷有限责任公司印刷

全国各地新华书店经销

*

787 毫米×1092 毫米 16 开本 23.75 印张 616 千字

2024 年 3 月第 1 版　2024 年 3 月第 1 次印刷

定价：146.00 元

《中国航空油料供油工程建设项目风险管控与监督》

编　委　会

前言

PREFACE

万里航程，从油开始。中国航油作为中国民航业的重要组成部分和基础保障单位，多年来忠实履行“竭诚服务全球民航客户，保障国家航油供应安全”的企业使命，认真兑现“飞机飞到哪里，就把油加到哪里”的庄严承诺，深耕航空油料保障综合能力建设与发展，为保障航空运输安全、服务交通强国、民航强国战略实施提供了有力支撑，以实际行动彰显“航油国家队”的责任与担当。

征途漫漫，笃行不怠。中国航油始终立足两个大局、心怀“国之大者”，坚决贯彻党中央、国务院决策部署，全面落实国资委、民航局工作要求，牢固树立安全发展理念，统筹发展和安全，确保了全国机场航空油料稳定供应，高标准完成各项重大保障任务，以实际行动坚决践行“两个维护”。经过多年探索与发展，中国航油“一体化”资源保供模式逐渐成熟，民航、通航“两个市场”稳步拓展，经营管理水平逐年提升，创新绿色发展取得实质性突破，企业核心竞争力逐步增强。中国航油正向着建设具有国际竞争力的世界一流企业加速迈进。

继往开来，砥砺前行。2023 年是全面贯彻落实党的二十大精神的开局之年，也是中国航油全力推动高质量发展的关键一年。中国航油把握新发展阶段，贯彻新发展理念，组织编写了《航空油料智能建造与建筑工业化建设指南丛书》，系统梳理了企业成立 30 多年来积累的宝贵经验。**回首过去**，“金色三十年”见证了一代又一代中国航油人的艰苦奋斗，中国航油由小到大、由弱到强，油品销量从 1990 年不足 100 万吨增长到 2019 年的 6000 多万吨，自 2011 年起连续入围世界 500 强，成为世界航空油料供应服务标准制定的参与者、国内航空油料供应服务标准的制定者，谱写了中国航油改革发展 30 多年的壮丽篇章。**立足当下**，中国航油以“五有”航油铁军标立新时代攻坚克难、勇攀高峰精神新高度，直面新冠肺炎疫情为公司经营发展带来的前所未有的挑战和困难，3 年来谋划开展 4 次专项行动，夺取了疫情防控和生产经营“双胜利”，在国家和民族最需要的时候，书写了“航油国家队”的责任担当和保供主力军的绚丽诗篇。**展望未来**，中国航油完整、准确、全面地贯彻新发展理念，确立科技创新、绿色低碳等理念在企业长远发展中的突出地位，以国资央企担当作为、矢志争先的“二次创业”奋斗激情，在智慧航油生态圈建设、可持续航空燃料产业链研究和布局的道路上全速前进，擘画了中国航油新“金色三十年”的高质量发展蓝图。丛书全面展现了中国航油“金色三十年”的辉煌成就，以“科技创新引领智慧航油发展”“新建筑工业化推动航油工程”双引擎，创新打造中国特色航空油料供应体系，为实现民航行业的高质量发展贡献出宝贵的航油力量。

奋楫者先，勇进者胜。相信中国航油在新的发展阶段，定将一如既往、初心如磐，迎接新挑战、抓住新机遇，融入新阶段、发展新航油，坚持绿色发展，坚持科技创新引领，坚持不懈打造更加科学先进的中国特色航空油料供应体系，以科技赋能中国航油高质量发展，在中国式现代化建设的宏伟征程上贡献中国航油力量！

目录

CONTENTS

第 1 章

建设项目风险综合管理

PART 1

本章分为四小节，分别对建设项目风险综合管理进行介绍。

第 1.1 节主要介绍建设项目风险的基本概念、特征和种类，同时介绍建设项目风险管理的基本理论、方法与主要内容。

第 1.2 节主要介绍建设项目风险管理及风险监督，包括风险管理总体框架、风险管理六个环节等。

第 1.3 节介绍了“合规”概念的由来，同时对国内外合规化管理水平进行了阐述，通过建设程序、实施过程、项目成果三个方面对实现建设项目合规化管理提出了要求。

第 1.4 节详细阐述了监督控制与风险管理之间的关系，通过具体案例阐述了项目风险管理的日常工作内容及 PDCA 四循环模式。

1.1 建设项目风险管理概述

1.1.1 建设项目风险的种类和主要关注内容

1. 建设项目风险

(1) 风险的定义

在日常生活中，风险无处不在。任何建设项目都有风险，或大或小。词典将风险定义为“受到损失、伤害、不利或破坏的可能性”，通常也被理解为“不幸事件发生的概率”。从广义上讲，只要一个事件的发生有两种或两种以上的可能性，该事件就被认为是存在风险的。一般而言，风险意味着发生损失的不确定性，但关于风险一词的定义并不存在能够普遍被接受的解释，本书将介绍以下关于风险几个常见的定义。

1) 杜端甫教授认为风险指的是事件发生不良后果的可能性，它是由某些不确定因素和可能引起预定目标发生负偏离不良后果所组成的，见公式(1.1)：

$$R=f(P, E) \tag{1.1}$$

式中 R——风险；

P——不确定事件发生的概率；

E——不确定事件发生的后果。

2) 美国学者奇肯和波斯纳在 1998 年提出，风险(Risk)是损害(Hazard)和暴露程度(Exposure)两种因素的综合，见公式(1.2)：

$$\text{Risk}=\text{Hazard}\times\text{Exposure} \tag{1.2}$$

式中 Exposure——风险的暴露程度，包括事情进程中某种风险发生的可能性和频率。

上述两种关于风险不同的描述，都可以反映出风险会导致一种消极的不利后果。综上所述，事件要形成风险，需要具备两个方面的条件：一是该事件的发生要具备不确定性，即该事件的发生有两种或者两种以上的可能性；二是该事件会产生不利的后果，即一定有发生负偏离的可能。例如，对于冬奥会参加滑雪比赛的选手而言，在空中完成滑雪表演后有可能无法平稳落地，从而导致比赛无法取得理想的成绩，这就是运动员在参加比赛时的一种风险。

（2）风险的特点

1）客观性。风险客观存在于自然世界中，并且它不以人的意志为转移。风险的存在取决于决定风险产生与否的各种因素，而产生风险的内外部因素本身就极具多元化以及复杂化，且很多因素其本身就具备各种不确定性，比如环境、技术、情绪等，这就使得人们只能在一定程度上改变风险产生和发展的条件，降低其发生的概率和造成的损失程度，而非完全消除各类风险。风险的客观性同时也提醒人们没有任何事情是万无一失的，只能做好充足的准备，采取相对应的管理措施，以降低事件产生不利后果可能导致的风险损失。

2）普遍性。风险存在于人类社会与现实生活中的各个方面，换言之，风险无处不在。

3）不确定性。风险的本质是不确定性，这种不确定性表现在未来可能发生的若干个不利后果及其发生的可能性。

4）社会性。风险带来的不利后果有时候也会对社会造成巨大的影响，如 2008 年全球金融危机所带来的不利后果对社会造成巨大影响。

5）可控性。在一定的条件下，人们可以通过一系列的管理措施对风险进行事前预测以及识别，并且通过一定的科学手段来防范和转移风险，以减少遭受巨大损失的可能性。当然这种控制方法可能会成功，也可能会失败。

6）相对性。人们对风险的容忍度有高有低，往往因风险事件发生的时间、影响的对象和影响的范围不同而不同。风险容忍度通常会受到该建设项目的收益、自身拥有的经济实力和各参与方的实力等因素的影响。风险的回报越高，投入的人力、物力、财力越低，那么风险容忍度就会越高。

（3）建设项目风险的定义

建设项目风险是指建设项目在全生命周期内由于某些不确定因素而偏离总体目标，从而导致建设项目的损失。风险源是指任何可能影响建设项目绩效的因素，当其对项目绩效的影响不确定但显著时，就会成为建设项目风险。建设项目通常具有建设规模大、建设周期长等特点，与其他经济活动相比，其不确定性要大得多，因此识别和管理与建设项目有关的风险必然更加困难和复杂。

（4）建设项目风险的特征

1）客观性。风险无所不在、无孔不入，并存在于建设项目的整个生命周期内。各种各样不断变化的内外部因素决定了风险的形成。因此，如果这些内外部因素都符合风险事件发生的条件，风险就会出现从而影响建设项目的实施进度。尽管人们一直希望能采取一些措施将建设项目风险维持在可控范围内，但到目前为止，人们并不可能完全消除风险，只能通过改变建设项目中风险形成过程和发生过程中的影响因素，来降低风险发生的可能性，进而减少风险对建设项目造成的损失，但不可能完全消除风险。

2）多样性。大多数大型建设项目通常具有建设周期长和建设规模大的特性，并且涉及的参与方众多，从而产生风险的因素数量繁多且种类各异，进而导致在全生命周期内大型建设项目面临的风险也多种多样。

3）偶然性。风险的产生及其影响因素是不确定的，在每一种条件或情景中产生的风险都是与众不同的，因此风险的产生本身就是一种随机现象。风险的偶然性是指随着风险性质的变化，风险后果随之也会出现变化，甚至会形成其他新的风险。随着科学技术的发展和社会生产力的提高，人们认识和应对风险事故的能力也在逐步增强，能够在一定程度上降低建设项目风险事故发生的可能性并减少其带来的损失。在建设项目风险管理中，采取一些相应措施，就可能使一些风险转化为非风险。例如，在领导方面，加强建设项目主管领导班子的建设；在成员方面，增强建设项目团队中所有成员的责任感；在专业人员方面，提高管理人员的管理能力和管理水平。

此外，由于信息传播科技和预测手段的不断完善和发展，企业可以更早、更准确地预测与建设项目相关的一些风险，从源头就将建设项目进程脱离预期轨道的可能性降低。然而，在建设项目实施过程中可能会出现新的风险，特别是当风险承担主体采取一些处置措施来应对一些风险时，这期间也可能会出现新的风险。例如，建设项目通过采取一些节省时间的手段，如设计与施工并行、只设计不校验等来实现早日竣工交付，这些手段虽然加快了建设项目实施的整体速度，但同时也增加了一些新的风险，如设计变更出现问题、施工质量大幅度降低和建设成本额外支出等。

4）规律性。建设项目风险事件的形成是偶然的、没有章法的，但是建设项目风险管理团队可以通过对大量相似类型建设项目的历史风险事件资料进行分析并统计，发现该类风险事件发生的概率以及规律。也就是说，风险管理人员可以通过概率统计等数学方法来描述具有随机性和相似性风险的发生规律。

5）整体性。与建设项目有关的风险其影响通常不是局部的、某一个特定方面或针对某一个特定部门的，而是全局性和全周期性的。例如，百年一遇的恶劣天气条件可能造成某一建设项目停工，进而影响该项目后续进度和各参与方的后续工作。这不仅大幅度延长了建设周期，同时也增加了建设项目的成本，并且随着建设项目不断向前推进，局部风险在后续也会对建设项目造成更大的不利影响。

（5）建设项目风险的分类

不同的建设项目存在不同的风险，建设项目的不同阶段产生的风险会有不同的表现形式。

1）按风险产生的后果划分。根据风险产生的后果不同，风险可分为纯粹风险和投机风险。

① 纯粹风险：这种风险的发生并不会隐含着获取利益的机会。纯粹风险只会产生造成损失和不造成损失两种可能的后果。纯粹风险造成的损失影响范围很大，例如，建设项目施工过程中由于恶劣天气造成的直接损失，如窝工费、施工机械维修费等。这种损失并不限于建设单位本身，还会对整个社会造成一定的影响。

② 投机风险：这种风险既可能带来有利结果的机会，同时又隐含着造成不利后果的可能。投机风险与纯粹风险相比，其后果也有造成损失和不造成损失两种，但比后者多

一种可能出现的后果，即获得利益。投机风险的发生会给风险承担主体造成一定的损失，但是这种损失不一定会对整个社会造成不利影响，甚至其他人有可能从中找到赚取利益的机会。

在某些情况下，建设项目管理人员可以通过采取措施将建设项目中存在的纯粹风险演变成投机风险，实现两者之间的有利转化。由于风险与博弈不一样，博弈会使一方实现收益同时给另一方造成损失，而建设项目风险的发生则会对包括业主方在内的其他各参与方都造成一定的影响。换句话说，一荣俱荣、一损俱损。因此实现纯粹风险与投机风险两者之间的转化是非常有必要的。

2）按风险产生的原因划分。按照建设项目风险产生的原因，可以分为自然风险、经济风险、社会风险、技术风险和管理风险等。

① 自然风险是指由于自然因素发生没有规律可循的变化而产生的各种现象对人们的生命安全、社会的经济活动和物质生产造成影响的风险。例如，建设项目在施工过程中由于台风影响而造成工期延后和材料损失。

② 经济风险是指由于行业经济前景存在不确定性，导致各企业在建设项目时蒙受经济损失的可能性。经济风险往往与经济利益同时并存，高风险往往伴随着高收益。

③ 社会风险指由于国家的政权存在不稳定的变动或集体的反常行为造成的建设项目风险。

④ 技术风险是指由于单位内部不具备成熟的专业技术或相应的工作人员不具备熟练的操作方法造成的建设项目整体风险。

⑤ 管理风险是指由于建设项目的项目经理不具备合格的管理能力和管理水平、管理人员整体专业素质不高以及组织结构规划不完善等，导致建设项目存在管理不善的风险，进而会影响整个建设目标的实现。

3）按风险的可控程度划分。从风险的控制角度来看，风险可以分为可管理风险和不可管理风险。可管理风险是指通过一些管理措施可以事先对建设项目过程中可能出现的风险进行预测，并采取相应的措施对其加以控制，使其一直处在可控制的范围内。反之，不可管理风险则是那些无法进行事前预测的风险。由定义可以知道风险是否可以管理取决于两方面的因素，一是产生该风险的不确定性因素是否可以消除，二是管理的主体是否有相应的管理水平进行消除。显然，当产生该风险的不确定性因素被消除以及管理主体的管理水平逐步提高，不可管理风险随之就能转化为可管理风险，消除产生风险的不确定性因素需要依靠相关的数据资料和其他信息。

4）按承担风险的主体划分。对于一个建设项目而言，参与方有业主、施工单位、监理单位、设计单位、保险公司等。建设项目在建设过程中由于某些不确定性因素产生的各种风险，由各参与方承担与其关系最为密切且有能力承担的风险，这样会提高建设项目对风险的承担能力，以保证建设项目正常交付。

5）按风险影响的强度划分。从风险对建设项目形成的不利影响的角度看，建设项目风险可以分为低度风险、中度风险和高度风险。通过这样的分类方法，建设项目管理人员可以节省一定的精力，将主要的资源和精力投放在高度风险上，准确及时地对高度风险进行控制，进而保证整个建设项目的资源在建设项目的过程中被合理安排，以最少的资源与精力投入换取最大的风险控制效果。

除上述五种风险分类方法外，从风险影响范围的角度，建设项目风险可以划分为局部风险和总体风险；从风险可预测性的角度，建设项目风险可以划分为已知风险、可预测风险和不可预测风险；从风险发生形态的角度，建设项目风险可以划分为静态风险和动态风险等。

以加油站这类石油基建项目为例，加油站是为各种类型的车辆提供油品的主要服务场所，也是石油企业产品销售的终端，在石油产业运转中占据重要的地位。加油站普遍遇到的风险可以分为三种：资金风险、营运风险和设备管理风险。

① 资金风险。包括由于现金支付造成的资金停留风险，部分偏远地区缺乏网络监控造成的资金舞弊风险，由于需油量较大的客户长期赊销造成的资金赊销风险，等等。

② 营运风险。主要包括火灾爆炸、环境污染、触电、高处坠落和物体打击，等等。

③ 设备管理风险。一方面是管控设备配置不到位，同时缺乏定期更新，从而导致设备老化不断出现故障；另一方面是部分加油站加油机超期服役，无法进行防作弊改造，进而引起经营风险。

2. 建设项目风险管理

（1）建设项目风险管理的定义

建设项目风险管理是指参与建设项目的各单位对建设项目全生命周期内可能出现的风险进行规划、识别、估计和评价，并在此基础上针对各风险提出相应的处置措施，通过运用国内外先进的管理方法和技术尽量扩大风险事件发生带来的有利结果，同时减少风险事件发生带来的损失，最终实现建设项目整体目标的专业管理方法。

从上述定义中不难看出建设项目风险管理具有以下特点：

1）建设项目风险管理的工作主要是由建设项目的业主方负责，通常为建设单位的项目经理，建设项目的其他参与方也有相应的责任来承担其所应当承担的风险。

2）建设项目风险管理的主要工作内容是风险规划、风险识别、风险估计和风险评价，但仅仅通过这四点并不一定能够以最低的成本来保证建设项目的顺利运转以及最终的竣工交付。建设项目管理人员还需要在以上四点的基础上，制定合理的风险防范计划，并在该计划的实施过程中对风险进行实时监控，时刻关注风险管理计划在实际项目建设中是否得到实施、建设项目的内外部环境是否发生变化以及建设项目进度是否与计划一致。如果在这个过程中发现存在问题，那就必须采取合理的方法及时处理。只有完成上述的工作内容，才能说建设项目的风险管理工作是完整且准确的。

3）从系统和过程的角度来看，建设项目风险管理是一项较为复杂的综合管理工作，是建设项目管理过程中的有机组成部分，涉及建设项目的成本、进度、质量、安全、技术、沟通等多个方面，想要依赖单一的管理技术是无法完成的，必须综合应用各种管理技术和手段。

进行建设项目风险管理相关工作的目的是通过一些管理方法、措施和手段使建设项目风险维持在可控范围内，防止风险对建设项目造成巨大的损失，以此来节省处理不利风险的费用，进而以更少的成本实现建设项目的目标，确保建设项目能够顺利实施。建设项目风险管理的目标通常由风险产生不利后果前的目标和风险产生不利后果后的目标两者共同构成。

开展风险管理的目的是完成建设项目的目标。因此，建设项目风险管理有以下作用：

1）保证一次交付成功。由于现代建设项目对建设周期和建设经费的要求越来越高，因此在整个建设项目施工过程中，务必减少因施工不利而拖延整个建设项目周期的风险，保证建设项目一次交付成功。

2）对建设项目进行进度控制、成本控制和质量控制。当今社会，科技与建筑业的联系尤为密切，这就导致竞争环境越来越激烈，因此，要具备一定的竞争性，就必须尽量缩短建设项目的全生命周期，尽量降低实现建设项目目标所需的成本，以及尽可能高质量地完成建设项目的各项性能指标。在实现建设项目目标的过程中存在着各种各样的不确定性因素，这些因素决定着各种风险的产生。同时，在人们对建设项目的要求越来越严格的情况下，会出现更多的不确定性因素进而形成更多更特殊的风险，例如，由于要尽可能缩短建设项目的工期而导致建设成本的增加。为了避免类似情况出现，人们就必须针对建设项目风险进行专业性的风险管理，对这些在建设过程中可能出现的风险进行预测管控，最终实现符合建设要求的进度、成本和质量。

（2）建设项目风险管理的方法

一直以来，在建设项目的全生命周期中，最棘手的往往都是风险问题，因为它不仅会直接影响到建设项目的质量和安全，还会对整个建设项目的运转过程产生较大的影响。建设项目的多样性和复杂性使得建设项目风险因素和风险事件发生的概率更大，往往导致更严重的后果。由于建设项目数量大，涉及的单位和因素多，导致整个建筑工程存在进度风险、决策风险、操作风险、技术风险、安全风险等问题。

由于建设项目管理与组织管理、生产管理等都是密不可分的，是组织管理的重要组成部分，同时随着建设项目风险管理理论与实践的深入，已然衍生出了许多风险管理方法，如 PERT（Program/Project Evaluation and Review Technique，计划评审技术）、VERT（Venture Evaluation Review Technique，风险评审技术）、PDM（Product Data Management，产品数据管理）等。本书就前两种方法进行介绍。

1）PERT：计划评审技术是利用网络分析制订计划以及对计划予以评价的技术。它能协调整个计划的各道工序，合理安排人力、物力、时间、资金，加速计划的完成。在现代计划的编制和分析中，PERT 被广泛使用，是现代化建设项目风险管理的重要工具和方法。

PERT 网络是一种类似于流程图的箭线图，如图 1-1 所示。它描绘出项目包含的各种活动的先后次序，标明每项活动的时间或相关的成本。对于 PERT 网络，项目管理者必须考虑要做哪些工作，确定时间之间的依赖关系，辨认出潜在的可能出问题的环节，借助 PERT 还可以方便地比较不同行动方案在进度和成本方面的效果。

构造 PERT 图，需要明确三个概念：事件、活动和关键路径。

事件表示主要活动结束的那一点；

活动表示从一个事件到另一个事件之间的过程；

关键路径是 PERT 网络中花费时间最长的事件和活动的序列。

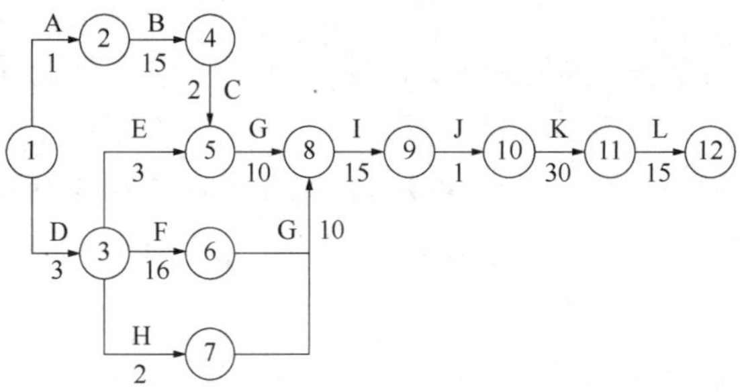

图 1-1 PERT 图

2）VERT：风险评审技术是一种以管理系统为对象，以随机网络仿真为手段的风险定量分析技术。在软件项目研制过程中，管理部门经常要在外部环境不确定和信息不完备的条件下，对一些可能的方案作出决策，于是决策往往带有一定的风险性，这种风险决策通常涉及三个方面，即时间(或进度)、费用(投资和运行成本)和性能(技术参数或投资效益)，这不仅包含着因不确定性和信息不足造成的决策偏差，还包含着决策的错误。

VERT 网络的建模要素是活动(弧)和节点，其仿真过程可以想象成一定的时间流、费用流和性能流通过各项活动，并受到节点逻辑的控制流向相应的活动中。每次仿真运行，就相当于这些流从源节点出发，经过相应的节点和活动，执行相应的事件，最后到达网络的终节点。由于网络中可以选用具有各种逻辑功能不同的节点，可能导致三种流只经过网络中的部分节点和弧，并到达某个终节点。因此，必须对网络作多次重复的仿真运行，才能使整个网络中所包含的各个节点和活动都有机会得到实现，得出相应的概率分布，而每次仿真运行不过是对网络实现的一次抽样。

风险评审技术的基本工作程序如下：

① 分析决策对象，明确决策过程，确定决策点，提出时间、费用和性能的参数值及风险概率要求。

② 构造网络图，并将其转化为风险评审技术逻辑网络，用以表明决策点和活动。

③ 搜集各活动必需的时间、费用和性能数据，并可通过各种统计分布，如正态分布来部分或全部模拟各种活动的时间、费用、性能值。

④ 计算机仿真运算。仿真的迭代次数根据对置信水平的要求而定。一般需进行 500~1000 次。

⑤ 分析仿真结果。同时还可以在修正原始数据条件后，再重新运行并进行风险灵敏度分析。

(3) 建设项目风险管理的组织

建设项目风险管理的组织主要是指通过实现风险管理目标，进而实现建设项目的预期目标而建立的组织结构，具体包括组织架构、相应的管理制度和风险管理人员。建设项目风险管理工作能够得到及时且有效的完成离不开一个具备完整的组织架构、完善的管理制度和专业的风险管理人员的组织结构。

建设项目风险管理的组织受许多组织内外部的因素影响，其中影响程度最大的是建设项目风险自身具备的特征。建设项目风险可能在建设项目实施过程中的各个阶段发生，因此，在建设项目全生命周期的各个阶段都发挥风险管理职能是非常重要的，每一名管理人员都承担着一定的风险管理职责。但是如果在建设项目的实施过程中，某一风险的跟踪管理工作存在着空缺漏洞，由此对整个建设项目的风险管理工作都会造成巨大影响甚至最后导致计划失败。因此，建设项目风险管理职能的履行在组织结构上既是集中的，同时也是分散的。

在建设项目风险管理的组织中，最高层是建设单位的项目经理。项目经理必须对建设项目的风险管理工作负起全部责任。同时，项目经理也可以通过任命一名具备一定风险管理技术和项目管理能力的风险管理专家，来协助项目经理对整个建设项目风险管理组织的风险管理活动进行组织和协调。

1.1.2 建设项目风险国内外管理现状及经验

1. 基于 BIM 的风险管理

随着管理理论和计算机应用的快速发展，BIM 在建筑、工程和建设行业有快速发展的趋势，目前建设项目在规划、设计、施工、运营和维护阶段应用 BIM 技术的频率显著增加。BIM 不再仅仅被认为是一种技术，而成为一种系统的方法和过程，它正在改变组织管理的形式。虽然大多数管理者将 BIM 作为一种先进的工具来管理项目的风险，如质量、预算等，往往没有刻意提及风险管理，但 BIM 的应用过程在一定程度上可以被视为一种系统的风险管理方式，如表 1-1 所示。

表 1-1　应用 BIM 进行风险管理的示例

功　能	与风险管理的联系
3D 可视化	促进早期风险识别和风险沟通
碰撞检测	自动检测模型中的物理碰撞
4D 施工调度/计划	促进早期风险识别和风险沟通
	提高施工管理水平
5D 成本估算或现金流模型	合理规划、控制和管理预算与成本
施工进度跟踪	提高质量、安全、事件、预算管理水平
安全管理	减少人员安全隐患
空间管理	提高设计中对空间分布和管理的考虑
结构分析	提高结构安全
质量控制	提高施工质量
风险情景规划	减少人员安全隐患
操作维护	提高管理水平进而降低项目风险

在规划和设计阶段，主要的风险之一是设计如何确定建设项目是否可行，这是 BIM 有潜力去管理风险的领域。虚拟演练可以模拟一个人穿过建筑的视图，可以快速提高管

理人员以及建设项目参与方对建设项目的理解。与此同时，中立的数据格式，如为所有建设项目元素存储标准和定制数据的 IFC，可以为所有项目元素提供可互操作的数字表示，从而实现 BIM 软件中各应用程序之间的相互协作，以此来减少出错的可能性。

BIM 与基于知识的系统集成已被视为一个新的趋势。有学者提出了一种从 BIM 中获取、提取和存储信息和知识的新方法，并提出了一个知识分类和传播的框架。同时为了加强其实际应用，也有学者开发了基于 BIM 的知识共享管理系统，使管理人员和工程师能够在 BIM 环境中分享知识和经验。然后在 BIM 环境中，设计师可以利用规则检查软件在规划和设计阶段识别安全风险，从而降低风险、优化设计，该系统由 BIM 作为主要信息输入、基于知识的系统和风险识别模块三部分组成。与 BIM 相结合的电脑化维修管理系统，用以储存检查及维修数据。为了及时发现健康和安全风险，并在任何危险发生之前减轻它们，基于信息技术的反应性安全系统已与 BIM 结合使用，以实现这一目标。从过去的事故中获得的经验和知识提供了更好的认识，以缓解甚至消除未来工作中的风险，一个明显的步骤就是数据库技术，它可以用来存储有价值的知识，捕获准确的信息，然后根据特定的选择标准智能地提取它们。

2. 风险-利益相关者联动模式

利益相关者是指受建设项目发展影响或影响建设项目发展的个人或组织，最常见的利益相关者是业主、承包商和顾问，其次是分包商和建设项目管理团队。将利益相关者分为内部利益相关者和外部利益相关者。内部利益相关者是那些与其他参与者有正式合同，并在建设项目结果的实际实现中发挥作用的人，他们主要在建设项目中以物质、人力资源或财务(即有价值的东西)的形式进行资本投资。相反，外部利益相关者是那些在建设项目活动之外并且被动地受到建设项目结果影响的人，通常外部利益相关者缺乏任何正式的建设项目权力。

风险管理和利益相关者管理过程的阶段在识别和分类要素、分析和评估、响应和最终控制每个要素方面都是相似的。风险管理的结果包括减少负面事件，增加正面事件，减少不确定性或提高应对不确定性的能力，以及提高建设项目目标实现的机会。另外，有效的利益相关者管理的好处包括满足利益相关者的关注，减少利益相关者的冲突，改善利益相关者的合作行为，以及利益相关者之间的联合，以实现建设项目整体的最大价值而不是他们各自的利益。综上所述，风险管理和利益相关者管理在定义、管理过程和结果方面有一定的相似性，这些相似性为这两个领域之间可能的联系奠定了基础。

风险管理与利益相关者管理有四种联系模式，分别是：

(1) 基于利益相关者识别的风险管理

该模式通过描述如何管理建设项目利益相关者，特别是识别利益相关者及其潜在威胁，这有助于制定风险应对策略，将风险管理和利益相关者管理联系起来。内部利益相关者产生的威胁包括承包商对业主的建设项目进行低效处理和业主自身付款延迟等。外部利益相关者产生的威胁包括来自建设项目受外界环境的不利影响，例如，因为不可抗力因素延迟工期。执行这些社会期望的责任可能会对项目结果造成威胁，其重要性似乎在增长，但往往被建设项目管理团队忽视。

另外，也将利益相关者视为风险的来源，认为利益相关者之间的联系可能构成威胁，这种联系可以被称为“接口”，这种风险可以被称为“建设项目网络风险”，指的是由两个或多个利益相关者之间的工作接口导致的一组特定的风险条件或因素，利益相关者的联系威胁会导致项目进度延迟等负面后果。建设项目，特别是大型项目，见证了越来越多的利益相关者。随着项目网络风险的数量和复杂性同时增加，建设项目风险管理中的“接口”数量可能会增加。因此，管理者应致力于特定环境下最关键的网络风险，并制定管理这些风险的实际措施。由于网络风险至少与两方相关，且在很大程度上依赖于实际情况，因此网络风险的管理策略可能与处理单一利益相关者风险的策略不同。

（2）内部利益相关者在风险管理过程中的责任和能力

大量研究发现，建设项目管理人员在管理风险的过程中缺乏能力，因此迫切需要高效及有效的风险管理方法。在这个模式中有两种改善思路：一种是通过识别、确定风险优先级或建议对这些风险的特定反应来关注特定场合下的风险；另一种是在一般的背景下，为整个风险管理过程或特定风险管理阶段（如风险分析）开发通用的风险管理框架。这一模式的研究强调内部利益相关者是降低风险的主体，因此主要集中于为特定的风险管理阶段或整个过程开发风险管理工具和方法。首先，无论是关注整个风险管理过程还是其中的某个阶段，本质上都是为了加强直接实施建设项目的项目团队的风险管理能力，从过程方面对风险管理进行改进。其次，把重点放在增强一个或两个组织内的项目团队的风险管理能力。

（3）利益相关者在风险方面的差异管理

这一模式反映了利益相关者之间的一种冲突，因此更好地理解与风险相关的冲突可以使利益相关者和建设项目的风险管理都受益。

首先，内部利益相关者对建设项目风险的看法可能存在差异。例如，利益相关者对预防安全风险的障碍的看法，发现业主方认为存在经济、法律和合同障碍，而承包商只考虑经济障碍。

其次，内部利益相关者和外部利益相关者对建设项目风险的看法也存在差异。尽管利益相关者对风险的认识存在差异，但利益相关者的主观性和不一致性也会影响风险的处理。具体来说，基于风险的决策可能会因利益相关者而有所不同。

从定义上讲，风险感知是指个体对风险的主观判断，这种判断受到个体的社会结构的影响，包括利益、角色和权力差异。社会结构和文化系统共同塑造了人们的观念、行为，并试图影响他人。因此，建设项目中的利益相关者群体在不同的背景下，可能会对风险的结构和重要性有不同的看法，对如何应对风险作出不同的决策。人们与他们的主观判断一起感知、评估和处理风险是必不可少的，因此上述利益相关者之间对风险看法的差异不容忽视。

（4）风险管理和利益相关方管理之间的相关性和对项目绩效的影响

最后一个模式包括利益相关方管理过程对风险管理结果的影响，风险管理过程对利益相关方管理结果的影响，以及利益相关方管理和风险管理的组合过程对项目绩效的影响。

1）利益相关方管理过程对风险管理结果的影响。例如，利益相关者之间的沟通对风险严重性的影响。利益相关方管理过程中涉及的活动包括为利益相关方管理制订计划和分配资源、考虑相关利益相关者、关注他们的需求、信息共享和沟通、分析利益相关者的利益。有效的信息共享和沟通可以让项目团队外部的组织经常提供关于资源管理功能的有价值的见解，从而可以提高资源管理的绩效。

2）利益相关方管理和风险管理的组合过程对建设项目绩效的影响。首先，一些研究建议将风险管理和利益相关方管理的结果作为建设项目成功的一个指标。如前所述，在建设项目的背景下，风险大多被证明是不利的。因此，风险管理的积极结果是指缓解了可能威胁建设项目整体目标实现的不利因素或事件。同样，利益相关方管理的结果也被认为是建设项目成功的一个指标。许多研究表明，利益相关者之间的协调、合作和一体化是建设项目成功的指标。其次，有研究指出风险管理和利益相关方管理过程对建设项目绩效的某些方面(如交易成本或建设项目的整个成功)有积极影响，例如，公平的风险分配和良好的建设项目利益相关者关系可以有效地降低建设项目的交易成本。尽管风险管理和利益相关方管理过程对建设项目成功的单独影响被阐明，但很少有研究讨论它们对建设项目结果的联合影响。

1.1.3 建设项目风险管理提升的方向和要点

1. 建设项目风险管理提升的必要性

随着时代不断进步，科学技术和社会生产力在一定程度上都得到了大幅提升，建设项目也呈现越来越复杂的特点，现代工程建设项目较之过去总体呈现规模更大、技术更新颖、建设周期更长、参与单位更多等特点，这就使得现代的建设项目在建设过程中面临的风险比过去更大、更多，这就为建设项目的成本和工期同时带来了极大的挑战，从而导致建设项目的经济效益遭受威胁，甚至导致建设项目面临失败的局面。因此，提升建设项目风险管理迫在眉睫。

1）提升建设项目风险管理关系到建设项目参与各方的经济利益，甚至存亡问题。由于建设项目投资额巨大，如果建设项目风险管理意识不到位或者建设项目风险管理技术不过关，轻则对建设项目各参与方造成巨大的经济损失，重则导致建设项目整体失败，巨额投资无法收回，使得建设项目参与方破产。因此，建设项目管理人员应该通过有效的建设项目风险管理工作来减少各种不确定因素的出现，进而降低建设项目的风险成本，甚至提高参与方的经济效益。

2）提升建设项目风险管理可以确保成功实现建设项目的整体运营目标。通过实施建设项目风险管理，可以将造成损失的风险降到最低，并在可能造成损失的风险事件发生后能够及时补回损失，从而降低建设项目风险管理的成本，同时还能实现稳定和增长的利润，最终确保建设项目取得满意的收益。

3）提升建设项目风险管理有助于建设项目参与方取得良好的业内信誉。对于某一特定的项目风险，建设项目风险管理可以通过合理分配，使得项目各参与方承担其应当承担的部分风险，这样就会大大降低该风险发生的可能性和其带来的损失。同时，这样分配也可以明确各风险的责任方，避免风险发生后相互推诿，进而避免项目纠纷。

4）提升建设项目风险管理将促进建设项目的资源优化配置。积极的风险防控可以在很大程度上减少风险损失，还可以及时地对风险造成的损失进行补偿，从而有利于社会资源和资金流向所需的其他部门。因此，建设项目风险管理有助于减少或者消除不利风险造成的社会资源的浪费，从而能够保证社会资源实现正常运转，同时有助于优化社会的经济产业结构。

2. 建设项目风险管理提升的方向

（1）加强建设项目各参与方企业内部控制

对那些处于发展过程中的现代企业来说，必须健全内部控制和风险防范机制，对内部控制和风险管理两者之间的关系要有正确的认知，明确内部控制和风险管理在各参与方企业整体管理中的重要作用，同时，还要借鉴国际经验，建立适合我国国情的内部控制制度和风险管理机制。

1）强化建设项目管理人员的科学管理意识。尽快建立内部控制制度及风险管理机制，现代建设项目管理面临的环境越来越复杂，加强建设项目管理人员的自身风险意识，提高防范风险水平，做好内部控制是每个企业管理者都应重视的问题。为了加强内部监管，企业的重大问题必须由领导班子按照程序集体研究决定建立和完善投资、预算、薪酬等管理，严禁高层管理者进行交叉任职，防止重大决策失误，控制风险水平；同时，建设内部控制的执行机制和风险管理的执行机制等组织机构，尽快在体制上明确建设项目管理层在这方面的责任，加强对内外部所有风险的总体研究和控制。尤其要保持内部审计部门的独立性和权威性，使内部控制制度的执行落到实际，从而推进建设项目内部控制制度的完善，同时也提高了建设项目风险防范水平。

2）建立内部控制及风险管理考评体系。如果没有内部控制和风险管理考评体系，就不能保证内部控制制度和风险管理机制的有效运作。只有建立完善的内部组织机构，制定一套客观的评价指标，对内部控制体系中的不同组织进行横向和纵向的比较，并进行现实、客观、公正的评价和奖惩，才有利于激励相关部门和人员在内部控制领域的工作中发挥更大的积极作用。同时加强风险管理各个环节的管理，做好风险识别、评估，做好预防风险发生的对策，及时进行风险检测考评，使建设项目面临的风险降低到最低水平。除此之外，企业应将内部控制制度的考核与建设项目的经营目标考核、工作质量标准考核有机地结合起来。

3）充分发挥社会相关机构和政府监管部门的监督和支持。建设项目的实施和发展离不开所处的内外部环境，其内部控制制度和风险管理水平的提高也离不开相关社会机构和国家监管部门的监督和支持。例如，通过在审计期间评估内部控制系统，审计事务所可以在早期阶段识别和管理审计风险，并减少因财务报表中的重大错报或缺陷而发表不准确的审计意见的可能性。

（2）加强建设项目风险管理部门内部审计

1）建立完善的内审机制。全面的内审机制对提高内审的质量和工作效率都有一定的作用。完善的内审机制包括以下四个方面：

第一，制定适当的规则条例，使内部审计师能够按照严格的规则和条例进行审计。

规章制度的制定对内部审计师的工作具有明确的指导作用，使他们对自己的工作有清晰的认识。

第二，完善相关的跟踪机制，在审计内容上要细化，每个审计人员的内容要更加具体，审计责任也要全面落实，审计人员可以更加具体地完成审计工作。此外，应注意制定相关的工作程序，使审计人员能够始终如一地遵循这一程序，从而提高审计质量。

第三，建设项目审计制度，将建设项目的规划等与各单位的年度总体评价挂钩，以此提高审计工作的严谨性。

第四，内部审计机制的不断完善。社会和企业的不断发展，内部审计工作也会随时发生变化，因此，应根据所处环境及时对内部审计机制进行修改，使之适应当前环境。内部审计与企业发展有着非常密切的关系，在审计过程中，审计人员可以清楚地了解企业的差距，可以针对企业存在的问题进行调查和解决，这对提高企业防范风险的能力起到了重要作用。

2）加强审计质量的控制。审计质量是指审计部门提出相关策略的实施程度，以及组织对审计结果的认同程度。为了提高审计结果的质量，加强审计质量控制，有必要开展动态审计，对风险管理工作的各个方面进行审计。这主要包括以下几个方面：第一，审计人员要提高对自己的管理标准。审计单位在开展审计工作时要严格按照有关规定执行任务，要有明确的角色定位和责任分工。第二，必须加强对审计工作的管理。当审计工作中出现一些罕见的问题时，审计部门的负责人必须及时作出重要决定，并为审计人员提供适当的帮助。由于审计工作与建设项目的运作并没有太多的交集，这对确保建设项目的审计工作质量来说是一项保障。在进行审计时，可以更客观地分析和检查建设项目的实际执行情况，也可以及时发现与建设项目执行有关的一些问题。由于审计过程中对审计部门的制约较少，审计部门可以将发现的风险尽快告知管理者，使风险得到及时的检查，提高建设项目管理人员的风险管理能力。此外，在审计过程中，风险审计的参与可以为整个项目建立一个更全面的风险分析系统，以确定与项目从开始到实施的所有方面相关的风险，并由此形成对风险防范的良好认识，使建设项目经理能够为应对风险做好充分准备。

3）采用先进的审计方式。提高审计质量离不开审计方式的不断创新，审计员需要从审计过程中汲取经验，寻找更有效的审计方式。在内部审计过程中，按照创新之后的审计方法，加强风险预测等方面的能力，可以有效提高建设项目应对风险的能力。此外，信息技术可用于收集和整理审计过程中的数据，从而提高工作效率。在实践中，先进的审计方法，如远程审计，也可以用来不断提高审计的有效性和质量。随着建设工程管理人员对审计工作越来越重视，内部审计的风险控制在建设项目的实施过程中发挥着越来越重要的作用，有助于提高建设项目的风险管理水平，使建设项目在今后的实施过程中能够有效地防范风险，顺利地保证实施进度。

4）加强内审人员素质修养。内部审计人员的素质对审计工作的质量起着决定性的作用。审计人员的素质也受到诸多因素的影响，其中最重要的因素之一是社会环境。在当今社会，大多数社会成员认为，内部审计只对高级管理层重要，与他们关系不大。因此，如果社会对组织的内部审计工作不重视，进而导致组织本身对内部审计工作不重视，会直接导致审计部门在选择审计人员时没有进行严格的筛选和评估，导致审计人员的专业素质普遍不高。如果审计人员专业素质有所欠缺，无法分析建设项目的实施状况，也无法发现与建设项目有关的风险识别问题，对问题的不了解导致潜在风险的增加。有关组织必须及时为审计人员提供适当的培训，并不断更新审计理念，以使审计对建设项目的实施越来越有用。如果在检查过程中发现了风险，应给予更多关注，以提高风险分析的准确性。建设项目的风险是客观存在的，如果审计工作不能准确地反映建设项目的潜在危机，及时报告风险处置的实时进度，很可能造成建设项目的资源损失。此外，建设项目风险和审计风险在本质上是一样的，因此，将建设项目风险降到最低意味着降低审计风险，提高审计工作的质量和效率，增加审计工作的灵活性，为面对不同的风险做好准备。

（3）加强建设项目信息化风险管理

通过计算机和互联网技术的使用和发展，信息化技术在企业运作中逐渐发展和成熟起来。信息系统风险管理的改进主要有两个方面：一是操作和控制两者责任的分离，二是信息访问和数据操作的明确化。首先，操作和控制责任分离旨在建立系统中的平衡。对于每一项风险的管理，都会指定一个特定的操作人员来处理，所访问的数据会直接显示在电脑屏幕上，控制器会对数据进行备份，以防止意外和数据丢失。例如，如果其他相关部门对数据有怀疑，主管人员也必须向审计部门提供协助，这样就可以对每个岗位进行分工监督。其次，明确规定数据处理和管理权利。对于每位员工来说，公司必须保证软件的访问权限，使用软件的密码严格保密，特别是对于一些数据的安全，还要加强这方面的培训。必须不断提高员工的职业道德水平，提高他们对软件使用和计算机维护的安全意识。在会计核算过程中，整个财务系统控制内部联动，因此，缴费核算必须充分考虑到这些方面，设置操作和控制缴费，及时更新数据，控制标准化和安全过程，防止风险事故的发生。

3. 建设项目风险管理提升的要点

风险对策研究与实施是建设项目风险管理的关键。建设项目管理团队只有树立建设项目合同意识和风险主动适应意识，并建立完善的风险预警机制和防范监管机制，做好风险防范、规避、分散、转移工作，才能将风险对建设项目的负面影响降到最低。

（1）建立风险管控机制，提高风险识别能力

在建设项目的风险管理过程中，已知的或容易预见的风险并不会构成太大的威胁，但对于无法识别或预测的风险因素则需要重点关注。因此，建设项目管理人员必须提高自身的风险识别能力，客观、正确地评估风险的类型及其对建设项目的影响，并建立可靠的风险预警机制，以确保风险因素始终处于可控范围内。风险管理贯穿于建设项目实施的全过程，除了可预见的风险外，不可预见的风险因素也随时可能出现，管理者必须充分考虑建设项目的实际情况，在建设项目实施前建立风险预警机制、风险管理应急计划以及明确的风险管理程序，管理团队改进初始风险应对方案，以避免造成严重错误导致建设项目面临极高的经济风险和社会风险。

界定供油工程风险的责任范围，明确谁对风险负责也很重要。安全、质量、成本、财务和检查部门都需要参与到建设项目的实施过程中。管理人员应提高对建设项目风险

管理的认识，提高各级管理部门识别风险的能力，明确各职能部门的风险责任，从不同的专业角度改进风险控制程序，将风险责任分配给具体的建设项目参与者，并加强成本、质量和安全等各方面的风险控制。

（2）提高员工风险意识，加强建设项目监管

建设项目在实施过程中离不开各个部门的合作与协调，而员工正是这整个过程中的关键主体。因此，缓解甚至消除建设项目的风险离不开建设项目成员对于风险的认知、识别以及处理。建设项目的风险排名中，排在首位的是人员配置风险。人员配置风险主要有三个方面：第一，是缺乏技能、效率低下和缺乏质量保证。第二，工作人员短缺，人员流动导致建设项目停滞不前。第三，员工之间沟通不畅，影响了相关工作的执行和进展。人员配置风险为其他风险来源的排查工作提供了一定的帮助。

因此，针对建设项目的风险，合理安排人力资源的管理和开发，提高团队中工作人员的素质尤为重要。建设项目工作人员主要分为技术人员和管理人员，他们都属于知识型员工，这一点从他们的知识水平和整体素质就可以看出。如何挖掘和开发他们的创造力和潜力，增强他们的积极性和责任感，使他们与建设项目共同成长，实现健康友好的伙伴关系，使员工的发展和建设项目达到“双赢”的状态，是建设项目风险管理值得关注的方向。

普通员工一般具有如下特点。第一，他们不仅追求短期的工资收入，而且要思考自己在公司内部的长期发展和职业发展，通过在公司的建设项目中工作是否能提高自己的技能和素质，即使以后离开工作岗位回到公司，是否会有很强的竞争力。第二，他们重视良好的薪酬和福利，但也希望在工作中拥有更多的自主权和决策权，并需要得到他人的认可和尊重。第三，技术工人有更多的选择权，如果他们在建设项目中受到不公平的待遇，或者工资不符合他们的期望，他们就会选择换工作。第四，他们喜欢有挑战性的专业工作，希望从中获得成就感和满足感。鉴于这些特点，建设项目团队需要采取一定的措施来激励员工，如积极组织团队工作，使员工之间能够相互沟通。

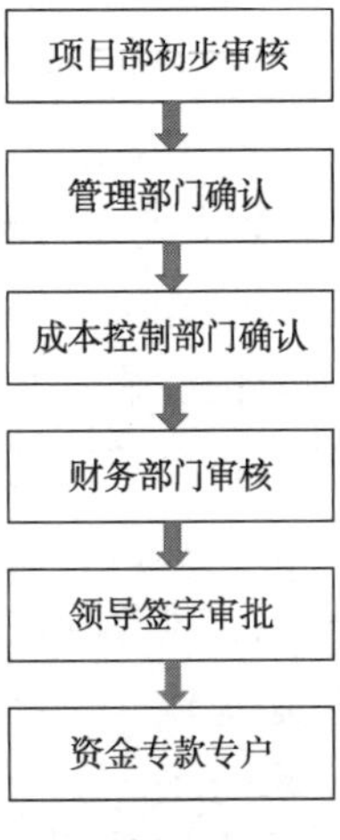

图 1-2　建设项目工程款支付审批程序

（3）规范风险管控程序，加大审计监督力度

建设项目要严格执行各种风险防范制度和控制流程，在提高服务质量的同时，制定并规范风险管控程序，加大审计监督工作力度，在建设项目管理过程中严格执行风险控制流程，及时处理风险防范管理制度执行过程中暴露的问题。首先，要加强建设项目工程款的财务支付控制，严格工程款支付审批制度，按照如图 1-2 所示的程序，对建设项目工程款进行合理有效的控制，防范因资金支付使用不当而造成建设项目停工带来的工期风险和经济风险。其次，在规范建设项目风险管控程序的同时，相关承包商还需未雨绸缪，防止各种风险管理制度的制约和激励作用被人为地缩小，避免个体利益最大化而使建设项目经济效益蒙受损失。

1.1.4 新型建设项目特点对风险管理新要求

1. 建设项目的新趋势

随着社会不断发展和生产力不断进步，建设项目随之也充分快速发展，如图 1-3 所示。

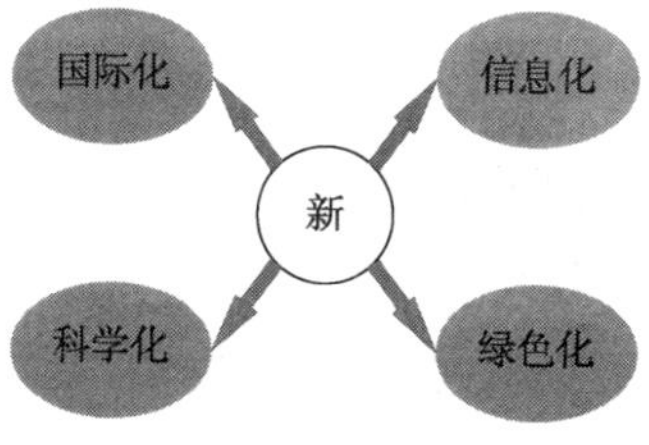

图 1-3 建设项目的新趋势

（1）建设项目的国际化趋势

随着全球化程度越来越高，跨国建设项目也越来越多，建设项目管理的国际化也随之形成趋势和潮流。在这样的基础上，建设项目风险管理如果仅仅使用针对国内建设项目得到的经验来处理跨国建设项目是远远不够的，必须与时俱进增强国际化建设项目风险管理意识，提高国际化建设项目风险管理水平。

（2）建设项目的信息化趋势

随着互联网的快速发展以及经济时代的到来，建设项目的信息化已成为必然趋势。一方面，作为当今更新最快的计算机技术和网络技术在企业经营管理过程中普及应用的速度令人吃惊，而且呈现飞速发展的态势。这样的环境也让建设项目变得更加多样化，在信息高速膨胀的今天，建设项目管理越来越依赖于计算机手段，其竞争从某种意义上讲已成为信息战。另一方面，与知识经济相适应的项目管理也将成为一个热门前沿领域。美国著名杂志《财富》预测，项目经理将成为年轻人首选的职业。这一动向反映出项目管理正成为社会管理和企业管理现代化的重要内容。

（3）建设项目的科学化趋势

为了提高建设项目管理水平，迎接建设项目新的高潮，适应国际国内交易市场激烈的竞争环境，把建设项目管理机制培育发展得更加完善，使市场机制能够有效发挥它应有的作用，因此建设项目管理必须要向科学化发展。建设项目管理科学化的方向包括工程项目管理规范化、创新观念、科学的工程项目管理方法、工程项目管理手段先进化、建筑市场运行的正常化等。

（4）建设项目的绿色化趋势

建设项目是国民经济社会发展的重要载体，关联土地供应、土木建筑、基础设施、设备装备制造安装、能源供应、矿产品等资源开采加工、物资及产品运输等诸多领域。在建设过程中，资源能源的消耗、环境的破坏、绿色科学技术的产出与运用、资金及人力资源的投入等无一不是绿色发展的核心因素和关键环节。因此，随着建设项目规模越来越大，建设周期越来越长，对资源消耗也越来越多，在建设项目实施过程中，绿色化的趋势是不可避免的。

2. 对风险管理的新要求

（1）风险管理团队需要与时俱进

风险管理团队是风险管理的主体，同时也会因为其能力和素质导致产生潜在的风险。为了避免风险对建设项目造成不利影响，适应新型建设项目的特点，提高风险管理团队的风险管理能力是非常重要且必要的。不仅要通过改善建设项目各参与方的响应来提高风险管理能力，还要开发新的风险管理工具或者试行新的管理方法。

建设项目在风险管理过程中的能力不仅取决于现场的风险管理团队，还取决于在风险管理团队中担任不同职位的成员以及风险管理团队所属的组织。因此，一个基于项目的组织应该建立多级风险管理模型。高层领导的风险管理态度和不同级别团队成员的风险管理文化在决定建设项目整体风险管理能力方面是必不可少的。但实际情况是，尽管针对分析建设项目风险的技术相对成熟，但上层组织的建设项目风险管理态度或系统可能较差。

因此，要培养建设项目中的风险管理团队，需要开发一个全面的多级风险管理模型，进而从建设项目上层领导到建设项目的团队成员逐步推进风险管理意识和能力。值得注意的是，每一层的关键风险管理标准可能会有所不同。例如，对上层管理者而言，他需要作出风险管理承诺；对部门经理而言，他需要掌握风险管理的基本技能；对现场工人而言，他需要回避一些风险活动。

同时，在多个组织或者团队互相协作管理风险方面缺乏理论基础或实践经验。在各个国家和地区的实证调查也显示，尽管建设项目管理人员希望联合起来进行风险管理，但在现实操作中，这种联合努力的机制是缺失的。因此，需要进一步发展实际的措施，使不同的建设项目参与者在管理建设项目风险方面具有一致的能力，从而为建设项目实现最佳价值。除了开发风险管理工具和方法之外，还可以通过改进组织内部的垂直管理和围绕项目的横向管理来增强建设项目内部管理人员的风险管理能力。

（2）风险管理方法需要与时俱进

采取最先进的风险管理方法，可以在观察和相关专业知识的基础上，使决策能够在利润与风险方面达到最佳。风险管理方法分为定性和定量两类：一是定量分析，包括对要进行风险管理的建设项目进行数值表征，例如，确定发生故障的概率、后果的成本等。二是定性分析，通过定性分析确定可能发生的情况，例如，故障发生的概率可能非常低、低、中或高。目前，定性推理可以弥补数值方法在难以量化的领域的一些不足。在这些定量和定性方法中，还可以区分出三种类型的风险管理方法：

1）区域分析。区域分析的目的是突出由于相邻元素之间的物理相互作用或外部源产生的干扰流而产生的风险。

2）时间分析。时间分析的目的是识别系统元素和风险事件之间的时间相互作用。时间分析需要考虑：获取信息所需的时间；分析和处理信息所需的时间；作出决策的时间；系统对决策动作的响应时间。时间分析的重点是评估为应对风险事件发生后不利影响的扩散而设置的安全屏障的反应时间。

3）事件分析。事件分析的目的是识别可能导致建设项目损失的风险事件及其发生的原因和可能出现的后果。事件分析可以分为两种类型：

① 演绎方法：也称为“自上而下”的方法，是指从风险事件可能出现的后果开始分析、逆推，进而确定其发生的原因。

② 归纳方法：也称为“自下而上”的方法，从风险事件发生的原因开始，顺方向推，进而确定可能出现的后果。

1.2 建设项目风险管理及风险监督

1.2.1 建设项目风险管理总体框架

在建设项目风险管理发展的历程中，建立系统性的风险管理过程是一项里程碑式的创新。换言之，建设项目风险管理可以从系统的角度来针对建设过程中已经发生或将来可能发生的风险提出相应的应对措施。整个建设项目风险管理的系统化过程由若干个步骤组成，这些步骤不仅互相之间存在着一定的关联，同时还会作用于建设项目风险管理的其他领域并产生相应的影响。每个阶段的风险管理工作的完成都离不开建设项目风险管理人员的共同努力。

在建设项目的整个生命周期中会出现各种各样的风险，因此持续不断地管理风险是非常重要的。建设项目风险管理的目的就在于通过相应的风险管理措施提高建设过程中可能发生的乐观性事件的概率及其对建设项目的影响，同时降低建设项目中可能发生的悲观性事件的概率及其对建设项目的影响。建设项目风险管理的流程如图 1-4 所示。

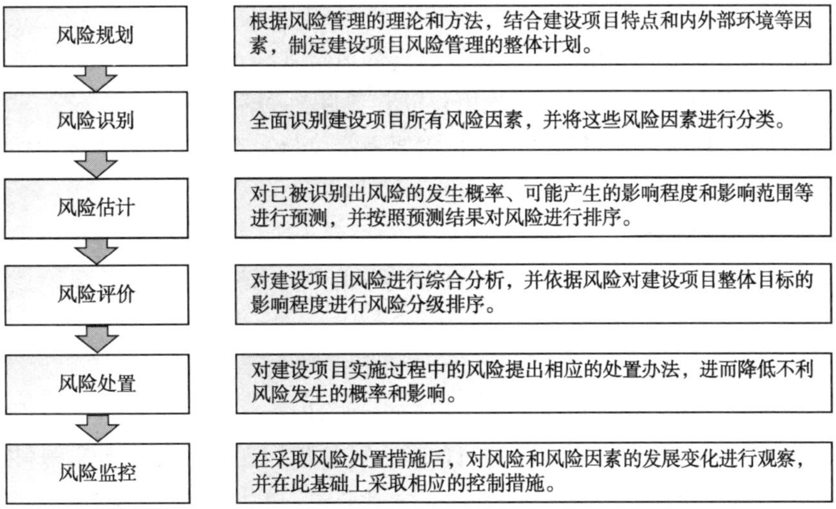

图 1-4　建设项目风险管理的流程

1.2.2 建设项目风险管理六个环节

1. 建设项目风险规划

(1) 建设项目风险规划的含义

建设项目风险规划是一个充分体现动态性和创造性的环节，它需要风险管理团队在建设项目正式开始前或开始时对整个风险管理过程进行计划和设计。风险规划是建筑项目风险管理的首要任务。

建设项目风险规划实质上就是对建设项目中可能出现的各种风险事件通过估计和评价提出相应的处置措施，最终制定出整个风险管理计划。

(2) 建设项目风险规划的内容

建设项目风险规划主要包括：

1) 方法。建设项目管理人员必须结合建设项目的特点、自身的管理水平以及可用的资源等实际情况，确定在建设项目实施过程中管理风险的方法。

2) 人员。建设项目风险管理需要建立一个建筑项目风险管理团队，负责识别、预测和控制具体的风险管理活动。团队的规模通常由建设项目的规模和复杂性决定，团队负责人通常是项目经理，负责安排定期的团队会议，以识别建设项目风险并制定对应的风险处置措施。团队成员由建设项目相关管理人员和相关业务的负责人组成，主要负责支持团队领导的工作，以及制定并执行与自身业务相关的建设项目风险计划。建设项目风险规划过程中必须要将风险管理团队的领导者及团队成员事先任命，并确定团队中各成员相应的任务分工。

3) 时间。建设项目风险管理小组必须制定出风险管理时间表来保证建设项目风险管理的及时性和有效性，同时还可以对建设项目风险管理各阶段的工作进行评价分析，进而优化完善。

4) 风险类型及等级。定义并说明风险评估和量化的类型和等级对于保证风险控制的效率是非常重要的。

5) 风险基准。一般用阈值表示，根据设置的风险基准，管理人员可以判断某类风险是否在可接受范围以内，如果风险太大可以放弃项目，及时止损。

6) 汇报方式。建设项目风险管理人员需要规定风险管理各个过程中需要进行汇报的内容、范围及形式。

7) 动态跟踪。由于风险管理是一个动态的过程，所以要不断跟踪评估建设项目风险。规定如何记录建设项目实施过程中的风险管理，这对该建设项目的风险控制有非常大的帮助。

(3) 建设项目风险规划的过程

在风险规划时，建设项目风险管理小组应主动采取措施来尽量规避已被识别出的建设项目风险，进而提高建设项目成功的可能性。风险规划先对建设项目实施过程中可能出现的风险进行优先级排序，并提出相应的应对措施，整个过程体现出一定的系统性。风险规划的步骤如下：

1) 分析建设项目当前的内外部环境、拥有的资源等相关资料，结合建设项目的目标，同时利用风险规划工具，如 WBS(Work Breakdown Structure，工作分解结构)等，从风险的角度分析建设项目的主要特点。

2) 定义负责建设项目风险管理的机构和人员，明确各个机构和人员的职责。

3) 定义建设项目风险分析所采用的技术和工具。

4) 定义建设项目风险的类型和级别，以及判定某件事件为风险的标准。

5) 确定建设项目风险的处置措施，以及应对各建设项目风险需要付出的资源及其分配预案。

6）确定何时开始进行建设项目风险监控，何时结束建设项目风险识别以及针对各个风险设计的跟踪方案。

7）编写相关文档。

（4）建设项目风险规划的方法

1）风险管理计划会议。常用的风险规划方法包括风险管理规划会议，其中参会人员包括项目经理和建设项目风险管理团队。风险管理规划会议需要确定建设项目实施过程中风险管理的总体计划，包括主要的风险应对方法和具体时间安排等。

2）建设项目工作分解结构图。建设项目工作分解结构图是一个建设项目的结构示意图，根据其内部结构或执行顺序分为若干层。它可以将一个建设项目分解成具有相同内容的相对独立的工作单元，并将每个工作单元在建设项目中的位置和构成可视化。

WBS 单元是分解结构的单个组成部分，应根据其所在的层次进行分类，由最高层开始，从第 1 层到第 6 层。WBS 的基本层次如图 1-5 所示。不同类型的建设项目有不同的分解结构，同一建设项目依据不同的需求也有不同的分解结构。

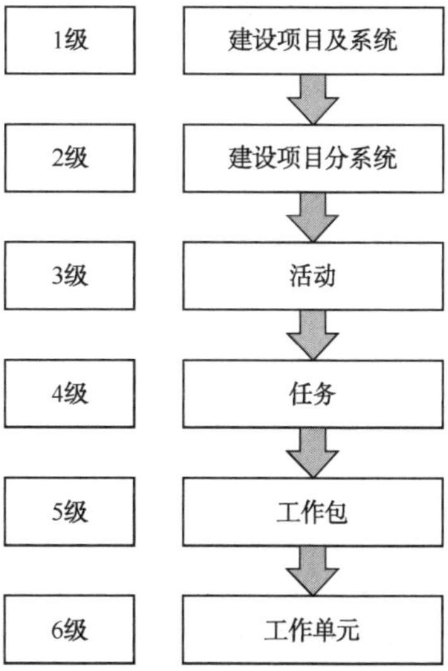

图 1-5　建设项目分解结构图

一般按照以下的流程对风险规划工作进行 WBS 分解，见图 1-6。

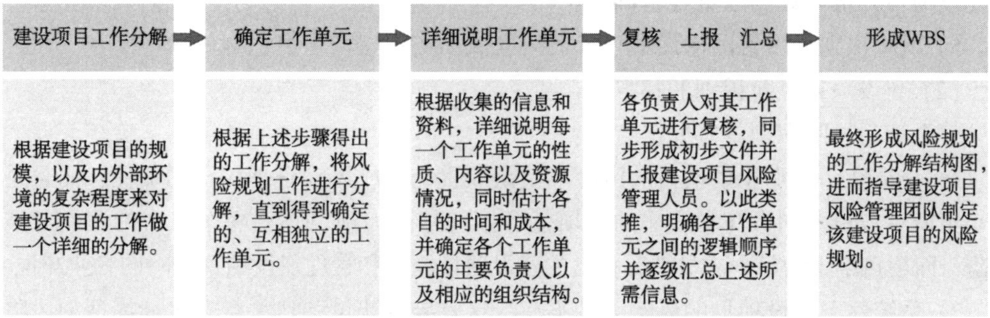

图 1-6　WBS 分解风险规划工作流程图

2. 建设项目风险识别

（1）建设项目风险识别的含义

建设项目风险识别是指对建设项目中存在的各类可能会产生风险的不确定性因素进行分析，并根据产生的原因、表现特点和预期影响对这些因素进行判断和识别，进而对可能导致建设项目风险出现的各种不确定性因素进行科学性的分类。换言之，建设项目风险识别就是确定可能影响建设项目实施的各种风险，并按其特点进行系统性的整理，达到合理分类的目的。

建设项目风险识别是建设项目风险管理的核心，也是建设项目风险管理过程中最重要的阶段。由于建设项目全生命周期的各个阶段都存在风险，因此，建设项目风险识别这项工作需要贯穿整个建设项目，它并不是一次性完成就终止的工作，同时还要以全局化的视角进行观察，避免风险管理工作出现短视化、局部化和静态化的不利现象。

建设项目风险识别主要有四项基础任务：识别风险来源、列举风险出现的内外部因素、提取风险特征以及评估风险对建设项目的影响。建设项目风险识别涉及三个相互关联的方面，分别是：

1）建设项目风险来源，主要包括时间、费用、技术和法律等。

2）建设项目风险事件，既包括给建设项目带来积极影响的事件，也包括给建设项目带来消极影响的事件。

3）建设项目风险征兆，指风险事件发生前可能会有的表现。

建设项目风险识别给整个建设项目风险管理工作提供了方向并且打好了基础，换句话说，如果没有风险识别这个阶段，那之后的风险管理工作都是低效的。通过风险识别，可以将理论与实践建立联系，从而确定能给建设项目造成损失或提供机会的各种风险因素，同时也可以使风险管理工作尽可能地集中在不利影响程度较大的风险上。风险识别的主要作用是：

1）通过风险识别可以帮助团队找出对该建设项目影响最大的因素，可以为后续的建设项目风险管理提供工作的方向，进而节省建设项目的总体资源；

2）风险识别是进行风险分析最关键的一步，通过风险识别可以获得关于建设项目风险必要的基础信息，为风险分析工作提供便利；

3）风险识别可以大致确定被分析的建设项目关于风险管理的工作量；

4）风险识别是关于风险的系统性理论在建设项目风险管理中的直接体现，同时，也是建设项目评价与控制的重要基础性工作；

5）风险识别可以帮助建设项目成员树立成功实现建设项目目标的信心。

（2）建设项目风险识别的特点

建设项目风险识别具有如下特点：

1）全员性。识别建设项目的风险不仅是项目经理或风险管理团队的责任，而且是项目小组所有成员共同参与和合作的一项任务。这是因为项目小组每个成员的工作都涉及风险，而项目小组的每个成员都有自己的建设项目经验和管理建设项目风险的专业知识。

2）系统性。建设项目的风险无处不在，这就导致建设项目系统全生命周期的风险都属于风险识别的范围。

3）动态性。风险识别不是一次性的活动，而是在建设项目的规划、实施甚至竣工交付阶段中一直进行的。由于建设项目的内外部环境受许多因素影响会一直处在变化的状态下，因此及时并定期进行风险识别工作是至关重要且影响深远的。

4）信息性。风险识别需要进行大量的前期工作，其中最重要的任务之一就是收集建设项目的相关信息。风险管理工作的质量以及风险识别结论的质量离不开所收集信息的准确性、时效性以及完整性，所有这些都是以信息为基础的。

5）综合性。风险识别具备非常强的综合性，不仅体现在相关信息搜索范围十分广泛，而且风险识别使用的技术和工具也都需要综合起来使用，即风险识别过程中风险管理团队必须将多种风险识别技术和工具结合使用，扬长避短，进而更好地完成风险识别的任务。

(3) 建设项目风险识别的依据

建设项目风险识别的依据主要有建设项目风险管理计划、建设项目的历史资料以及关于风险设置的主要类别。

1) 建设项目风险管理计划。为建设项目组织及其成员确立风险管理的程序，指导建设项目组织选择适当的风险管理方法。风险管理计划中还为风险管理团队界定风险的识别范围，确定获取信息的可靠途径和方法，同时指导建设项目风险管理团队分配风险识别的任务、责任以及需要重点关注的建设项目利益相关者。

2) 建设项目的历史资料。建设项目风险识别的一个重要基础就是有关建设项目的历史信息，即从该建设项目或其他相关建设项目的档案文件和公共信息源中获得可能对该建设项目有用的风险信息。过去类似的建设项目的经验教训对识别这个建设项目的风险可以起到非常高效的作用。建设项目管理人员不妨查阅以前的建设项目档案，要求参与建设项目的所有参与方提供有关信息，因为这些被各方保存的记录往往包含详细的事件报告，对识别这个建设项目的风险起到极其关键的作用。

3) 针对各种风险设置的主要类别。风险类别是指可能对建设项目产生乐观性或悲观性影响的风险来源，例如，质量风险、技术风险以及法律法规风险等。设置的建设项目风险类别应当能在一定程度上反映该建设项目所处行业的主要特点，因此了解每种类型风险的特点就是完成识别风险任务的关键。

(4) 建设项目风险识别的步骤

建设项目风险识别过程通常有五个步骤，如图 1-7 所示。

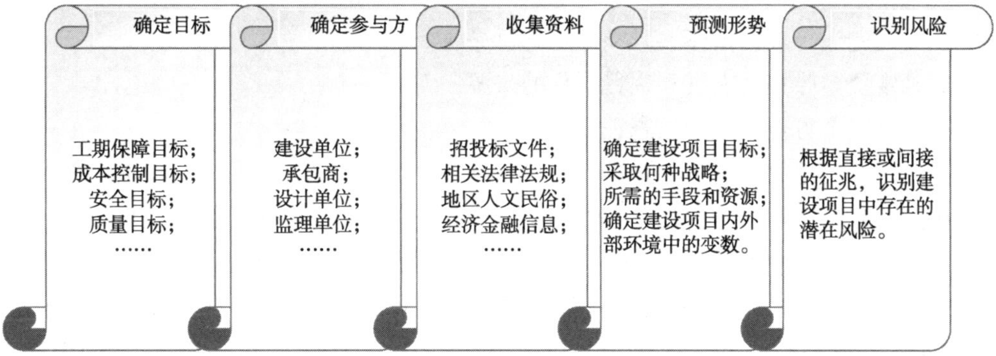

图 1-7 建设项目风险识别的步骤

(5) 建设项目风险识别的方法

建设项目风险识别并不是一次完成的工作，而是需要更多跨学科的、系统的思考，同时需要借助一些有效的分析方法和技术。在这些因素的集成影响下，识别建设项目风险的效率能显著提高并且在整个过程中不易产生疏漏。在具体过程中要结合建设项目的实际情况，将建设项目风险识别的方法和技术综合运用。具体而言，建设项目风险识别的常见方法有核查表、SWOT(Strength、Weakness、Opportunity 和 Threat)分析法、德尔菲法、头脑风暴法以及情景分析法等。

1) 核查表。风险识别最常用的预测手段就是核查表。核查表是记录和收集数据的一般性管理工具，当被用来进行识别风险时，风险管理团队在一个表格中将众多可能存在于建设项目中的潜在风险进行排列，通过风险识别人员的检查来确定一个建设项目是否具有表格中所列的风险或类似的风险。核查表中所列的建设项目风险是历史上类似建设项目发生过的风险，例如，项目管理成功或失败的原因，如表 1-2 所示。此外，还可以从保险公司获得信息，并仔细研究相关的保险案例，以确保这些重要的风险因素不被忽视。

表 1-2　项目管理成功和失败的原因

项目管理成功的原因	项目管理失败的原因
1. 与项目各参与方共同决策	1. 工作分配出现问题
2. 明确划定项目各方的责任和承担的风险	2. 沟通不够，项目各参与方责任界定不清
3. 项目所有的采购、设计和实施都进行了多方案比较论证	3. 没有对经验教训进行分析总结
4. 对项目规划阶段进行了潜在问题分析	4. 项目分包层次太多
5. 委任合适的项目经理并给予充分的授权	5. 规划工作做得不细，计划缺乏弹性，难以根据实际情况作出及时的变更
6. 项目团队尽心尽力，集体讨论重大风险问题	6. 决策前的沟通和信息收集不足，没有征求各方意见
7. 制定了针对外界环境变化的预案并及时采取措施	7. 变更不规范、不遵循程序
8. 对项目组成员进行了相关培训	8. 项目出现非正常程序

核查表的优势在于它使建设项目风险识别这项工作能够更直观、更容易地获取相关信息。其缺点在于对于个别风险的来源描述不充分，以及来源之间的相互关系也不显著。核查表受限于一些建设项目的可比性，因此对于一些重大建设项目风险的指导是不充分的，核查表中未提及的风险可能会被风险管理团队遗漏。制定核查表的过程如下：

① 对问题进行准确描述，以确保达到意见统一；

② 确定资料收集的人员和资料收集的来源；

③ 设计一个方便使用的核查表；

④ 经过系统地收集资料，并进行初步整理、分类和分析，就可以着手制作核查表。

为了避免出现重复或遗漏，采取工作核查表，每完成一项任务就要在核查表上标出记号，表示任务已结束。核查表的格式可以结合实际需要进行调整。

2）SWOT 分析法。SWOT 分析法是一种对建设项目内外部环境进行系统性分析的方法，SWOT 分别为 Strength（优势）、Weakness（劣势）、Opportunity（机遇）和 Threat（威胁）。SWOT 分析是在了解建设项目自身特点的基础上，分析建设项目内部环境的优势和劣势，确定建设项目外部的机会和威胁，然后对建设项目所处的环境进行准确评估，进而制定建设项目将要实施的战略和战术，最后将其应用于建设项目的战略决策中。

SWOT 分析法一般分成五步：

① 列出建设项目的优势和劣势，可能存在的机遇和威胁，填入道斯矩阵的Ⅰ、Ⅱ、Ⅲ、Ⅳ区域，如图 1-8 所示。

② 将内部优势与外部机遇相组合，形成 SO 战略，制定发挥内部优势、抓住外部机遇的战略，填入道斯矩阵Ⅴ区。

③ 将内部劣势与外部机遇相组合，形成 WO 战略，制定利用外部机遇、克服内部劣势的战略，填入道斯矩阵Ⅵ区。

④ 将内部优势与外部威胁相组合，形成 ST 战略，制定发挥内部优势、规避外部威胁的战略，填入道斯矩阵Ⅶ区。

⑤ 将内部劣势与外部威胁相组合，形成 WT 战略，制定克服内部劣势、同时规避外部威胁的战略，填入道斯矩阵Ⅷ区。

	Ⅲ 优势S 列出自身优势	Ⅳ 劣势W 列出存在的劣势
Ⅰ 机会O 列出现有的机遇	Ⅴ SO战略 发挥优势 、抓住机遇的战略	Ⅵ WO战略 利用机遇 、克服弱点的战略
Ⅱ 威胁T 列出正面临的威胁	Ⅶ ST战略 发挥优势 、减少威胁的战略	Ⅷ WT战略 弥补缺点 、规避威胁的战略

图 1-8　道斯矩阵

SWOT 分析法从步骤和形式上看很简单，但实际上是一个不断积累的过程，只有充分了解建设项目自身和自身所处的行业，才能对建设项目的优势和劣势以及外部环境中存在的机会和威胁有一个清晰的认识。

例如，在低油价时代，苗军就对石油企业进行过 SWOT 分析。低油价时代的石油企业，其外部环境存在着国家高度重视油气能源安全保障体系建设等机遇和新能源冲击等威胁，同时内部环境存在着对石油勘探技术的提升等优势和石油资源与原油储采双低等劣势。由此，提出如图 1-9 所示的解决策略。

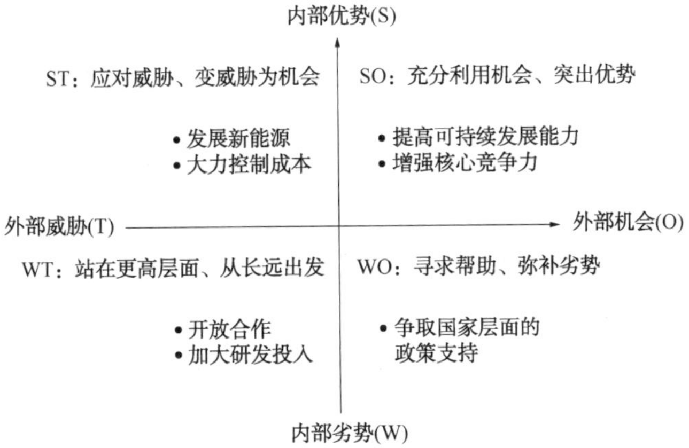

图 1-9　石油企业 SWOT 分析对策矩阵

3）德尔菲法，也被称为专家投票法，搜集小组成员的意见但不举行会议。经过不断的协商，小组的意见逐渐被统一起来，最后产生一个符合未来市场趋势的预测。德尔菲法首先搜集专家对要预测的问题的意见，然后比较统计结果，并匿名送回各个专家，同时再次搜集他们的意见，不断重复这一过程，直到获得相对统一的意见。德尔菲法的应用步骤如下：

① 挑选建设项目内部的成员和外部的专家组成一个小组，要求专家互不认识且在意见最终统一之前互不见面；

② 向专家发送所要研究的问题，要求每位专家进行匿名分析；

③ 搜集并将各专家的答案汇总，统一发送给所有专家，并要求所有专家在这次汇总的基础上重新进行匿名分析；

④ 重复上述三个步骤，直到专家得到相对一致的意见。

4）头脑风暴法。头脑风暴法又称集思广益法。它是通过小型会议的形式，鼓励所有与会成员在自由发言的会议环境中充分发言，互相交流，通过这种方式，激发与会成员的创造力，让不同的问题、言论和建议碰撞在一起，在他们的头脑中形成一场创意风暴。在建设项目管理过程中，头脑风暴法是一种十分常见的建设项目风险识别方法，通过集思广益以及建设项目风险管理团队各成员的深入讨论，可以识别和确定建设项目实施过程中可能存在的各种风险因素，进而为风险管理团队提供研究对象，也为制定相应的风险应对措施提供依据。

头脑风暴法更注重数量，而不是产生想法的质量。其目的是给团队提供尽可能多的想法，同时鼓励小组成员提出创新或不寻常的想法。

头脑风暴法的通常做法如下：讨论一个问题时，主持人在挂图或白板上做记录。一个成员先提出一个想法，然后依次继续，每个成员一次提出一个想法。如果一个成员在轮到他们时没有想法，他们就说“通过”。有些想法是根据前人的想法提出来的，这包括将几个想法合并为一个新的想法或者改进其他人的想法。教员在反向记录卡或白板上记录这些选择。这个循环一直持续到所有的选择都被考虑过，或者时间限制已过。

5）情景分析法。情景分析法是一种风险识别方法，它通过数字、图表和曲线等形式来识别产生建设项目风险的关键因素及其影响程度，对建设项目的未来状态或状况进行详细的描述和分析。它集中体现了某些事件可能产生风险的条件和因素，还体现了如果某些因素发生变化，那么该事件将会出现什么风险以及会对建设项目产生什么样的影响。

情景分析法三个步骤分别是筛选、监测和诊断，以此判断关键因素对建设项目风险的影响。

① 筛选。这一阶段的工作是将具有潜在风险的事件、现象和人员按照制定的方式进行重要性排序以及分类选择。

② 监测。这一阶段的工作是在建设项目风险发生后对风险事件发生的过程和产生的后果进行监测并评价。

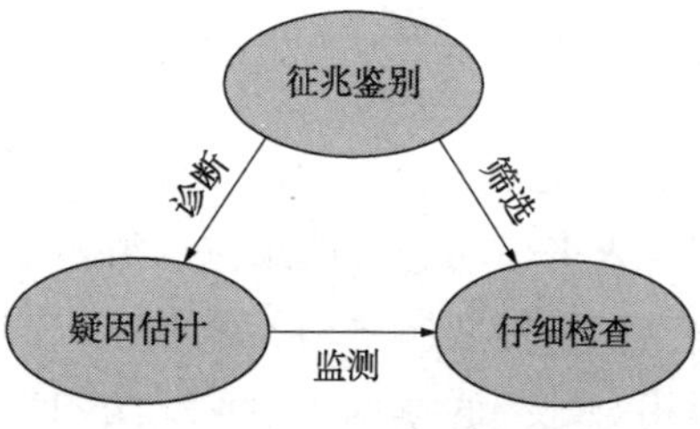

图 1-10　风险识别元素图

③ 诊断。这一阶段的工作是评估建设项目风险产生损失的前因、后果和各种原因之间关系的过程，进而找出风险发生的根本原因并进行诊断。图 1-10 是风险识别元素图，该图描述了筛选、监测和诊断之间的关系，同时说明了情景分析法的三个过程使用了类似的工作内容，即疑因估计、仔细检查和征兆鉴别，但三个过程的三项工作顺序是存在差异的。

筛选：仔细检查→征兆鉴别→疑因估计

监测：疑因估计→仔细检查→征兆鉴别

诊断：征兆鉴别→疑因估计→仔细检查

案例：疫情背景下工程建设面临的风险与挑战

疫情防控时期，航油公司工程建设受到了一定影响，主要有以下几个方面：

① 项目进度影响：

人员出差受限、招投标交易大厅断续关闭导致项目开标时间和计划开工日期拖后，这将直接影响到授予的合同数量和建筑公司的年度业绩，使其很难实现年度目标。尤其在叠加洪涝、台风等自然灾害后，项目进度影响更为严重。

② 人员防疫管控：

在疫情防控和定期监测的关键时期，由于限制人员流动、推迟恢复商业活动以及各种隔离措施和限制的影响等综合因素，导致劳动力市场阶段性错配，用工奇缺；人员受“封城”及隔离影响导致的跨省；在运输和部署工作人员方面存在困难。为了满足返回施工现场的工人的单独住宿需求，项目部扩大了生活空间，增加了临时住宿、民工餐饮等，人工费用也大幅增加。此外，施工现场人员密集，当地住建部门提出更为严格的建筑工地疫情防控要求，如对建筑工地和住宅区实行封闭式集中管理，加强对工人的卫生控制和个人防护，加强对建筑工地的卫生控制和消毒等，使有关各方更加慎重地继续开展这项工作。

③ 防疫物资管理：

口罩、消毒液、测温设备等防疫物资采购成本高昂，疫情初期防控用品供给整体采购困难，物资的大量采购、发放等管理工作也给各地项目部增加了额外的工作压力。

④ 原材料价格上涨：

2020 年出现新冠肺炎疫情后，除中国以外的主要国家采取量化宽松的措施刺激企业逐渐增加生产成本，导致全球商品价格上涨。2021 年全国会议确定的双碳计划和第十四个五年计划等因素导致基础建筑材料价格进一步上涨。例如，自 2020 年 4 月以来，钢铁价格持续上涨，持续高于预期的价格上涨导致了更高的建筑成本，给航油项目建设部门直接带来了运营成本方面的压力，并间接地增加了执行风险，如进度和质量无法达到预计要求以及更多的合同纠纷。

疫情发生后，各地对疫情相关费用计取出台相关调整指导意见。例如，江苏省住建厅发布的《关于新冠肺炎疫情影响下房屋建筑与市政基础设施工程施工合同履约及工程价款调整的指导意见》中要求加强合同履约变更管理。由于相关费用在前期工程总概算中并未列支，项目部需按照当地要求，同参建单位沟通协调，各方筹措资金保证相关费用支出。

3. 建设项目风险估计

（1）建设项目风险估计的含义

建设项目的风险估计是在风险识别后对建设项目所有不确定的风险要素进行全面系统分析的基础上，计算各风险发生的概率及其对整个建设项目的影响程度。建设项目的风险估计着重于建设项目的个别风险，而不是建设项目的整体风险。

风险估计也被称为风险测量，因为在一个建设项目中存在着不同类型的风险。风险估计描述了风险的性质，但它是基于对建筑项目中风险的有效识别。根据建设项目中涉及的风险的特点，风险估计也可以用来衡量风险，即使用定性和定量相结合的方法来估计风险事件发生的概率大小、可能的后果、可能发生的时间以及对建设项目每个阶段的影响大小。

风险估计通常涉及统计分析和推断的使用，这通常需要高度可靠的历史统计数据和相关信息，以及可以用来描述被评估风险的特点和状况的足够信息。如果信息缺乏，通常会使用主观推断来弥补，这就对建设项目管理人员的综合素质有很高的要求，例如，他们是否掌握建设项目风险估计方法。

（2）建设项目风险估计的作用

建设项目风险估计的结果在确定潜在风险的优先次序和评估程度、制定相对应的风险应对措施和选择风险管理方案等方面发挥着重要作用，具体表现在三个方面：

1）有助于加深对建设项目自身和环境的理解。建设项目风险估计这一步骤，需要更加详细、系统地分析建设项目各方面的资料，从而使管理人员对建设项目本身及其内外部环境的认识更深入，为建设项目的各项决策提供更完善、更可靠的信息。

2）有助于明确各种不确定因素对建设项目不同方面的影响。通过建设项目风险估计，管理者将更清楚地了解各种不确定因素的影响范围和程度，从而使建设项目的各项计划制定得更加合理、科学。

3）有利于进一步制订风险管理计划、对各项风险进行评价、确定各个风险的应对措施以及实时监控风险发展状态。建设项目资源的有限性决定了风险管理工作只能针对关键的风险因素，因此风险估计得到的风险潜在危险大小的排序为风险管理团队选择关键风险因素提供了依据。

（3）建设项目风险估计的内容

根据建设项目风险估计的定义，得到风险估计的具体内容：

1）风险事件发生的可能性。建设项目风险估计的主要任务是评估风险事件发生的概率，这是建设项目风险管理工作中最重要也是最困难的任务之一。其主要原因有两个方面：首先，很难收集关于风险事件的历史数据和资料；其次，不同的建设项目有很大的不同，如果用类似的建设项目的数据来计算当前建设项目发生风险事件的可能性，可能会产生很大的误差。一般来说，如果风险管理团队有足够的历史数据和资料，可以直接通过这些历史数据来确定风险事件发生的概率分布；如果没有，也可以使用理论概率分布来评估风险。

2）风险事件发生带来的影响程度。建设项目风险估计的第二项内容是评估各风险对建设项目的影响程度，简单地说，就是如果风险事件发生，它会对建设项目造成的损害程度。具体到某一项内容，可以表现为进度的延误、费用的超支等。在建设项目实施过程中，可能某一风险事件发生的可能性不大，但是一旦发生就会造成非常严重的后果。

3）风险事件发生的时间。建设项目风险估计的第三项内容是评估各项风险事件可能发生的时间节点。这通常从两个方面考虑：首先，从风险控制的角度，基于风险事件发生的时间顺序。在建设项目早期出现的风险通常应优先控制，而在实际建设项目进度中后期出现的风险则应进行监测和控制，并寻找机会进行协调，从而降低风险控制的成本。其次，某些风险事件可以在建设项目实施过程中进行规划，以降低其发生的可能性，或减少其发生后的潜在负面影响。

4）风险事件发生的影响范围。建设项目风险估计的第四项内容是评估各项风险事件发生所造成的影响的大小，包括风险事件对建设项目和其他相关活动的影响，以及对建设项目各利益相关方的影响。建设项目是由许多相互关联和相互依存的活动和事件以及许多组织组成的复杂系统，因此一项风险事件的发生不仅可能影响到正在进行的活动，而且还可能影响到所涉及的活动和组织。例如，在一个建设项目的施工现场发生的房屋火灾会使整个建设项目停工，给建设项目各参与方造成经济损失，同时由于救火工作需要消防队提供帮助，因此这一风险事件会对社会造成一定的影响。

（4）建设项目风险估计的过程

1）收集数据和资料。建设项目风险估计的第一步是收集与风险事件相关的历史数据和资料，完整的数据和资料才能得到好的估计结果。数据和资料的来源可以从各种书籍、期刊、统计年鉴等文献资料中取得；可以从曾经类似的建设项目中的记录或经验教训中取得；可以从建设市场和建设项目实际实施过程中取得；也可以从一些勘测、实验和试验数据中取得。要求所收集到的历史数据和资料必须真实、客观，最好还可以进行统计。

由于建设项目的一次性、固定性和临时性，可用的宝贵数据和信息并不总是完整的。在这种情况下，可以使用问卷调查、专家访谈和其他方法来获得具有经验性质的主观评价信息。

2）建立风险模型。风险模型可以根据建设项目中风险事件的数据和信息，对风险事件发生的可能性和可能的结果进行明确的定量描述。该模型进一步细分为风险概率模型和损失分析模型，分别描述不确定性与风险事件概率之间的关系以及不确定性与潜在损失之间的关系。

3）风险发生的概率和损失后果的估计。根据所建立的风险模型，结合建设项目的特点和所收集的有关资料，风险管理人员可以使用适当的方法来评估每个风险事件发生的可能性和可能造成的潜在后果。一般风险事件发生的可能性可以用概率来描述；可能造成的潜在后果可以用成本超支、进度延误、质量缺陷和安全事故等来描述。

4）风险事件排序。有了风险事件发生的概率和损失后果的估计结果，就可以应用风险图等方法对建设项目的各项风险事件进行量化，并按照量化结果对风险事件潜在危险大小进行初步排序。然后，还要根据该风险事件发生的频率和损失时间的分布对排序结果进行调整，得到修正后的风险事件排序。

4. 建设项目风险评价

（1）建设项目风险评价的含义

建设项目风险评价是对建设项目的风险进行全面分析，并根据风险对建设项目目标的影响对建设项目的风险进行分类的过程。它通过建立系统的建设项目风险评价指标，对建设项目风险因素的影响程度进行全面的分析，对每种风险发生的概率及其潜在的危害进行评价，进而确定影响建设项目的主要风险，同时划分建设项目的整体风险等级，为后续控制风险提供科学依据，以确保建设项目目标的实现。

在风险评价过程中，建设项目管理人员需要详细检查决策者的决定可能产生的后果，并将决策者的决定与他或她自己的个人预测进行比较，以确定这些预测是否为决策者所接受。风险评价还应该提出针对不同风险应对策略的主要措施，例如，预防、减少、转移或消除风险，并将这些措施列入风险管理过程中需要考虑的各种方法中。建设项目风险评价有以下依据：

1）风险规划产出的风险管理计划。

2）风险识别的结果。

3）建设项目的进展。与风险相关的不确定性通常与建设项目全生命周期的阶段有关，往往初期出现的风险其威胁程度不高，但随着建设项目的实施，其所带来的影响会慢慢变大进而影响整个建设项目。

4）项目类型。一般来说，普通项目或重复程度高的建设项目的风险水平较低，而复杂程度高的建设项目的风险水平较高。

（2）建设项目风险评价的准则

建设项目风险评价应遵循以下准则：

1）风险预防准则。风险预防是风险评价最基本的标准。建设项目管理人员必须采取一定的措施，有效控制或完全避免建设项目中的各类风险，特别是对建设项目总体目标有重大影响的风险。

2）风险权衡准则。风险权衡所依据的原则：存在一些不可避免但可以接受的风险。风险权衡准则要求必须先界定可接受的风险限度。

3）风险处理中的最低成本准则。风险权衡准则的基础是假设世界上存在一些可接受的风险，有两个层次的含义：一个是风险发生的概率或损失的风险很低；另一个是可以用相对较低的成本避免风险。当然，在第二个层次，人们往往希望风险处理的成本尽可能低，同时希望找到风险处理的最小价值。显而易见，风险处理的最低成本是处于理想状态的情况，因此是难以计算的。所以可以定性地得出结论：如果管理风险的成本足够低，那么这种风险是可以接受的。

4）风险成本和收益之间的比率准则。在建设项目中实施风险管理的根本动机是为了确保以最经济的方式使用资源进而实现建设项目的目标。建设项目管理人员只有在收益大于成本的情况下才愿意进行风险控制。在实际项目运作中，建设项目的风险水平一般与风险的收益成正比，只有当管理风险的成本能够匹配风险的收益时，建设项目的风险管理活动才是有效的。

5）尽量减少社会成本的准则。风险评价还必须符合社会成本最小化的标准，这反映了一个组织对社会的责任。当一个组织开展与建设项目有关的某些活动时，就承担了一定的风险，它必须为此付出高昂的代价，与此同时，该组织也能够从风险活动中获得收益。同样地，社会将因其承担的风险而得到回报。因此，在考虑风险的社会成本时，也必须考虑到风险的社会效益。

（3）建设项目风险评价的步骤

建设项目风险评价，一般按以下步骤进行：

1）建设项目风险评价标准的定义。建设项目风险评价标准是建设项目的主体确定建设项目中各种风险可接受的风险概率。一般来说，评价标准是针对单个风险事件和建设项目的整体风险制定的，分别被称为单个评价标准和整体评价标准。

2）确定评价时建设项目的风险等级。这包括单个风险水平和整体风险水平。一个评价项目的整体风险水平是由所有的风险事件综合起来确定的。一旦确定了评价项目的整体风险水平，总是有必要将其与建设项目的整体评价标准进行比较。因此，确定整体风险水平的方法必须与确定整体评价标准的原则和方法兼容，否则这两种方法就没有可比性。

3）比较，即把建设项目的个别风险水平与个别评价标准进行比较，把整体风险水平与整体评价标准进行比较，以确定它们是否在可接受的范围内，或应考虑采取何种风险措施。

建设项目风险评价标准具有下列特性：

1）不同建设项目主体有不同的建设项目风险评价标准。例如，一个建设项目，对不同的建设项目主体，就有不同的建设项目管理目标。如建设项目业主，其对建设项目的工期、投资和质量有一个整体的目标；在此基础上，对各子项目在时间、成本和质量方面有较为具体的目标。同样是这一建设项目，承担其施工工作的承包商对其就有不同的管理目标。因此对同一建设项目，不同的建设项目主体有其不同的风险评价标准。

2）建设项目风险评价标准和建设项目目标的相关性。建设项目风险评价标准总是与建设项目的目标相联系，因此，不同的建设项目目标自然就有不同的风险评价标准，其中常用的是单个风险评价标准和整体风险评价标准。

3）建设项目风险评价标准有两个层次的水平。建设项目中的风险概念总是与概率的概念相关，所以用百分百实现建设项目目标作为风险评价的标准是不科学的。建设项目的风险评价标准可以分为两个层次：预期风险水平和可接受的风险水平。

① 预期风险水平，即在建设项目实施前分析预测得到的或根据以往的管理经验得到的，并认为是合理的风险水平。对这一风险水平，在不需要采取特别控制措施的条件下，建设项目目标基本上能得以实现。

② 可接受的风险水平，也就是建设项目可以接受的风险水平，经过一定的努力和适当的控制，可以实现建设项目的目标。

4）建设项目风险评价标准的形式。建设项目的具体目标多种多样，因此，建设项目风险评价标准的形式也不尽相同，例如，风险概率、风险损失、风险量等。

（4）建设项目风险评价的方法

与随机事件的概率相比，“模糊性”则反映了与人们对概念认知相关的“不确定性”。如果使用较普遍的方法进行风险评估，评估的结果往往用一个数值表示。模糊评估方法则丰富得多，它给出关于各种风险评价的隶属度，而不是单一的“好”“中”“差”结果。

模糊风险评估的步骤如图 1-11 所示。

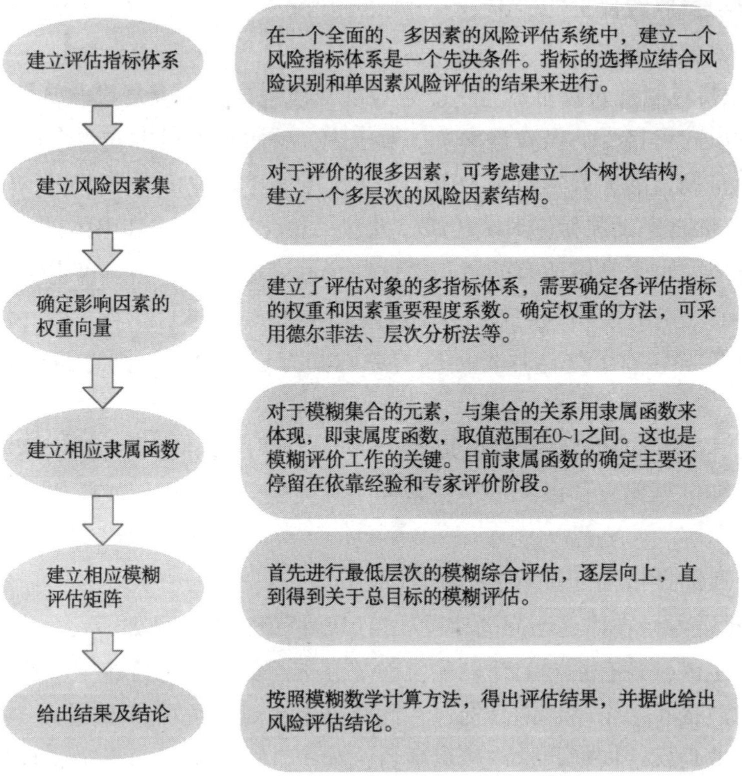

图 1-11　模糊风险评估步骤

5. 建设项目风险处置

(1) 建设项目风险处置的含义

建设项目风险处置是指对建设项目实施过程中的风险提出处置方法，这是一个制定战略和技术工具的过程，以减少风险发生的概率和损失的严重程度。风险处置的结果是编制风险处置计划。

在编制风险处置计划时，应充分考虑到风险的严重性、风险处置的成本效益、所采取的措施的适当性和建设项目环境的适宜性。一般来讲，针对某一风险通常先制定几个备选的处置策略，然后从中选择最好的方案，或者进行组合使用。建设项目风险处置计划编制的主要依据有：

1) 风险管理计划。风险管理计划是一份规划和设计如何进行建设项目风险管理的文件。这份文件应详细说明风险识别、估计、评价和处置的所有方面，以及风险管理方法、任务和责任的分配以及风险管理费用的预算。

2) 风险清单及其排序。风险清单和风险排序是风险识别和风险估计的结果，记录了建设项目大部分风险因素及其成因、风险事件发生的可能性、风险事件发生后对建设项目的影响、风险重要性排序等。风险处置计划的编制不可能面面俱到，应该着重考虑重要的风险，而对于不重要的风险可以忽略。

3) 建设项目特性。建设项目各方面特性决定风险处置计划的内容及其详细程度。如果该建设项目比较复杂，应用比较新的技术或面临非常严峻的外部环境，则需要制订详细的风险处置计划；如果建设项目不复杂，有相似的建设项目数据可供借鉴，则风险处置计划可以相对简略一些。

4）建设项目主体抗风险能力。建设项目主体抗风险能力可概括为两方面：一是决策者对风险的态度及其承受风险的心理能力；二是建设项目参与方承受风险的客观能力，如建设单位的资源水平、施工单位的管理水平等。建设项目主体抗风险能力直接影响建设项目风险处置措施的选择，相同的风险环境、不同的建设项目主体或不同的决策者有时会选择截然不同的风险处置措施。

（2）建设项目风险处置的策略

建设项目风险处置的策略主要包括风险缓解、风险预防、风险转移、风险回避、风险自留以及风险利用。下面就这几种策略进行详细介绍。

1）风险缓解。风险缓解是指将建设项目中发生风险的可能性或这种风险的后果降低到一个可接受的水平。风险管理人员应根据风险的特点制定风险缓解措施，以便在可能的情况下将建设项目的风险降低到可接受的水平，有几种常见的方法可以做到这一点：

① 减少风险发生的可能性。减少风险发生的可能性是一个重要的风险缓解策略，需要采取各种措施。

② 减少风险损失。减少风险损失是指在损失不可避免的情况下，采取各种措施防止损失扩大或限制其扩大的程度。

③ 风险分散。风险分散是指通过增加风险承担者的数量来减少整体风险的措施。

④ 风险分离。风险分离意味着风险承担者应分散开来，以避免连锁反应或相互影响。

2）风险预防。风险预防是指建设项目风险管理人员采取一定的措施来预防风险事件的发生，是一种主动性的风险管理策略。常见的风险预防方法有以下几种。

① 工程法。工程法是指在建设项目实施过程中，结合具体的建设项目特性采取一定的技术措施，避免潜在的风险事件发生。

② 教育法。教育法是指通过对建设项目成员的全面培训来提高其风险意识，使他们意识到工作中可能面临的潜在风险，了解并掌握一些基本的风险处置策略或措施，从而避免建设项目未来的潜在风险。建设项目风险处置的实践表明，建设项目管理人员和经营者的操作不当是最重要的风险因素之一。因此，对相关工作人员进行风险管理和风险处置的培训是防止与错误和疏忽有关的风险的必要措施。

③ 程序法。程序法是指通过旨在建立标准化工作程序的具体规则来实现建设项目活动的标准化，以尽可能地避免由此产生的风险和损失。如果有时候不遵守程序，就会犯错，从而造成损失。因此，为了从战略上减少建设项目的风险，遵循基本的工作程序是很重要的。

3）风险转移。风险转移是指在不降低建设项目整体风险水平的情况下，将风险转移给建设项目的其他参与方。风险转移是建设项目风险管理中广泛使用的一种风险处置方法，其目的是通过合同或协议，将发生风险事件时的部分损失转移给有能力吸收或控制建设项目风险的个人或组织。

风险转移一般遵从两个原则：一是保证风险承担者得到相应的报酬；二是谁有能力

承担就让谁承担。风险转移通常有两个途径：

① 保险转移，即在第三方保险人的帮助下，将风险进行转移。在这种方法中，风险通过支付一定的费用被转移给保险人，保险人在风险发生时支付赔偿金。与其他风险处置策略相比，保险转移方法是最有效的。例如中国海油通过多年的商业保险集中管理经验，在对各业务板块风险分析的基础上，通过商业保险的手段转移了大多数油污责任风险。

② 非保险转移，是指通过转让人和受让人之间的协议转移风险。常见的建设项目风险的非保险转移方式包括担保和分包。

4）风险回避。风险回避是指当建设项目风险的潜在威胁过大，可能导致的负面后果过于严重，而又无法选择其他策略时，主动放弃建设项目或改变建设项目的目标和进程来规避风险的策略。风险回避在所有策略中最能消除风险带来的影响。通常有以下几个途径：

① 放弃建设项目。如果发现建设项目存在较大的潜在风险，并且不能采用其他策略来规避风险时，决策者就需要考虑放弃该建设项目。

② 中止建设项目。如果预见到自身无法承受的风险事件将要发生，决策者就应该立即中止该建设项目以及时止损。

③ 转让建设项目。当企业战略有重大调整或出现其他重大事件影响建设项目实施时，单纯放弃或中止建设项目，所造成的损失企业可能无法承担。同时，不同的企业对于相同的风险，其承担能力是不同的，因此，需要考虑采取转让建设项目来规避风险。

5）风险自留。风险自留是指建设项目主体有意识地选择自己承担风险后果的一种风险处置策略。风险自留是一种基于风险考虑的财务技术，建设项目的业主知道可能会出现风险，但基于财务和可行性的考虑而保留风险。若风险发生，产生的损失自己承担。

风险自留是最省事的风险规避手段，在一般情况下也最省钱，常用的风险自留途径有以下几种：

① 成本保障措施。成本保障措施主要是指提供预留的金额，以补偿错误、遗漏和其他对建设项目成本估计有模糊影响的不确定性因素。

② 进度保障措施。从网络规划的角度来看，进度保障的实施主要是通过压缩关键路线上每个过程的时间，同时建立一个后备时间差。

③ 技术保障措施。技术保障措施是专门为解决建设项目的技术风险而设计的，由预先确定的资源或时间组成。采取技术保障措施的可能性很低，只有在一些不太可能发生的情况下才会使用。

6）风险利用。风险利用是指对建设项目中某些风险进行正确处置来产生额外利益。一旦决定采取风险利用战略，风险管理人员就需要相应地制定具体措施和行动计划。既要制定能够充分利用建设项目资源的方案，同时也要在方案中将退路考虑进去。在实施过程中，应持续监测风险动态，出现问题时应采取及时调整方向等措施，并当机立断利用机会扩大战果。

6. 建设项目风险监控

（1）建设项目风险监控的含义

建设项目风险监控是指对建设项目风险的监测和控制。风险监控是在采取风险处置措施后，对风险和风险因素的演变情况进行观察和记录；风险控制是在风险监测的基础上，对建设项目风险采取一定的管理措施使其处在风险管理团队的可控范围内。有时，风险监测和风险控制会交替进行，即当风险被发现后需要立即采取控制措施，或者当风险因素不断变化时需要立即调整风险处置措施，所以风险监测和风险控制往往被放在一起考虑。

建设项目风险监控的主要依据包括：

1）风险管理计划。已识别的风险管理活动都是按这一计划展开的，但在新的风险出现后要立即更新计划。

2）风险处置计划。

3）建设项目的变更。对建设项目作出变更后，可能会出现新的风险。

4）新识别的风险。随着建设项目的进展，新的风险也会不断产生。

5）过去发生过的风险。一般而言，一些风险事件发生都会对建设项目的内外部环境产生一定的影响，这样一来不可避免地会导致其他风险事件发生的可能性及其对建设项目的影响程度发生一定的变化。

（2）建设项目风险监控的措施

通过项目风险监视，不但可以把握建设项目风险的现状，还可以了解建设项目风险处置措施的实施效果以及是否出现新的风险。在风险监控的基础上，需要针对发现的问题及时采取措施。常见的风险监控措施有以下几种：

1）应变措施。在建设项目的实施过程中，许多风险因素在风险规划过程中没有被考虑到，或者一开始并没有充分认识到这些风险因素，导致没有采取或没有充分考虑到对这些风险因素需要采取的应对措施，进而导致有些风险的严重性只能在风险监控中被发现，那么在这种情况下，就必须做到随机应变，及时准确地提出应变措施来挽回一些损失。

2）纠偏措施。纠偏措施是为了使建设项目的未来成果与原计划相一致而作出的一些调整。如果发现建设项目所控制的风险进一步变化或出现了新的风险，应深入分析建设项目风险，在确定了影响风险事件发生的因素的基础上，及时采取纠偏措施进而使建设项目的风险一直处在可控状态下。

3）变更措施。例如，要求改变建设项目的范围，改变建设项目的实施计划或内外部环境，以及改变建设项目的实施进度或成本，这都是建设项目的变更措施。一般来说，如果经常采取应变措施，就必须通过建设项目计划的变更以解决建设项目的风险。

4）风险处置计划更新。通过风险监控并采取相应措施，可能会减少一些已识别风险发生的概率及其导致的后果。因此，在风险监控的基础上，有必要对建设项目的各种风险重新评估，相应的风险处置计划也需要更新，以便新的风险得到有效的控制。

（3）建设项目风险监控的过程

1）建立建设项目风险监控体系。根据建设项目开始前的建设项目风险识别所获得的建设项目风险的基础信息，制订整个建设项目风险监控的总体计划。

2）确定要控制的具体建设项目风险。确定哪些建设项目风险可以容忍并放弃对其监控，节省精力，将精力放在比较重要的建设项目风险上。

3）确定建设项目风险的监控责任。必须有专人负责某项具体的风险监控任务，避免因人员分配不当造成时间与资金的浪费。

4）确定建设项目风险监控的行动时间。风险监控注重有效性，具体就是体现在抓住风险监控的最佳时机。

5）针对每个具体的建设项目风险制订相对应的监控计划。确定和分析监控建设项目风险的各种方案的可行性，最后选择将要采取的方案。

6）实施具体的建设项目风险监控方案。必须根据风险的变化和发展不断更新项目风险监控的方案。对某些建设项目风险来说，风险监控方案的制定和实施几乎是同步的。

7）对具体建设项目的风险监控结果进行监控，并不断反馈，从而指导建设项目风险监控方案的实施，直至对风险事件的控制完结为止。

8）判断建设项目风险是否被消除，如果判断风险并未消除，则需要重新进行建设项目风险识别，反之结束对于该风险的监控任务。

1.2.3 各参建单位的风险管理职责

1. 业主方风险管理

（1）业主方在各阶段承担的风险

1）建设项目决策阶段。业主方决策建设项目时，不仅会分析项目本身存在的风险问题，同时也会关注围绕建设项目的投机风险现象。在初步决策阶段就能准确控制风险的建设项目，可以在很大程度上减少实施阶段造成的经济效益损失。业主方为了能够尽快验证决策的及时性和准确性，必然要进行投资评估等相关工作，以保证建设项目在实施过程中的可行性，并计算出建设项目的盈亏，确保平衡。最后还需要对与企业战略有关的风险因素进行分析，并通过适当的预防措施加以缓解。

2）建设项目设计阶段。在设计阶段，建设单位必须首先处理好方案预算和所选建设项目的额度，尤其在这个阶段就要将已被合同确定的风险转移出去，从而减少业主方需要承担的风险。

3）建设项目招标阶段。与建设项目招标阶段相关的主要风险包括建设项目自身工程量以及有关合同形式的确定。为降低自身的风险系数，业主方会考虑建设单位在招投标以及自身信用问题等方面制定的各种保障措施，如采用第三方担保或者保证书。建设项目市场普遍呈现不成熟的状态，加上承包商激烈的竞争更不利于招标的顺利进行。无论是施工招标还是监理招标，大多数业主方愿意采用最低价投标的方式来降低成本。即使采用评分中标法，商务标的比例也会被定得很高，为了中标这个项目，承包商或监理人愿意以低于成本的价格承包这个项目，最终就会影响到建设项目的质量。

4）建设项目施工阶段。在建设项目施工阶段，业主方必须有意识地负责与建设项目有关的所有风险，包括承担风险或转移风险等。建设项目在实施阶段需要为一些从事比较危险工作的工人购买意外保险，并支付部分保险费用。

5）建设项目保修阶段。这一阶段的主要任务在于保证建设项目的质量。业主方必须建立合适且严格的责任保修制度，以此保证建设项目质量的安全性和可靠性，例如保修单位的担保人可以通过银行或担保公司来为承包商提供担保。然而，这种担保的执行是独立的，其间确定的担保期必须按照既定的建设合同来维持。

（2）业主方风险管理要点

1）强化全体员工对风险管理的认识。建设单位全体员工对风险管理的认识是控制建设项目风险的关键。在建设项目风险管理过程中，为防范相关建设项目风险，业主方必须使自身单位的员工树立起良好的风险防范意识。业主方应增强自身整体对于建设项目的风险意识，拓宽对于建设项目风险的宣传途径，投入一定的人力、物力、财力来培养全体员工的风险意识，增强相关工作人员的安全意识，强化管理人员的综合素质和风险意识。

2）加大监督力度。业主方要实现对建设项目的定期检查，检查承包商、设计单位、监理单位等各建设项目参与方的资料和项目现场存在的问题。责任、利益和权力三者相匹配，负责人员要处理好与承包商等各建设项目参与方的关系，以此来防范各种风险。同时也要充分了解建设项目的实施情况、相关方案可能造成的得失利弊及其对建设项目整体目标的影响，进而提高决策效率和项目质量。

3）风险转移。业主方处理那些在不可控范围内的风险，主要通过两种风险转移途径：一种是与承包商或设计单位签订合同或协议书，将风险转移给对方，但是如果对方是一家有经验的单位，业主方的这种做法就可能导致对方提出比较高的报价；另外一种途径就是保险，即对建设项目实施过程中可能出现的不可控的风险进行投保，这是业主方应对风险最主要的方式。如果是设计单位或监理单位，业主方需要要求他们购买专业赔偿保险，这主要针对他们因疏忽或工艺错误（如设计缺陷）造成的投资损失进行赔偿；如果是承包商，业主需要要求他们购买第三方责任险等保险。

4）优化建设项目管理组织机构。优化建设项目管理组织结构，并对建设项目实施过程中各阶段的管理体系和运行机制加以完善，继而使信息收集和反馈工作变得更加高效准确。例如，业主方应参与建设项目设计阶段的关键节点工作，监督设计方案和施工图的最终定稿。在一个建设项目中，顺畅的信息流有利于问题的解决和建设进度的保证。同时业主方应建立信息沟通反馈机制，建立起业主方、承包商、设计单位、监理单位等各建设项目参与方参加的定期工作协调汇报等管理制度，通过定期沟通尽早发现风险，分析风险，进而解决风险。

2. 承包商风险管理

（1）承包商在各阶段承担的风险

承包商需要承担的风险是指建设项目实施中除规定为业主方风险以外的所有风险。其中，具体在不同阶段承包商所承担的风险也是不同的。

1）投标决策阶段。在这一阶段中，承包商主要有两项任务：进入相应的市场以及针对某建设项目进行投标。在进入相应市场或对哪种建设项目投标时，承包商必须先决定建设项目标的的性质，再决定中标策略，保证该建设项目能够被自己揽下。在作出这些决定时，往往存在着一些风险：

① 信息失效风险。是指承包商在获取建设项目的具体信息时采取了错误的策略，进而导致获取到的信息是失效的，不具备指导性质，例如获得的信息是该建设项目十年前的，与现在相比天差地别。

② 中间商风险。中间商风险可能是由于中间商的商务人员为了个人利益，用各种不准确的信息甚至无限夸大的信息来诱导对方进行交易，这样一来交易双方之间的风险就在无形之中被大幅度放大；也有可能是因为中间商的水平太低，以至于承包商的利益受到损害；还有可能是中间商为了个人利益与业主勾结；或者中间商可能同时向业主方提供多个承包商，故意营造出竞争激烈的氛围，进而损害承包商的利益。

③ 报价失误风险。承包商对建设项目投标的主要依据是业主方发布的招标文件，尤其是招标文件中的合同条款以及相关的设计图纸，这些都隐含着潜在的经济风险，各承包商的风险管理团队需要对招标文件进行认真准确的分析，并以此制定较合适的报价。市场上难免存在一些希望以低价中标的承包商，他们的目的就是以低价中标，以高价进行索赔；但以低价中标同时会存在较大的风险，如果承包商决策失误选择以较低的价格中标，实际上在承包商投入了全部的人力、物力和财力来实现这个建设项目后，发现并没有从中获利甚至造成自身损失，而此时如果选择退出，业主方也无法完成后续的建设项目，这样一来造成的后果就是承包商自身亏损。

2）签约履约阶段。在建设项目的签约以及履约阶段，都潜藏着各种各样的风险：

① 项目管理风险。良好的建设项目管理水平是承包商成功实现建设项目目标的关键能力。以建筑项目为例，大多数建筑项目会有很多的分包商参与，那如何去对这些分包商进行协调就成了一个比较棘手的问题，如果这些分包商与建设项目的经理关系不和谐，或是其他相关项目参与方的管理机构之间无法合作，碰到这些问题时相关的管理人员如果不具备相应的管理能力，无法将现代的管理方法、技术、手段应用到实际的建设项目中，这都会造成建设项目整体失败甚至造成难以弥补的经济损失。

② 物资管理风险。建设项目市场包括劳动力市场、机械设备市场和材料市场，三个市场的价格会由于外界各项因素展现出较频繁的变化趋势，进而直接影响到承包商承包相应建设项目的价格，其中物资市场价格的变化是最频繁的。物资市场包括建设项目施工时用的原材料和机械设备，在建设项目管理中材料管理较机械设备管理而言，会给建设项目带来更大的风险。

③ 成本管理风险。管理实现建设项目所需的成本是承包商实现建设项目预期经济效益的最重要的保证措施。其中成本管理具体包括成本估计、成本规划、成本控制和成本核验，其中任何一个方面的疏忽都会给整个成本管理工作造成巨大的麻烦，进而导致承包商承担严重的成本管理风险。

3）竣工验收与交付阶段。建设项目竣工阶段的风险往往会被经验不足的承包商所忽视，但实际上在这一阶段存在着一些足以影响建设项目完整性的风险，这些风险主要集中在建设项目验收数据的管理、验收和交付条件以及相关债权债务的处理等方面。建设项目的竣工验收与交付是承包商完成建设项目整个过程中相对比较重要的一个阶段，之前所有阶段遗留下来的问题都会在这个阶段重新呈现出来。因此，承包商在这个阶段必须彻底审查建设项目的实施全过程，以确保建设项目在最后阶段能够被成功验收。

（2）承包商风险管理要点

1）要对业主方的经济实力进行综合分析。承包商在建设项目中投入的人力、物力和财力是否能够得到回报，通过建设项目是否能够获得预期利益，这些都取决于业主方的经济实力和建设项目所处的时代背景。因此，在签订建设项目合同之前，承包商应详细分析业主方的财务状况和业务发展趋势，以及建设项目所在国的经济政策、行业状况和经济政治状况，在此基础上评估建设项目可能存在的风险，决定是否要承包这个建设项目。

2）加强建设项目现场调查。建设项目由于普遍具有建设周期长、利益相关方多以及面临复杂的内外部环境等特点，因此在实施阶段总会隐含着大量潜在的风险。承包商需要不定期调查建设项目施工现场的情况或条件，包括现场的材料供应情况、周边地区的运输条件和临时设施的布置情况，同时承包商需要基于调查情况来列举并评估建设项目的潜在风险，这一举措可以帮助建设项目风险管理团队及时采取必要措施来避免相关风险。

3）加强预防和降低风险的能力。首先，承包商应提前做好预防方案并及时采取风险处置措施，来应对不断变化的建设项目内外部环境以及业主方的财务状况。其次，要加强建设项目的质量管理，承包商应脚踏实地、实事求是地制订建设项目施工组织计划和施工方案，努力实现建设项目的预定目标，打消业主方对建设工程质量的顾虑。最后，安全也是重中之重，培训现场作业人员的安全意识，保证现场施工作业能顺利完成，以尽量减小施工现场发生事故的可能性。

4）及时收集和整理风险事件资料。承包商需要在第一时间收集、整理和传递这些有助于相关单位及时了解和应对各种可能发生的和已经发生的风险事件信息，以便在风险事件发生时，相关部门包括业主方、设计单位和监理单位都能够及时作出反应，采取相应的风险处置措施。通过动态的建设项目风险管理方法，承包商可以保证信息链畅通无阻，继而腾出时间来管理其他业务。

5）合理转移风险。建设项目风险会对承包商产生巨大的影响，一旦发生风险事件，承包商不仅可能无法收回已付出的人力、物力和财力，还可能因此遭受重大经济损失，甚至会损害自身的声誉。因此，承包商必须充分了解建设项目实施过程中可能发生的风险，通过转移一定的风险来让自身承担更少的风险，从而获取更高效的收益。由于建设项目风险是由多个项目参与方共同承担的，因此建设项目的风险管理工作将由这些项目参与方共同承担，这就减少了承包商在风险管理方面需要花费的时间，同时能够提高建设项目的管理效率。

6）及时处理风险事件。根据合同，承包商可以就由业主方面造成的风险事件向业主方申请索赔。成功索赔后，承包商应该结合实际情况，对将来可能对建设项目成本和进度造成影响的风险事件和已经发生的对建设项目成本和进度造成影响的风险事件进行有效的记录，并将此记录作为跟踪索赔费用的基础。为了了解和跟进索赔相关事宜，有经验的承包商通常会对索赔生效的时间和具体费用进行跟踪，并及时记录以保证索赔能够顺利完成。由于建设项目索赔是当今建设项目市场保护建设项目经济利益最有效的手段，因此，风险管理中成功进行风险索赔是提高建设项目管理效率的有效手段。

3. 设计单位风险管理

（1）设计单位承担的风险

1）业主方引起的风险。业主方提供的设计基础资料不规范或不能及时提供、业主方不遵循设计的客观规律、业主方对设计过程进行干预以及业主方行为不规范等都会加大设计单位的责任风险。例如，业主方对设计单位提出过分的设计要求，既要节省支出又要加快进度，这样的要求难免会造成设计质量的问题，从而给整个建设项目造成巨大甚至不可逆的影响。

2）承包商引起的风险。承包商在对建设项目中一些技术难度较大的部分进行施工时，往往以无法施工为借口向业主方提出设计变更的要求，但实际上是为了节省施工成本，而业主方为了加快建设项目进度也常常会同意承包商的要求，这样一来就加大了设计单位所承担的风险。

3）监理单位引起的风险。监理单位为了对投资进行有效精确的控制，通常会要求设计单位在设计时稍微降低一点建设项目的安全系数，这样就给建设项目的质量带来了一定的隐患，一旦该建设项目出现质量事故，设计单位就需要承担一定的风险责任。

4）设计单位引起的风险。设计单位和设计人员如果因为设计不充分、不完整甚至设计错误从而致使建设项目出现质量事故，那么就要承担相应经济方面的赔偿责任，更有甚者如果事故出现人员伤亡，相关设计方还需要承担一定的刑事责任。如果设计单位没有履行好相应的投资控制责任，导致建设项目实施后的实际投资大大超出或低于设计概算，造成业主方投资浪费，那么设计单位就要承担相应的责任。

（2）设计单位风险管理要点

1）处理好与业主方的关系。业主方引起的建设项目风险在设计单位承担风险中是最主要的，因此设计单位一定要正确处理与业主方的关系，尽最大努力得到业主方的配合与支持。在这样的基础上，要及时准确地向业主方反馈建设项目实施过程中存在的关于设计阶段的不利风险，提醒业主方加强防范。

2）加强设计单位内部建设。打铁还需自身硬，设计单位要从根本上提高内部工作人员的整体素质与水平，加强职工的职业道德素养教育，规范职工的职业道德素养行为，强化职工的质量意识以及质量管理水平。同时也要注重人才培养，提高整个团队的设计水平，保证内部团队建设的稳定性以及积极性。

3）实行设计专业分包。设计单位可以通过专业分包将风险进行转移，进而降低设计单位自身的风险。一方面，建设项目在设计阶段难免会出现一些专业性极强的设计工作；另一方面，信息智能时代不断诞生全新的、复杂的技术和工艺，其中包含的科技含量很高，一时之间可能难以解决。

4. 监理单位风险管理

（1）监理单位承担的风险

1）业主方引起的风险。目前，由于建设行业内相关制度不健全，业主方在建设过程中发挥着主要的作用，掌握着较大的话语权，因此如果业主方作出私自变更建设项目的相关设计、没有合法建设手续就要求开工等不正当的行为，会直接影响到监理单位的工作内容，使监理目标与预定合同的要求大相径庭，进而给监理单位带来一定的风险。

2）承包商引起的风险。建设项目实施过程中由于承包商的原因发生现场事故、承包商依靠与业主方的密切关系从而无视施工监理的指令、承包商为节省资金而减少或完全放弃对危险工程进行安全防范的资金投入等都会使监理单位无形之中承担更多的风险。

3）监理单位引起的风险。由监理单位引起的风险主要体现在两个方面：一方面，监理单位的员工整体素质不高，职业道德欠缺，导致建设项目实施过程中存在的质量和安全等方面的风险被忽视或没有得到及时有效的解决，进而导致建设项目整体目标产生一定的偏差。另一方面，监理单位不具备相应的管理能力和管理水平，没有制定切实可行的管理策略和制度，导致监理过程中建设项目失控，从而产生质量风险、安全风险等。

（2）监理单位风险管理要点

1）加强监理过程风险控制。监理单位可以依托质量管理体系，通过不断审查和完善质量管理体系、持续开展针对建设项目的全生命周期控制的相关培训、提高全体监理人员的监理水平和监理质量，来提高监理单位的整体监理服务质量，进而实现监理项目的风险控制任务。通过运行质量管理体系，牢固树立“以客户为中心”的服务理念，提高全体监理人员的质量安全意识，这样就能够保证监理单位的顺利发展。

2）加强监理单位内部建设。监理人员在各建设项目上的工作是分散的，往往是独自一人，但所面临的意外事件不会因监理人员人数的减少而减少，反而由于人数单薄导致其负责的内容更多更复杂。除了需要负责建设项目的质量监理、成本监理、进度监理等各方面的监理工作外，还需要负责一些合同、监理文件的编制和整理，因此容易受到质量风险和安全风险的影响。监理单位要特别注意增强监理人员的风险意识和安全意识，通过适当的培训提高他们对潜在风险的警惕性，以便及时精准地发现建设项目中存在的问题。

3）建立积极的风险处理应急制度。在建设项目风险管理中，风险无处不在，无孔不入。风险预防和风险处置只能在有限的空间和时间内改变建设项目风险存在和发生的内外部因素，从而减少其发生的概率、频率和损失的影响程度。当风险事件发生时，监理单位应及时采取措施积极应对，以减少因不利风险事件造成的损失。在发生重大的风险事件时，监理单位应尽快通知业主方和建设项目主管部门，通过建立与他们之间的合作和联系，进而采取有效的行动。

1.3 建设项目合规化管理

1.3.1 建设项目合规化管理总要求

1. 合规的定义

“合规”一词最早诞生于银行业，用来指商业银行内部的各种经营活动与现行的法律法规、道德准则等相一致。但是随着世界经济的发展，“合规”一词也逐渐运用到各行各业中，例如制造业企业博世公司在原材料采购方面建立了相应的合规管理条例，帮助员工建立主动合规意识。企业的“合规”指的是企业应当遵守相关的法律法规、监管标准或准则。也就是说，企业的生产经营活动要与国家的法律法规、行业准则和业务规则相一致，这里的法律法规不仅包括劳动就业和税收方面的法律法规，还包括客户服务准则、信息安全和数据保护等有关方面的规定。

早在19世纪，德国社会学家马克斯·韦伯就系统地研究了合规性。早期的合规性研究在很大程度上受到巴塞尔银行监督管理委员会制定的一系列协议、监管标准与指导准则的影响，例如《合规与银行合规部门》等。在21世纪伊始，我国各个行业研究合规化管理的学者们以中国银行业通过对企业的经营管理过程的严格监督与管制而产生的合规管理思想为依据，提炼出了适用于各个不同行业的合规经营理念，在严格遵守制度的基础上，形成了“事事都有合规工作标准，处处都有合规纪律约束”的制度，促使各行业能够获得长期的良性发展，同时使“合规”这一概念的适用范围实现了边界的扩展。

随着各行业对合规经营理念研究的深入，各行业对于合规这一概念的理解也同时得到更新。合规并不仅仅是针对某些业务节点的监督控制，更是对整个过程的监督控制。公司根据国内外的法律、规范要求，统一管理制度并不断跟踪、调整公司内部的合规标准，督促公司内部标准的实施。从而逐步完善公司内部的管理制度，同时对公司内出现的各种违规行为进行了长期监控、辨识、警示、防止、管理和化解风险等一整套规范化管理活动。

2. 我国建设项目管理模式现状

我国早期的工程建设项目通常采用以工程指挥部形式为主体的项目体系，随着工程建设及相关领域的发展，工程指挥部模式所带来的弊端也逐渐显现。例如工程指挥部本身并不具有法人资格，属于临时机构，所以其职责的界定也往往并不清晰，如果发生了工程质量问题或者安全事故，难以严肃追究当事人的具体责任，同时也难以依法落实人员责任。因此，随着我国建设项目管理水平的提升，指挥部模式也得到相应的优化与改善。目前，我国逐渐以项目法人责任制、招投标制、项目监理制以及工程控制管理等新模式取代过去的指挥部模式。而且，这些项目管理模式也正不断随着技术的发展而改变，促使项目模式的体系不断进行着创新和发展。

虽然市场经济的发展的确推动了我国建设项目管理的实质性进展，但是我国建设项目合规化管理的内容和管理方式依然有着很大的进步空间。这是由于项目管理的理念引入我国的时间还相对较短，与欧美发达国家先进的合规化管理水平之间依然存在着较大的差距。目前，我国的建设项目合规化管理发展情况依然处于初级阶段，市场发展的成熟度不够，与之相配套的法律法规也存在着相应的漏洞与一定的滞后性。所以，在现实的施工管理流程中仍然会存在各种各样的问题，无法和现实要求相符。因此，实现我国建设项目的高水平发展，亟须提升我国建设项目的合规化管理水平。

3. 合规化管理的必要性

现阶段我国的建设项目管理模式存在一些问题与漏洞，涉及项目建设的全生命周期各个环节。在工程项目决策准备阶段，会出现不符合法律法规或者规定流程的情况。例如，招投标的程序不符合相关法律规定、工程项目的审批不完善等，在项目验收阶段也常常存在验收标准不明确、验收过程不公平等现象。

建设项目管理具有约束性、一次性和综合性等特点，这些特点也决定了建设项目具有一定的经济性与动态性，而一个动态性的经济过程往往会形成委托方与被委托方之间的信息不对称。因此，需要制定相应的制度流程来实现合规化管理，进而减少信息不对称造成的负面影响。将项目管理与合规化管理进行有机结合，实现高水平的建设项目管理。因此，在项目管理中引入合规化管理有其必要性，通过合规化管理的规范性、全面性，来满足建设项目管理在全生命周期中的需要。

4. 我国企业合规化管理的内容与要求

合规化管理水平的高低决定了建设项目能否良性发展。在全球社会和各地政府部门致力于建立公正、开放、透明的社会大背景下，更多的项目业主方开始重视项目存在的合规问题，并重点着力于实现建设项目的合规化管理。进行合规化管理，不仅代表建设项目符合所适用的有关法律法规和其他监督管理规则，同时也符合有关规范、合同和道德准则。

从制度的建立到制度的执行，合规管理的运行与风险管理的运行有相似之处。从风险识别到风险预警和风险应对，从监督审查到违规问责，都有一系列的机制和制度来保障合规管理的运行。我国中央企业的合规化管理主要包括以下内容：

1）建立并健全合规化管理体系，合规化管理体系需符合以下原则：

① 全面覆盖。坚持将规范管理涵盖全行业区域、各单位、各类子公司和分公司、所有人员，贯彻制定、实施、监管全过程。

② 强化责任。将强化内部合规控制列为公司主要领导落实推进社会主义法治建设第一责任人工作的主要任务。并设立了全员合规负责制，以确定公司管理层和各部门人员的合规职责，并加强监督，有效履行。

③ 协同联动。促进合规管理工作与相关风险预警、监管、审核、内控、风险管理等工作的有效整合、衔接，保障规范管理制度的高效运转。

④ 客观独立。严格按照法律法规的要求对公司及其人员活动作出真实判断与处置。合规经营牵头机构独立履行职责，不受外部机构和人士的干扰。

2）明确董事会的合规管理职责，主要包括：

① 审议公司的合规经营战略规划、基本管理制度和年度报告；

② 推动完善合规管理体系；

③ 通过会议决定合规管理中心主任的任免；

④ 研究确定政府合规监督管理工作牵头部门的位置和职责；

⑤ 研究并决定合规管理工作的相关重要事宜；

⑥ 根据职责确定相关违法人员的处罚情况。

3）明确监事会的合规管理职责，主要包括：

① 监督董事会的决定和过程的正确；

② 监督董事会和公司高层管理人员的合规管理职能执行情况；

③ 对产生重大合规风险承担主体责任的董事会、高级管理层提出罢免意见；

④ 向监事会建议撤换公司合规控制人。

4）明确经理层的合规管理职责，主要包括：

① 会议通过的理事会决议，建立健全的合规管理组织结构；

② 有关规范要求和制度要求；

③ 提出合规控制方案，采取措施保证合规管理制度得以有效实施；

④ 明确合规管控流程，以保证合规要求有效融入企业经营领域；

⑤ 及时停止和改正不规范的经营活动，依据职权对违法当事人实施责任追究并提供解决意见；

⑥ 经董事会授权的其他事项。

5）中央企业应按有关规定建立合规理事会，与中央企业法治建设领导小组或企业风险管控理事会等机构合署，共同承担公司合规管理工作的组织领导与统筹协调等职责，并定期举行全体会议，研讨决策合规管理工作的重要事宜并提供具体建议，以引导、监管与评估公司合规管理。

6）中央企业相关负责人或总法律顾问担任合规管理负责人，主要职责包括：

① 负责制定合规经营战略规划；

② 参与企业重大决策并提出合规意见；

③ 组织合规的牵头单位的职责；

④ 向董事长和总经理报告公司合规管理等重要事宜；

⑤ 负责拟订合规管理工作年度报告。

7）法律事务组织或其他有关组织是企业合规管理工作的领导机关，组织、协调和督促企业合规管理，为其他机关提供合规保障，职责主要包括：

① 研究制定规范监管措施、基本管理制度等具体工作规范；

② 继续关注法律法规等重大规则变动，组织实施公司合规风险辨识与警示，并积极参与公司重大事件的合规审核与风险应对；

③ 负责实施规范检查和评估，对规章制度和流程开展规范考核，指导违规整顿和继续完善；

④ 指导所属单位的合规管理；

⑤ 接受工作区域内的违法检举，负责或参加对违法事项的调查，并提供解决意见；

⑥ 积极参加或配合政府业务部门、人事部门进行经营合规教育。

8）业务部门主要承担本行业的企业合规管理，根据规范需要健全业务体系和业务流程，主动进行企业合规风险辨识和问题检查，及时发出企业合规警示，开展合规检查，并适时向规范管理牵头单位告知风险情况，妥善处理合规问题事项，进行本行业企业合规教育和商业伙伴关系规范研究等工作，同时负责并协调企业开展违规情况研究和进行整治。监察、审计、法律、内控、风险管理、安全生产、质量环保等相关部门，在职权范围内履行合规管理职责。

9）中央企业须针对企业外部环境变化，根据企业实际情况，在全面开展合规管理工作的重要基础上，对关键区域、关键阶段和关键员工，认真预防企业合规行为问题。

10）加强对以下重点领域的合规管理：

① 市场交易。健全公平交易管理体系，严肃履行政府决策审核流程，建立健全企业

自律诚信制度，坚决打击商业贿赂、垄断等不正当竞争行为，严格规范房地产交易、招投标等活动。

② 安全与环保。遵守国家有关的安全生产、质量环保法律法规，健全企业生产标准和质量环保管理体系，加强监督检查，及时发现和整改企业违法情况。

③ 产品质量。健全质量体系，做好生产流程管控，严把生产各环节的质量关，供给优良产品与服务。

④ 劳务用工。遵守《中华人民共和国劳动法》及有关法律法规，健全完善劳动合同制度，明确劳动合同订立、执行、变动与消灭，切实保护职工的合法权益。

⑤ 财政税收。健全完善财务管理内部控制制度，严格遵守财务管理事项执行与审核过程，严格遵守经济规章制度，增强依法纳税能力，认真执行有关税收法律规定。

⑥ 知识产权。及时申报登记专利作品，严格进行授权与流转，强化对商业秘密与知识产权的保护，依法合理利用其他知识产权，避免侵权行为。

⑦ 商业伙伴。对重要商业伙伴进行规范考察，采取签署合规协定、要求作出合规保证等手段促使商业伙伴行为规范。

⑧ 其他需要重点关注的领域。

11）加强对以下重点环节的合规管理：

① 制度建立环节。加强对法律规章、机构改革方案等重要文件的合规审核，以保证满足国家法律法规、监管规范等的要求。

② 企业经营管理环节。严格履行“三重一大”决策机制，细化各层次决定事项的职责，强化对决定工作的合规论证监督，确保决定依法正确。

③ 产品经营环节。执行规范管理制度，强化对项目流程的监控审核，保证在管理流程上照章办事、按章运行。

④ 其他需要重点关注的环节。

⑤ 管理人员。促使所有经营者切实增强合规意识，带头依法依规进行经营活动行为，认真落实承担的合规监督管理工作，并加强考核制度和监管问责。

⑥ 重大危险单位工作人员。按照合规风险考核要求严格划分关键风险岗，有针对性地加强考核工作，确保关键风险岗员工了解和遵守风险涉及的各项规定，加强监督和违规行为追责。

⑦ 海外机构。把正规培训作为国外员工任用、招聘的必要条件，以便符合我国和所在国法律法规的有关规定。

12）强化海外投资经营行为的合规管理：

① 深入研究投资所在国法律法规及相关国际规则，全面掌握禁止性规定，明确海外投资经营行为的红线、底线；

② 健全海外合规经营的制度、体系、流程，重视开展项目的合规论证和尽职调查，依法加强对境外机构的管控，规范经营管理行为。

③ 定期排查梳理海外投资经营业务的风险状况，重点关注重大决策、重大合同、大额资金管控和境外子企业在公司治理等方面存在的合规风险，妥善处理、及时报告，防止扩大蔓延。

13）强化海外直接投资经营活动的合规经营：

① 深入研究外商投资所在国立法情况和有关国际贸易准则，全面了解禁止性规则，进一步明晰海外投资经营活动的红线、底线。

② 完善海外合规管理的机制、管理体系、流程，注重进行企业的规范评估与尽职调查，通过强化对境内外企业的监督，完善企业治理活动。

③ 定期排查梳理海外投资管理领域的重大问题情况，特别注意重大政策、重要协议、大额资本管控以及境内外子投资企业在管理等领域出现的不规范情况，稳妥处置、适时上报。

14）建立并健全合规管理体系，形成全员普遍遵从的合规行为规范，根据领域的重要程度设立专门合规管理体系，并按照法律法规的变化和监管部门动向，适时将对外相关法律合规要求转变为内部规定。

15）构建管理合规风险的综合警示体系，通过全面系统总结企业运营管控过程中出现的管理合规风险，对问题产生的概率、影响范围、可能影响效果因素作出评估，并针对典型性、普遍性以及可能会出现更严重后果的问题作出特别警示。

16）强化合规问题处理，依据出现的问题制定应急预案，并制定了相关对策，进行相关处理。针对重要的合规风险事项，由规范理事会协调主导，规范监管主要责任人牵头，有关监管协调配合，以有效降低经营风险、避免经济损失。

17）建立健全合规审核机构，将合规审核工作视为重大法律颁布、重要事项决定、重大协议达成、重大项目实施等经营决策活动中的必要步骤，并及时对不合规的事项提出调整意见，规定未经合规审核工作禁止进行。

18）加强违法问责，进一步健全对违法活动惩罚机制，明确违法责任范围，细化惩罚标准。畅通群众反映途径，根据反馈的问题和线索，适时开展社会调查，认真追究违法工作人员责任。

19）开展规范制度考核，定期就规范管理制度的可操作性开展研究，对严重或多次发生的合规问题和违法现象，进一步发现原因，健全相应机制，堵住制度漏洞，加强流程控制，不断完善提升。

20）强化合规绩效评估，将合规运营管理状况作为对各监管部门和下属公司主管的年终综合考评，细化评分指标体系。对所属单位领导和主要人员的合规职务执行状况作出评估，并把结果作为领导人员的考评、干部录用、评先选优等工作的主要依据。

21）加强企业合规监督管理信息化建设，利用信息化技术手段优化企业监督管理过程，统一录入并存储企业有关信息。利用大数据分析等技术工具，加强对企业运营管理活动执法合规状况的实时在线监测与风险分析，并进行信息整合和资源共享。

22）形成专业化、高水平的合规管理人员团队，并按照企业经营规模、合规风险管理水平等因素配置合规人员，并不断完善业务培训，以提高队伍管理水平。海外运作的重要地方、重点项目，应明确合规机构并配置专职人员，以切实防止合规风险。

23）注重规范培养，结合法律宣传教育，形成制度化、常态化培养制度，使得员工了解、贯彻公司合规宗旨与规定。

24）积极培养合规精神，采取制作发放合规指南、履行合规承诺书等形式，提高公司安全、效率、守信和廉洁的能力，形成依法合规、守法信用的价值观，筑牢规范管理的理念基石。

25）建立合规汇报机制，出现了重大合规风险事项，合规管理工作的牵头部门和有关部门必须及时向合规管理工作主任、分管领导汇报。重大的合规风险事项，需要及时向国资委和相关监管部门汇报。合规管理工作的牵头单位于每年年底前全面汇总企业合规管理状况，并编制年度报告，经理事会审定通过后及时上报国资委，如图 1-12 所示。

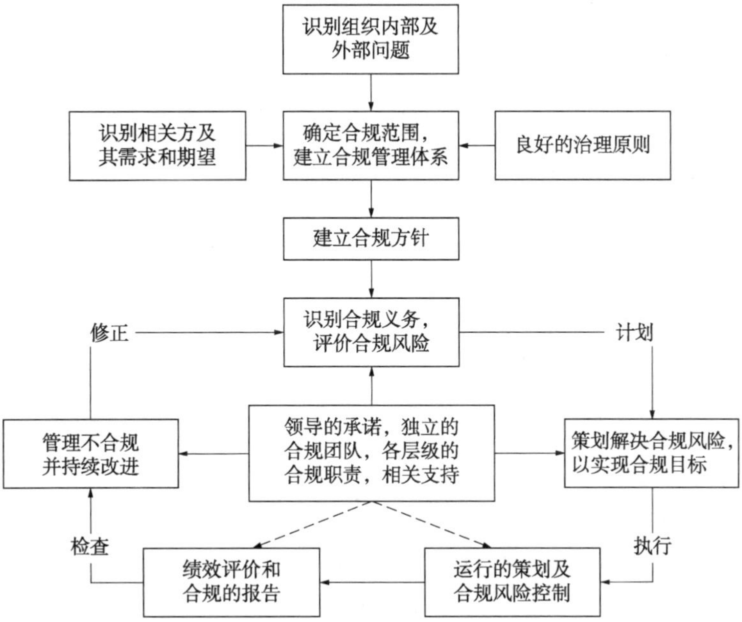

图 1-12　合规管理体系流程

1.3.2 基本建设程序的合规化管理

1. 项目的基本建设程序

项目建设是指一项有组织、有目的的投资建设固定资产的生产经营活动，其目的是发展和改善国民经济及其物质文化生活水平。所以，一切基础建设活动均应当按照基本建设程序开展。

项目建设的通常流程是构思、确定、评价、决策、制定方案、从施工到竣工验收、投入使用。在项目的整个生命周期中，所有工作必须遵循先后顺序，各项工作依次有序地开展。建设工程施工往往被细分成若干个工作阶段，各个工作阶段有截然不同的工作内容，它们之间具有客观的、不可打破的前后次序。因此，建设程序的合规化管理是实现建设项目合规化管理的重要保障。

1978 年 4 月 22 日，中华人民共和国国家计划委员会、国家建设委员会和财政部共同颁布了《关于基本建设程序的若干规定》。规定中非常明确地将基本建设程序设定为八个程序，分别为：①计划任务书；②建设地点的选择；③设计文件；④建设准备；⑤计划安排；⑥施工；⑦生产准备；⑧竣工验收、交付生产。它是我国建筑行业与企业在改革开放中根据当时的基本国情，遵循“有规划，有步骤，有秩序”的根本原则，提出的比较完整的基本建设规划要求。

随着中国现代经济社会的高速发展，各项相关制度和法律法规的不断完善，以及各种与基本建设程序相关的法律法规文件的出台，使基本建设程序的实质性内涵进一步得到了补充完善，从而建立了较为科学完备的基本建设程序，通常分为以下六个重要发展阶段：①立项决策阶段；②勘察设计阶段；③建设准备阶段；④施工准备及建设实施阶段；⑤竣工验收阶段；⑥项目后评价阶段。表1-3介绍了各参建单位在工程建设各阶段的参与程度，其中√代表全程参与，○代表部分参与。

表1-3 参建单位在工程建设中的参与程度

参建单位	立项决策阶段	勘察设计阶段	建设准备阶段	施工准备及建设实施阶段	竣工验收阶段	项目后评价阶段
建设单位	√	√	√	√	√	√
咨询单位	√	√	√	√	√	√
设计单位	○	√	√	√	○	
施工单位		○	√	√	√	○
监理单位	○	√	√	√	√	
检测鉴定单位			○	√	√	○

（1）立项决策阶段

立项决策是针对当前国民经济与社会建设的规划、技术要求和规划条件等，提出项目建设的建议、开展可行性研究、选定施工场地等。

1）项目建议书。工程项目建议书(又称项目立项申请书或立项申请报告)是指工程项目筹建机构或项目管理法人组织，按照当前国民经济的主要发展阶段、全国和区域中长期发展规划、我国行业经济政策、社会生产能力格局、国际国内市场情况等需要，就某一具体建设、改造工程项目提交的有关立项的建议文书，是对拟建工程所提供的框架式的综合建议。所以，项目建议书必须在宏观上阐明该工程项目的需求与能力。工程项目建议书作为建设项目的初始阶段能够为批准单位的最终决定提供重要的依据，从而避免了项目选择上的盲目性。同时，也为下一个阶段的可行性研究工作打下了一定的基础。

项目建议书的内容可能会随着项目内容的不同而出现相应的变动，但通常都必须包含以下内容：①项目提出的必要性和依据；②项目使用的功能条件、拟建规模以及对兴建地的最初构想；③工程条件、国际协作关系等的初步分析；④工程资金预测与投资筹集设想；⑤工程项目的施工时间初步安排；⑥工程经济性、社会效益与环境效益等的预测。

2）可行性研究。在项目拟建前，政府须利用各种科学技术手段，来论证项目在技术上是否可行、在财政上能否盈利，以及在建设项目的整个生命周期中对周围环境的影响是否被限制在一定的范围以内等，以便判断该建设项目的可行性和选用何种方案等，为政府投资决策部门提供了科学合理的根据。

在对项目进行决策之前，经过对建设项目总体情况的深入研究，将有助于推进建设项目的合规化管理工作，使建设项目的决策工作具有科学性和可信度，从而降低或防止决策的失败，并增加了项目总体的效益。

3）建设地区和地点选择。在决定某项目的具体地址前，既须明确项目的使用区域，又必须对项目的使用位置作出选定。而这两项任务之间存在着某种递进联系。这里，工程区域的选定是指在各个不同区域之间对拟建工程适宜的地域范围进行选定；工程位置确定是指对工程具体的坐落地点进行选定。

建设区域选择需要符合相应的合规化管理要求，具体考虑如下几点因素：

① 项目需满足中国国民经济发展的总体发展战略规划，符合国家产业布局整体规划以及区域经济与社会发展规划总体方案的需要。

② 按照工程自身的性质与要求，对原材料、交通、资金等方面的要求加以充分考虑。

③ 综合考虑气象、地质、水文等可能会对建设项目产生影响的自然条件。

④ 必须充分考虑人力资源要求，对项目现场的生活环境、风俗文化等可能会影响项目的人力因素，作出更全面的考察。

建设地点的选定由该项目的负责人与勘测设计机构和所在地主管部门联合讨论，同时上报有关城市规划主管部门并得到相关单位的批准后确定，一般需要满足下列条件：

① 节约土地资源，少占耕地，以降低项目建设的土地补偿费用；

② 减少拆迁移民数量；

③ 尽量选择工程地质、水文条件较好的地段，以方便施工项目的开展；

④ 有利于合理布置施工区域并实现安全运营；

⑤ 选择交通、物流运输条件及能源、水电供应条件好的位置；

⑥ 减少对环境的影响和污染。

（2）勘察设计阶段

项目的施工勘察工作，是指按照工程项目施工的实际需要，对与工程相关的区域地质、环境特征、岩土施工要求等作出检查、分析和评估，以及撰写有关施工勘测文件的活动。按照国家建设项目合规化项目管理的有关规定，工程勘测主要涉及国家建设项目的工程测量、岩土施工、水文地质勘测和环境地质勘测等工作。其主要目的是对地形、地质和水文条件等影响工程项目施工质量的主要原因进行测量、勘查、检测和综合评价，并提出工程可行性研究评价报告以及施工所必需的勘测结果。

施工方案设计，是指按照国家建设项目合规化的有关规定，对建设工程中涉及的科技、经济、人才、环保等诸多因素加以综合考虑，并撰写施工方案设计文档的行为。建筑工程设计应用工程技术原理和经济设计方法，依据现有的工程技术规范，对新建、扩建、改造等建设项目的建筑工艺，土建工程、公用工程、环境工程等方面作出全面设计，内容中应当包含非标准设备设计原理和经济设计方法，并同时提交作为工程基础设计的技术文档和图样。

由相关机关审核的可行性文件以及建筑单位提交的建筑设计基本信息都是撰写建筑

设计工作的基础。按照有关合规化工程设计的规定，整个施工设计阶段一般包括实施方案工程设计、前期工程设计以及图纸建筑设计三个阶段。

（3）建设准备阶段

建设准备阶段的工作重点是业主单位为满足后续各项施工要求而做的工程项目报建、施工现场、施工队伍等方面的管理工作。按照有关合规化项目管理的规定，项目的业主单位必须进行包括土地申报、拆迁、安置、建设工程招标、申办建筑工程规划许可证等各种前期准备工作，包括对建设项目施工企业、监理方等企业的招标工作。因此，建设项目准备阶段的主要内容包括以下四个方面：

1）用地申请。一切机构、团体或个人，如在施工活动中必须占用国有土地的，应当依法向相关县或以上的国土管理机关进行申报；经审查批准的建设工程如需利用国家重点建设项目土地的，建设单位必须持有相关资料，向有批准权的县级以上人民政府或国土行政主管部门提交土地使用申请书，由相关行政主管部门审查，并报经本级政府批准同意。

2）土地征收、房屋征收。土地征收的行政主体是国家，土地征收的主要目的是实现国家公共利益的正确配置，国家通过给予农户或者乡村集体经济组织相应的报酬之后，将农户所共有的农村土地全部收归国有的行为。

按照企业合规化经营的有关规定，拟出让土地所需要的土地征收安置补偿应已到位，无其他经济纠纷，基本符合项目动工的基础要求。如不符合有关要求，严格禁止转让。

3）工程发包。工程招标，一般是指由工程建设单位对拟建的工程采取某种法定程序，或者以其他方法吸引工程的承包单位竞争，并根据竞争单位的各方面条件，择优选择适合的承包单位。建设项目采用招标投标管理方式的主要优点就是可以合理压缩建设工期，在确保质量的前提下减少建设项目的总体费用，从而达到增加建设项目总体效益的目的。

根据建设项目合规化经营的国家有关法律法规规定，在建设项目发包的过程中，应当按照《中华人民共和国招标投标法》与《中华人民共和国招标投标法实施条例》的相应规定，对在中国境内开展的重大基建项目，公用工程和关系中国社会公益、重大公众健康建设项目，全额或部分采用国家投资或非国家投资形式的建设项目，采用国际机构及外国政府贷款、援助形式等的建设项目，还有在此基础上的勘察、工程设计、执行、监管和与工程密切相关的重大机械设备、物资等的建设项目都需要实行投标模式。若按照本法确定应当实行公开招标的而又未实行公开招标的，或是将工程采用“化整为零”及其他方式规避招标的，还应依据相关法律对企业及其直属领导人员的主管部门负责人和其余直接责任者予以行政管理处罚。

工程项目的招标方法大致分为三类：公开招标、邀请招标和协议招标。我国常用的招标方式有公开招标和邀请招标，协议招标不属于我国法定的招标形式。

4）许可证办理。按照合规化管理的要求，建设项目需要办理三类许可证。第一类是工程建设土地城市规划许可证，这类许可证是城乡建设规划主管部门证明工程地点或者区域符合城乡建设规划条件的合法依据。第二类是项目城市规划许可证，这类许可证是指由城乡建设规划主管部门依法颁发的，证明该项目具备城市规划条件的法律依据。第三类是房屋项目施工许可证，这类证照是建筑施工机构开展工程施工的法律依据，也是房屋产权登记的重点依据之一。这三类证照是项目开展施工的关键法律依据，也是项目合规化施工过程中必须着重处理的证件。

（4）施工准备及建设实施阶段

建设准备完毕后，进入项目施工的准备阶段，建设单位必须依据有关的法令和制度与施工单位签订项目施工协议，在组织、经济、技术、人员、原材料、设备、水电等方面做好有关的准备工作，以确保工程可以在约定的日期开始建设。

在实施阶段，建设单位需要按照合规化管理的要求，完成各项前期准备工作，并签发开工报告。随后，工程进入实施阶段，直至竣工。在建设项目的实施过程中，施工机构的主要工作涉及项目工程施工的控制、工程质量管理、安全控制、项目变更和签证控制、项目结算和工程款支出控制等，主要目的是保证项目的实施和工程质量安全。

（5）竣工验收阶段

竣工验收一般作为建设项目工程中的最后一环，也是工程的合规化管理中十分关键的一环，其目的是整体评价施工效果，并对项目的施工效果进行审查。竣工验收的结果决定了建设项目能否投入使用。项目的设计完工后，建筑承包单位必须向设计部门出具检验文件，并按程序进行施工竣工检验。对实施监理的项目，必须向总监理工程师提供项目验收文件。设计单位在收到检验申报书后，必须按照工程规范化控制的规定，对已达到竣工验收要求的建筑工程，由勘测、设计、施工、质量监理部门等单位共同组成验收组，并提出检验建议。对大型工程或者情况特别复杂的建筑工程，也必须按照实际需要聘请相关专家共同参加检验。同时设计单位还必须于建筑施工完成后检查和现场验收期限七个工作日前将验收的日期、具体地址和验收组名单以书面形式告知该项目的工程质量监督机构。

（6）项目后评价阶段

建设项目的后评价指的是建设项目竣工投产，并运行一段时间以后，企业重新对工程建设的立项决策、设计施工、竣工投产、生产运营以及工程建设整个生命阶段作出系统评估的一项社会管理行为，同时也是企业在项目管理中实施控制的一个主要部分。进行项目后评价可以总结经验，吸取教训，根据情况提供相应意见并针对相应情况适当作出改进，不断提升项目管理能力和项目效益。

2. 国外建设程序

一般常见的国外工程项目建设程序，是在最有利于实现投资项目建成的前提下建立的。其建设程序见图 1-13。

建设程序的阶段性工作主要分为如下三个阶段：

（1）机会研究

建设项目的机会研究专指项目投资机会研究。建设项目机会研究的主要目的就是用来分析对建设项目投入的必要性、风险和它所能够产生的效益，为投资者筛选建设时机。

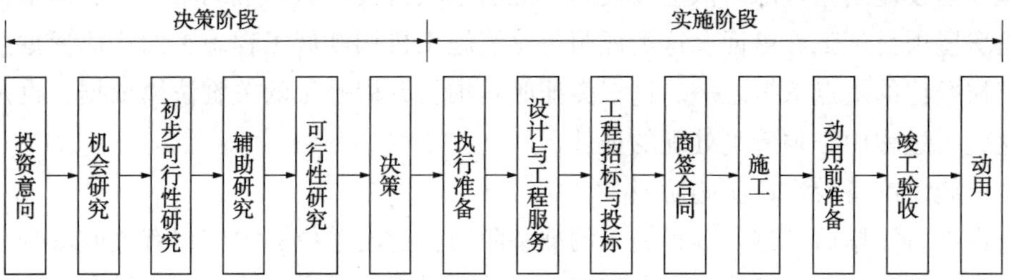

图 1-13　常见的国外工程项目建设程序

建设项目机会研究的具体内容会随着项目性质的不同而有所区别，但通常都会包括如下内容：市场需求预测和调查、环境资源条件调查、宏观经济影响因素调查、市场发展趋势预测和投资建议等。

（2）可行性研究

发达国家一般会将可行性研究放在建设项目程序中非常重要的位置，并且会安排得比较具体和细致。整个可行性研究工作一般分为三个阶段展开：初步可行性研究、辅助研究和可行性研究。

1）初步可行性研究的实质是机会研究向详细可行性研究转变的过程。初步可行性研究的最主要目的就是确定项目在大体上是否可行，同时也为下一步研究确立研究方向。

2）辅助研究是指专题性研究。它既可以和可行性研究同步进行，也可以在可行性研究以前就进行相关研究。在必要的前提下，辅助研究还可以成为在可行性研究之后的一个补充，又或者针对一个更复杂的课题进行专题研究。例如建设项目选址问题、规模大小问题以及服务对象问题等。

3）工程可行性研究的最后一个过程是对项目整体情况作出全方位的技术经济论证，以便为建设项目投资决策提出合理、可信的根据。所以，研究的深度与广度必须充分满足可以进行有关决策的条件，同时必须有多种方法间的比较选优。比较的具体内容也会随着工程的不同而存在差别，但通常会涉及工程规模、资金使用预测、工程施工计划、施工管理和费用控制、资金估算、工期控制、财务管理与经济评价等。

企业方依据可行性研究的结论，对建设项目进行相应的决策，并制定建设的规划和基本建设实施方案。

（3）执行（实施）

项目业主方作出相应的决策后，工程便进入决策实施阶段。这一过程的具体内容包括项目执行准备、方案设计和施工准备、项目招标阶段、商订项目总承包合同、施工、竣工及验收。

1）执行准备。执行准备的有关工作包括建立执行组织机构、筹集资金和购买土地以及制定方案，并对后续建设和项目咨询招标等环节进行相关准备。

2）工程与设计服务。通过工程与设计咨询招标，由业主单位委托有相应资质的工程设计与咨询服务机构开展建筑设计与施工咨询。

3）工程招标。国外的建设项目程序中，通常都非常重视工程招标。国外的业主方普遍认为市场竞争机制在项目建设中起到了至关重要的作用，在很大程度上决定了项目的成败。因此，国外的业主方都会给予工程招标极大的重视。

4）商签合同。签订合同是工程招投标结束的标志。合同签订意味着该项工程已选定工程承包人，合同价格、工期、质量标准等也相应确定，标志着施工阶段即将开始。

5）施工、验收和动用。施工阶段是建设项目过程中持续时间最久、最为重要的阶段之一。在验收阶段开始前还需要进行必要的动用前准备工作。

1.3.3 建设实施过程的合规化管理

1. 现场准备的合规化管理

为有效地保证工程可以及时、顺利地进行施工，工程设计人员必须在开始之前就做好施工现场的准备，具体实施工作内容有设置围蔽工程、申请临水临电、现场查勘以及场地清理、组织详勘、“三通一平”的施工等。

（1）设置围蔽工程

围蔽工程指按照国家建筑项目文明施工管理的相关规范而必须设置的建筑保护挡墙，其主要目的是为促进建筑工地、施工现场的绿色建设工作，并改善城市建设及施工现场周边民众的生活环境，同时提高城市的整体面貌。《建筑施工安全检查标准》中对现场围挡建筑提出了最低要求，但各个地方的城乡建设行政主管部门也可以因地方城市建设管理需要，对围蔽工程的具体规定进行调整。为此，施工单位应当积极并主动和有关政府部门做好协调，以及时了解围蔽工程的相关规范并符合有关规定。

（2）申请临水临电

按照《建设工程施工合同》中的相关要求，工程业主方应负责保证施工所必需的设施，包括但不限于：将现场供水、供电、通信线路等施工所必需的设施与相关设施同时接至施工现场；申请临水临电的，业主方要审慎判断项目临水临电的使用能力，需要熟悉项目申请的手续、程序和相关手续的处理时间。

（3）组织详勘

取得总规批复文后，土建施工单位工程部即可组织施工勘察单位的施工人员入场，对严重妨碍详勘钻孔工作的障碍物，须及时组织人员清除，以免影响后续施工进程。勘测单位在进行勘测工作时应按照建设单位所提出的详勘方法，在总规图纸上的坐标点定出空位。每个钻孔工程应当由两名或者两名以上监理人同时进行验收工作，并在验收笔录上签名，及时归档。

（4）三通一平

三通一平指的是项目在启动时所需要达到的基本前提条件，具体内容包括：水通工程（给水）准备到位、电通（施工用电接到施工现场，具备施工条件）准备完毕、路通（场外道路已铺到项目周边出入口处，符合机动车通行要求）和场所平整（场内基本平整，无须机械设备平整，人员简易平整后即可进入施工阶段）。项目正式启动之前，项目部主要指导施工单位开展现场施工前的“三通一平”。以下提出几点施工现场准备的合规化管理建议：

1）建设单位应按协议规定进行“围蔽工程、临水临电、现场查勘及场地清理、组织详勘、三通一平”的准备施工工作，为工程单位进行建设创造必要的条件。

2）围挡封闭阶段，务必及时与当地的施工监理部门交流情况，熟悉当地围护墙封堵方法和高度规定，以防止因围蔽措施不合规而导致在后期的施工许可证办理流程中安监人员踏勘现场时无法通过。

2. 工期的合规化管理

对工期实施跟踪管理，是建设工程合规化管理的三个最重要的管理内容之一，它和质量以及工程成本三者共同体现了建设工程的执行和实施状况，是一个综合性指标。对工程施工进度实行有效管理的主要目的是确保工程能够及时完工，并节省工程工期总成本。对施工进度进行管理，不仅需要合理安排建设规划，还必须对诸多的其他因素，例如劳力耗费、施工方法、资源供给、时间管理等加以综合考虑。所以，建筑施工单位都必须以约定的工期为主要目标，并以工程建设协议中明确的施工组织计划和施工进度规划为基础，结合具体情况制定对建设单位的工程建设整体计划进行管理规划和阶段性施工进度管理规划。

（1）工程施工总进度控制计划的编制

建设单位工程部要按照建设项目总的综合开发计划和由施工单位共同编制的建设项目工程施工总进度规划，制定建设项目工程施工的时间管理规划，以作为制定各部门施工进度规划的依据。

（2）阶段性施工进度管理方案的制定

待图纸通过审查，总包方进场后，按照工程施工方案分阶段编制。该工程必须确定各分部施工的起止日期，明确分部施工的衔接，并能根据施工单位的约定工期实施合理管理。

为了保证工程能够如期完成，建设单位在工期管理中应承担如下义务：

1）合理制定工程工期规划。

2）办理工程施工必备的法律手续。

3）提供施工场地及施工条件。

4）施工图纸及技术资料的提交。

5）按约定支付工程预付款和工程进度款。

6）组织设计交底和图纸会审。

7）及时提供所需的指令，批准。

8）设计变更等造成的时间变更，可通过协商确认对原时间的影响。

为完成工期的合规化管理，应该满足以下几点：

1）不提无理的时间要求或擅自缩短时间。建设周期定额法在施工前期通常用作建设项目评价、决策和设计等阶段按照合理周期进行设计的方法依据。施工单位应当按照有关项目的时间规范合理计算时间，但缩短的时间天数不能大于设计定额时间的20%，超标者应当在招标文件中明示提高赶工费。但原则上，缩短工期时间不允许超出30%。

2）为保证施工任务如期完成，施工单位须按照合同承担保障工期的全部义务，以保证工程承包方达到合理、合法和经济性的施工前提。如申办建筑工程规划许可证，需按规定提交经审查合格的建筑图样，按规定缴纳工程进度款等。

3）在工期管理过程中，建设施工方提出的工作方案需要建设施工方责任人签名或盖章，并由工程监理单位经审查签章确定后再递交给建设企业，以成为对工期反索赔行为的证据，以避免在工程后期无法以合同对施工方实现有效约束。

3. 材料的合规化管理

建筑材料的质量合规化管控包括对原料、成品、半成品和结构件等的质量控制，建立完善的建筑材料管理台账，并认真进行收、存、发、运等各环节的技术管控，以防止混料、误用材料以及把不合格的原料、构配件等用于建筑上。作为建设单位，首要的工作就是进行建筑材料的规范购买和建筑材料进场审批，并且利用自身的规章制度和管理办法，使得监理单位可以在建筑材料的各个环节中起到相应的作用。对建筑材料的监管过程如图 1-14 所示。

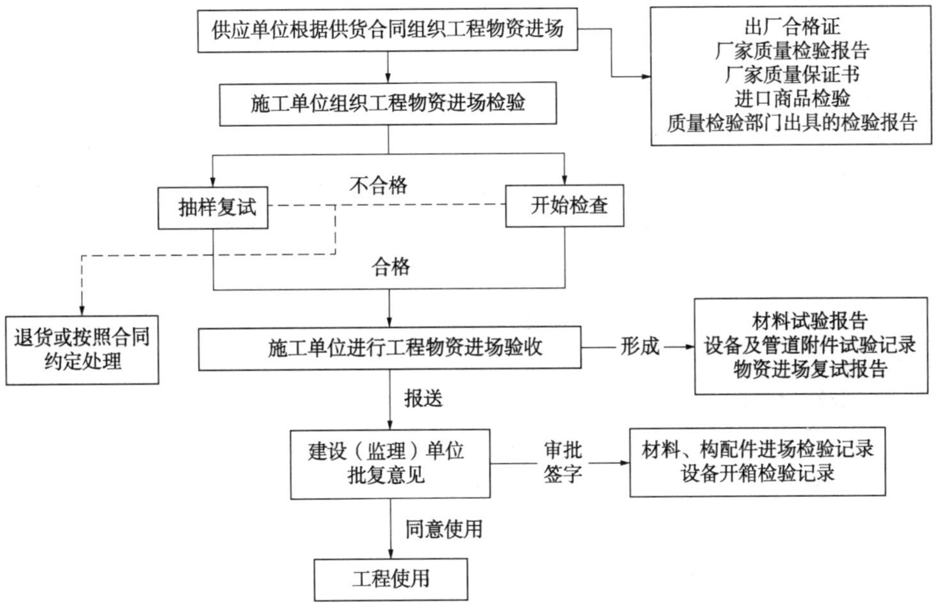

图 1-14 建筑材料管控流程

为完成材料的合规化管理，应满足以下几点：

1）开展入场验证工作，检查项目包括入场产品外观质量检验、入场产品质量保证书、入场材料产品名称、品种型号、产品质量指标等与设计条件、技术规范的相符度。加强产品入库的取样检查与封样工序，对重点材料进行封样，入库时对封样样品进行核对，确保产品的质量。

2）对于施工单位而言，直接提供主要建筑材料能够更好地管理供货渠道，从而有效减少施工单位在主要建筑材料购买过程中获取差价的情况，既可以提高材料数量和质量，也可以减少工程造价，还能够管理工程进度。但是在实际中，有些建设单位及项目经理为自己利益，利用业主单位的强势地位，提供或强制施工单位采购不满足强制性国家标准的建筑材料，从而严重破坏了建筑市场秩序，为建设项目带来了巨大安全隐患。所以，在施工单位内部就应该建立有效的合规化监督机制，尤其对于政府采购部门以及具体的采购人，应该建立第三方监管部门及监察员机制，以保证所购买的建筑材料达到国家标准。

3）建设部门应当指派有关项目监理部门定时对建筑材料实施抽检，并有意识地与施工单位项目管理人员通过访谈等手段了解驻地建设施工单位的有关情况。把隐患消除在萌芽阶段，保证所使用的建筑材料符合强制性标准。

4. 施工质量的合规化管理

质量是工程建设管理的基础，是工程建设的主脉，贯穿工程建设全生命周期的各个阶段。建筑施工的任何一个部门，在所有环节都应当严格实行质量控制，才能确保全部施工质量。为此，必须建立提高施工质量的规范化管理体系及技术方法，在工程实施活动中坚持以预防为主的基本方针，强化工程质量检验与考核。以下是对工程质量合规化管理的一些建议：

1）注重“宏观管理”，轻视“微观管理”。在工程建设中，建设单位通过建立健全的工程质量负责管理体系、工艺审核管理体系、现场人员会议管理体系、过程监控管理体系、实地质量检验管理制度、质量统计报表制度、质量事故上报和处置规章制度等一系列合规化管理，来减少领导“拍脑袋”型的规章制度。而这些宏观型的规章制度将在工程质量管理中发挥越来越重要的作用，所以设计部门从宏观角度对一些保证工程质量安全的管理体系和工程质量负责管理体系进行完善，同时督促检查监理机构和施工单位对这些质量管理体系严格落实。另外，在微观管理方面，要认真深入项目建设的全过程监管中去，对部分重点项目的重点部位实施旁站监管，与监理机构通过检测、计量和测试的方式抽验产品质量，切实实现宏观管理与微观管理的有机结合。

2）重视对人的质量控制。人是项目建设和项目管理过程中最直接的参加者，各种不同角色的人对项目工程质量有着不同程度的影响，工程管理者的技术水平和素养直接决定着工程项目品质的高低，员工的技术和工作态度关系着项目工程建设能否顺利完成。为此，建设单位应该严格监督和指导施工单位建立完善的一线职工教育、技术培训机制，并定时进行职业技能训练。同时着重培育施工人员的安全意识和工作责任意识。

3）图纸设计的评审是提高质量的一个重要环节。施工单位必须按照《建设工程质量管理条例》第十一条的规定，严格执行，以保证图纸设计的规范性，进而为施工质量的合规化管理奠定基础。

4）在施工过程中，建设单位对于施工单位所提供的调整施工方法的合理性意见应予特别注意。尤其是当客观条件变化，造成原来的工程建设方法不再适合的情形发生时，就应当协调设计、施工、监理等诸多责任主体共同商讨对策，而不得以采用何种施工方案与建设单位无关为由不闻不管，为工程后期的质量问题埋下隐患。

5）施工人员必须严格依照工程标准执行，检验施工规范，并坚持质量第一原则。

6）工程建设单位必须设置质量管理部门承担质量监督管理机构的质量监督管理任务，或者成立工程部质量监督检验队伍全面承担建筑工程质量的监督检验任务。若工程建设单位不符合成立此类组织的要求，也可委托工程建设管理机构进行专业化工程质量控制业务。

5. 安全的合规化管理

工程建设质量安全监督管理是指由工程建设的政府主管部门、国家工程安全监管机关、施工单位和相关机构对施工经营活动中的质量安全作业实施规划、监督、指导、管理、监察等相关的质量监督管理行为，其目的是维护国家建设工程的质量安全和施工安全，保障社会公众的生命、财产安全。

《建设工程安全生产管理条例》第四条明文规定，建设单位、勘察单位、设计单位、施工单位、工程监理单位及其他与建设工程安全生产有关的单位，必须遵守安全生产法律和法规的规定，保证建设工程安全生产，依法承担建设工程安全生产责任。另外，《施工单位工程项目主管安全责任八项规范》中还明确提出了工程建设单位项目管理责任人应承担八大领域的工程质量安全职责，其中一个重点便是维护质量安全管理及其工伤利益。而维护产品质量保障工作的前提条件则是要求施工单位必须执行严格规范化的产品质量管理，在施工过程中做好产品质量安全控制。

为完成安全的合规化管理，应满足以下几点要求：

1）签订安全合同是建设单位对已发包工程项目实施安全监督管理和经济控制的主要手段。在投标单位中标后，工程建设单位须和承包商签订安全合同，以确定各方的安全责任与义务；确定发生安全事故后，明确各方应当承担的主要经济责任；确定安全奖惩规定，以及安全施工保障金的提取。因出现人身伤害或者存在安全隐患，所产生的罚款均从保障金中扣缴。

2）在项目基本建设中，由于承包方经常将所承包工程中的特定工程实行转包，因此在建筑施工中使用外包工队伍和临时工的情况也日渐增加，这就加大了建设工程安全性合规化管理的难度，同样也给施工单位的安全管理工作提出了更高的要求。因此，应极力避免承包人在施工转包时利用包工团队和临时工而产生的“以包代管”等情况。

3）承包方不仅要做好自身的安全教育工作，还需按照工程施工的实际特点和设备施工的具体特点，组织员工开展针对性的安全技术培训。《建设工程安全生产管理条例》还规定，建设工程施工企业的安全生产管理必须有专门的安全技术审查体系，要和项目内各有关单位一道对工程项目的施工过程实施全方位安全把关，统筹协调工程安全管理，以减少生产中的不安全因素，在专业技术上提高工程的安全性。提升施工人员的专业技术水平，切实实现施工安全技术交底完全，对施工作业设备实行班前班后检测，工人严格持证上岗，定期开展安全生产教育培训和新员工上岗前技术培训。

4）在建设工程招标中，把建设工程的安全技术措施及相关的收费作为建设工程招标的一项条件写入招标文件中，由投标方在投标文件中确定安全技术措施及相关的收费。在现场施工中，只有执行了投标书上的约定并取得了预想的效益，由施工单位证明后方可交纳一定的安全保障设施费用。

5）施工机构要适时对施工单位的主要施工方法、主要安全工艺方法进行审查，审查程序必须严谨、合理，不得流于形式。进行施工现场的垂直搬运、吊装与提升机械须经检测机构检验合格并经国家工程行政主管部门批准后方可投入使用。

1.3.4 建设项目成果的合规化管理

1. 竣工验收的合规化管理

(1) 竣工验收的概念

建设项目的竣工验收是指由发包人、承包商和建设项目竣工验收委员会按照国家建设项目批复的工程设计任务书和工程设计文件，以国家或部门制定的工程建设检验标准和质量检验规范为基础，遵循必要的程序和办法，在工程实施的试生产中检查合格，并对工程的总体设计实施检查验证、综合评估与鉴定的活动。它是工程投资成功进入市场或使用的重要标志，更是工程全面考评投资收益，检查工程建筑设计与施工质量的关键。竣工验收一般分为建设项目竣工、规划、消防、环境保护、节水、防雷设备和保安设施等专项验收。

(2) 建设项目竣工验收

竣工验收是建设工程的最后一环，所以只有在符合相应要求的前提下，建设项目方可进入竣工验收环节。根据国家有关法律和条例的有关规定，建设项目应当符合有关施工质量标准，有齐全的技术经济材料和经签字的质量保证书，以及符合国家要求的其他竣工要求方可提交竣工验收。竣工验收必须符合下列要求：

1) 完成设计和合同规定的所有任务。

2) 有工程勘察、设计、施工、项目监理等机构分别签字的工程质量认可文书。

3) 有健全的施工技术文档和施工技术质量管理资料。

4) 包括了建筑工程中所用的材料，以及施工构配件和机械设备的进场试验报告，另外还有质量检验和功能性测量的资料。

5) 施工单位已按照协议规定交付工程款。

6) 有与施工单位签订的质量保证书。

建设项目竣工验收流程如图 1-15 所示。

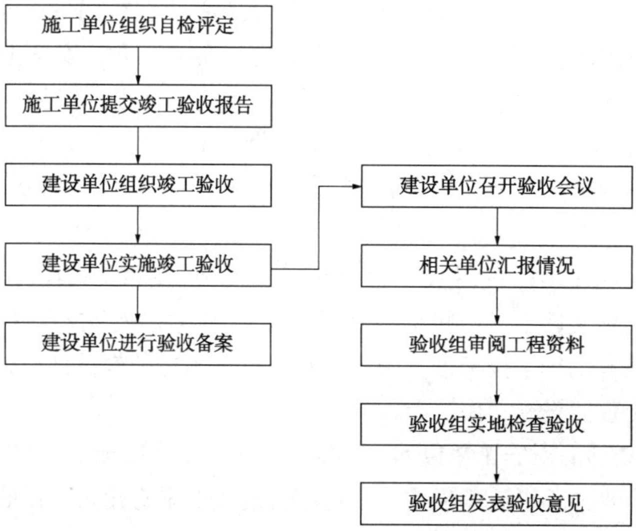

图 1-15 建设项目竣工验收流程

(3) 建设项目竣工规划验收

依照《中华人民共和国城乡建设规划法》的有关规定，由县级及以上地方城乡规划主管部门依据国务院政府法规对建设工程是否达到城市规划条件进行核实。其中，如果没有审核或者经核实未达到城市规划条件的，设计单位将无权进行竣工验收。各地人民政府也对这些相关条款进行了具体规定。

(4) 建设项目竣工消防验收

根据《中华人民共和国消防法》相关要求，国务院公安部门规定的大型的人员密集场所以及其他特殊建设项目竣工，设计部门必须报公安消防机构申请开展消防技术审核。根据《建设工程消防监督管理规定》，施工单位必须向驻地公安等消防部门办理灭火验收，而办理灭火验收的单位必须提供以下资料：

1) 建设工程消防验收申报表。

2) 项目竣工验收报告和有关消防设施的项目验收图。

3) 消防产品安全合格证书。

4) 具备防火性能要求的建筑施工构件、材料、装饰材料达到国家标准及行业标准的证明文件、出厂合格证。

5) 消防设施检测合格证明文件。

6) 施工、建筑监理、检测机构的合法身份证明和资质等级证明文件。

7) 建设单位的工商营业执照等法定身份证明文件。

8) 法律、行政法规规定的其他资料。

竣工消防验收是工程专项检验中最为严格的一次，施工单位必须提早三个月进行自查，以防无法按时提交建设成果，进而带来巨大损失。

(5) 建设项目竣工环保验收

按照《建设项目环境保护管理条例》的要求，项目工程竣工后，总设计单位必须立即向批准该项目环境影响报告书和环境影响报告表的国家环境保护行政主管部门申报，并对该项目的环境基础设施实行施工竣工检验。而环境基础设施竣工项目检验，也必须与项目主体工程的完成后检验工作同步实施。其中，对必须实行试生产的项目，设计部门必须在工程完成预生产之日起三个月内向上述环境行政主管部门申报对该工程配套使用的环保设施竣工验收。对分阶段施工、分阶段开始生产和应用的工程，所配套的环保设施必须按时验收。

环境保护行政主管部门必须在收到环境保护基础设施完成后的检验申请书之日起三十日内，完成检验。检验通过的，该项目可以开始投入生产或应用；如该项目要求配套修建的环境基础设施尚未完成、尚未检验或检验不通过，主体工程不能投入生产或应用。

(6) 建设项目竣工节能验收

根据国务院制定的《民用建筑节能管理条例》，建设企业在通过建设工程检验，必须对民用建筑工程是否达到了民用建筑节能的强制性要求予以核实。其中，如果未达到民用建筑节能强制性要求的，不能提交竣工验收许可文件，或者由县级以上地方政府建设主管部门责成改正，或者处以民用建筑工程履约价格百分之二以上百分之四以下的市场经济罚款；构成经济后果的，应负担补偿责任。

（7）建设项目竣工防雷验收

根据《雷电防护装置设计审查和竣工验收规定》，新增、改造、扩建工程项目的防雷装置应当与基础工程项目同时建成，同期实施，并同时使用。防雷装置未经竣工验收或竣工验收不合格的，不能使用。项目建设单位在进行竣工验收之前，必须通知气象主管部门，申请验收防雷装置。气象主管部门应当自收到全部申请材料之日起五个工作日内，作出受理或者不受理的书面决定；气象主管部门应当自受理之日起十个工作日内，作出竣工验收的结论。对防雷设施未经相关气象主管部门竣工验收，而擅自投入运行的，按照气象主管部门安全权限要求责令整改，并予以严重警告，最高可处五万元以上十万元以下罚金；给别人带来伤害的，应负担补偿职责，构成犯罪行为的，依法追究刑事责任。

（8）建设项目竣工安全验收

根据《建设项目安全设施“三同时”监督管理办法》，项目安全设施，在生产经营活动中用以防止工业生产安全事件的装备，基础设施、装备、构件和技术，应当与主体工程项目一同设计，一同建造，一同投入生产和应用，即所谓的“三同时”。

国家安全生产监督管理总局还发布了《安全性检验评估指导》，对安全性检验的评价项目和要求作出了规范要求，涉及指导的具体应用范围、安全性检验评估流程、安全性检验评价信息、安全性检验评价结果报告等。设计单位对于必须进行检验的安全设施，必须委托具有相应资格的安全评估单位按照上述导则为安全设施制作安全检验评估报告，该报告由安监部门的有关人员进行审查，经书面审核后由专人进行实地审查，按所述流程，由专家根据安全检验评估报告内容和对安全设施的审查结果给出设计建议，最后由安监部门按照专家建议作出是否通过检验的结论。

（9）备案

国家城市建设项目工程竣工验收实施备案制，即工程建设企业在工程竣工验收后，对检验结论符合要求的必须于十五日内将相关文书报送国家城乡建设行政主管部门审批。施工单位在申请建筑竣工验收备案时，必须同时提供：①建设项目竣工验收备案表。②建设项目竣工验收报告，报告中必须包含工程项目报建时间、施工许可证号、施工图设计文件审核意见，勘察、设计、施工、监理等部门签字的建设工程质量检查合格文书以及验收人共同签字的工程竣工检验结果原始文书，市政设施的相关工程质量检测结果和功能性检验资料，以及审批部门认为必须提交的相关资料。③法律、行政法规规定必须由规划、环境保护等机关颁发的许可证明文件和批准使用证明文件。④法律规定必须由公安消防机关颁发的，对面积较大的人员密集场所或者其他特殊建筑工程验收合格的证明文件。⑤由施工单位签发的工程质量保证书。⑥法律规章规定的还需要提交的其他文书。

以下提出几点竣工验收的合规化管理建议：

1）建设单位与业主订立施工合同时，双方应当注意上述施工合同文本中的默认规定，并在建设施工方向业主交付竣工验收结果后立即提交全部的竣工材料，同时，建设施工方在接受业主交付的检验结果时，也必须在规定期限内进行竣工检验并提供修改意见，否则将直接影响对业主交付竣工检验结果的接收。

2）为防止建设项目尚未验收投资即被工程建设单位直接利用的风险，工程建设单位必须在项目竣工验收合格后再使用相关项目投资。

3）设计部门从工程最开始就注意检查项目的所有手续合规性，严格依法办理各项批准，通过行政许可的程序，以确保所有项目的合规性，并在此基础上保证工程施工的效率，同时也在工程初期就严格依照流程检查所有专项检验的项目，绝对不能疏忽，在确保竣工及验收工作顺利进行的同时确保各项检验工作圆满完成，以避免工程事倍功半。

4）为避免在工程竣工验收符合要求之日起十五日内未能办理工程竣工验收审批的风险，施工单位必须提前准备工程竣工验收审批所必须提供的资料，并于规定日期内进行审批。

5）对行政主管部门勒令停用的工程，施工机构应立即停产并作出适当整改，再次进行竣工验收直至备案使用。

6）施工单位须注意环境设备、安全设备等试运行阶段可能出现的质量问题及其他风险。应在建立合约前将相关损失加以适当分摊。

7）备案制并没有禁止当事人对项目质量进行高出合格等级的约定。因此在与施工单位签订建设合同时，建设公司为保证工程质量，可经各方协商一致后，对工程的质量等级进行协定，并对合格率、优良率等进行具体规定并明确违约责任。

2. 项目竣工结算的合规化管理

（1）竣工结算制度的概念

建设项目的结算是指建设项目完成并在竣工验收通过后，发包方与承包方各方根据工程项目协议的有关规定对应完成的工程项目所作出的工程项目价格的计量、变更与确定。建设项目的施工验收结算主要分为单个工程竣工结算、单项工程竣工结算和项目管理验收总结算三项。其中，单个工程竣工结算和单项工程竣工结算由总包单位编制，发包方既可以自己进行审核，也可委托具备一定资格的建设工程造价咨询公司进行审核。

（2）竣工结算的编制

项目竣工结算一般由业主或经其委派具备一定经验的工程造价咨询专家进行，而制定工程竣工结算标准的主要依据如下：

1）《建设项目工程量清单计价标准》；

2）工程合同；

3）发分包各方执行工程项目中所规定的工程时间以及支付的施工价格；

4）发承包双方在执行过程中，依确认或调整后为最佳的合同价款；

5）与工程设计文件有关资料；

6）投标文件；

7）其他依据。

（3）工程结算的审核

竣工结算后，必须核对以下信息：①合同条款；②建筑设计变更签证工作内容；

③工程量；④合同价款的计算基础；⑤各项费用的计算基础；⑥计算误差。

1）使用国有资金投入建设项目的发包人，必须委托具备一定资格的建设工程造价咨询公司对竣工结算文件进行审查，并必须在接受竣工结算文件后的合同期限内向承包商提供由建设工程造价咨询公司提供的竣工结算文件审查意见。

2）由非国有企业投资建设的工程发包方，在接到竣工结算文件后的规定期限内及时答复，逾期不回复的，依照合同办理，对合同内容未有具体规定的，竣工结算文件视同已被确认；发包人对竣工结算文件存在争议的，可以在答复期间要求承包商提供意见，也可自提出异议之日起的协议期限内，与承包人商定；如果发包人在协议期间和承包人不能达成协议的，也可以提供由建设工程造价咨询公司提供的竣工结算文件审查建议。

3）发包方委托建设工程造价咨询公司进行施工竣工核算的，建设工程造价咨询公司必须在规定期限内完成审核，审核结果与承包商竣工核算不相符的，可提供给承包商，承包商须在规定期限内将同意审核结果及不同意见的说明送交建设工程造价咨询公司。建设工程造价咨询公司在接到提交的纠纷报告后，需重新审核，复核后无异议的，由发分包各方于规定期限内在竣工结算文件中签章确认，全部竣工结算手续完成；经审核后仍有争执的，对无异议部分进行不完全验收核算，有争执部门由发分包各方协商处理，协调不成的，则根据协议中明文规定的纠纷解决途径办事。

业主对发包人所提供的建设工程造价咨询公司验收结果审查意见有异议的，在收到该审查意见后的一周内，可向相关建设工程造价咨询公司和相关行业团体提出协调，经调解不成的，也可根据有关法律提请政府仲裁或向最高人民法院提出诉讼。

（4）工程竣工结算款签发与支付

1）承包商须按照已办理的竣工结算文件，向发包人提出竣工结算款项缴纳申报。该申报中应当包含以下内容：①竣工结算费用；②已交付的合同价格；③所扣留的质量保证金；④应交付的竣工交付费用。

2）发包方应当在接到承包商提出竣工结算款项缴纳申报的七日内进行核算，向承包商出具竣工结算付款凭证。

3）在发包方颁发竣工结算支付证书后十四日内，根据竣工结算支付证书列明的款项向承包人缴纳已支付款项。

4）发包人将根据协议预定的质量保修金额比例，在各支付期所拨付给承包商的进度款及结算款中扣留，直至所扣押的数额超过按工程质量保障的数额为止。

5）在工程保证责任期限结束后的十四日内，工程发包人应当将余下的工程质量保障金全部退还给原承包商。剩余工程质量保障金的退还，并没有解除承包商根据合同所行使的工程质量保修责任和所承担的工程质量保修服务。

6）承发包各方可在协议中规定最后结算款项的交付期限。承包商可根据协议规定的时限向发包方提出最后结算付款要求。发包方对最后结算付款要求存在争议的，可以请求承包人作出调整并提交补正材料。承包人调整后，应当重新向发包人提出调整后的最终结算付款要求。

7）发包方应当于接到最后结清付款申请书后的十四天内进行确认，向承包商出具最后结算证明。

8）发包人应当于颁发最后结算付款证书后的十四天内，根据最后结算付款证书列明的数额向承包商交付最后结算款项。

竣工结算过程中需关注以下几点：

1）注意合同审查，建立标准合同范本。为了避免承包工程合同中内容不标准的问题，在合同制定过程中，设计人员一定要坚持和注意对文件内容的严格审查。要脱离"合同应由成本或业务负有全责"的概念。施工单位和有关人员对于合同条款中的作业范围中的信息要认真审核、斟酌，防止重要信息少填和不填写的情况发生。对条款中关于施工规模、项目要求、工程价格、交货方法、时间、材料、安全、费用、项目计算方式、计量方法的关键规定要进行详尽阐述，经审核后的条款要经过总结修改。

2）建立健全相关规章，用制度约束建设施工企业报审管理工作。建立健全相关规章，是保证工程结算业务顺畅进行的基本保障。这里的规章主要涉及建筑质量、进度、安全、交货、变更洽商、签证、法律索赔等各个方面，并采取制度约束施工单位的做法，如使用"施工单位上报结算造价超出最后确定费用的规定百分比，业主单位可以对施工单位进行处罚"等相关制度条款约束施工单位的报审，这样就能够极大地提高施工单位效率，在流程中有效处理法律纠纷问题，以便于推进最后的结算时间。

3）对工程管理考核制度，施工单位没有专门的技术管理人员，这就必须通过施工管理企业实施监控和施工控制。业主、承包单位、监理三者相互约束，各司其职。在赋予监理工程师以相应的权限，使其合理地履行对建筑质量的控制责任的同时，也通过建设质量管理与评估机构，对监理的结算审计项目实施质量考核，促使监理公司端正服务方式，以良好的精神状态进行现场管理工作，以便实现有效控制或减少工程造价，充分发挥项目价值的目的。

4）注重经营人员职业道德培养。项目的支出与结果影响到项目的效益控制，直接影响到项目收益能力，所以要加强对相关工作人员的业务培训，让他们掌握定额、清单标准的各项相关要求，养成良好的操作习惯。项目造价员的思想素质和专业技术能力，直接影响着工程造价的工作效率和准确水平。

5）加强洽商、变更、签证等工作。洽商、变更、签证必须按照先申请后实施的方式，由各有关机构签署协议后方可进行，防止因一个机构的职责不足引起纠纷。

3. 建设项目质量保修的合规化管理

（1）质量保修制度的概念

建设工程质量保修规定是指建设工程单位自办理了竣工检验登记后，对于在约定的质量保修期限内勘察、建设、施工、运输等各种因素产生的工程质量问题，必须由建筑承包单位进行修理、返工检查或变更设计，由责任方承担并赔偿损失。其中，产品质量问题主要包括项目不符合行业当前的相关技术规范、设计合同和协议中有关产品质量的规定等。

（2）质量保修制度的内容

健全、完备的施工产品质量保证管理体系，对推动施工单位完善产品质量管理体系，保障消费者合法权益有着十分重大的意义。中国的建设法律明文规定了工程建设采用产品质量保修制，并对保修范围和保修期作出了规范。《建设工程质量管理条例》明确了建设工程总承包人在办理项目的施工竣工检验申报时，应该向项目建设方递交工程质量保修书，并明确了工程质量保修书的书面格式和主体内容，同时提出了在工程质量保修书中还应该标明工程建设的产品质量保修范畴、保修期限以及产品质量保修违约的责任范围等。

以下提出几点有关建设项目质量保修的合规化管理建议：

1）对于防控工程没有合格就擅自投入使用的情况，最直接的办法是进行竣工验收，如果从早日投入的效益出发的话，施工单位应该结合实际情况开展工程分段验收。

2）当面对工程移交时工程保修期已满的状况，建设单位应当意识到该项目从竣工检验合格至投入使用将间隔很长的一段时间，因此必须在工程合同中对保修时间的起算日期作出规定，以便切实达到与保修制度相应的社会经济效益。

3）为解决承包单位怠于履行合同维护服务的问题，建设单位可以在协议中作出以下协议：①承包商应在收到保修通知书后二十四小时内完成修理，逾期履行合同维护服务的，承包商应按日向甲方交付相应数额的违约责任金；②承包商不履行合同或因不可抗力等真实状况不能在指定时限内完成修理维护服务的，承包商应告知建设单位，可以选定另外一个第三方单位实施修理，第三方修理产生的其他费用将从施工款或者保修金中予以扣减，不够部分，可以向承包商追偿；③对因承包商未按时完成保修服务所导致的人身、财物等损失，依法由承包商负担赔偿责任。此外，建设单位也应要求承包商在协议中确定承担施工保修的具体负责人和联系方式。另外，也可在协议中具体明确保修信息的送达和传递途径，并应注意留存发放保修通知书的凭证。

4）为防止承包商履行保修义务造成的其他损害，建设单位必须对承包商的保修情况进行严格检验，并在规定日期内告知承包商，并进行有关证书的保管。

4. 建设项目档案的合规化管理

（1）建设项目档案管理的概念

工程档案是指从项目的规划、研究、评价、决定、工程设计、招投标、拆迁、勘测、规划、工程实施、产品筹备、竣工投产、交付及使用等全过程中产生的需要存档保管的文本、图纸、表格、统计、声像等不同类型的工程档案资料。项目档案管理可以分为以档案的管理单位为主体的行政管理，和以工程建设单位为主体的技术管理，本节主要讲述的就是后者，以及由工程建设单位配合项目的建立进程同步完成的对项目档案资料的整理和存档工作。从技术上分析，文件保管工作在项目的建设中是必须就地开始实施，在项目竣工验收后，该项目的文字资料存档与验收工作就应当顺利完成。从主体角度考虑，档案管理的主体是建设工程管理，在项目施工过程中，有关设计机构、工程项目总承包单位、项目施工指挥管理机关、勘测设计机构、施工单位等各主体必须在各自的权限范围内做好工程档案资料的形成、积累、整理、存档和保存工作。同时对属于建设工程管理归档范畴的归档资源，及时收集，移送使用部门。

（2）建设项目档案管理的主要内容

普通楼房的平均使用时间约为50年，重要的建筑物甚至能够超过100年。在建设及使用阶段，对建筑物进行改造、建设或拆迁，以及在建筑物附近开展施工等都必须依据原有的勘测、设计、施工数据。所以，严格控制好基建工程的档案资料，以保证档案资料的完好、正确、安全和合理使用是十分必要的。

按照国家的有关法律规定，工程建设单位有义务根据国家有关档案管理的规定，及时查阅和整理在建设工程各环节形成的文字资料、简历，以完善工程档案。

通常，工程的主要参考资料都是关于勘察、建筑设计、建筑施工单位等的存档参考资料，具体内容包括：①立项依据及批准报告；②征地、勘察、测量、工程设计、招投标、监理报告；③工程申请参考资料；④建筑技术资料和竣工合格文书；⑤竣工图纸。

以下是一些建设项目档案管理的合规化管理建议：

1）与承包方签订合同后，明确了承包方的义务主体，并确定了档案交接的方式与方法，同时由当事双方另行确定具体的档案交接人和联系方式。

2）明确规定建设工程中各阶段承包方应当交接的有关材料，并要求资料管理人员严格记录，将资料交接责任明确到人，避免到时候甲乙双方互相推诿责任。

3）向相关方移交档案资料是建设企业的法律权责，设计企业还需要明确完备的档案文件具体包含什么及其相应的要求，如发生建设工程中借故需要更改文件的情形，应获得相应的审批。

4）在项目协议中具体规定了工程档案资料的提交范围、提供内容、提交的形式、资料交接期限、有关收费、责任的规定等内容，并由各方另行提出了具体的资料交接地点和联系方式。

1.4 风险管理与监督控制

1.4.1 风险管理与监督控制的关系

1. 项目风险管理的概念内涵

（1）项目风险管理的含义

对于项目风险管理，不同组织和专家都各自有着不同的认识。

德国早在20世纪初期的第一次世界大战战败之后，就为重构经济开始提倡项目风险管理这一理念，并重视经营风险的管理、损失的赔偿、损失的转嫁、对项目风险的预防和项目风险的规避和抵消等。美国到20世纪50年代才开始真正实行全面的项目风险管理，而欧盟的几个国家则一直到20世纪70年代初才慢慢开始认可这一概念。美国国防部认为，风险管理是指有效处理经营风险的行为或实际做法，它通常包含了制定风险问题计划、评价风险、提出解决问题的备选方案、监视项目风险变动状况以及记录所有有关风险管理的实际情况。

从系统管理技术与流程的视角出发，项目风险管理体系是一个系统管理与流程活动，是整个项目流程中的有机部分，包含了许多因素，并运用到了很多现代系统工程的项目管理技术与方法。按照美国管理学会的报告，风险管理有三种定义：

1）风险管理是系统辨识和评价危险因素的形式化活动；

2）风险管理是指识别、控制并管理那些可能产生预期之外变化的潜在领域及活动的形式；

3）风险管理是对项目各阶段进行分析，研究危险产生的原因，制定必要措施的管理方法和技术的结合。

综上所述，项目风险管理体系是指由项目机构对工程项目中可能面临的风险作出规划、辨识、预测、评估、处理、监控的流程，是对以科学的项目管理方式进行最大限度安全保证的实际活动的统称。

项目风险管理的宗旨是通过监控和管理项目风险，避免或降低风险，减少或抵消对风险的不良作用，以最低的成本达成对项目的管理，从而确保项目的顺利完成。项目风险管理的总体目标一般包括两个方面：一个是风险出现时的目标，另一个是风险出现后的目标，二者一起组成了风险管理的整体战略。

项目的主要风险来源，风险的产生流程，风险可能的破坏机理，以及风险的危害范围和风险的破坏力都错综复杂，而单纯的项目管理技术或者单纯的工程项目建设、财务、组织、管理工作、教育方法和程序措施均有一定的局限性，无法彻底奏效。所以，风险管理是辨识和评价项目风险，确立、筛选、管控和化解项目风险的组织方式，专案项目管理组织综合使用各种方式、技术手段和工具辅助项目领导者控制项目风险，了解项目发生偏差的原因，并尽量早地作出适当的措施，以较高的效率把项目所有不良后果降低到最小。所以，系统工程风险管理是一门综合型的系统工程管理科学活动，其理论与实践设置了自然科学、社会、工业工程、信息系统科学技术、控制科学技术等众多领域、系统工程风险管理在风险估计与风险评估过程中运用的概率观点，以及数理统计中随机过程的理论与方法。

控制项目风险的方法主要在于对项目组织进行管理的过程中。项目风险管理需要项目组织者实施主动行动，而不是在危险情况出现后进行消极的应对。项目工作者在识别和解决复杂，特点不同的各种危机中，必须纵观全局，把握主要矛盾，创造有利环境，因势利导，将劣势转变为优势，将风险转变为机遇。

项目风险管理的基本方法包括调查研究，分析数据，在必要时还要开展测试或深入研究。只有仔细分析项目本身与周围环境的联系，相互作用影响，才能确定项目风险存在的可能性。

项目的风险管理过程是由风险计划、识别、估算、测评、处理、控制等过程构成的，经过计划、管理、协调等阶段，系统恰当地应用各种科技手段对风险事件作出认识、估算和测评，以及时刻监控项目的进展情况，并注意风险的发展动态，以妥善处理风险事件带来的不良影响。

(2) 风险管理的基本原则

项目风险管理的主要目标是防止或降低项目损失的出现，而进行项目风险管理时主要遵守如下的准则：

1）经济性原则。风险管理者在制定风险管理方案时要以总成本最小化为总标准，即风险管理中必须考虑效益。用最适当、经济的处理方法将管理风险的代价减至最小，利用尽量少的投入，实现企业的安全保证要求。这就需要风险管理者对各种效益与代价作出正确的判断并严格考核。

2）二战的基本原则。即从策略上蔑视，而从战术上重视的基本原则。对某些危险性很大的工程项目，在风险出现以前，对风险的恐惧常常会引起个人心理和精神上的紧张不安，而这种焦虑心情往往会严重影响个人工作效率和抑制个人工作积极性，所以这时就应该采取更有效的风险管理措施，使大家都认为工程项目中尽管存在着一定的风险因素，但风险管理部门早已明确了这些不确定因素，而且已经适当地进行了安置和解决，这就是战略上的重蔑视性。但政府作为项目风险监督管理机关，也必须贯彻战术上重视的基本原则，即认真对待每一种风险原因，以防止松懈麻痹。

3）满意原则。不管采取了什么方式，投放了什么样规模的资金，项目管理的风险是无法被完全控制的，项目风险管理的稳定性只是相对的。所以，在风险管理过程中要容许一些风险，但前提是这些风险不会在很大程度上对项目本身产生影响。

4）社会性原则。工程建设项目风险管理规划与措施，应当顾及周围区域以及所有与工程项目利益相关或受其环境影响的单位、个人等对该项目风险影响的实际需要；同时，风险管理部门还应当全面注意相关方面的各项法令、规章，使工程项目风险管理的每一个过程均具备合规性。

2. 项目风险管理的范畴

通过以上对项目、项目风险和工程风险管理的综合分析可以发现，对于工程项目风险管理，无论从不同类型的工程项目入手，又或者从不同类型的工程风险入手，其研究内涵都是十分丰富而且相当复杂的。所以，有必要对项目风险管理体系作出相应的区域划分。

首先是项目的限制。由于项目风险是普遍存在的，因此项目风险控制与管理也普遍地被应用于各个不同领域，例如军事、产业、技术、工程等，下面将从不同角度阐述适合风险管理的项目。

从项目分类角度，风险管理尤其适用于以下一些项目：

1）研究计划。一些军用型号开发工程，因为具有开发和制造数量大、周期长、工艺复杂性以及产品的小批量化等特点，但执行过程中往往面临着许多不稳定的因素，较常规工程存在更多的问题，因此，对此类项目进行风险管理尤为重要。

2）现代大型建设工程。此类工程项目通常投入较大、建设环境复杂，造成进行过程不稳定的因素很多。另外，一些传统的风险管理手段(如购买保险)在应对这类大规模建设工程项目管理时通常存在着一定的限制，这就导致现代大规模建设项目管理要求更高的风险管理水平。

3）国际承包工程项目管理。在国外，工程建设项目管理是一个跨国的经营活动，往往会牵涉到许多国有企业或参与单位的经营权益，所以在合作中各方并不容易互相了解，容易起冲突和争议，与在我国境内的工程建设项目不同，风险与国内工程项目相比要大了许多，特别在政治和管理等方面都有很大的危险与不确定性。

一是从项目性质上来看，对于具有以下性质的项目尤其需要加强风险管理：技术创新较多、应用创新科技较多的项目，预研条件不完善、技术不稳定等不确定因素较多的项目，项目计划内容不能具体明确的项目，实际投入金额较大的项目，边建设、边实施、边科研的项目，技术合作关系较复杂的项目，受各种原因影响或者被工程业主严格要求的项目，产生重大政治、军事、文化、社会意义影响的项目，特定行为的项目等。

二是对项目风险的限制。工程经营风险中，按形成的因素可分成天然风险、社会风险、经济风险、科技风险和组织风险。对这几类项目管理风险情况进行系统分析后可以发现，对于自然风险和社会风险而言，这类项目风险的核心要素主要包括天灾等意外事件，以及战乱、民族矛盾等社会政治事故，涉及保险学、精算学、社会学和政治学的有关知识、观点和方法，这些都有专门的书籍资料介绍。而项目风险控制主要着眼于工作中的经济风险、科技风险和组织风险。

三是对投资项目风险管控措施的限制。工程风险管理领域的管理措施，与保险公司之间存在着很明显的不同之处：工程风险管理一般强调确定和评估纯粹风险，而向保险公司购买保险则仅仅只是应对风险的另一个手段。而工程风险管理的方式也有许多，一般涉及损失规避、风险自留、风险损失管理、风险转移等，其中保险公司无疑是风险转移的最重要的手段之一，但保险精算理论却已形成了一个独特的体系领域。所以本章主要聚焦于非保险类的风险应对方式，不会对保险精算理论进行深入研究。此外，工程风险管理和安全管理之间也存在着明显的差异，虽然工程安全控制或风险控制也是工程风险管理的重要部分，但是工程风险管理活动主要是在确定并评估危险因素以后，对风险管理方式作出的决策与判断，所以工程风险管理的范畴已经超出了保险与安全管理。并且需要注意的是工程风险管理并不等于应急管理，风险管理的目的是对未来可能发生的不确定事件及危险的主动识别与控制管理，应急管理仅仅是对事件发生后的处理和管控。

3. 风险管理与项目监督控制的关系

风险管理是项目监督控制的一个有机组成部分，是为了保证项目目标的顺利实现。风险管理与项目监督控制的关系如下：

（1）风险管理是项目监督控制的一种手段

风险管理应是对整个项目监督控制的有机组成部分。项目主管必须在项目管理过程中发挥积极作用，保证其所采用的管理方法能够均衡利用项目资源，反映其整体管理思路。传统上，一般是把风险管理作为工程费用估算的技术处理，有时也作为一项独立的工作处理，以区别于项目的其他职能。目前，人们已经认识到，风险管理是对项目进行监督控制的一种极其重要的手段，其任务是要弄清费用风险、进度风险和性能风险的相互关系，其目的是使参与项目工作的一切人员都能建立风险意识，在设计、研制和部署系统时考虑风险问题人人都应负起处理风险的责任。

（2）风险管理是一个系统管理的过程

正规风险管理是将风险辨识，分类与管理行为系统化的一种有效的管理流程。一项有组织的风险管理活动，如果尽早开始规划，经过长期而严密的实施，将会为决策和合理地利用项目资金提供一个井然有序的环境。利用这种有序的流程，项目负责人将可以识别一些不易发觉的或是级别较低的问题，避免这些问题的积聚化，形成更大的问题。

风险的多样化和复杂化也要求建立有效的风险管理流程。企业的各种不同风险之间往往彼此联系，难以分清，有些风险甚至会随着项目发展产生变化。唯有通过完整的控制流程，可以合理界定风险范围，辨识这些问题彼此之间的联系并以此找到关键问题，找出解决问题的合理途径，并始终保持整个计划的一致性。

(3) 风险管理的前瞻性

进行有效风险管理的前提是项目负责人一定要在潜在问题可能出现时就识别它们并提出相应对策，增加风险向有利方面转移的可能性。实现这一原则的基本点是通过分析研究来获取前瞻性的分析结论。

早期识别潜在风险问题，通常包括以下两种事件：一种是与当前项目发展阶段相关的事情，比如考虑如何满足下一次审查的技术放行标准；另一种是关于项目管理未来发展阶段的事情，如某项目由研发向产品生产阶段发展的重大风险事件，经过剖析关键事件，某些经营风险因素就能够被确定下来。为了实现这一步，就需要考虑未来发展阶段可能后果的影响范围和决定这些后果的各种因素，经过风险处理，项目负责人就能尽可能地找出减少风险影响范围的路径。

(4) 风险管理的目标性

从建设项目的费用、效益和质量要求出发，风险管理必须和项目管理的总目标相符，只有经过管理降低了建设项目的经营风险投入，建设项目的费用才能降下来。项目风险管理将风险造成的所有不良影响减少至最低限度以满足项目管理各参与方在成本与管理上的需求。

(5) 风险管理的范围性

项目风险管理的主要内容之一是对项目及项目变更的必要性进行审查。而一项建设工程项目之所以需要被审批并付诸实践，无非是因为城市经济和社会发展对该建设工程项目存在着一定程度上的需求。风险管理借助于风险分析方法，对这种需求变化作出了预估，从而提出行业和社会发展所需要的可能变化范围，并测算出在需求变化时投资项目的盈亏程度，这也为投资项目的财务可行性研究提供了依据。由于投资项目在具体实施中，发生一定程度的变化往往是必然的。变化过后，会产生一些新的不确定性，因此，风险管理的一项任务便是借助各种风险分析方法来确定，预测并评估这种不确定性，为项目风险管理的范围性提供了一定的帮助。

(6) 风险管理的计划性

从专案管理的规划职能出发，风险管理也给项目规划的编制提供了相应的依据。项目规划思考的方向是未来，但未来充满了不确定因素。项目风险管理人员的主要职责之一恰恰是降低在项目管理整个流程中的不确定性，这一职责显然对于增强项目管理规划的准确性与可行性有很大的帮助。

(7) 风险管理的经济性

从项目的成本控制要求出发，项目风险管理人员通过风险调查，提出有多少潜在的意外支出，从而估算出意外开支的多少。对无法避免但可以承担的风险也测算出金额，作为项目支出。这就为在项目成本中列出了所必要的各种成本费用提供了依据。通过这种方法提高了项目成本计划的科学性和现实性，既可以减少由于项目超额而引起的各相关方的紧张，也可以增强各相关方对项目本身的信任。所以，风险管理也是项目成本管理工作的重要一部分，如果缺乏风险管理，项目成本管理工作也就不全面。

（8）风险管理的可达性

就项目的执行进程来说，很多危机都在项目每日的进程中从潜在的可能性变为现实。无论是机遇抑或是经营风险，都会随着项目的进行见分晓。风险管理工作一方面是建立在仔细的风险研究基础上，制定出各项具体的风险处理方法，以便能够在经营风险事故出现后的第一时间就得到有效运用；另一方面则是对项目经营风险进行有效的管控。

4. 项目风险管理对于监督控制的意义

由于科技与社会生产力的巨大发展，项目活动的规模化及其技术创新与组织管理体系的复杂化，凸显了项目的复杂性与艰难性。而身为项目的重要一环，项目风险管理体系对于确保项目顺利地开展，有着非常重要的关键影响。工程项目风险管理体系的设计与推广应用，对工程项目组织有着巨大的实际指导意义，能够以最经济的资源消耗使工程经营风险损失降低到最小化程度，从而可以更有效地保障项目目标的达成。其意义主要表现有以下几方面：

1）项目风险控制能提高项目工程施工决策的科学性、合理性，减少决策的危险程度。工程风险管理采用科学有效的方式，管理和处置各类工程风险，这有助于从事该项目的工程企业降低或减少各类科技风险、决策风险等，同时也对建设工程项目的科学决策、正常运行有着重要意义。

2）工程风险管理能给项目组织者创造安全的运营环境，工程风险管理为处置项目风险提出了各种解决办法，从而减少了项目组织者的后顾之忧，使其全心全意地投身到各类项目管理活动中去，从而确保了工程项目管理的平稳进展。

3）项目风险管理可以保证项目的管理目标能够顺利实现，而项目风险管理的实现则能够将对项目管理组织所存在的风险影响下降至最低限度，并能够在重大风险出现后及时地进行适当的补救，这样就可以帮助项目管理企业提高收入并降低成本，同时获得长期稳健的、持续增长的项目收益，从而确保了组织管理使命的完成。

4）工程风险管理能够推动项目经营效率的提升，因为工程风险管理是一项用最少成本获得最高质量保证的经营手段，它通过合理处置工程风险管理的各项支出，并合理地划分在生产、劳务之间，从而降低了风险开支，同时工程项目风险管理的各项监管手段又使相关职能部门进一步提升了管理水平，从而降低了风险损失，这也就使得项目的运营效率得以进一步提升。

项目风险控制的理论与推广应用不但对一个组织具有重大价值，而且对整个社会的发展都有积极的作用。

① 通过建设项目风险管理促进了中国社会经济建设的发展。但生存环境的剧变，国际竞争的激烈，公共资源的匮乏，使当前的中国社会经济发展建设中充满着经营风险。尤其是随着中国市场经济建设和与全球经济发展的接轨，社会主义市场经济建设要求更

加科学而全面的风险管理。项目风险管理制度，为了减少和控制中国社会主义市场经济建设中的不确定性，进一步规范中国社会主义市场经济活动，对中国社会主义市场经济的发展有着重要积极意义和关键性影响。

② 工程建设管理的资源配置的有效组合，可以改善整个经济社会的资本利用效率，有利于推动国民生产方式的改善。建设工程管理并非被动地承受经营风险，而是主动地防范和管理风险。它能够在较大范围上降低风险损失，同时又对风险损失进行了弥补，从而促进更多的社会资源和金钱向更多需要资源的产业部门流转。所以，它能够抵消或降低经营风险的存在而造成的社会资源和金钱的巨大损失，也有利于推动社会资源和金钱的有序运行以及国民经济产业结构的合理调整。

③ 通过项目风险管理，促进经济的平稳发展。工程风险管理的有效开展，可以减少工程风险给国民经济、社会效益所造成的巨大经济损失和随之形成的各类不良后果，从而促进了企业的良性发展，推动了国民经济平稳发展和经济社会效益提升，而政府各机构则通过工程风险管理，对整个国民经济、企业的顺利运行与持续发展，产生着巨大的社会效益稳定影响。

④ 项目风险控制可以提供一种保证国民经济增长和居民生活安定的社会稳定条件。工程风险管理采取了对项目风险的各种应对手段，给工程带来最大安全保证，从而减少了人类对工程安全性的忧虑，使人类生存于一种稳定的社会发展氛围之中，促进国民经济的增长与民众生活质量的改善。

1.4.2 项目风险监督控制具体实践

本节中，将通过对实际案例的介绍，来深入了解如何完成项目监督控制中的风险管理工作。

某国际机场供油工程是机场的重要配套工程，是为飞机输送血液的主动脉，也是机场长期稳定运行的基础。供油工程指挥部在工程建设中严格贯彻执行上级公司对于工程的各项要求，对工程的各个环节严格要求、提高标准、精细管理。在工程建设中，以“科技领先、智能高效、绿色环保、世界一流”为具体建设目标，以“严、精、细、实”(技术标准要严、工艺设计要精、施工作业要细、过程管理要实)为建设理念，以“开战就是决战、起步就是高潮、目标就是结果”为奋斗方向，坚持最高质量标准，对工程建设的全过程进行精细化管理，达成工程创优的结果，以工程结果是否是“国家满意的放心工程、人民满意的民心工程、自身满意的良心工程”为检验标准，全力打造“精品工程、样板工程、平安工程、廉洁工程”，秉持“干”(精干、想干、能干、会干、苦干、干好、干净)字精神，不遗余力、不计得失、不辱使命地抓好工程建设项目，建成了经得起历史考验的标杆工程，树立了航油工程的标杆形象。

1. 项目概况

(1) 供油工程规模概况

供油工程项目建设内容共包括油库工程、加油管线工程、航空加油站和综合生产调度中心等子项目。

油库工程规划库容约为300000立方米，属于一级石油库，主要建设项目包括航空煤油储罐组（8×20000立方米立式内浮顶锥底储油罐）、底油罐（4×1000立方米立式拱顶锥底油罐）、消防水罐（2×5000立方米立式拱顶平底水罐）、业务楼、油泵房（10×360立方米/小时）、消防泵房及变配电间、清管接收棚、含油污水处理间、隔油设施和事故污水收集池、雨水收集池及其配套的小型构筑物等。

机坪加油管线工程管线总长约50千米，其中DN600机坪加油管线19000米，DN500机坪加油管线16000米，DN400机坪加油管线6000米，安装地井阀、阀门井、各类DBB阀门若干。配套管道监控系统、感应电缆测漏系统、视频监控系统。

第一航空加油站建设内容包括业务楼、设备用房、门房、配电间、管线车库一、油车库及维修间、综合检测及灌油棚等。

第二航空加油站建设内容包括：业务用房、管线车库一、管线车库二、管线车库三、回收罐、雨水收集池及箱式设备间、箱式变电站及其配套的小型构筑物等。

综合生产调度中心总建筑面积约为30000平方米，其中地上建筑面积20000平方米，地下建筑面积7000平方米，建筑基底面积3000平方米。

（2）项目法人概况

某国际机场供油工程作为公司的旗舰工程，在项目法人单位成立前，成立了某国际机场供油工程建设指挥部，全面负责某国际机场供油工程建设工作，并在短时间内健全指挥部的组织架构，配齐人员队伍。

1）可行性研究报告编制。项目可行性研究是指对项目实施的可能性、有效性、技术方案及技术政策进行具体、深入、细致的技术论证和经济评价，以求确定一个在技术上合理、经济上合算的最优方案和建设的最佳时机，是确定建设项目前具有决定性意义的工作。

2010年某国际机场供油工程的预可行性研究报告编制工作正式启动。经过两年各相关方共同努力，项目获得立项批复。2013年下发了《关于某国际机场供油工程预可行性研究报告的批复》。遵循国家、行业经济发展规划、工程建设的法律、法规、政策、标准、规范和规定，最大限度满足安全、环保、健康、节能、减排、节约资源的要求，供油工程指挥部联合设计、各方评估公司全力编制可行性研究报告。至2014年，根据各方意见，共出版《某国际机场供油工程可行性研究报告》2版，为该国际机场供油工程提供了科学、准确的建设决策依据。

2）项目选址。供油工程的正确选址对于机场规划工作意义重大，是保证某国际机场项目建设顺利进行，并取得良好的经济效益、社会效益和环境效益的重要条件。本工程的选址工作本着“节约利用土地、方便工作开展”的原则，充分考虑项目周边环境、资金投入、推进速度、征地拆迁、手续办理等各关键要素，对多地开展了多次细致深入的调研，合理选址，科学布局，切实做到符合城乡规划、符合用地政策，确保规划建设的项目有利于长远发展。

机场油库和航空加油站的选址经历了一番波折，初步拟定了十几种选址方案，逐一分析评估优缺点，经过反复对方案的论证比选，不断与机场指挥部和设计单位沟通，历经三年时间才最终确定选址方案。两个航空加油站对机场的全部机位进行分区保障，保障最远机位不超 4 千米，缩短了油车行驶距离，提高了加油效率；油库地块儿形状方正，方便布局设计，且油库和航空加油站地块儿均位于某市，无某省区域占地，方便各种手续的办理，节省了前期工作办理时间。

不同于以往的由机场统一为驻场单位办理专项评价手续，某国际机场供油工程专项评价手续不再由机场统一负责，首次进行了独立办理。在指挥部的积极协调下，所有可研前置专项评价均顺利通过评审，并随可研一起通过报批。

为确保供油工程尽快开工建设，在项目前期积极开展评估评价工作，具体见表 1-4。

表 1-4　某建设项目审批内容汇总表

序号	审批事项(要件)	批复单位	批复时间
1	环境影响评价批复	环境保护部	2014 年 6 月
2	水土保持方案	水利部	2014 年 7 月
3	节能评估和审查	国家发展改革委	2014 年 6 月
4	社会稳定风险评估(京)	市交通委员会	2014 年 5 月
5	社会稳定风险评估(冀)	省发展和改革委员会	2014 年 6 月
6	地震安全性评价	国家地震局	2012 年 7 月
7	地质灾害危险性评估(京)	市国土资源局	2012 年 12 月
8	地质灾害危险性评估(冀)	省国土自然资源厅	2013 年 3 月
9	洪水影响评价	水利部	2014 年 6 月
10	压覆矿产资源调查(京)	市国土资源局	2013 年 2 月
11	压覆矿产资源调查(冀)	省国土自然资源厅	2013 年 7 月
12	安全条件审查	国家安全监督管理总局	2016 年 10 月
13	职业病危害预评价	国家安全监督管理总局	2016 年 6 月

（3）项目经理部概况

在某国际机场航油工程筹备阶段，公司先后经历了 3 个重要过渡时期，在这 3 个重要过渡时期中，筹备组成员作出了大量而富有成效的准备工作，为公司的正式成立奠定了坚实基础。

供油工程指挥部是供油工程建设的大本营，是供油工程建设的主战场。为保障供油工程指挥部执行能力和管理水平，指挥部建立了“加强矩阵式”的组织结构，通过领导层、项目组、专项组的密切配合，加强对项目的管控。同时，以工程部、技术装备部为班底组建机坪加油管线项目组、机场油库项目组、航空加油站项目组、综合生产调度中心项目组 4 个项目组和 HSE 专项组、工程造价专项组和无损检测专项组 3 个专项组，切实做到目标明确、责任到位(如图 1-16 所示)。

2. 项目监督管理

（1）制度体系

制度建设是项目规范化，合规化管理的前提，流程管理是保证工程精细化运行的关键。供油工程指挥部坚持十分重视内控建设，以制度化、流程化、信息化扎实推进供油工程建设，树立精品意识，打造标杆工程。

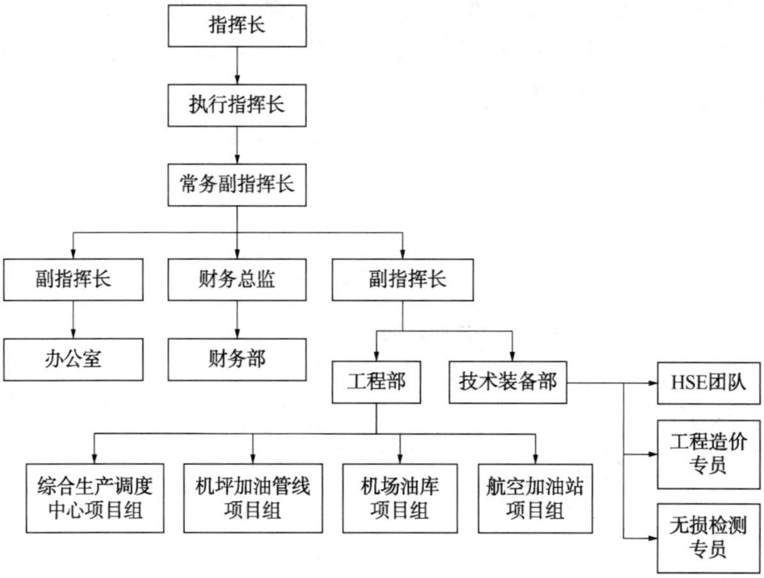

图 1-16　某建设项目组织架构图

内控建设情况真实反映了工程的管理水平，关系到公司是否规范高效运行。某国际机场项目作为公司的旗舰工程，以“精品工程、样板工程、平安工程、廉洁工程”为建设目标，公司紧紧围绕世界观、人生观、价值观这个“总开关”，通过举办廉政教育、集中探讨、读书学习等活动，统一思想，提高了全员对内控工作的认识和做好内控工作的内生动力，营造了做好内控工作的良好氛围。

中国航油系统地制定了一系列相关管理制度，确保工程依法合规开展。同时，定期完善并修订相关制度，确保制度的有效性、适用性和可操作性，使供油工程建设有章可循、有据可查、有人负责。

为严格规范各项工作开展，指挥部根据供油工程特点，明确了各项工作的标准流程，制定了报建流程、招投标流程、合同管理流程、工程款支付审批流程、工程变更流程、工程资料管理流程等，提升了工作的制度化、流程化、规范化；此外，建立了规范的议事决策程序，重要事项须会上讨论、集体决议、明确要求，绝不把内控措施流于形式。通过标准化流程的建立，提升了工程建设的流程化、规范化与合规化水平。

（2）设计风险管理

设计质量是项目的立足之本、生存之本。影响设计质量的因素及风险源较多，主要分为以下四种。

1）违反建设程序的设计，例如，未经规划批准便进行深入设计、未进行施工图审查的情况下出图、未得到有效地质勘查报告即出图等。

2）违反国家法律法规的风险，重点是强制性条文的违规风险。

3）设计错误和疏漏导致的风险，例如，结构计算错误、无地质勘探报告或有误、其他计算错误、制图错误、设备材料选用错误等，往往容易引起工程质量事故。

4）设计深度不足和设计水平不高导致的经营风险，例如，由于设计质量和深度不足导致的工期延误或其他经营风险。

某国际机场作为国家新的动力源，项目设计必须建立在大量的技术数据分析与技术经济论证的基础上，为工程项目提供决策依据。面对某国际机场供油工程的规划设计，供油工程指挥部与设计院和咨询公司签署咨询合同，通过对目前世界上的大型机场、新规划的机场、国内大型机场的研究，对供油工程布局进行了大量调研，总结出一套适合中国航油特色的大型机场的供油设施规模及布局理论，即《超大型机场供油设施布局研究工作报告》。本次研究填补了国内外超大型机场供油工程专项研究的空白。

指挥部以"目标导向、问题导向"为原则，明确分工，职责到位，做好设计管理。从设计之初，编制了某国际机场供油工程设计功能要求，以供设计人员参考，并要求设计单位驻场，方便指挥部与设计单位实时沟通、充分交流，且指挥部的设计标准及要求也能够及时有效地传递，提高设计工作效率；设计进度、设计质量、技术方案等也能够得到有效控制。同时建立健全设计文件台账，着重关注设计文件的全面性，确保设计文件无漏项。

指挥部注重设计评审，设计单位将设计文件移交至指挥部后，在按要求外审的同时，对设计文件也进行内部评审。组织业务骨干按专业对设计文件进行内部审查，从使用功能、编制深度、标准规范符合性以及材料设备准确性、操作便捷性等方面进行审查。审查人员共查阅标准规范及制度共计 100 余本，核对 1800 余项条款，核对 400 余项使用功能，共提出 700 余条审查意见建议，设计单位采纳率达 80%。内审外审相结合不仅能够进一步提高设计质量，更利于指挥部人员充分掌握设计文件，为施工现场管理奠定良好的基础。

在项目设计阶段，指挥部的工作重点从宏观转向微观，着眼于人性化和智能化。指挥部多次组织生产操作人员与设计人员座谈，以了解生产中的实际需求和现有流程中操作的不便之处，从而在设计过程中尽量改善，减少工作量，降低劳动强度。针对过滤器滤芯更换困难的问题，选用了快开盲板式过滤器，并预留了底部排气接口；为方便检修，过滤器组前后采用零泄漏球阀；为减少人工确认浮盘状态，设置浮盘指示器，与液位计联锁，自动判断浮盘是否异常；为减轻现场操作人员的劳动强度，将抗静电添加剂系统和计量标定系统分别合二为一设置，兼顾 2 条管道添加剂和在线标定；为便于站内人员操作和布局美观，2 个末站工艺布置成镜像布置。

在技术方面，指挥部鼓励四新技术的应用。在国内首次采用基于碳氢感应电缆的测漏技术，实现微量航空煤油泄漏在线监测和高精度定位；率先使用柔性阳极阴极保护系统实现管道及储罐防腐；建立一套集中管理系统，对供油工程指挥部航油保障的全过程进行集中监视和管理，实现各工艺流程及各生产区域生产状况的综合监控和分析。指挥部从实际需求出发，加强创新，提高运营期间的智能化水平，确保设计先进性。

（3）招标风险管理

招标有关的风险是项目风险的一大主要来源，能否选择合适的参建单位对于管理项目风险有着决定性的作用。而我国国有资金投资的工程建设项目招投标还肩负着预防腐败的责任。如果不能有效管控招标有关风险，不仅会扰乱正常的竞争及市场经济秩序，造成国有资产的流失，还可能会对建设工程的质量带来极大的隐患。因此，供油工程指挥部高度重视招标工作，委托专业招标代理公司承办招标事宜，按照“公开、公平、公正”的原则，以国家、省、民航局以及集团公司、航油公司的招投标法律法规和管理办法为指导，规范开展招标工作。科学合理划分标段，将工程建设划分为5大类共20标段；严谨认真编制招标文件，每份文件都经过逐字审核、把关；对投标人的资质要求提高一级，采用资格预审形式，确保入围单位资质优、实力强；大力规范招标工作流程，在主管部门监管或专家参与下，严格按照法律法规执行；精选专业技术强、有影响力、思想端正、级别较高的员工作为甲方评标代表，强化评标现场控制；指派纪检人员全过程监督评标过程，确保公平透明。最终，择优确定专业性强、经验丰富的参建单位，为工程顺利实施保驾护航。

（4）合同风险管理

合同风险一般指合同利益遭受损失的可能，广义的合同风险是指各种非正常的损失，它既包括可归责于合同一方或双方当事人的事由所导致的损失，又包括不可归责于合同双方当事人的事由所导致的损失。因此，对合同的风险管理应贯穿建设项目的全生命周期之中。中国航油按照“全方位、全过程、全覆盖、全要素、全天候”的标准，公司不断强化工程合同管理，编制了相关的合同管理办法，为合同管理提供了制度依据；持续加强合同全生命周期的管理，规范合同线上线下审核流程，提升了合同签订效率，合同审核率100%；明确了形式审核和实质审核的合同审核维度，积极应用集团公司合同范本，促进合同全面达标；建立合同管理全流程台账，合同主管人员及各部门均设立合同台账，随时跟踪合同履约情况；健全合同风险预警机制，每半月通报合同履约情况，全部合同均按制度、程序、要求正常履约，未出现合同纠纷和法律风险；强化合同的归档管理，要求合同档案在签订合同后及时归档，由专人保管，合同归档率100%。在对合同有关的风险管理中，中国航油集团遵循以下几点原则。

1）制定合同管理制度，提供合同行为准则。制定并下发有关合同管理办法，对合同从起草到审核、签订、履行、变更、解除、归档、考核等环节进行全面规定，为合同管理工作提供制度依据和行为模式。

2）理顺合同审核流程，提高合同签订效率。为加快合同审核进度，有效控制合同风险，公司积极采取措施规范合同线下审核流程。一是理顺法律部门、会签部门、外聘律师、过程审计的审核顺序，加快合同审核进度。二是将线下审核流程整理成流程图并做好注释说明，方便业务人员理解，并将该流程图及注释纳入合同管理办法，使其成为公司制度。三是加强和业务部门、上级公司的沟通、交流，及时发起合同流程，主动对接相关情况，加快合同审核进程。简单、小额合同的审核时间压缩至2~3天，重大、复杂合同为4~5天。

3）明确合同审核权限，实现审核权责统一。为全面规范合同管理，公司合同审核严格执行分级管理要求。对金额小于4500万元的合同，由公司独立审核，承办部门、会签部门、法律部门各司其职、各担其责，同时充分发挥外聘律师的专业审核力量，切实防范合同风险；对合同金额大于等于4500万元的合同，公司严格遵守上级公司相关规定，在公司审批结束后逐级提交航油公司、集团公司。自工程立项以后共有6份合同根据分级管理要求逐级上报上级公司审批，其中施工合同4份，采购合同2份。

4）确定合同审核维度，促进合同全面达标。为杜绝合同条款漏洞，要求从形式和实质双重维度审核合同。一是对范本的选用、合同条款及附件的完整性和签署日期、签字盖章是否齐全进行审核。二是对合同条款是否和法律法规、上级公司、供油工程指挥部制度相冲突，合同条款是否具有可行性、周密性，是否有歧义等进行审核。

5）健全合同台账管理，确保合同依约履行。建立合同管理台账。一是公司合同管理员建立合同管理台账并实时更新，台账内容涵盖合同名称、合同编号、交易对家、审核进度、签订时间、合同金额、摘要、支付情况、概算情况等。二是要求业务部门建立本部门的合同管理台账，及时核对、改正。

跟踪合同履行情况。通过合同管理台账，对接近履行期限的合同作重点标注，提醒业务部门注意查看相关合同条款，同时对合同签订、履行情况汇总分析。上述文件每半月整理一次，通过邮件发送业务部门，督促、确保业务部门依约履行合同。累计发送55次台账、进行65项风险提示，保证了建设方合同权利的实现和对方合同义务的履行，未出现一起因合同履行而引发的纠纷。

6）严格把控合同用章，保证用章合法合规。一是归口管理，专人专管。禁止经办人私自携带合同专用章外出签订合同。二是合同用章全覆盖。所有合同均加盖合同专用章，不得用部门章或公章替代。三是合同用印前审核全覆盖。合同盖章前应在合同系统履行签批程序，未经签批的合同禁止盖章。四是用印登记全覆盖。经办人应在合同系统进行用印登记，由合同管理员审核并登记后方可盖章。

7）按时移交合同档案，确保合同及时归档。合同档案是工程档案的重要组成部分，也是合同管理、工程项目全过程管理的重要依据。为方便查阅，合同档案应在合同签署后及时移交、归档，并由专人保管。124份工程合同档案齐全、完整，在档案管理部门、法律部门均已归档，合同档案归档率100%。

8）纳入部门绩效考核，提升合同管理质量。将合同管理纳入部门绩效考核体系，考核比重为10%，所占比重较大。合同管理考核细则对范本选用、合同起草、修改、签订、用印、履行、归档、严禁倒签合同等设置了考核项目，督促各部门自觉遵守合同管理办法，提升合同管理质量。

9）聘请常年法律顾问，引进专业团队支持。工程合同专业性强、审核难度大，合同数量多、内容复杂。同时，某国际机场供油工程工期紧、任务重，合同审核时间短。为保证合同审核的质量和速度，公司聘请了常年法律顾问，由专业律师团队提供招标文件预审、合同审核、法律咨询和参与合同谈判等服务，为合同条款层层把关，未产生合同争议和法律纠纷。

（5）进度风险管理

进度风险的种类繁多，例如，施工组织设计不合理，进度计划不合理，安全事故，关键材料设备的破坏等。有效的项目进度管理及进度风险管控对于能否按时完成建设项目有着决定性作用。

面对建设工期紧、任务重、协调难、监管严等问题，指挥部用心策划、细心组织、精心管理，加强全过程的进度管控；建立从上至下的进度目标责任制，明确各方责任，层层抓落实；紧紧围绕工期目标，层层签订《进度计划责任书》，将工期计划细化到每道工序的开始、结束时间；健全工期风险预警体系，每日对照检查并采取有效措施纠偏，严格执行考核奖惩，确保进度落实不走样；紧盯设备材料采购、生产、运输、报验、安装全过程，保证了物资供应到位；建立早班会、晚班会等管理制度，每日总结部署重点工作，及时解决问题；每周定期召开工地例会，不定期召开进度专题会议，及时采取有效措施纠偏；组织开展“供油工程年中总结会”“完工冲刺倒计时启动仪式”等阶段性工期促进活动，为“后墙不倒”奠定了坚实基础。

建设前期，根据工程特点，进度控制方面决定采用三级管理模式，明确了各层级单位的管理职责，做到工程进度层层有人抓、环环有人管。总体进度由供油工程建设指挥部总负责，对总进度进行监控和协调，自上而下形成监理公司、设计单位、施工单位、设备材料采购单位四位一体的进度管理组织体系。监理公司对工程建设进度全面规划、检查和考核。设计、施工和物资采购单位是进度控制的实施单位，在建设工程中严格按照进度计划开展各项工作。

指挥部建立了进度实施、控制的科学组织系统和严密的工作制度，然后依据施工项目进度控制目标体系，对施工的全过程进行系统控制。正常情况下，进度实施控制发挥监测、分析职能并循环运行，即随着施工活动的进行，定期收集和掌握进度情况，经过统计整理、比较分析后，确认进度执行有无偏差。若实际进度与计划进度有偏差，分析偏差产生原因及对后续施工和对总工期的影响。必要时调整原进度计划，提出纠正偏差方案和实施的技术、经济、合同的保证措施，以及取得相关单位支持与配合的协同措施。进度计划调整后，施工活动将在新的进度计划控制下运行。当新的偏差出现后，再重复上述过程，直到施工项目全部完成。

为防止进度有关风险，项目指挥部主要采取以下六项措施来预防进度有关风险：

1）提高对施工单位项目部人员的要求。施工单位工程项目部是建设项目进度实施的主体，供油工程指挥部进度控制的现场协调离不开工程项目部人员的积极配合。因此，工程项目部组成人员的素质尤为重要。供油工程指挥部要求工程项目部的人员配备与招投标文件相符，主动加强与工程项目部人员的相互沟通，了解其技术管理水平和能力，正确引导其自觉地为实现目标控制而努力。在工程项目部消极应付、不积极配合工作的情况下，供油工程指挥部现场管理人员有权对工程项目部组成人员的调整提出意见。

2）参建方日报。各项目组组建微信群，要求各参建方每日定时发送本方的工程日报，日报中要求做到准确、翔实，通过运用照片、图表等形式，确保对工程进度和质量做到全过程控制，便于工程管理。通过微信平台各参建方积极参与，能够有效总结工程管理中的各种问题，同时高效地编制下一步进度计划，且通过相关措施能够保障施工按照计划开展，并及时处理突发状况，兼顾进度与质量管理双重目标。项目日报填补了航油工程管理的空白，有效地避免了因信息失误造成的风险问题。

3）技术措施。按期召开工程计划分析会议，讨论研究施工中存在的问题，采取相应对策。应明确会议的类型，各类会议的主持人和参加单位及人员，各类会议的召开时间，各类会议文件的整理、分发和确认等。监理工程师应每月、每周定期组织召开不同层级的现场协调会议，以解决工程施工过程中的相互协调配合问题。在平行、交叉施工单位多，工序交接频繁且工期紧迫的情况下，现场协调会甚至需要每日召开。对于某些未曾预料的突发变故或问题，监理工程师还可以通过发布紧急协调指令，督促有关单位采取应急措施维护施工的正常秩序。监理工程师应随时整理进度资料，并做好工程记录，定期(每月)向业主提交工程进度报告。

加强施工组织设计和施工技术方案的审查工作，尽最大努力优化各项技术方案和措施，保证工程建设进度需要。

与质量监督部门密切配合，强化技术措施，采取先进的施工方法及工艺，加快工程进度，要求施工单位对每项工程编制施工组织设计，对关键分部分项工程及重大工程等要有专门的施工方案，对其中的进度安排要作为重点审查，确保主控点工期目标的实现。

积极推行施工的深度交叉，加大预制深度，推广预制工厂化。通过组织平行、流水或交叉作业、加大预制深度等措施，缩短施工周期，以确保主控点工期目标的实现。

4）合同管理措施。施工合同是供油工程指挥部与施工单位订立的，用来明确责任、权利关系的具有法律效力的协议文件，是运用市场经济体制组织项目实施的基本手段。供油工程指挥部根据施工合同要求施工单位在合同工期内完成工程建设任务，并以施工单位实际完成工程量(符合设计图纸及质量要求的)为依据按施工合同约定的方式、比例支付工程款。因此，合同措施是供油工程指挥部进行目标控制的重要手段，是确保目标控制得以顺利实施的有效措施。

加强合同的跟踪管理，严格按照施工合同要求控制施工承包商施工进程，明确责任和权利，制定奖惩制度，抓好兑现落实。各项目组每月与施工总包签订月进度计划责任书，延误一日按当月工程款的3%予以处罚。

5）信息管理措施。应用计算机管理，通过计划进度与实际进度动态比较分析的方法，对工程实施计划进行分析、判断，预测发展趋势，正确反映进度落实情况，并迅速发出调整指令。

6）进度控制创新措施。除了常规的进度控制措施外，指挥部还不断创新进度控制方法，通过管理创效、技术增效、过程高效等手段对进度进行控制。进行的方式前期招标时间比预期提前了一个月，在施工过程中通过现场勘查和技术论证将CFG桩基础改为天然地基基础在降低投资的同时，节省工期一个月。

（6）投资风险管理

对于任何一个工程而言，评估工程投资项目风险都是十分必要的。项目投资风险与建设项目的经济效益息息相关。如何合理管控项目投资的风险对于整体的经济效益有着十分显著的作用。

在投资的管控上，逐层分解年度投资计划，责任到部门，按月分析，实现了投资进度与工程进度相匹配；制定了相关的造价管理办法和变更管理办法，规范了造价管理和变更管理流程；加强图纸会审，减少因图纸问题引起的设计变更和造价的不确定；严格审查并不断优化施工组织设计，最大限度地减少消耗、降低造价；加强变更洽商管理，实行四方责任人会签流程，并严格过程造价咨询和审计工作，杜绝不负责任的设计变更和“先干后变、先干后算”现象；建立投资风险预警机制，对工程概算进行精准测算、动态分析，详细掌握费用的支出、结余、增项、减项等内容；坚持深入现场，将工程进展与造价控制紧密结合，确保了算量及计价的准确性；适时而变，灵活应对，年底实行工程进度款与施工进度同步支付，促进投资计划按时完成的同时，保证了进度款及时拨付，坚决避免出现农民工工资拖欠。

某国际机场的主要投资风险来源于工程财务风险与工程造价风险：

1）工程财务风险管理。财务管理工作是工程建设的重要组成部分，与整个供油工程建设相互影响，相互依存。通过财务预测、运算、控制、分析方法，对工程建设活动进行完整的统计、分析、汇总，达到节约资金，降低成本的目的。为此，公司财务部从基建财务核算、资金管理和工程转固准备等方面着手，切实做好供油工程的财务管理工作。

2）工程造价风险管理。某国际机场供油工程指挥部始终致力于持续做好造价控制，以实事求是、严格审核、动态分析、实时掌握为原则，对工程造价进行良好控制。

（7）质量风险管理

质量风险管理是一个系统化的过程，是对产品在整个生命周期过程中，进行风险的识别、衡量、控制以及评价的过程。产品的生命周期包括产品从最初的研究、生产、市场销售一直到最终从市场消失的全部过程。

质量风险管理是一个组织机构为识别、量化和降低会影响质量的产品、操作、供应商和供应链的风险而创建的合作解决途径，其集合了领导力、业务流程、文化和技术能力。质量风险管理是管理方针、规程和实践的系统应用，用来分析、评价和控制在整个产品生命周期的风险。因此，质量风险管理系统应当保证：应根据知识和工艺的经验对质量风险进行识别、评估和控制，控制应与最终保证质量风险在可接受范围内的目标相关联；质量风险管理过程的投入水准、形式和文件应当与风险的等级相当。

某机场供油工程始终坚持“严的标准、严的措施、严的纪律”的质量要求不松懈，实现了供油工程质量良好受控，远高于规范和合同要求。机坪加油管线质量持续平稳，共检测焊口8000余道，底片56000余张，一次合格率为99.39%，一次Ⅰ级片率94.67%，管道内部清洁度控制良好；储罐成型良好，2万方储油罐共拍片7000余张，一次合格率97.21%，一次Ⅰ级片率87.19%，且顺利通过充水及罐顶稳定性试验。成功承办各类检查、调研、交流活动数百次，成为全系统的基本工程建设示范基地和窗口工程。该工程能达到如此高的质量管理水平，主要做到了以下几点：

1）委托专业管理机构，强化质量控制。指挥部引入工程质量管理服务机构，编制了相关的工程质量管理体系文件，提出质量管理要求，明确管理职责，细化各专业管理程序。施工过程中按照体系文件严格把关工程施工质量，确保工程质量优良。通过定期培训方式，不断强化指挥部人员工程质量管理意识，提升质量管理水平。

为严格把关焊接质量，指挥部引入第四方无损检测服务机构，复评第三方无损检测结果，对第三方超声波检测和表面检测过程进行旁站监督，通过第三方和第四方无损检测的共同把关，确保焊接质量优良。

为保证钢管和钢板生产质量，指挥部引入钢管及钢板监造单位，钢管及钢板生产前检查工厂资质、人员资质及质量手册等文件；生产过程中对原材料进行入场检验，全程监督生产过程并检测成品质量。

2）建立规范化的验收程序，提高验收标准。验收是质量控制的重要环节，指挥部规范了验收程序，建立了“施工单位严格自检、监理单位验收交底、建设单位带单验收”的全过程标准化程序。指挥部对于验收程序提出了更为严格的要求，要求监理单位提前24小时进行初验，合格后上报项目组进行验收。验收过程中要求施工单位携带验收单，既确保逐条逐项对照规范进行验收，同时也保证了过程资料的及时性、准确性、完整性。各项目组基本能够做到质量验收未提前上报不验收，施工单位未带单不验收。

此外，指挥部扩大了验收范围，提高了验收标准。为加强施工过程中质量控制，甲方验收不单单关注A级质量控制点，对所有检验批、隐蔽工程、材料检验均进行验收把关，由点到面，通过提高检验批验收合格率来保证分项工程、分部工程、单位工程的施工质量，做到开始即可控。同时，建设单位提高对基础单元验收的参与度，也能够促进总包单位对施工质量的重视程度，减少甚至避免返工情况的出现，也从侧面加快了施工进度，达到了对施工进度的控制。项目组人员验收参与率超过90%，检验批验收一次合格率达到95%以上。

施工过程中，以打造“标杆工程”为目标，要求施工单位高于标准规范的标准进行施工及验收，且验收抽检比例远远高于验收规范要求。

3）加大无损检测抽检比例，提升质量控制手段。为加强对焊接质量的把控，指挥部加大了无损检测抽检比例，规范中要求“环向对接焊缝的每张钢板任意取一处300毫米进行射线检测，每条纵向焊缝任意取一处300毫米进行射线检测”，由于引入了第三方和第四方无损检测机构，各需检测环向焊缝一处和纵向焊缝一处，因而本工程油罐的每条环向焊缝和纵向焊缝均检测两处，提高了检测比例。且无损检测点由公司领导亲自指定位置，增加了检测位置的不确定性，确保了检测结果的真实性，提升了施工单位对焊接质量的重视程度。

4）参与施工技术交底，增强项目组工程管理能力。指挥部要求建设单位人员参与施工技术交底，掌握重点施工工序质量控制措施，有目的性地进行监督。既加强了对施工质量的控制，又提高了甲方人员的参与性，增强项目组人员的工程管理能力。

5）应用BIM技术，提高工程管理效率。某国际机场供油工程创新性地在工程管理中引入了BIM技术，应用到机场油库、航空加油站非民航专业工程和综合生产调度中心工程中。BIM应用过程是通过数字信息仿真模拟建筑物所具有的真实信息：三维几何形状信息、非几何形状信息，如建筑构件的材料、重量、价格、进度和施工等，集成建筑工程项目各种相关信息的工程数据，为参建方的各环节人员提供模拟和分析。BIM技术的应用为供油工程的全寿命周期提供了一体化管理，显著提高了整个工程的管理效率，并对风险评估作出了有利贡献。

3. 项目竣工验收风险管理

项目竣工验收环节的主要风险包括：

1）竣工验收不规范，质量检验把关不严，可能导致工程存在重大质量隐患。

2）虚报项目投资完成额。

3）虚列建设成本或者隐匿结余资金，竣工决算失真。

4）固定资产达到预定可使用状态后，未及时进行估价、结转。

航油工程由于其工程的特殊性，主要分为民航专业工程验收及非民航专业工程验收，具体内容如下。

1）民航专业工程。

① 预验收。预验收是由监理单位在施工单位完成自检及问题整改的基础上组织进行的。监理单位和施工单位按照工艺、电气、土建、水暖、档案专业进行分组验收。完成验收后，监理单位对验收过程中存在的问题进行总结，并要求施工单位限时整改。

工作亮点：相关验收规范中没有要求建设单位参与预验收。但在某国际机场供油工程民航专业工程验收过程中，建设单位全程参与预验收，并且做到100%全覆盖检查，确保工程质量达到甚至高于相关标准规范的要求。

② 初步验收。初步验收是由建设单位在监理单位完成预验收且施工单位完成问题整改的基础上组织进行的。建设单位、监理单位和施工单位按照土建、工艺、电仪、暖通消防、概算、档案专业进行分组验收。完成验收后，建设单位对验收过程中存在的问题进行总结，并要求各参建单位限时整改。

工作亮点：在某国际机场供油工程民航专业工程初步验收中，北京公司在航油公司的协调下，聘请了15名内外部专家，对工程质量进行提前把关，为竣工验收奠定了良好基础。

③ 竣工验收。竣工验收是由建设单位在完成初步验收且施工单位完成问题整改的基础上组织进行的。专家组、建设单位、监理单位和施工单位按照工艺电气、土建消防、档案概算专业进行分组验收。完成验收后，建设单位对验收过程中存在的问题进行总结，并要求各参建单位限时整改。

工作亮点：在某国际机场供油工程民航专业工程竣工验收中，甲公司在航油公司的协调下，聘请了18名内外部专家，对工程质量进行严格把关。在专家组的协助下，本工程的质量及使用功能得到了进一步的专业性验证。

④ 行业验收。行业验收是由民航局在建设单位完成竣工验收，施工单位完成问题整改，并且建设单位完成试运行的基础上组织进行的。民航局、民航局各监管局、建设单位、监理单位和施工单位按照工艺设备、电气仪表、消防安防、档案资料专业进行分组验收。完成验收后，民航局等验收单位对验收过程中存在的问题进行总结，并要求各参建单位限时整改。

工作亮点：某国际机场供油工程民航专业工程行业验收分为初验和总验两个步骤。此种形式确保了供油工程能够以良好的状态为该国际机场开航提供保障。

⑤ 验收的条件和依据。

验收条件：

a. 建设项目按照批准的设计文件和合同约定建成，工程质量符合国家法律法规、标准规范的相关要求。

b. 工程档案资料完整、准确。工程使用的主要材料、构配件和设备的进场试验报告齐全合规，主要工序检验、测试以及隐蔽验收文件资料完整、真实。

c. 勘察、设计、监理等单位在相关检查验收中提出的问题已落实整改，资料可追溯。

d. 施工单位出具工程质量保修书。

验收依据：

a.《国家重大建设项目文件归档要求及档案整理规范》(DA/T 28—2002)；

b.《建设项目档案管理规范》(DA/T 28—2018)；

c.《民航建设工程行业验收暂行办法》(AP-158-CA-2013-04)；

d.《民用运输机场供油工程施工及验收规范》(MH 5034—2017)；

e.《中国航空油料集团公司工程建设项目竣工验收管理办法》(中国航油发〔2012〕432号)；

f.《中国航空油料有限责任公司工程建设验收管理办法》(中国航油有限发〔2013〕227号)；

g. 各专业标准规范及相关法律法规。

⑥ 验收前须完成的检测及专项验收。

a. 特种设备检测(特检所)；

b. 防雷检测(气象局)；

c. 消防、电气设备检测(消电检单位，消防验收的前置条件)；

d. 消防验收(住建委)。

⑦ 资料形式要求。竣工验收须邀请民航质监站到场监督，建设单位需提前与质监站进行沟通，并以正式函件的形式邀请其参加。同时，施工单位应完成竣工报告，并按照相关规范要求完成工程资料的整理及组卷；监理单位应出具质量评估报告，并完成监理工作报告；勘察、设计单位应出具质量检查报告，并完成勘察、设计工作报告；建设单位应完成建设报告，并编制竣工验收会议手册。

在工程具备行业验收条件后，建设单位须向民航局提出验收申请。建设单位应在竣工验收资料的基础上，完善行业验收资料，并编制行业验收会议手册。

⑧ 完成验收的标志性文件。取得验收意见，意见中明确表示同意通过本次验收。

⑨ 验收中发现的风险点和整改情况。民航专业工程在验收过程中，主要发现问题总结如下：

a. 土建专业：部分外观存在缺陷，个别位置细部处理不到位，个别门窗开关不灵活等；

b. 电气专业：跨接不规范，接地不到位，线缆敷设混乱，电缆未做标识，防爆软管安装不到位，防爆箱进线口密封不到位，配电系统图未上墙，高压配电室未敷设绝缘垫，个别系统未完成调试等；

c. 工艺专业：螺栓锈蚀，法兰螺母安装不合规，密封件安装不到位，标识安装不到位，未设置移动式操作平台等；

d. 消防安防专业：防火材料不符合要求，未对安保设施做标准符合性检测等；

e. 档案资料：签字不完整，前期资料不完整，组卷不规范等。

对于以上风险点，北京公司按照“四定原则”(定任务、定时间、定措施、定责任人)，逐项落实整改任务。同时，北京公司派专人每日对整改情况进行跟踪，分析可能存在的风险，并及时纠偏，最终确保了整改工作按时保质完成。

2）非民航专业工程验收。

① 验收组织与程序。公司严格按照《某市房屋建筑和市政基础设施工程竣工验收管理办法》的要求组织开展某国际机场供油工程非民航专业工程竣工验收工作：

a. 工程完工后，施工单位应当组织有关人员对工程质量进行自检，确认工程质量符合有关法律、法规、设计文件、技术标准及合同的要求，并提出工程竣工报告。工程竣工报告应当经项目经理和施工单位有关负责人审核签字，并加盖执业人员印章和单位公章。

b. 对于委托监理的工程，在收到施工单位提交的工程竣工报告后，总监理工程师应当按照规范要求组织工程质量竣工预验收。预验收合格后，总监理工程师应当及时在施工单位提交的工程竣工报告上签署意见，并提出工程质量评估报告。工程质量评估报告应当经总监理工程师和工程监理单位技术负责人审核签字，并加盖执业人员印章和单位公章。

c. 勘察、设计单位应当对勘察、设计文件及施工过程中的设计变更文件进行检查，并提出质量检查报告。质量检查报告应当经勘察、设计项目负责人和勘察、设计单位有关负责人审核签字，并加盖执业人员印章和单位公章。

d. 建设单位在收到勘察、设计、施工、监理单位各自提交的验收合格报告后，应当按照规范要求组织单位工程质量竣工验收，并形成单位工程质量竣工验收记录。

e. 对于符合竣工验收条件的工程，建设单位应当及时组织工程竣工验收。建设单位应当组织勘察、设计、施工、监理等单位组成验收组，制定验收方案，对于重大工程和技术复杂工程，可邀请有关专家参加验收组。建设、勘察、设计、施工、监理等单位参加验收的人员应当为持有本单位授权委托书的项目负责人或本单位法定代表人。建设单位应当在工程竣工验收7个工作日前将验收的时间、地点、验收组名单及验收方案书面通知负责监督该工程的工程质量监督机构。

② 验收的条件和依据。

验收条件：

a. 完成工程设计和合同约定的各项内容；

b. 有完整的技术档案和施工管理资料，其中应包括工程使用的主要建筑材料、建筑构配件和设备的进场试验报告、工程质量检测和功能性试验报告、采购信息备案资料，并取得城建档案馆预验收文件；

c. 单位工程质量竣工验收合格；

d. 建设单位已按合同约定支付工程款；

e. 有施工单位签署的工程质量保修书；

f. 取得法律、行政法规规定应当由规划行政部门出具的认可文件或者准许使用文件；

g. 工程无障碍设施专项验收合格；

h. 对于民用建筑工程，建设单位已组织设计、施工、监理单位对节能工程进行专项验收；

i. 规划许可中注明规划绿地情况的建设工程，建设单位组织设计、施工、监理等有关单位对附属绿化工程是否符合设计方案验收合格；

j. 建设单位已按照国家和本市有关规定，在工程明显位置设置了载明工程名称和建设、勘察、设计、施工、监理等单位名称及项目负责人姓名等内容的永久性标识；

k. 建设主管部门及工程质量监督机构责令整改的问题全部整改完毕；

l. 法律、法规规定的其他条件。

验收依据：

a.《建筑工程施工质量验收统一标准》(GB 50300—2013)；

b.《北京市房屋建筑和市政基础设施工程竣工验收管理办法》；

c.《建筑工程资料管理规程》(DB 11/T 695—2017)；

d. 各专业标准规范及相关法律法规。

③ 验收前须完成的检测及专项验收：

a. 室内环境检测(试验室)；

b. 节能检测(试验室，节能验收的前置条件)；

c. 节能验收(建设单位)；

d. 特种设备检测(特检所)；

e. 防雷检测(防雷检测中心)；

f. 消防、电气设备检测(消电检单位，消防验收的前置条件)；

g. 消防验收(住建委)；

h. 档案预验收(城建档案馆)；

i. 规划核验(规自委)；

j. 无障碍设施验收(如有)(建设单位)；

k. 人防工程竣工验收(如有)(国管局人防办)。

④ 竣工资料形式要求。非民航专业工程竣工验收前，须向质监站提交工程竣工验收通知书及工程竣工验收方案。

非民航专业工程竣工验收完成的标志是完成竣工验收备案。竣工验收备案须在北京市住建委网站上进行申报，申报材料包括：

a. 工程竣工验收报告；

b. 建设工程规划许可证；

c. 建筑工程施工许可证；

d. 单位工程质量竣工验收记录；

e. 工程竣工验收记录；

f. 防雷检测报告；

g. 工程质量保修书；

h. 法人承诺书；

i. 规划核验意见；

j. 消防验收意见；

k. 档案预验收意见。

某国际机场供油工程非民航专业工程在竣工验收时同样进行了文件汇编。此举得到了某市某区建设工程质量监督站的好评，该质监站也将文件汇编带回保存。

⑤ 完成验收的标志性文件。取得竣工备案申报《办理结果通知书》。

⑥ 验收中发现的风险点和整改情况。非民航专业工程验收中发现的问题多为外观缺陷以及使用功能调试不到位，例如，地面缝隙未处理、百叶收口不到位、套管未封堵、开关面板安装不到位、卫生清理不到位、灯具不亮等。验收后，建设单位要求施工单位限时整改，并且要求监理单位监督整改。施工单位按照验收意见，按时完成全部问题整改，保证建筑按建设单位要求投入使用。

1.4.3 参建单位风险职责综合管理

1. 参建单位风险分析

建设项目行为主体间的不确定性是建设项目风险发生的主要原因，正是因为不同主体间对其角色的理解，知识结构，处理问题方式的不同，造成了项目关联主体间的利益冲突，从而给建设项目带来的危害。下文具体分析了参建单位风险形成的主要原因。

（1）为追求利益最大化而导致的风险

项目的所有参与者中谁都无法独立实现项目目标，因此项目目标也可以被认为是项目中不同参与者之间各方博弈的产物。具体来说，项目目标实质上是由企业代表、承包人、人才管理机构、技术机构以及项目政府主管部门等利益相关者双方所签订的各种协议的结合体，根据协议的内容，各方必须向项目投入相应的要素，包括人才资金、技术资金等，而根据谁付出谁收获的理论，在签订契约之前，所有当事人都是公平、独立的利益主体，都可以得到未来自身在整个项目的运作过程中所必须获得的某部分报酬。不过，通过这种平等权利仅仅确立了一个参与者取得自己利益的权力与博弈权的基本条件，而最后成果则是项目的各个参与者根据自己的实力在日后的项目所处的地位等因素的博弈结果。因此，项目各个参与者的追求是权利的行为，其目的是实现主体利益的最大化。

工程项目主体都会受到自身的利益驱动，所以当工程项目的各主体在作出行为决定时，也都会受到主体自身利益的驱使，以获取自身利益最大化为目的。比如，工程承包人为达到收益的最大化，偷工减料，和工程监理单位合谋降低质量等。工程业主代表利用在工程项目中的主导作用利用监理单位合谋腐败、谋取私利等。工程监理单位在不合格的建筑材料、机械设备结构部件、工程等按照合格签字盖章等，严重侵犯了业主权益，为项目增加了经营风险。工程监理单位和承包人，以及建筑材料设备供货商之间都具有利害关系或依附关系，对工程承包人不遵守工程规章制度的行为以强制性规范来履行工程监理责任。这都是项目主体为了追求自己收益最大化的做法，给项目造成了巨大风险，从而导致了项目目标不能顺利完成。

（2）基于信息不完全而产生的风险

人们能够通过事件所产生的信息，制定相对应的措施，从而减少风险。但因为信息是经过人为处理后加以传播的，所以在沟通的过程中信息常常会被行政主体所歪曲。因此，信息内容增加了对行为主体的见解、印象、频率、判断和偏好等。而信息内容的不完全性也是不确定性状况形成的主要原因之一。信息内容的不正确是指当事人所拥有的信息内容比其他人拥有的多。由于对称性信息内容有同一性，所以不对称信息也存在着绝对化。在达成项目目标的过程中，信息内容的正确与否是形成资源逆向选择的关键因素，如果信息内容不正确的状况发生，便会对资源的最佳选择形成一定的负面影响，从而利用自身主体的信息内容对其他主体作出恶意行为，给项目增加了经营风险。

信息本身就存在着及时性、真伪性等特点，加之项目主体内部并没有相应的信息传递途径，使得建设项目存在的信息不确定性更大，所产生的经营风险也更大。同时因为项目的参建单位数量很多，使得各个参建者交往面也很多，但由于参建各方单位往往存在不同的利益目标和动机，因此各方的出发点也不尽相同，而各方对目标和目的性的理解也不尽相同，甚至在许多情形下，由于参建各方单位间也是由某种冲突而产生的，这就导致了各个参建主体的行为动因的不相同。基于这一认识，在研究信息不对称性的情形下，就需要把研究重心放到项目的各个参建单位上面，一方面因为人们本身了解事物存在局限性，信息传递过程的不顺畅，会造成信息扭曲，从而形成客观风险；另一方面掌握信息优势的社会主体可能会进行某些不道德的活动，这种风险为主观行为风险。而经过上述分析，信息的不完全性是不确定性形成的主要因素，而减少信息非对称性则是降低信息不确定性的重要基础。

(3) 参建单位能力不足而导致的风险

项目负责人的素质分为两个层面，一个层面是技术开发能力，另一个层面是团队领导素质。如果参建单位本身的意识缺失，也会对其造成危害与伤害。

业主对自身力量的欠缺主要体现在财务管理力量的不足，对融资支持能力较差，投资规划不完善，违约时无法完成履约，对资源的调度能力薄弱等方面。承包人的素质欠缺主要体现在经营意识欠缺，技术能力差，实施计划错误，商誉低下，承包人的技术投入不够，危及其员工的安全，工程项目经理的控制水平低下，无法有效解决实施工程中存在的问题所造成的工期拖延，建筑产品质量存在问题等方面。这些问题都可能会为建设项目增加风险。

监理单位自身能力欠缺主要体现在组织管理机构不完善，监理人才的技能和水平无法适应岗位的要求；监理人员的流动性很大，在一段建设项目周期内会更换多个监理人员，监理工作人员职业道德水平低，业务意识较差；监理人员在事前事中的时间控制做得不好，在关键部位，甚至重要工序的监理旁站不到位等方面。

建筑设计人员的知识欠缺主要体现在单纯的要求高效，对建筑构思不够缜密，造成日后的建筑功能粗糙，方案错误，图样的计算不够准确等相关方面。建筑材料及设备供货商的自身能力缺陷主要体现在建材产品质量不符合要求，建材供货情况较差，送货准时率低，售后服务质量较差等方面。

2. 对参建单位的约束与激励机制

经过以上对各参建机构所产生的影响的因素进行研究而得出，项目的各个参与者都是一种利益主体，所有利益主体都在寻求自己收益的最大化，所以可能进行某些违反法制和职业道德的活动，由此给项目造成危害。所以，要尽量减少不同利益主体间的冲突，必须形成一种合理的惩罚机制。企业行为学的研究便是针对人的能力、动机、条件和需求而作出的一系列的激励理论和约束学说，并对其原因和影响作出相应的研究。其中激励理论主要有马斯洛的需求层次理论、成就需求理论和ERG理论，研究这些激励理论对于监理激励机制和约束制度具有很大的帮助。

（1）马斯洛需求层次理论分析

马斯洛需求层次理论是理解人格的最主要理论，也是解释动机的主要结论。马斯洛需求层次理论指出个人发展的内在动力就是动机，而动机又是由几种不同性质和阶段的需求所构成的，而这些需求之间不仅有先后顺序也有高低档次之分，对这些顺序和档次的适应程度就决定着个人的发展境界。管理者需要利用不同的方法来开展市场调查，以掌握项目职工的实际需要，有针对性地加以约束与激励，以达到对参建单位风险管控的目的。

（2）成就需求理论分析

成就需求理论认为在满足生活需求的基本前提下，人最主要的需求是成就需求、权力需求、亲和需求三种，而成功需求的高低对于人的形成与完善具有非常关键的意义。①高度责任感。主动投身到本职工作中去，尽力地完成并彰显自身人生价值，把对组织的奉献当成本职工作的重中之重。②希望能够获得对你的工作的绩效考核的反馈。③对风险的态度适中。不会做那些简单轻松无价值的事情，也没有必要去冒着太大风险去做那些永远无法实现的事情。

所以，在设置人才奖励政策时，还应充分考虑成就需求、权力需求和亲和需求这三个需求的强烈性。

（3）ERG理论分析

ERG理论包括生命需求、相互联系需求以及健康需求。生命的需求是人类生活的最根本需求，涵盖了马斯洛的生命与健康需求。相互联系需求也包括了马斯洛的社交与自尊需求，即人们对维护关系的需求，而这种需求也是在与其他需求交互的社会环境中逐渐形成出来的。ERG理论中使用的三种概念都代表了马斯洛的需求层级，但不同于马斯洛的需求层级概念，ERG理论中也存在着如下的几个特点：①理论并没有明确需求实现的阶段和次序，指出一种需求在特定时期内对行为的影响，当一种需求获得实现之后，可以去寻求更高级的需求，也可能没有这种需求趋势。②理论指出，当高一级的需求无法实现时，人类就会退而求其次。③理论指出，人类渴望的一种需求满足时，对该种需求的强烈程度不仅没有减弱，甚至可能加强。

利用以上的三种理论，人们从各个视角和侧面探讨了复杂激励理论，虽然它们彼此之间的关系并不矛盾，更多的是相辅相成。但实际上，并不是哪一种理论可以回答所有复杂激励问题，把这些复杂激励理论总结、研究和应用才是处理复杂激励问题的最重要途径。激励关键在于适应建设项目中各方主体的共同需求，并统筹好了项目中各个参建方主体与整个建设项目结构内部的相互关系，以便于最大限度地调动项目当事人的主体积极性，做到了各主体之间的取长补短，优点的相辅相成，进而最大限度地改善项目资源配置，达到了减少项目风险的目的。因此，项目业主代表可以通过签署激励协议，促使项目承包单位根据业主的意见，来积极开展投资活动。

激励与约束是两种完全不同的社会治理手段。激励的主要目的是增加个人的主动性和工作效率，主要通过物质奖励以及精神激励方式来实现；而约束的目的则主要是为了维护各参建主体的切身利益，通过建立契约、法律和物资处罚等的方式来进行，以维护当事人的利益，同时，约束也不能背离建设的总体宗旨，两者相辅相成，缺一不可。在确立并实施激励与约束过程中，人们必须合理地通过各种激励和约束手段，目前较为常用的激励与约束方式主要包括利益激励、行为限制等。另外，从博弈论的观点考虑，通过建立适当的制约与激励合同，可以完善对建设项目中各个参建单元的事前监督机制以及激励与惩罚体系，对于消除各参建单元的利益寻租现象有着重大作用。

3. 加强各参建单位之间的信息沟通和交流

因为建设项目的参建单位很多，且参建单位之间存在不同的目标和利益动机，对目标和目的之间也存在理解差异，导致了各参建单位的行为动机不相同。此外，不同的人对事物的认知也存在局限性，一方面因为信息传递活动的不顺利，可能造成知识价值丢失，从而造成客观危机；另一方面因为具有知识价值的社会主体也可能会进行某些不道德的活动，造成社会主题的客观危机。所以，必须形成一个最低限度的信息沟通与互动的系统，以保证通过不同参建单位间的互相理解与交流来了解对方的需求、动机、认识对象及其工作方式。如果施工单位代表的设计变更不准确，会造成工程承包商设计滞后，而导致施工损失；或工程承包单位的设计检测工艺的滞后，导致没有依据规范的设计实施，会造成工程质量不符合要求等。因此，应该建设信息管理系统来减少因为信息系统的不正确而导致工程中产生的业主行为风险。

信息管理系统主要通过提供技术信息、代码管理以及工程信息和资料管理等为工程的各个参建方提供实时可靠的数据。工程项目信息管理系统是把所有主管职能与项目管理组织信息沟通一起，并协调一致的神经系统。由各个参建单位根据在项目组织系统中的职能、权力、任务，在设计项目组织的不同阶段以及各个主管职能部门的具体信息要求，来构建工程信息管理系统，从而保证顺利完成工作任务，这既是工程项目中各参建主体的主要责任，也是专案项目管理任务得以实现的基础保障。而各个参建单位本身也就是一种工程信息管理中枢，不但要和其他参建单位有沟通，同时自身也要对信息作出更复杂的加工处理。例如，业主单位通常提交各种指令，如更改施工，调整原设计或变化施工顺序，重新选定分包商等。业主通常要求的是工程项目执行状况月报告，包括质量、成本、进度的报表，以及各项成本和费用报告等。而承包商也往往要求根据业主的各项口头和书面形式的指示、各项审批文书、监理单位的各项施工状况报告以及所汇报的施工问题等，向业主提供了各项施工报表、报告等。而管理信息系统也通常包括工程管理系统、信息编码体系以及项目资料和文档管理等。

1.4.4 项目风险 PDCA 管控模式

1. PDCA 循环

PDCA 循环，也叫作戴明环，最初源自美籍质量管理学者沃特·阿曼德·休哈特。这种管理方法通过宣传并推广后得到广泛运用。PDCA 循环将一个管理流程分为四大阶段：计划(Plan)、执行(Do)、检查(Check)和处理(Action)，即 P 阶段、D 阶段、C 阶段、A 阶段。这一循环模式的实施，使项目的工作效率大大提高，也使企业的竞争力大大增强。通过对各种工作的详细分析和评估，我们可以确定每件事情的具体目标，并将其执行情况记录下来，以便于将其视为我们的最终任务，而将其余的任务放置到下一阶段。这一工作方式是质量管理工作的主要方式，也是项目管理工作各项操作的普遍原则。

(1) P 阶段

根据客户的需求和组织所采取的战略，制定出有效的措施与步骤，以确保最终的服务效果。在这一时期，首先应当仔细审视当前的情况，以便及早发现并有效地处理存在的问题，以此来提升工作效率。对于准备阶段而言，问题的挑选至关重要，如果没有进行充足的调查和论证，将会对最终的结果产生极其严峻的影响，甚至会使得即使花费巨资，也无法避免出现严重的结果。其次应定目标，分析问题产生的原因。找准问题后分析形成问题的成因至关重要，利用德尔菲专家法等各种各样集思广益的科研方式，将引起问题形成的各种因素找到。在确定了问题的核心特征之后，需要为此制定一个明确的总体目标，即确定任务和实现的标准。这些目标可以是定性的，也可以是定量的，应该尽量使用量化的指标来衡量，同时也应该清楚地界定不可量化的指标。目标的选择是衡量实验结果的关键，因此，在确定目标时，应当基于科学的原则，结合全面的实际情况，进行深入的分析和比较。最后引出各类方法并明确最优化方法，分清主因与次因是科学解题的重点。可以采用正交试验设计法，通过矩阵图等方式筛选出所需的最优化方法，然后提出措施和计划。有了好的实施方案，其中的具体细节也不容忽视，计划单内容要想实现得好，就必须把整个实施方案过程细化，并逐步提出具体措施。可利用过程的决策程序图或流程图，来对方案设计的具体实施过程加以分析。

(2) D 阶段

依据既定的规划目标、准则，并依据已有的内外界消息，设计出具体实施的行为方式、预案，以及实施布局。

方案编制完毕之后便进行了实验验证阶段，验证过程也正是“做”的过程，但这一过程除按规定的方法进行之外，也一定要对过程加以测量，保证项目可以按期进行落实，并收集有关数据信息、原始记录及相关文档资料。

(3) C 阶段

为确定实施方案是否达成了目标。在 C 阶段，最关键的工作任务就是实施有效的工作检查和测试，以便获得管理工作的有效性，“员工只做你检查的岗位，不做你期望的岗位”，IBM 的前 CEI 郭士纳的这句话就把管理工作结果检验、检查的必要性一语道破。

对策是不是可行，以及任务有没有实现，都必须实施测试后才能得出结论，首先把实施的措施加以确定，再对所收集到的资料加以整理后，将执行状况和目标值加以对比，再看是不是实现了所预期的任务，如果发现其与预期的结果不一致时，就要确定是否严格地按照预定计划实施，如果是，则表明对策错误，就必须再次进行最佳方案的确认。

(4) A 阶段

当循环进入 A 阶段时，可以通过 PDCA 循环总结出一些问题。但也必然存在一些无法一次性解决的问题。将这些问题留到下一轮 PDCA 循环，周而复始，螺旋式地解决问题是 PDCA 循环的关键所在。

处理阶段能否成功实施是 PDCA 循环的关键。这一过程旨在发现并纠正现状，从而获得宝贵的经验，并从中吸取教训。此外，还需要对现行的标准进行改进，以确保 PDCA 循环的顺利实施。没有标准化和制度化，就不可能使 PDCA 循环转动向前。

由此可见，使用 PDCA 四循环能够使项目的推进变得更有条理、更为清晰和直观，同时也更具备科学性。PDCA 四循环的主要优点包括：

1）大环与小环相互配合，小环与大环相互协调，共同推动大循环的发展。

PDCA 循环被视为质量控制的核心手段，它既可以应用到整体的工程项目，又可以应用到每个单位，从科室到员工，从团队到个体，每个环节的行动都要紧密结合公司的战略，实现共赢的局面。采用循环管理，将公司内部和外部的任务紧密结合，实现资源共享、合力推动，从而实现高效的运营。

2）不断前进，不断提高。PDCA 循环就像一个不断攀登的楼梯，每次循环结束时，项目的质量管理状况都会得到改善。通过持续改善，新的情况制定更有效的循环，以实现持续的改善和调整，从而达到更高的效率。

3）门路式上升。PDCA 循环不仅是在同一水平上循环，而是一种持续的改善，它能够帮助解决项目中的一些问题，获得一些成功，从而推动工作的开展，提升项目质量管理的水平。每次循环结束后，都应该总结经验教训，制定新的目标，并进行第二次循环，以推动项目质量管理的发展。通过 PDCA 循环，达到提高产品质量和提升管理水平的目标。

2. PDCA 四循环模式在风险管理工作的运用

（1）计划(Plan)阶段

在建设项目施工之前，为了保证项目的顺利进行，业主需要根据具体的条件来提高团队的专业水平和职业素养。同时，还需要认真对待施工图的制定、招投标的过程，以及对所使用的材料、设备的检验等。

在计划阶段，就应重视业主方业务人员的内部和外部培训，从而提升其专业水平。制定一个切实有效的培训计划，邀请在项目管理领域拥有丰富经验的专家共同分析和解决项目中可能出现的问题。此外，还应该邀请业务人员参加由政府工程建设主管部门或行业协会举办的学习班和培训班，以提高业务人员的专业水平和素养。

为了确保项目的顺利进行，有关责任方须认真负责地进行施工图的设计与图纸的审核。此外，业主方还应提供有关技术的支持，辅助项目的实施。为了确保项目的顺利实施，业主方应制定一个详尽的设计计划，并且要经常对施工图进行检查，以确保它们的质量。通过 PDCA 循环，公司可以确保项目的顺利实施，并为项目的顺利进展提供保障。为确保项目质量，与相关部门紧密合作。认真审核并向所有参与者提供有关项目的信息，包括但不限于图纸的详细信息、平面、立体、位置、标高、建筑结构、使用场景、安全措施、维护措施、质量保证措施等。认真核实所有信息，并严格按照规定的时间、质量、安全措施完成项目。这一过程是第二个 PDCA 循环。通过指导施工方的技术交底工作，要求其对建筑的位置、标高、平面尺寸、立面尺寸、轴线等进行说明，对施工工序及衔接要点进行说明，同时明确在施工现场或实际施工过程中，可能存在风险要素进行说明。使所有现场的施工人员能够明确施工的标准及其中可能存在的重点和难点，以及环境等外部因素对施工造成的可能影响。对于交底不深入、不全面等问题，要求有关责任方及时改进。这一过程是第三个 PDCA 循环。上述三个 PDCA 循环，共同构成了工程开工前的管理工作，也是保证后续风险管理工作顺利进行的重要环节。

（2）执行(Do)阶段

在执行阶段，有关责任方应对施工方的管理人员和施工作业人员进行严格审查。施工方的重要负责人，如项目经理、生产经理和其他技术负责人，必须接受有关的职业培训，并参加技能考核。考核通过并办理资格审查认可后方可担任相关岗位职务；施工工长、班组长、各类技术人员、物资采购负责人、见证取样人员以及专职安全管理人员等同样必须经过专业技术培训并通过考核，取得职业技能证书，持证上岗；根据工程种类及特征不同需要配置的特种作业人员，如电工、焊接工、切割工等，必须符合特种作业人员配备的相关规定，特种作业人员必须经过相关专业培训，持有个人有效证件及当地政府劳动主管部门发放的特种作业人员操作资格证，施工中持证上岗，严禁私自更换人员，若确有需要更换，须经建设单位、监理单位审批，保证更换人员符合相关资格。

业主方应会同施工单位，共同建立材料及设备的进场检验制度，明确进场检验的方法和要求，落实具体责任和检验人，并告知所有的有关人员；制度必须明确材料、机械设备入场检验的过程中，由材料员、施工员、质检员、监理员共同于现场进行验收。此外还应对材料的出厂合格证、质量证明、检验报告、材料清单等相关验证文件进行核查；对施工机械的生产厂家、型号等有关信息和参数进行验证，并制定施工机械的保管维护制度，对施工机械及材料的使用情况进行定期或不定期的检查。对检验不合格的材料或进场后受到损坏的机械应严格按照相关规定进行处理和更换，单独建立这类材料和机械的台账，并加大检查力度。

（3）检查(Check)阶段

在检查阶段中，有关责任方应当严格落实工程项目质量的检查验收制度。业主方应牵头组建由建设单位、监理单位、施工单位、设计单位、勘察单位共同组成的 QC 小组，对所牵涉的材料、结构、安装、维护等问题实行全面的监督。依照合同、设计图纸、建设方案以及其他相关标准来执行，确保每一个环节都符合要求。在确保整个检查过程的顺利实施完成后，交由施工单位进行检查，施工单位组织监查人员深入现场进行检查，全面掌握施工情况并解决现场存在的问题，并由施工技术负责人、质量负责人等签字确认。

在多个工种同时开展的建设项目中，必须严格遵守规定的质量控制流程，并且将所有的检查结果及时归档，以便日后参考。如果发现前道工序的质量未经过审核，则必须停止下一道工序的实施；此外，业主方还需要仔细审核施工单位的测绘、放线、施工技术、材料等，检查所有的技术文件，以确保其符合规范的要求。严格执行各项技术规范，确保施工人员的安全、卫生、环境等符合要求。严格执行相关规定，禁止任何形式的偷工减料或者违规操作；同时，应当对施工方的材料、机械设备的入库、保管、见证取样等环节加以审核。

对于工程施工完成后会隐蔽的工程，如基础工程、钢筋工程、防水工程等，若在这类隐蔽工程完成后再对工程的质量进行检查，会极大地增加工程量，浪费时间、成本和资源。因此，业主方应格外注重隐蔽工程的检查验收，在隐蔽工程施工的过程中，定期或不定期地检查有关方是否有相应的书面文件，验收记录是否正式，验收不合格的处理是否妥当等。

（4）处理（Action）阶段

PDCA 循环的中处理阶段是至关重要的，它旨在通过对前三个步骤的分析研究，来对前三个阶段中发现的问题予以解决，确保工程质量符合要求。因此，必须谨慎地对其中存在的问题进行处理。在处理阶段，如果发现了前三个阶段中的问题，应该立即采取行动，对于无法现场整改的问题或在研究后决定放在下一阶段进行整改的问题，应该采取有效的措施，制定详细的整改计划，并且设定时间限制，以便将其纳入下一阶段的PDCA 循环中。确保 PDCA 四循环能够有效地解决项目中存在的问题。

产生工程施工质量问题的原因一般有三类：一是勘察单位、设计单位、施工单位的技术错误或失误，如勘察单位地质勘察时对土质和水文情况判断错误，设计单位施工图设计错误或失误，施工单位施工方法不恰当或技术水平差等；二是参建单位管理不到位或失误，如施工单位现场管理人员配备不足或责任心不强，监理人员未到现场进行过程监理或监理不严格，质量检验制度不合理不完善，检验设备和工器具不精准等；三是社会和经济原因，如施工单位为了节省开支而采用不合格的原材料或半成品，施工过程中偷工减料，违反工程建设基本程序，违规分包和挂靠，监理单位或监理人员收受施工单位贿赂，使工程质量监理形同虚设等。

为了保证项目的顺利实施，业主方应督促施工方采取必要的措施来控制项目中存在的问题。如果发现有可能改善的空间，应与设计、勘察、监理部门共同对改善方案的可行性和效果进行评估。根据 PDCA 循环原则，当检查验收达到标准后，方可允许施工单位继续完成后续的施工任务；若无法达到标准，应依照相关规范重新制定方案；若存在质量上的缺陷，则应当建立完善的修复措施，将其纳入 PDCA 循环，从而有效解决项目中存在的问题，实现项目的高质量运行。

第 2 章

供油工程安全风险管理

PART 2

本章分为六小节分别对航油工程安全风险的管理进行介绍。

其中第2.1节梳理了常用的安全风险评价方法，并对工程项目中的安全风险评价方法进行了详细介绍。

第2.2节主要介绍机场供油系统施工过程中主要使用的安全风险评价方法，并通过实际案例分析阐述了机场供油系统施工安全风险的分析过程。

第2.3节主要介绍新兴的智能建造和建筑工业化过程中的风险分析。

第2.4节主要从目的意义、相关概念及机制建立的角度介绍了安全风险预警与应急机制。

第2.5节主要介绍了结合供油工程的特点，并结合实际对施工中的监督策略及方式进行介绍。

第2.6节主要介绍创新技术在工程风险管控中的应用。

2.1 安全风险评价方法与适用场景

2.1.1 安全风险管理理论与方法

风险管理过程包括风险规划、风险识别、风险分析、风险处理和风险监控等几个阶段。其中，风险分析即风险评价的过程，是风险管理体系中最为重要的一个环节，在双重预防管理体系(风险分级管控和隐患排查治理)写进安全生产法的背景下，其重要性不言而喻。风险分析和评价是通过综合考虑风险发生的可能性、后果等因素后，确定系统发生风险的概率和程度，同公众认可的安全标准进行比较，明确风险等级，从而有针对性地确定控制手段和程度的方法。

目前对于安全生产日常管理过程中的设备设施、作业活动、部位场所等开展的安全评价工作，主要有以下理论和方法。

1. 安全检查表法(SCL)

安全检查表法(SCL)是使用最为广泛的一种较为基础的安全风险评价方法。安全检查表的分类方法不可胜数，可以按照基本类型、使用场合、检查内容等多种方法进行分类。目前常用的安全检查表法主要有定性检查表、半定量检查表和否决型检查表三种类型。

定性检查表是将检查要点穷举并照单检查，检查结果以“是”“否”或“有”“无”等语言表示，仅定性不能定量的风险隐患的一种方法；

半定量检查表是将每个检查要素赋以分值，最终通过检查总分判断检查结果的方法，不同的检查对象可以相互比较，但缺点是检查要素赋值的准确性受各种因素影响较大；

否决型检查表是将一些对于现场非常重要的否决项列出，若检查中发现此类否决项，则检查结果视为不合格。

2. 作业危害分析法（JHA）

作业危害分析（JHA）又称工作安全分析，是为识别和控制作业危害的预防性工作流程，是欧美企业目前应用最为广泛的一种作业安全分析与控制管理工具。通过循序渐进地分析标准作业流程，找到非必要的、具有风险的工作流程，易造成风险的工作器械和设施，并对其加以管控，做到防患于未然。

JHA 主要用来进行设备设施安全隐患、作业场所安全隐患、员工不安全行为隐患等的有效识别。选择作业清单中的某一作业项目，将其分解为一系列连续的工作步骤，识别这些工作步骤中可能发生的风险，进而进行风险评价，判断风险等级，制定控制方案。

3. 事故树分析法（FTA）

通过运用逻辑推理辨识各种系统的危险性的事故树分析法（FTA），既可以对事故发生的直接原因进行分析，又可以对潜在的事故原因进行揭示。用它描绘事故的因果关系直观明了、思路清晰、逻辑性强，可同时进行定性与定量分析。常用于企业风险的辨识和衡量的是从结果到原因描述事故发生的有向逻辑树，用逻辑门将相关原因事件连接在逻辑树中构成逻辑树图，为判明事故发生的途径及损害间关系提供一种最形象、最简洁的表达方式。其分析方法是从要分析的特定事故或故障"顶上事件"开始，层层分析其发生原因（中间事件），一直分析到不能再分析或没有必要分析时为止，即分析至基本原因事件为止，用逻辑门符号将各层中间事件和基本原因事件连接起来，得到形象、简洁地表达其因果关系的逻辑树图形即故障树。

4. 事件树分析法（ETA）

事件树分析（ETA）是一种按照事故发展的时间次序来推断原始事件的后果，从而识别危险源的手段。从一开始的事件为起点，根据事故发展的先后次序，将其划分为不同阶段，并逐步深入分析每个事件可能出现的后续事件直至到达系统最终故障或事故，期间的事件仅可采用两种完全对立的状态（成功或失败，正常或失效，安全或危险等）中的一种。因为用树枝的形式表达了这种情况，所以称其为"事件树"。它不但可以对整个事件的动态变化过程进行定性的理解，也可以对各个阶段的可能性进行定量的计算，从而确定事故发展过程中各种情况出现的可能性。

5. 预先危险性分析法（PHA）

预先危险性分析（PHA）也可称为危险性预先分析，是在每项工程、活动之前（如设计、施工、生产之前），或技术改造之后（即制定操作规程前和使用新工艺等情况之后），对系统存在的危险因素类型、来源、出现条件、导致事故的后果以及有关防范措施等概略分析的方法。预先危险性分析适用于固有系统中采取新的方法，接触新的物料、设备和设施的危险性评价。该方法一般在项目的发展初期使用。如果只是对危险及潜在事故状况进行粗略的分析，那么已经建造的装置也可以使用 PHA 来分析。

6. 作业条件危险性分析法（LEC）

作业条件危险性分析评价法（LEC）作为一种半定量的评价方法，用于评估作业人员在有危险隐患环境下作业的危险性。分别给 L（事故发生的可能性）、E（人员暴露于危险环境中的频繁程度）和 C（一旦发生事故可能造成的后果）这三个因素确定不同的分值，再以三个分值的乘积 D（危险性等级）来评价作业条件危险性的大小。其数学表达式为：$D=L\times E\times C$。

7. 风险矩阵法（L·S）

风险矩阵（L·S）又称作业风险分析方法，是英国石油化工行业最先采用的分析方法。即对每项作业活动可能造成的危害进行识别，并对可能造成的后果和该后果发生的概率进行判断，两者相乘，确定危害的风险等级。然后再依据不同的风险等级采取对应的风险管控举措。风险的数学表达式为：$R=L\times S$。其中：

R：Risk 代表风险值；

L：Likelihood 代表发生伤害的可能性；

S：Serious 代表发生伤害后果的严重程度。

1）事故发生的可能性（L）取值：从偏差发生频率、安全检查、操作规程、员工胜任程度、控制措施五个方面对危害事件发生的可能性进行取值，取五项最高值作为其最终的 L 值。

2）事故发生的严重程度（S）取值：从人员伤亡情况、财产损失、法律法规符合性、环境破坏和对企业声誉损坏五个方面对后果的严重程度进行取值，取五项最高值作为其最终的 S 值。

3）风险矩阵：确定了 S 和 L 值后，计算出风险度 R 值，并根据 R 值判定对应的风险等级（表 2-1，表 2-2）。

表 2-1 风险值（R）

严重程度 S 可能性 L	1	2	3	4	5
1	1	2	3	4	5
2	2	4	6	8	10
3	3	6	9	12	15
4	4	8	12	16	20
5	5	10	15	20	25

表 2-2 风险值与安全风险等级判定准则及控制措施

风险值	安全风险等级及说明			应采取的行动/控制措施
20~25	A 级	极高危险	重大风险	立即停止作业
13~16	B 级	高度危险	较大风险	采取管控措施
8~12	C 级	中度危险	一般风险	部分管控
<7	D 级	轻度危险	低风险	持续监控

2.1.2 工程项目安全风险评价方法

目前在建设项目领域，常用且较为成熟的安全风险评价方法主要有危险与可操作性分析(HAZOP)、保护层分析(LOPA)和安全完整性等级分析(SIL)等。

HAZOP 分析方法可以系统地对工程现场设备设施存在的各种潜在危险和危害进行识别，随后通过提出合理的措施减少事故发生或减轻事故后果。尽管如此，该方法仍存在降低的风险和残余风险不能定量的不足之处，这时便需要 LOPA 分析方法对其进行弥补。通过 HAZOP 分析工程中存在的重大风险，且部分风险的现有保护措施含有安全仪表系统(SIS)，则可以通过 LOPA 分析方法，确认严重事故发生后现有保护是否足够，是否需要额外增加 SIS 保护，以及确定计划增加的 SIS 保护的风险降低多少。需要注意的是，额外增加的 SIS 系统是否达到符合要求的安全完整性等级(SIL)，是否降低了目标风险，则需要通过 SIL 分析进行验证。通过开展 SIL 分析，可以对 SIS 系统进行分级、设计和验证，使安全仪表系统项目的设计和执行达到最优，便可通过较低的项目成本实现工程的安全需求。

综上所述，HAZOP 和 LOPA 分析是 SIL 分析前所必须完成的，而 SIL 分析则是对 LOPA 分析结果的验证。在 HAZOP 的基础上，进行 LOPA 分析并确定安全仪表功能(SIF)的 SIL 等级，是建设项目领域安全风险评价的主流趋势和方向。

1. HAZOP 分析方法

HAZOP 分析是一种利用系列会议分析工艺图纸和操作规范，对设计缺陷、工艺过程危害、操作问题进行识别的结构化分析方法。在此过程中，由各专业人士构成的分析组，依照规定的方法对各个单元(分析节点)进行系统研究，并对设计工艺条件偏差造成的危害和可操作性问题进行分析。

HAZOP 分析组对每一个工艺单元或操作步骤进行分析，通过引导词引出具有潜在危害的偏差并进行识别，引导词的目的是确保分析所有工艺参数的偏差，并对其可能产生的原因、后果及已有的安全保护措施进行分析。

HAZOP 研究的重点是工艺部分或操作步骤的各种具体值，其基本过程是对工艺状态(参数)在工作过程中可能产生的偏差(偏差=引导词+工艺参数)进行以引导词为导向的分析，从而发现其可能造成的危害。通常所有的引导词都按顺序使用在每个工艺参数上，也就是“引导词+工艺参数”的方式。

HAZOP 分析小组一定要由不同专业组成。这一群体分析方式的主要好处是可以互相促进，打开思路，这也是 HAZOP 分析的核心优势所在。

为保证分析结果的可信度和深度，HAZOP 分析小组的知识、技术和经验必不可少。一个由 5~7 人组成的包括设计、工艺、设备、运行、维护、仪表电器、公用工程等专业的分析小组，应对大型复杂工艺过程是较为理想的。

基于 HAZOP 分析，可以根据危险造成的后果，发现装置中的危险，并明确系统中的主要危害。若有需要，可继续使用故障树分析主要危害。因此，HAZOP 可以与故障树配合使用来确定故障树的“顶上事件”。同时，对于装置中的主要危害，可进一步定量评估其风险，量化指标，因此，在定量风险评估中，HAZOP 也是危害辨识的重要方法之一。

HAZOP 分析的基本流程如图 2-1 所示。具体分析时，基于引导词的工艺参数优先选择法的 HAZOP 分析流程如图 2-2 所示。

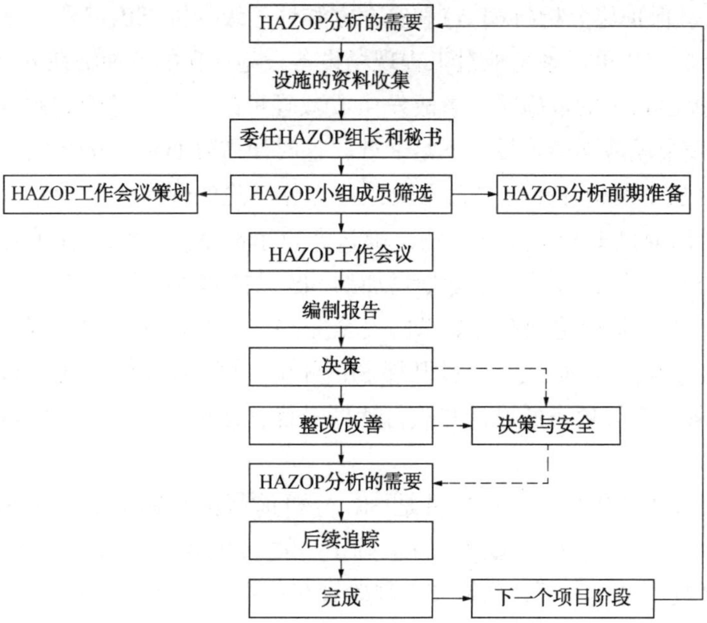

图 2-1　HAZOP 分析的基本流程

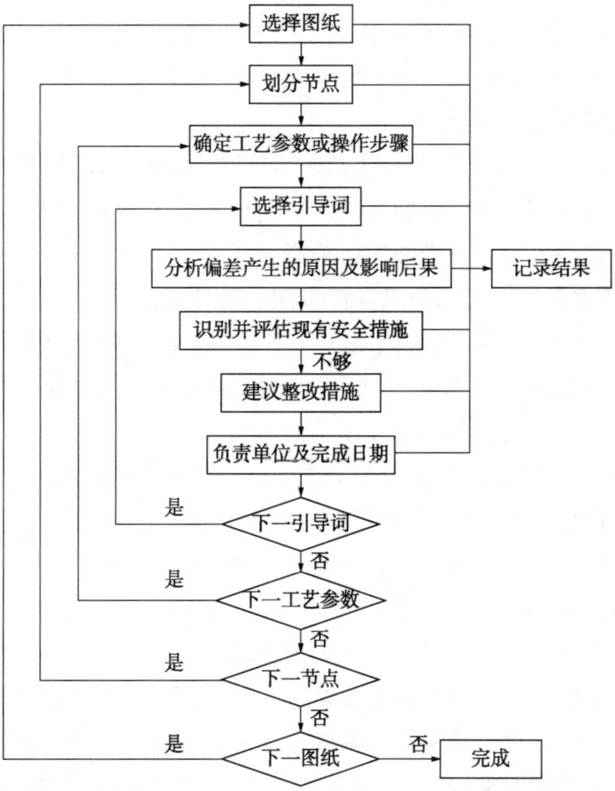

图 2-2　引导词的工艺参数优先选择法 HAZOP 分析流程

2. LOPA 方法

LOPA 分析是定性的风险分析，对保护层的有效性进行进一步的评价，以作出风险决策的系统方法；其主要目标是确定严重性，以及独立保护层(IPL)故障频率的数量级。

现行标准为《保护层分析（LOPA）方法应用导则》（AQ/T 3054—2015）和《保护层分析（LOPA）应用指南》，适用于化工企业新建、改建、扩建和在役装置（设施）的保护层分析。

保护层分析的基本程序见图 2-3。主要过程包括：场景识别与筛选、选择事故场景、初始事件（IE）确认、独立保护层（IPL）评估、场景频率计算、风险评估与决策和后续跟踪与审查。

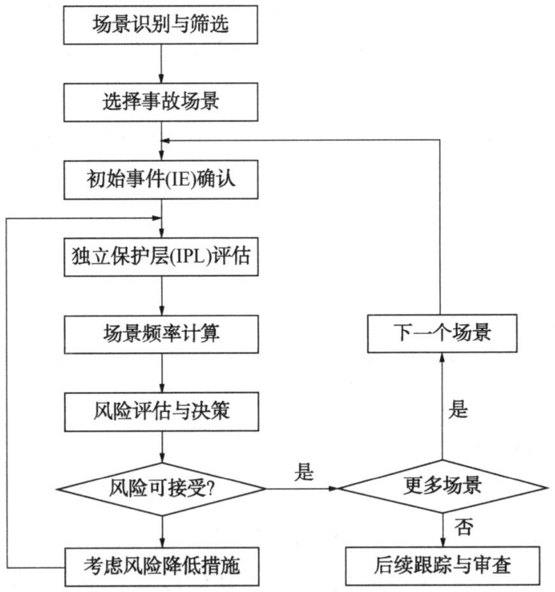

图 2-3 保护层分析的基本程序

（1）场景识别与筛选

分析对象场景的基本要求：

1）每个场景应有唯一的初始事件及其对应的单一后果；

2）当同一 IE 导致不同后果时，或多种 IE 导致同一后果时，应假设多个场景；

3）当场景中存在使能必要事件或条件，应将其包含在场景中。

场景信息来源于危险分析的结果，应包括：

1）采用 HAZOP 分析方法进行风险分析的结果；

根据 HAZOP 分析记录表，对事故后果较为严重的事故场景进行筛选，筛选的事故场景应尽量包含所有装置原有的安全联锁装置和新增设安全仪表功能。

2）采用 AQ/T 3034 中的分析方法进行风险分析的结果；

3）事故分析结果；

4）工艺变更分析；

5）安全仪表功能审查结果；

6）其他风险分析结果等。

场景筛选的基本要求：

1）宜采用定性或定量的方法对场景后果的严重性进行评估，并根据后果严重性评估结果对场景进行筛选。

2）典型的后果种类包括人员伤害、财产损失、环境和声誉影响等。

（2）初始事件（IE）确认

初始事件通常包括外部事件、设备故障及人员失误等。

审查场景中所有的情况，确定该初始事件为有效的初始事件；应确定可能出现的所有初始事件，并确保没有疏漏；应将每个原因细分为独立的初始事件，以便于识别独立保护层；在识别潜在初始事件时，应确保已经识别和审查所有的操作模式下的初始事件；当人的失效作为初始事件时，应制定人员失误概率评估的统一规则并在分析时严格执行。

IE 频率的确定方法引用 AQ/T 3054—2015《保护层分析（LOPA）方法应用导则》附录 E。

（3）独立保护层（IPL）评估

对受控设备（EUC）的所有保护层进行评估，评估出符合条件的独立保护层（IPL），并确定 IPL 的 PFD。工程项目中常见的 IPL 有以下几种。

1）基本过程控制 BPCS；

2）关键报警与人员响应；

3）安全仪表系统 SIS；

4）安全泄放系统（安全阀、爆破片、呼吸阀）等。

独立保护层的特性主要有以下几个方面。

1）特殊性：旨在预防识别出的危险；

2）独立性：独立于 IE 的发生及其后果，独立保护层之间没有共享设备；

3）可靠性：每个至少提供一个数量级的风险降低；

4）可审核性：对于阻止后果的有效性和 PFD 应以某种方式（通过记录、审查、测试等）进行验证。

保护层及作为 IPL 的要求：

化工企业典型的保护层及作为 IPL 的要求见表 2-3。

（4）场景频率计算

计算公式如下

$$f_i^{\mathrm{C}} = f_i^{\mathrm{I}} \times \prod_{j=1}^{J} \mathrm{PFD}_{ij} = f_i^{\mathrm{I}} \times \mathrm{PFD}_{i1} \times \mathrm{PFD}_{i2} \times \cdots \times \mathrm{PFD}_{ij}$$

式中 f_i^{C}——初始事件 i 的后果 C 的发生频率，单位为/a；

f_i^{I}——初始事件 i 的发生频率，单位为/a；

PFD_{ij}——初始事件 i 中第 j 个阻止后果 C 发生的 IPL 的 PFD。必要时使用事件或条件发生概率、点火概率、人员暴露和具体伤害的概率对不同后果场景频率进行修正。

初始事件发生频率和独立保护层失效频率，其数据可参考：

1）行业统计数据；

2）企业历史统计数据；

3）基于失效模式、影响和诊断分析（FMEDA）及故障树分析（FTA）等的数据；

4）供应商提供其他可用的数据。

典型 IE 发生频率和典型 IPL 的 PFD 参见 AQ/T 3054—2015《保护层分析（LOPA）方法应用导则》附录 E。

表 2-3　化工企业典型的保护层及作为 IPL 的要求

保护层	描述	说明	示例	作为 IPL 的要求	
				具体要求	通用要求
本质安全设计	从根本上消除或减少工艺系统存在的危害	企业可根据具体场景需要，确定是否将其作为 IPL	容器或管道设计可承受事故后果产生的高温、高压等	1）当本质安全设计用来消除某些场景时，不应作为 IPL 2）当考虑本质安全设计在运行和维护过程中失效时，在某些场景中，可将其作为一种 IPL	对于所有的保护层，作为 IPL 应满足以下要求： 1）应有控制手段防止非故意的或未授权的变动 2）应执行严格的变更管理程序，以满足变更后保护层的 IPL 要求 3）应有可用的信息、文档和程序可查，以说明保护层的设计、检查、维护、测试和运行活动能够使保护层达到 IPL 的要求
基本过程控制系统（BPCS）	BPCS 是执行持续监测和控制日常生产过程的控制系统，通过响应过程或操作人员的输入信号，产生输出信息，使过程以期望的方式运行。由传感器、逻辑控制器和最终执行元件组成	BPCS 可以提供三种不同类型的安全功能作为 IPL。 1）连续控制行动：保持过程参数维持在规定的正常范围以内，防止 IE 的发生 2）报警联动：对超出正常范围的行为进行识别，并向操作人员提供报警信息，促使操作人员采取行动（控制过程或停车） 3）逻辑行动：行动将导致停车或采取动作使过程处于安全状态	精馏塔、加热炉等基本过程控制系统	1）BPCS 作为 IPL 应满足以下要求： ——BPCS 应与安全仪表系统（SIS）在物理上分离，包括传感器、逻辑控制器和最终执行元件 ——BPCS 故障不是造成 IE 的原因 2）在同一个场景中，当满足 IPL 的要求时，具有多个回路的 BPCS 宜作为一个 IPL 3）当 BPCS 通过报警或其他形式提醒操作人员采取行动时，宜将这种保护考虑为报警和人员响应保护层	
报警和人员响应	报警和人员响应是操作人员或其他工作人员对报警响应，或在系统常规检查后，采取的防止不良后果的行动	通常认为人员响应的可靠性较低，应慎重考虑人员行动作为独立保护层的有效性	反应器温度高报警和人员响应	1）操作人员应能够得到采取行动的指示或报警 2）操作人员应训练有素，能够完成特定报警所要求的操作任务。任务应具有单一性和可操作性，不宜要求操作人员执行 IPL 要求的同时执行其他任务 3）操作人员应有足够的响应时间 4）操作人员身体条件合适等	

续表

保护层	描述	说明	示例	作为 IPL 的要求	
				具体要求	通用要求
安全仪表功能(SIF)	安全仪表功能通过检测超限(异常)条件，控制过程进入功能安全状态。一个安全仪表功能由传感器、逻辑控制器和最终执行元件组成，具有一定的 SIL	安全仪表功能 SIF 在功能上独立于 BPCS。SIL 分级可见 GB/T 21109	安全仪表功能 SIL1 安全仪表功能 SIL2 安全仪表功能 SIL3	1）SIF 在功能上独立于 BPCS 2）SIF 的规格、设计、调试、检验、维护和测试应按 GB/T 21109 的有关规定执行	
物理保护	提供超压保护，防止容器的灾难性破裂	包括安全阀、爆破片等，其有效性受服役条件的影响较大	1）安全阀 2）爆破片 3）安全阀和爆破片串联 4）放空阀	1）独立于场景中的其他保护层 2）在确定安全阀、爆破片等设备的 PFD 时，应考虑其实际运行环境中可能出现的污染、堵塞、腐蚀、不恰当维护等因素对 PFD 进行修正 3）当物理保护作为 IPL 时，应考虑物理保护起作用后可能造成的其他危害，并重新假设 LOPA 场景进行评估	
释放后保护设施	危险物质释放后，用来降低事故后果的保护设施(如防止大面积泄漏扩散、降低受保护设备和建筑物的冲击波破坏、防止容器或管道火灾暴露失效、防止火焰或爆轰波穿过管道系统等)	一般需要对事故后果进行定量评估，根据评估结果选择针对性释放后保护设施或确定保护设施的设计参数	1）火气系统：可燃气体和有毒气体检测报警系统、泄漏或火灾后紧急切断系统、火灾报警系统等 2）拦蓄或收集设施：防火堤、集液池及收集系统等	独立于场景中的其他保护层在确定阻火器、隔爆器等设备的 PFD 时，应考虑其实际运行环境中可能出现的污染、堵塞、腐蚀、不恰当维护等因素对 PFD 进行修正	

续表

保护层	描述	说明	示例	作为 IPL 的要求	
				具体要求	通用要求
释放后保护设施			3）释放后安全处理系统：洗涤设施、有毒气体捕集及处理系统等 4）减少蒸发扩散的设施：如用于 LNG 的高倍数泡沫系统 5）防火设施，如耐火涂层、防火门、阻火器、消防系统（水幕、自动灭火系统等） 6）防爆设施：防爆墙或防爆舱、隔爆器、泄压板、水雾系统、减爆剂、惰化系统等 7）防中毒设施：正压防护系统，中和系统等 8）其他，如与消防联动的电视监视系统		
工厂和社区应急响应	在初始释放之后被激活，其整体有效性受多种因素影响		主要包括消防队、工厂撤离、社区撤离、避难所和应急预案等	应确认其有效性	

（5）风险评估与决策

通过使用定量数值风险标准、风险矩阵等形式，再依据场景概率计算结果和后果等级，便可对事故场景风险等级进行评估。根据事故场景风险等级进行风险决策，风险决策采用 ALARP 原则（在技术条件和费用合理的前提下，风险的控制要尽可能地低），将事故场景风险降低到可接受的风险水平。

首先应确定风险造成后果的严重程度，然后再对现有能阻止事故发生的手段的失效频率进行评价。综合后果和频率的级别，根据风险评估矩阵图（纵坐标为后果等级，横坐标为场景概率等级）确定总的风险等级，根据 ALARP 原则，低风险不需要采取行动；中风险可选择性地采取行动；高风险选择合适的时机采取行动；很高风险应立即采取行动。定量数值风险标准和风险矩阵示例、ALARP 和可接受风险水平概念参见 AQ/T 3054—2015《保护层分析（LOPA）方法应用导则》附录 F。

（6）后续跟踪与审查

1）应对 LOPA 分析结果的执行情况进行持续跟踪，并对降低风险行动的实施情况进行落实；

2）LOPA 的分析过程和结果可接受相关的审核检查。

3. SIL 分析方法

安全仪表系统（SIS）是能够实现一项或多项安全仪表功能的仪表系统，通常由传感器、逻辑控制器和执行器组成，SIS 可以监视生产过程的状态，判断是否出现危险条件并防止风险发生或者减轻风险发生后造成的后果。

SIL 法是在一定时间和条件下，安全相关系统执行其所规定的安全功能的可能性，其数值代表安全仪表系统使用过程风险降低的数量级。

SIS 系统中的安全仪表功能在工程项目中起到保护作用。为了确定安全联锁的可靠性目标，并为 SIS 系统配置提供设计依据，需要确定每一个安全仪表功能（SIF）的 SIL 等级。按照安全仪表系统功能失效造成的后果及风险的差异，可以将安全仪表功能划分为 SIL1、SIL2、SIL3、SIL4 四个等级，根据不同的等级需求，可以有针对性地安装、调试、应用安全仪表系统。安全风险评价中，往往是通过 LOPA 分析方法进行安全仪表系统的 SIL 定级，保障安全仪表功能的有效发挥。

SIL 等级的确定是 SIL 分析中最重要的环节，这是因为安全仪表系统必须满足系统风险分析后所要求的 SIL 等级。目前国内主要应用的半定量法为 LOPA。

根据企业可接受风险水平，确定安全仪表功能所需要的风险降低要求，进而确定 SIF 的安全完整性要求（SIL 等级），允许风险/中间事件概率=SIF 的失效概率。

如果安全仪表功能低于 SIL1，该保护功能可以通过 BPCS 系统来实现；若安全仪表功能大于或等于 SIL1，则必须应用 SIS 系统（表 2-4）。

表 2-4　安全完整性等级-在低要求操作模式下安全功能的目标失效量

安全完整性等级	在要求时就执行其设计功能要求的平均失效概率（PFD_{avg}，即 Average probability of failure on demand）
4	$10^{-5} \leq PFD_{avg} < 10^{-4}$
3	$10^{-4} \leq PFD_{avg} < 10^{-3}$

续表

安全完整性等级	在要求时就执行其设计功能要求的平均失效概率（PFD_{avg}，即 Average probability of failure on demand）
2	$10^{-3} \leqslant PFD_{avg} < 10^{-2}$
1	$10^{-2} \leqslant PFD_{avg} < 10^{-1}$

4. 评价方法优缺点及适用范围

危险与可操作性(HAZOP)分析作为工程风险分析中应用最为广泛的分析方法，通过结构化和系统化的方式，在新改扩工程的设计阶段识别工程过程中潜在的风险，并提出合理化建议，提高本质安全水平。但 HAZOP 分析的主观性较强，对于较为复杂的事故场景，由于缺乏定量分析的数据，便无法判断现有的保护措施是否可以将风险降低至企业可接受的程度。

LOPA 分析作为一种实用的风险分析和管理工具，可以提供相对量化的风险决策依据，与相对主观的分析相比，提供了更好的风险决策基础。通过 LOPA 分析，可以了解不同独立保护层在降低风险过程中的贡献，在此基础上，可以采取更加经济合理的保护措施降低风险。

LOPA 分析是安全完整性等级(SIL)的重要评估工具。若 LOPA 分析结果中独立保护层起到了安全保护措施的作用后，减轻事件的剩余风险仍然超过了公司可接受的水平，则需要利用 SIL 评价方法，提出切实可行的附加保护层 SIS，并确定 SIS 系统要实现的 SIF 功能的 SIL 等级，从而发挥安全仪表系统的保护功能。

总而言之，LOPA 分析作为 HAZOP 分析结果的补充手段，可以解决 HAZOP 分析中无法定量化的不足；SIL 分析则在 LOPA 分析的基础上，进一步对需要增加的安全仪表系统(SIS)进行设计，并对 LOPA 分析结果进行验证，即 HAZOP、LOPA 分析是 SIL 分析的前期准备工作。

2.2 机场供油系统施工的安全风险分析

民航业的健康、快速发展离不开航油安全、稳定的供应，机场供油系统的安全施工也就成为我国民航安全与经济发展的重要保障因素。进入 21 世纪以来，我国机场供油保障工程逐渐增多，施工过程中面临的风险也日益受到业内人士的关注。本书结合相近行业的施工事故数据，选取某机场供油工程建设项目为实例，具体分析了机场供油系统施工过程存在的安全风险与危险源。

随着我国经济的蓬勃发展，民用航空业也进入快速发展阶段，全国各地机场陆续新建、扩建。一方面，民航业的迅猛发展，无疑给航油保障企业带来了重大的发展机遇，随之而来的便是机场油库、输油管线、航空加油站的新、改、扩建，特别是作为“航油国家队”的中国航油，对此具有较强的实力；另一方面，随着民航机场供油工程项目的增多，所涉及的不确定因素也随之上升，面临的安全形势也十分严峻。通过全方位识别施工环境中可能存在的安全风险，精准定位危险源的性质类型，有助于将很多安全事故消灭在萌芽中，从而为施工过程中的风险管控打下坚实基础，以确保项目的顺利开展。因此，进行供油工程的安全风险与危险源识别工作，对于正在开展及将要开展的供油工程有着重要的指导意义。

2.2.1 安全风险与危险源概述

1. 安全风险

风险这个概念涉及许多领域，如财务风险、运营风险等。安全领域中的“风险”是指“安全风险”，是危险危害发生的概率及其引发的人员伤亡、财产损失、生态环境破坏和社会危害等后果影响程度的组合。安全风险是负面的，主要探讨不确定性对安全的负面影响。安全风险是通过事故表现出来的，常见的事故有20种类型，分别是：物体打击、车辆伤害、机械伤害、起重伤害、触电、淹溺、灼烫、火灾、高处坠落、坍塌、冒顶片帮、透水、放炮、瓦斯爆炸、火药爆炸、锅炉爆炸、容器爆炸、其他爆炸、中毒和窒息、其他伤害等。

2. 危险源

危险源是导致人身体或精神受到损失的根源。许多行业的安全管理对象就是危险源，在施工过程中，危险源以各种形式存在。根据导致的后果，危险源可能导致安全意外事故发生、建筑物体受到破坏、施工人员遭受物体打击受伤、环境污染等。

（1）危险源的分类

业内人士将危险源分为两类，即第一类危险源和第二类危险源。第一类危险源是指建筑施工过程中起直接作用的危险源，通常一旦触发将不易控制。第二类危险源是事故的次要原因，主要是人为因素造成的。事故是由于管理不当、施工现场环境、建筑物不稳定等原因造成的。这类危险源基本上是可控的，但有时它比第一类危险源造成的危害更大，因为人为管理的疏忽一般不可见。

（2）危险源辨识方法

1）安全预测分析法。为确保施工安全，应首先开展危险源辨识。实际操作中，辨识危险源可以采用安全预测分析法，综合系统地辨别。具体应用就是对可能出现的危险进行分析比较，再逐一排除危险，采取合理应对的手段去解决。建筑施工的危险数量多且全面预测的可能性较小，很多危险突发时没有准备，所以安全分析预测法最好使用在特定场合。比如施工环境相对安全，只需大体预测危险源且危险源明显属于第二类的，可以考虑使用系统辨别法，综合推理辨识。

2）凭借经验直观辨别。实用性强且高效率的辨识方法是凭借丰富的建筑类工作经验，直观地深入施工现场，进行现场检查并及时纠正施工问题。虽然这种辨识出危险源的方法成功率高，但直面危险的过程中会随时突发状况，这对检验人员的考验很大。检查辨别危险源的工作人员需要提前接受专门的培训，做好准备工作，具有临场应变能力。但不能仅靠经验，也要参照实际情况，灵活应变，遇到危险及时作出反应，必要时借助工具帮助自己作出正确的判断。

2.2.2 业界案例安全风险分析

1. 人员伤亡事故统计

从广义上来说，供油工程建设项目属于建筑业的范畴。长期以来，建筑业在世界各国都属于高危行业，其伤亡事故的发生率一直高于其他行业平均水平。2003 年，世界劳工组织对全球重大职业安全事故死亡人数的统计结果显示，建筑施工现场死亡人数高达 60000 人，约占全部 355000 人的 17%；其中，发生在亚洲和太平洋地区的建筑业事故死亡人数是最多的，约占全部 60000 人的 68%。2005—2009 年，美国建筑业死亡 5444 人，也远高于其他行业。英国的情况与美国类似，2010 年，英国建筑业死亡 50 人，占全国总伤亡人数的 27%，仍然高于其他行业。

近年来，工程建设项目的规模和人数大幅度增加，工程项目趋向大型化、高层化和复杂化，随着工程建设速度加快，建筑业的安全形势日趋严峻。根据原国家安全生产监督管理总局的年度统计报告，2004—2015 年，我国每年发生事故总起数、建筑业发生的事故起数及建筑业事故起数所占全年事故总起数的比例如表 2-5 所示。

2004—2015 年，我国每年发生事故总伤亡人数、建筑业事故伤亡人数及建筑业事故伤亡人数所占全年事故总伤亡人数的比例如表 2-6 所示。

表 2-5　2004—2015 年我国建筑业事故起数及占全年事故总起数的比例

年份	全年事故总数/起	建筑业事故数/起	建筑业事故数所占比例/%
2004	803573	2582	0. 32
2005	717938	2288	0. 32
2006	627729	2230	0. 36
2007	506208	2278	0. 45
2008	413752	2266	0. 55
2009	379248	2330	0. 61
2010	363383	2197	0. 61
2011	347728	2099	0. 60
2012	336988	1948	0. 58
2013	309295	2059	0. 67
2014	305677	1786	0. 58
2015	281476	1567	0. 56

表 2-6　2004—2015 年我国建筑业事故伤亡人数及占全年总伤亡人数的比例

年份	全年总伤亡人数/人	建筑业事故伤亡人数/人	建筑业事故伤亡人数所占比例/%
2004	136755	2789	2. 04
2005	127089	2607	2. 05
2006	112879	2546	2. 26
2007	101480	2722	2. 68

续表

年份	全年总伤亡人数/人	建筑业事故伤亡人数/人	建筑业事故伤亡人数所占比例/%
2008	91177	2702	2.96
2009	83200	2760	3.32
2010	79552	2769	3.48
2011	75572	2634	3.49
2012	71983	2431	3.38
2013	69434	2489	3.59
2014	68061	2197	3.23
2015	66182	1891	2.86

从表2-5和表2-6可以看出，2004—2015年，我国事故总起数和总伤亡人数逐年下降，国家安全生产形势总体好转，建筑业伤亡人数和事故起数也有所下降，但建筑业伤亡人数和事故起数所占比例却居高不下，建筑业安全生产形势相比逐年严峻，建筑业成为仅次于煤矿行业的高危行业，而且，建筑业伤亡事故和伤亡人数的实际发生情况，由于漏报、瞒报等原因，比统计数字要高得多。

以上是2004—2015年建筑行业的事故统计，而对于供油工程来讲，目前发生的事故甚少，业界尚缺乏此类工程的数据，由于在供油工程建设中，油库面临的情况最为复杂，故笔者通过文献调研，找出相关石化行业油库改扩建施工风险事故概率(表2-7)，以作类比参考。

表2-7　成品油油库改扩建施工风险事故概率统计

单位	项目	机械伤害	物体打击	人员坠落	火灾爆炸	人员触电	烧伤烫伤	射线辐射	环境污染
单位A	事故起数	0	2	0	0	0	1	0	0
	经济损失(万元)	0	1.98	0	0	0	0.64	0	0
	人员伤亡	0	2	0	0	0	1	0	0
单位B	事故起数	1	0	0	1	0	0	0	0
	经济损失(万元)	0.55	0	0	0.16	0	0	0	0
	人员伤亡	1	0	0	0	0	0	0	0
单位C	事故起数	0	0	0	1	0	0	0	0
	经济损失(万元)	0	0	0	3564	0	0	0	0
	人员伤亡	0	0	0	19	0	0	0	0
单位D	事故起数	0	1	0	0	0	0	0	0
	经济损失(万元)	0	0	0	0	0	0	0	0
	人员伤亡	0	1	0	0	0	0	0	0
单位E	事故起数	0	0	0	1	0	0	0	0
	经济损失(万元)	0	0	0	3.6	0	0	0	0
	人员伤亡	0	0	0	1	0	0	0	0

续表

单位	项目	机械伤害	物体打击	人员坠落	火灾爆炸	人员触电	烧伤烫伤	射线辐射	环境污染
单位 F	事故起数	0	0	1	0	0	1	0	0
	经济损失(万元)	0	0	2.34	0	0	0.55	0	0
	人员伤亡	0	0	1	0	0	1	0	0
单位 G	事故起数	0	0	0	1	0	0	0	0
	经济损失(万元)	0	0	0	7.79	0	0	0	0
	人员伤亡	0	0	0	0	0	0	0	0
单位 H	事故起数	0	0	0	0	1	0	0	0
	经济损失(万元)	0	0	0	0	4.21	0	0	0
	人员伤亡	0	0	0	0	1	0	0	0
单位 I	事故起数	0	0	0	2	0	0	0	0
	经济损失(万元)	0	0	0	23	0	0	0	0
	人员伤亡	0	0	0	1	0	0	0	0

由表2-7可见，成品油油库改扩建及同类施工项目中，火灾爆炸发生的概率最高，且损失后果最为严重，在其他施工环节，如物体吊装、临时用电、高处作业，虽损失相对较小，但发生概率仍较高。

2. 安全事故引发的环境污染事件统计

（1）油库区事故案例

1）油库区事故案例统计。评价收集近年来油库风险案例，见表2-8。

表2-8 油库风险案例

发生时间	发生地点	发生原因及影响程度
2009.7.4	长三角某油库	该油库由于油罐的装置失灵导致发生汽油泄漏事故，泄漏的汽油至少有数吨，并流到附近的沟渠，导致黄鳝和泥鳅等鱼类死亡
2010.7.16	东北地区某原油储罐	违规在原油库输油管道上加注“脱 H_2S 剂”，且在油轮停止卸油后继续加注，造成“脱 H_2S 剂”在输油管内局部聚集，导致输油管发生爆炸，进而引发火灾和原油泄漏。事故造成油罐和周边泵房及港区主要输油管道严重损坏，部分原油流入附近海域
2012.5.11	某机场油料公司	位于机场南侧的储油罐在正常的阀门维护时突然出现阀门失控，引发油料泄漏。泄漏出来的油料收集在防火堤和排污蓄水池内，未漫流至外界地表水体

2）事故类型统计。罐区事故分为着火爆炸、油品流失、油品变质、设备损坏（只统计造成设备损坏而未引发其他事故的案例）和其他五类。其中，着火爆炸和油品流失类事故共计739例，占比为70.4%。其中，着火爆炸类事故总计445例，占比42.4%；油品流失类事故总计294例，占比28.0%。统计结果见表2-9。

表 2-9　罐区事故类型统计

类型	着火爆炸	油品流失	油品变质	设备损坏	其他	合计
案例数	445	294	195	62	54	1050
比例/%	42.4	28.0	18.6	5.9	5.1	100

3）事故发生部位统计。罐区事故发生部位主要有油罐、油车、油泵、管线、油桶、其他六个部位，其中前五个部位有905例，占86.2%。统计结果见表2-10。

表 2-10　罐区事故发生部位统计

类型	油罐		油车		油泵		管线		油桶		其他		合计
	案例	%	案例	%	案例	%	案例	%	案例	%	案例	%	
着火爆炸	114	23.8	88	6.1	54	62.8	41	25.8	26	74.3	122	84.1	445
油品流失	165	34.4	8	5.5	15	17.4	104	65.4	2	5.7	0	0	294
油品变质	129	26.9	38	26.2	12	14.0	7	4.4	6	17.1	3	2.1	195
设备损坏	50	10.4	9	6.2	0	0	1	0.6	0	0	2	1.4	62
其他	22	4.6	2	1.4	5	5.8	6	3.8	1	2.9	18	12.4	54
合计	480	45.7	145	13.8	86	8.1	159	15.2	35	3.4	145	13.8	1050

4）事故原因分析。油库区事故类型主要为油品泄漏和火灾、爆炸，发生泄漏的主要部位为罐体。发生油品泄漏的主要原因是罐体破裂、阀门关闭不严和失灵、操作不当等。在油品泄漏的同时，若存在火源、电火花、静电等，将会引发火灾爆炸等事故。具体事故原因统计见表2-11。

表 2-11　事故原因统计

序号	风险类型	事故原因
1	储罐泄漏	因储罐基础不均匀沉降使其发生倾斜，导致储罐底板开裂或连接管线发生断裂，从而引起油品泄漏
		油罐液位报警装置失灵，造成油罐冒罐
		油罐呼吸阀、阻火器被堵塞，或进出油流量过大而超过呼吸阀呼吸能力时，引起油罐内外压力不平衡，造成胀罐或瘪罐事故，引起油品泄漏
		若储罐安装、施工过程中存在装配、焊接缺陷，留下安全隐患，而使用过程中疏于检查和管理，可能引发油品泄漏事故
		由于受到介质沉淀物及土壤的腐蚀，储罐的罐体特别是底板容易泄漏
		由于法兰、阀门质量差、存在安装缺陷，或罐体的腐蚀穿孔等原因，可能引发油品泄漏事故
		密封磨损漏油、密垫圈漏油
		罐体、泵体裂纹
2	火灾	拆卸零部件碰撞产生火花
		电机或泵体过热
		当油品发生泄漏时，存在明火或其他火源

续表

序号	风险类型	事故原因
3	爆炸	生产过程中焊接或切割等动火作业，以及机动车辆排烟喷火导致火灾爆炸
		电器设备质量缺陷或故障，不满足防火防爆的要求，易引发火灾爆炸事故；存在质量缺陷或发生故障的电气设备，在运行过程中可能造成电气设备过热，从而产生电火花，进而引发电气火灾事故，引起油罐火灾爆炸事故
		静电放电。储罐、火车槽车、汽车槽车等设备进行装卸、传输等作业时，由于油品的流动、搅拌、冲击等作用，易产生静电积聚。若无防静电措施或效果不佳，将导致静电荷的大量积累。当静电荷放电能量大于可燃混合气体的最小点燃能量时，同时在放电间隙内油品蒸气和空气的混合物浓度处于爆炸极限范围内，将引起爆炸事故
		雷击及杂散电流。建构筑物的防雷设施不完备或防雷接地措施效果不佳，将可能因建构筑物在雷雨天时遭雷击而发生火灾爆炸事故

（2）输油管道案例统计

典型输油管道风险案例见表 2-12。

表 2-12　输油管线事故统计

发生时间	发生地点	发生原因及影响程度
2004. 12	A 地区某成品油输油管道广元段	打孔盗油引起成品油泄漏，流出成品油距离泄漏点最远达 300 米，数百吨成品油泄漏进入附近地表水体，地表水体和土壤遭到污染
2009. 12	B 地区某成品油管道渭南支线	由于第三方施工破坏，导致成品油泄漏，泄漏量约为 150 立方米，只回收 50 立方米。漏油通过赤水河进入渭河，并通过渭河进入黄河，泄漏点周围麦田受到漏油污染
2014. 6	C 地区某输油管线	第三方工程电缆水平定向钻施工，将输油管线钻漏，导致油品泄漏。溢出的油品流入市政污水管网，在市政污水管网出口处因出现明火而引发火灾
2015. 7	D 地区某输油管道	在输油管线上打孔盗油，接出的高压胶皮管发生破裂，从而导致油品发生泄漏。事故共清理原油近 20 吨，油泥 3000 多袋。原油泄漏造成周边耕地受到污染
2015. 8	E 地区某航空煤油管道	某工程施工期间凿穿途经某村的航空煤油管道，导致部分航空煤油发生泄漏。事发后，立即关闭输油管线阀门，抢修破损点，在泄漏点附近河涌进行分段拦截吸油回收

1）美国输油管道事故统计。根据美国联邦应急中心（NRC）统计的 2000—2003 年发生的 315 起输油管道事故原因分析资料，分析管道事故的主要原因。分析结果见表 2-13。

表 2-13　2000—2003 年 NRC 统计管道事故结果

事故原因	事故次数/起	所占比例/%	事故原因	事故次数/起	所占比例/%
自然现象	20	6. 3	人为破坏	5	1. 6
设备故障	144	45. 7	其他	39	12. 4
操作失误	32	10. 2	合计	315	100
未知原因	75	23. 8			

由表 2-13 可知，输油管道事故中最主要的原因是由于设备故障而造成的，操作失误也是重要原因之一。

2）欧洲输油管道事故统计。欧洲石油公司环境健康安全协会(CONCAWE)一直在从事收集西欧输油管道发生事故的数据，所研究的范围约 30600 千米，占西欧目前运行输油管道的绝大部分。根据 CONCAWE 对西欧跨国石油管线 30 年来泄漏量超过 1 立方米的事故原因分析资料，事故原因 1971—1980 年以第三方破坏、机械故障、腐蚀为主；1981—1990 年以第三者破坏、腐蚀、机械故障为主；1991—2001 年以第三方破坏、机械故障、腐蚀为主。统计结果见表 2-14。

表 2-14　1971—2001 年 CONCAWE 统计事故结果

泄漏原因	20 世纪 70 年代		20 世纪 80 年代		20 世纪 90 年代	
	频次	比例/%	频次	比例/%	频次	比例/%
第三方	0.31	41	0.19	38	0.14	40
自然灾害	0.04	5	0.02	3	0.01	3
腐蚀	0.12	16	0.12	24	0.07	20
误操作	0.06	8	0.06	12	0.03	9
机械故障	0.23	30	0.11	22	0.10	29

CONCAWE 统计了 1971—2008 年的输油管线破损程度和泄漏量，统计结果见表 2-15。

由表 2-15 可见，针孔泄漏的泄漏量最小，平均为 62 立方米；破裂泄漏量最大，平均为 667 立方米；孔洞、裂口、裂缝 3 种管线破损程度的平均泄漏量分别为 91 立方米、245 立方米、274 立方米，各种事故类型的平均泄漏量为 289 立方米。

表 2-15　1971—2008 年输油管线破损程度和泄漏量统计结果

指标	无孔①	针孔②	孔洞③	裂口④	裂缝⑤	破裂⑥	合计
数目	8	26	83	49	40	54	260
频率/%	3	10	32	19	15	21	100
损伤原因/%							
机械故障	63%	12%	14%	33%	33%	11%	21%
误操作	0%	0%	1%	6%	3%	6%	3%
腐蚀	0%	73%	28%	35%	28%	9%	29%
自然灾害	0%	4%	0%	4%	5%	4%	3%
第三方破坏	37%	12%	57%	22%	33%	70%	44%
平均泄漏量/立方米	45	62	91	245	274	667	289

①法兰垫片或密封失效，机械磨损；②裂口面积小于 2 毫米×2 毫米；③裂口长度 2~75 毫米，宽度小于 10%*D*；④裂口长度 2~75 毫米，宽度大于 10%*D*；⑤裂口长度 75~1000 毫米，宽度小于 10%*D*；⑥裂口长度大于 75 毫米，宽度大于等于 10%*D*。

3）国内输油管道事故统计。我国油品管道输送起步较晚，大规模油气管道建设是在 19 世纪 70 年代随石油工业的大发展而开展的。经过多年的发展，目前我国已建成包括兰成渝、西南、珠三角、西部管道在内的长距离成品油管线约 7000 千米。

根据《输油管道事故统计与分析》，截至 1990 年，国内输油管道在 20 年的时间内共发生大小事故 628 次，其分类见表 2-16。输油管道事故原因主要包括第三方破坏、机械故障、腐蚀，主要事故类型为油品泄漏。

表 2-16 国内输油管道事故统计表

事故原因	次数	比例/%	事故原因	次数	比例/%
机械故障	190	30.3	施工质量差	38	6.1
腐蚀	134	21.3	管材质量差	15	2.4
违规操作	129	20.5	其他	70	11.1
第三方破坏	52	8.3	总计	628	100

2.2.3 供油工程安全风险与危险源辨识案例

本节以某中部地区机场供油工程建设项目为案例进行安全风险与危险源辨识。

1. 某中部地区机场供油工程建设项目情况

（1）场外输油管线

根据航空煤油加油量预测，该机场近期目标年航空煤油加油量约为 65 万吨，远期目标年加油量约为 200 余万吨，建设一个 5000 吨级码头。考虑到机场选址位置距离码头较近，采用直卸直输模式，油品由油轮卸油泵经场外输油管线进入机场油库。其中，码头起点高程为 24 米，机场油库终点高程为 25 米，管道总长度约 5.8 千米。

（2）油库

机场油库规划总库容为 200000 立方米，属于一级石油库。按功能总体划分为四个区域，即行政管理区、公路配送区、辅助生产区、储油区。主要建(构)筑物包括 4 座 10000 立方米航空煤油储罐、2 座 200 立方米底油储罐、生产值班用房、食堂及库房、岗位练兵及化验室、油泵棚、消防泵房、变配电间及器材间、码头卸油接收棚、门房、隔油及事故污水收集池、污油罐、消防水罐、事故水池、回收罐、储油罐及其配套的小型构筑物等；预留远期目标年拟建 20000 立方米航空煤油储罐、10000 立方米航空煤油储罐等设施。机场油库区块规划高程在 26.41~25.41 米，地势较为平缓，属平坡竖向布置情况。

（3）航空加油站及机坪加油管线

航空加油站新建的建(构)筑物包括生产值班用房、综合检测及灌油棚、油车库及器材间、管线车棚、洗车设施等。站区周边均设 1.2 米高铁栅栏透空围墙。区块进出口均设电动伸缩大门，便于人员车辆出入。航空加油站区块规划高程在 22.5 米，地势较为平缓，属平坡竖向布置情况。

本期新建 DN450 机坪管线 13.2 千米，DN400 机坪管线 4.5 千米，DN300 机坪管线 5.6 千米，DN200 机坪管线 350 米，阀门井 20 座；DN450 阀门 14 个，DN400 阀门 6 个，DN300 阀门 11 个，DN200 阀门 1 个。

（4）采用的新技术与工艺

1）为了节约用水，建设绿色机场，在雨水出库末端设置埋地一体式雨水收集池，雨水收集系统包括沉淀、过滤、消毒、反冲洗等设备，组成成套雨水处理设备，埋地设置，节约地面空间，处理达标后利用雨水回用泵进行绿地灌溉。

2）8个自动化：罐区计量管理自动化、收油管理自动化、加油管理自动化、计量化验自动化、能源管理自动化、航油监控自动化、安防自动化、消防自动化。

3）数据智能化：设置(二维)在线系统监测及云平台，集中管理大量数据，优化数据存储及处理功能。例如能根据数据统计，均衡加油泵运行时间，延长泵的使用寿命，提醒工作人员定期检修。

4）节能环保：为监视油品泄漏情况，减少泄漏对土壤的污染，缩小事故范围，油罐及机坪加油管线设置感油电缆，定位精度达到±1米。

2. 存在的安全风险

（1）地址和总平面布置的安全风险

地址和总平面布置存在的安全风险主要有以下方面。

1）若油库、加油站选址不合理，建(构)筑物、设备的地基基础设计不足、承载力达不到要求，可能会发生建(构)筑物和设备塌陷、倒塌、损坏事故。

2）若抗震设防不足，当发生地震时，可发生建(构)筑物和设备塌陷、倒塌、损坏事故。

3）若建(构)筑物的耐火等级达不到要求、未按规定使用耐火材料，存在发生火灾事故和垮塌的危险。

4）各建(构)筑物之间的防火间距设计不符合要求，当一个区域发生事故时，可能互相影响，导致连锁反应致使事故扩大。

5）拟建建(构)筑物的结构基础、荷载等不能满足要求，或设计出现缺陷，在大雪、大风、洪水等恶劣天气作用下或被车辆撞击支柱，建(构)筑物可能发生坍塌事故。

6）油库、加油站的出入口设置不合理，未合理地组织人流和物流，可能造成场内车辆伤害事故。建(构)筑物的安全出口设计不符合规范、建(构)筑物内任一点至安全出口的距离及安全疏散门、通道等不符合规范要求，一旦发生安全生产事故，人员逃生通道不畅通或来不及逃生，也会造成较大的人员伤亡事故。

7）油库、加油站道路设计不合理、未设置消防通道，发生火灾爆炸事故时不能及时进行消防灭火和应急救援，会导致事故扩大，造成较大的经济损失和人员伤亡事故。

8）防雷设施设计不合理，容易发生雷击引起的火灾事故。直击雷可以导致建筑及设备损坏、人员伤亡。感应雷、雷电波冲击导致的金属体放电也可导致人员、设备受到雷击伤害。雷击电磁感应造成脉冲等会损坏控制系统和信息系统设备的芯片，造成设备失控、信息丢失和设备损坏。

9）油库、加油站等主建筑室内地坪和室外场地的标高达不到要求、区内排水系统不畅，夏季降水量大，周围雨水大量积聚在厂内，有遭受内涝侵害的可能，各工程若防洪设防标高不能满足要求，遇到极端洪水，有遭受洪水威胁的可能，洪水可能造成建(构)筑物坍塌，设备设施损毁，造成二次事故。

10）管道线路选择不当，如频繁穿越道路以及不良地质区，靠近人口密集区，敷设在易燃易爆场所下面，等等，易造成安全隐患，可能加大发生火灾、爆炸事故的影响。

11）公路、水域穿越地段如果地质测量和资料不全，穿越沟渠时入出土点及埋深不符合要求，管道材料包括直管和弯管材质、计算壁厚有误，实际壁厚不足，管道安全系数较低；穿越方式选择错误，造成施工无法进行或引起其他事故；水域穿越地段稳管措施不合理；外防腐及内防腐保护设计错误或没有设计；穿越地段未采用牺牲阳极方案或方案错误；土壤腐蚀等级、对土壤进行电位测定数据不全，造成设计失误等。

（2）油库建设施工过程的安全风险

油库的施工包括：油罐基础建设、储罐与管道安装、内外防腐、房屋建设、消防通道、仪表与自控系统的安装。这些施工有的是同时交叉进行的，因此具有较高的危险性。根据统计，油库建设过程中面临的风险有以下几点。

1）高处坠落。高处坠落事故是指施工人员从较高位置，例如临边、洞口等位置包括屋面边、楼板边、阳台边、预留洞口、楼梯口、油罐顶部等高处坠落，由脚手架上坠落，在物料提升机和塔吊的安装和拆除过程中坠落，在安装或拆除模板时坠落，在进行结构和设备吊装时坠落。油罐建设、油库办公楼建设、脚手架作业、龙门吊作业等都有一些高处作业，这些建设活动和作业中都有可能发生人员高处坠落事故。

2）触电。触电风险的因素主要有，由于经过或靠近施工现场的外电线路未做或缺少防护，在搭设钢管架、绑扎钢筋或起重吊装过程时，触碰上述外电线路而导致触电，在使用各种电器的过程中触电，以及在用电线老化、无开关箱等都有可能导致触电。通常情况下，在新建油库过程中，会搭设临时外接电源，且临时外接电源的用电量非常大。比如，钢板卷板机、切割机、电焊机等用电设备在油罐现场制作、安装过程中都要使用，它们所使用的就是临时线路。交叉作业过程中，施工现场的铲车、钩机等机械车辆，容易触碰电线、碾压线路，电线一旦破损就容易发生触电事故。

3）物体打击。物体打击是指现场工作人员受到同一垂直作业面或交叉作业中在通道口处坠落的物体的打击。物体打击也是高处作业容易发生的伤害事故之一。新建油库在油罐的安装焊接，或者房屋外墙建设和粉刷中坠落的物品都会对下方施工或过路人员造成打击。

4）起重伤害。造成起重伤害的因素可分为操作因素和设备因素。其中，操作因素主要包括起吊方式不当，造成脱钩或起重物摆动；违反操作规程，如超载起重或人员处于危险区工作等；指挥不当，动作不协调。设备因素主要包括吊钩、抓斗、钢丝绳、网具等吊具失效造成重物坠落；起重设备的操作系统失灵或安全装置失效而引起的事故；在各种起重作业中，特别是在设备安装、检修吊装时，易发生碰撞、挤压、坠落、物体打击和触电以及起重伤害。另外由于起重设备设计、制造、安装等原因还可能造成翻倒、碰撞、基础损坏等事故。

5）机械伤害。在油罐的安装焊接中和房屋的建设过程中，垂直运输、吊装、桩机等机械设备都可能对人员造成机械伤害。

6）坍塌。施工过程中发生的坍塌事故主要包括现浇混凝土梁、板的模板支撑失稳引起的倒塌、基坑边坡失稳引起的土石方坍塌，拆除工程中的坍塌，施工现场的围墙及在建工程屋面板质量低劣引发的坍塌等。新建油库时油罐基础建设的基坑边坡失稳、油库围墙和房屋面板质量差而发生坍塌事故。除此之外，部分在山坡或者半山腰新建的油库容易发生山体滑坡等造成的坍塌事故。

7）噪声与振动。生产性噪声的主要来源包括由于固体振动产生的起伏运动而产生的机械性噪声；由于气流的起伏运动而产生的空气动力性噪声。建设过程中噪声来源于各种起重机、搅拌机等设备。长期接触噪声会对听觉系统造成损伤，从暂时性听力下降直至病理永久性听力损失，还可引起头痛、头晕、耳鸣、心悸和睡眠障碍等神经衰弱综合征。

8）车辆伤害。车辆伤害事故发生的方式主要包括挤人、撞人、压人和物料滚落伤人等。工程建设过程中车辆伤害可能来自沙土车、消防车辆、其他车辆等。可能发生车辆伤害的情况有：

① 驾驶人员违章超速，发生撞车、碾压事故；

② 车辆的刹车、灯光、喇叭、后视镜、方向盘、轮胎发生故障；

③ 车行道被挤占、车辆迂回交叉行驶，人站位不当或避让不及时；

④ 对运输车辆未进行定期检修和维护等；

⑤ 司机酒后驾车，违章操作等；

⑥ 运输区段照明不良；

⑦ 不按规定路线行驶，违章倒车、疲劳驾驶等；

⑧ 道路破坏、设施不完备或道口无警示标志或无人看管；

⑨ 车辆维护不当，行驶过程中爆胎，车辆倾覆砸伤行人。

（3）管道建设施工过程的安全风险

管道建设施工阶段包括施工准备、现场交桩、测量放线、修筑临时施工道路、作业带清理、管沟开挖、防腐管运输、布管、管线组对、焊缝质量检查与返修、补口、补伤、管线下沟及回填、管道干线清扫和试压、管线连头、碰死口、测试桩及阴极保护、线路截断阀室及设备安装、管线通球扫线、试压、清管测径和地面地貌恢复。涉及的安全风险有以下 5 种：

1）车辆伤害。钢管运输中过程容易发生钢管下滑、钢管移位、掉管甚至还有翻车现象。过去在山区施工，钢管运输中出现过翻车使人伤亡事故。其主要原因是山高路陡，弯道较多，山区伴行土路长期碾压，造成路面倾斜，里高外低，车辆拐弯重心偏移并失去平衡，管车外倾斜力量过大之后翻车，导致车毁人亡事故。

2）物体打击。管材运输到工地之后，卸管吊放过程中，如果周围有人在吊杆旋转圈之内，或者是无关人员近距离接触容易撞伤人。管跺太高且支撑墩不牢容易发生滚管事故，在过去的案例中已经出现过此类事故。

3）机械伤害。钢管组对焊接是管道施工的重点工序之一，参与的人员和设备较多，一个机组一般有多人参与该工序施工，主要设备有焊接工程车和吊管机、挖掘机等。电动工具也较多，易发生机械伤害。此外在喷砂除锈过程中，容易发生击伤操作手眼睛和周围环境事故。

4）坍塌。管沟开挖时未按边坡比设计要求进行放坡。其原因是技术人员没有对施工人员进行交底，或交底不清，导致现场盲目开挖施工；为降低成本或抢进度，现场工作不按照设计交底要求施工；受四周环境限制无法正常进行开挖；受征地原因影响，作业带宽度减少，不能正常放坡开挖。坍塌的成因主要有以下方面。

动、静载荷过大。其原因是：开挖出来的土方堆放在管沟一侧，且离沟边较近，造成对沟壁压力过大，导致塌方；开挖完毕的管沟，经雨水浸润、冲刷后，土壤包含水分，其自重增大，承载土方载荷增大，力学性能发生改变，导致承受力下降，发生坍塌；由于焊接设备、运输设备、起重设备重量很大，施工时设备在沟边行走、停放，增大沟壁的动、静载荷。

积水浸泡。其原因是：管沟开挖后，受雨水积水的浸泡，或地下水位较高的地方受地下水的浸泡，管沟壁容易松软、坍塌；冬季土层浅度冻结，春季冻土层融化，底部管沟壁松软，导致大面积塌方。

地质构造破坏。其原因是：在上坡、山脚开挖管沟时，由于破坏了地质稳定结构，上坡向土石方失去支撑，在重力作用下发生山体滑坡。

5）其他伤害。穿越施工中如果采用机械压实时，将造成管道向下弯曲变形；当地下水位较高而管沟内未及时排水就敷设管道，会使管道底部悬空，如果夯实不严，极易造成管道拱起变形；回填土的土质达不到规范要求时，其中的石块等可能划伤防腐层；回填高度、夯实程度不够，会造成管道埋深不够、管沟基础不实等问题；超压安全设施和自动监控系统不配套或不符合要求，材料质量不合规，规范的施工和监理未落实或可能落实有误，施工质量不符合要求；未采用套管或涵洞方式，套管或涵洞排气和密封不严；明挖沟埋时回填土未压实，均可能引发安全事故。

通过参考同类施工作业中发生的安全事故，结合本项目施工主要工序、作业场所、人员的健康安全环境等方面进行危害因素识别，经初步识别，本项目的危害因素主要有：车辆伤害、噪声与振动、坍塌、机械伤害（包括砂轮机、动力工具、吊车、气瓶、安全网、拆除设备倒塌）、起重伤害、物体打击、触电、高处坠落、其他伤害等。

本文采用评价方法为风险矩阵法分析机场供油系统施工的安全风险，风险矩阵法示意如表 2-17 所示。

表 2-17　风险矩阵法示意

后果					可能性				
危害程度	人员	财产	环境	名誉	A	B	C	D	E
					从未听说过	听到企业事故	同行业发生事故	同行业每年发生几次事故	全国建筑业发生几次事故
0	没有伤害	没有损失	没有影响	没有影响	低风险	低风险	低风险	低风险	低风险
1	轻微伤害	轻微损失	轻微影响	轻微伤害	低风险	低风险	低风险	低风险	低风险
2	小伤害	小型损失	小影响	有限范围	低风险	低风险	低风险	低风险	中风险
3	主要伤害	局部损失	局部影响	可观范围	低风险	低风险	低风险	中风险	高风险
4	单个死亡	主要损失	主要影响	国内范围	低风险	低风险	中风险	高风险	高风险
5	多个死亡	广泛损失	广泛影响	国际范围	低风险	中风险	高风险	高风险	高风险

项目存在的主要安全风险及危险源如表 2-18 所示。

表 2-18 项目存在的主要安全风险及危险源

序号	地点/工序/部位	危险源	安全风险	后果严重性	发生可能性	风险等级
一、土方工程						
1	土方开挖	机械作业	机械伤害	1	D	低风险
2		爆破作业	爆破伤害	4	B	中风险
3	混凝土工程	搅拌机使用	机械伤害	2	C	低风险
4		用电	触电	1	D	低风险
5		固体废弃	污染环境	1	D	低风险
6	钢筋工程	使用钢筋机械	机械伤害	2	B	低风险
7		用电	触电	1	D	低风险
8	模板工程	模板垮塌	物体打击	2	B	低风险
二、储罐安装工程						
9	材料检验	耦合剂清理物丢弃	污染环境	1	D	低风险
10		打磨粉尘排放	影响人员健康和环境	1	D	低风险
11	下料	氧气、乙烷使用	火灾爆炸	4	B	中风险
12		熔渣飞溅	人员烫伤	1	C	低风险
13	基础验收	基础绊倒人	人员摔伤	1	C	低风险
14	底板防腐	有毒有害气体排放	影响健康	1	D	低风险
15		固废丢弃	污染环境	2	D	中风险
16	底板铺设焊接	用电	触电	4	B	中风险
17		焊接烟尘	锰中毒、尘肺、焊工热	3	B	低风险
18		电弧光	电光性眼炎	1	D	低风险
19		焊渣清理和飞溅	烫伤和眼伤	1	D	低风险
20		焊条头废弃	污染环境	1	D	低风险
21	焊缝检测（气密试验、探伤）	噪声排放	影响作业人员健康	1	D	低风险
22		肥皂水排放	污染环境	0	D	低风险
23		无损检测	X 射线辐射	3	B	低风险
24	滚板	起重作业	起重伤害	3	C	中风险
25		滚板机使用	机械伤害	3	C	中风险
26	壁板安装	起重作业	起重伤害	3	C	中风险
27		高空作业	高处坠落	4	C	中风险
28		临时用电	人员触电	4	C	中风险
29		焊接作业	锰中毒、尘肺、焊工热	3	C	中风险
30		焊渣清理和飞溅	烫伤、烧伤、火灾	2	C	低风险
31		焊条头废弃	火灾、污染环境	4	C	中风险
32	顶板安装	起重作业	起重伤害	3	C	中风险
33		高空作业	高处坠落	4	C	中风险
34		临时用电	人员触电	4	C	中风险
35		焊接作业	锰中毒、尘肺、焊工热	3	C	中风险
36		焊渣清理和飞溅	烫伤、烧伤、火灾	2	C	低风险
37		焊条头废弃	火灾、污染环境	4	C	中风险

续表

序号	地点/工序/部位	危险源	安全风险	后果严重性	发生可能性	风险等级
38	梯平栏安装	高空作业	高处坠落	4	B	中风险
39		起重作业	机械伤害、物体打击	3	B	低风险
40	附件安装	高空作业	高处坠落	4	B	中风险
41		起重作业	机械伤害、物体打击	3	B	低风险
42	浮盘安装	用电	人员触电	4	C	中风险
43		焊接烟尘、粉尘	锰中毒、尘肺、焊工热	3	C	中风险
44		焊渣和飞溅	烫伤和眼伤	1	C	低风险
45	沉降试验	进水不均	储罐倾斜	3	C	中风险
46		排水	污染环境、破坏基础	3	C	中风险
47	强度及稳定性试验	进水不均	储罐倾斜	3	C	中风险
48		排水	储罐失稳、污染环境	3	C	中风险
49	喷砂除锈防腐	粉尘、噪声排放	影响健康、污染环境	3	C	中风险
50		有毒有害气体排放	影响健康	3	C	中风险
51		固废丢弃	污染环境	3	C	中风险
52		高空作业	高处坠落	4	B	中风险
53		化学涂料达到一定浓度	闪爆	3	C	中风险
54	内件安装	机具使用	机械伤害	1	D	低风险
三、管道工程						
55	山体滑坡	暴雨	推移式滑坡	3	C	中风险
56	填土滑坡	暴雨、地震	土体滑坡	3	C	中风险
57	塌岸	水位降低	塌岸	3	B	低风险
58	管沟开挖	暴雨、地震、边坡不规范等	管沟塌方	3	C	中风险
59		使用机械	机械伤害	2	D	低风险
60		使用机械	物体打击	3	B	低风险
61	管道安装	施工便道陡峭	滚管、人员伤亡	2	C	低风险
62		违章操作	机械伤害	2	B	低风险
63		违章施工措施	塌方	2	B	低风险

3. 诱发安全风险的危险源

由表2-18，可从人员、设备、材料、技术、环境、管理6个方面系统地归纳出诱发安全风险的危险源。

（1）人员方面

1）恶劣的工作环境、岗位难度高、人员职责缺陷；

2）饮酒、疲劳等生理因素，不安、焦虑等心理因素，温度、噪声等物理因素，以及操作不熟练、经验缺乏等因素；

3）超体能、精神状态不佳、熟练程度不够、疲劳、疾病、人际关系不和；

4）鲁莽、草率、懒惰的性格；
5）违章、违纪、冒险蛮干等。
（2）设备方面
1）设备的安全装置存在问题；
2）设备维护保养或维修不及时，造成设备“带病”作业；
3）设备以小带大，超负荷作业或超极限参数作业；
4）设备交叉作业，作业空间狭窄。
（3）材料方面
1）材料质量验收标准不清，导致具有安全隐患的材料入场，且未采取有效防范措施；
2）材料混放，堆垛过高，摆放不合理、不稳定等；
3）材料使用不规范、代用、错用等；
4）高压易燃气体使用、存储等问题。
（4）技术方面
1）技术方案无效，与实际施工脱节，无指导性；
2）未做安全技术交底，导致施工人员不知道安全风险；
3）不按规范施工，偷工减料、减少程序环节；
4）新工艺、新方法不成熟而应用。
（5）环境方面
1）施工现场多工种交叉作业，生产设施临时性、作业环境多变性、人机流动性，加之现场人员密集，机、料相对集中，使得危险因素增加；
2）施工临时用电量大，用电设备类型多，人员多而杂，施工临时用电频繁，用电设备使用管理难度相当大，在此作业条件下，容易发生施工人员触电事故及设备损坏；
3）节日期间，员工思家心切，工作时心绪不宁，极易发生安全事故。
（6）管理方面
1）安全管理制度缺失，与项目实际脱节，实施落实不到位；
2）管理人员不重视，靠人治而非靠制度流程；
3）操作规程笼统、含义模糊、操作性不强；
4）应急管理缺失，应急演练少，当发生风险事件时，员工无所适从；
5）安全管理人员配备不到位、人员素质不达标。

2.3　智能建造和建筑工业化安全风险分析

在国家工程项目基本建设和国民社会经济迅猛发展的大环境下，做好对工程建设的质量安全监督管理已成为工程活动中非常关键的工作。建筑业中每年都会出现几百起工程质量安全事故，对人民群众生命财产安全构成了巨大的威胁，给建筑工程公司造成了很大的损失。虽然智能建造和建筑工业化作为目前中国建筑行业转型升级主推的建设模式，已经得到了工程业内人士和学术界的高度重视，但是因为这一模式在中国还处在发展的初级阶段，管理体系还比较单薄，因此受到许多因素影响，科学的质量安全管理体系正是保障智能建造和建筑工业化蓬勃发展的前提条件和基石。

2.3.1 智能建造的安全风险分析

在智能建造的安全管理工作中，所谓风险分析，就是要考虑由于人为的或天然的危险因素对智能建造所造成的影响。风险分析也是智能建造安全管理体系中的一项重大课题。它并不只是在智能建造初期需要考虑，而是在整个智能建造生命周期的全过程中都应当重视。

进行智能建造时，还需要事先做好风险分析，并通过对风险的脆弱性分析和危险分析结果，以及系统的正常工作状态等可能产生的影响结果，制定出具体的安全防护对策。但这样的安全防护对策在实际使用中有效性究竟怎么样，还须在施工过程中持续地观测、分析和检验。对检测中出现的问题，应及时采用相关的补救措施。只有这样，方可真正做到对智能建造的安全管理。

智能建造中的智能化体系构建都离不开基础环境、物理链路、数据通信系统、设备管理、应用系统这 5 个方面，将在智能建造总体规划、设计、建造、运用，以及整个建造生命周期中可能出现的安全风险进行初步的总结，并以此反映不同阶段安全风险可能产生的影响。

1. 基础环境风险

基础自然环境主要是指构成智能建造设计中所包含的建筑本身、机械工作环境和配套操作环境等所有外围基本条件的总和，是智能建造设计整体规划、设计、建造过程以及日后工作生活环境的基本平台。

建筑物本身即为智能建筑提供的建筑平台。建筑物具体情况必将影响智能建筑的设计、实施、应用。建筑物设计本身考虑不足将直接导致整个智能建筑的先天缺陷。

电力环境分为两个方面：一方面是指系统中根据地区/系统重要程度而决定的负荷级别，并按照负荷级别需要选择适当的供配电方案；另一方面是指智能建造设计流程中，供配电网络和建筑物智能体系间的协调和配合，包括电力负载分摊等方面。

运行环境主要是指智能建筑的主要设备运行时，对环境的温度、湿度、防尘、防火、接地等多方面的要求。

智能建筑的基础环境的安全风险主要体现在以下几个方面：①非法闯入；②外部通信接入；③管道路由；④运行环境；⑤电气环境。

2. 通信链路风险

物理链路作为智能建造的血管与神经系统，精确而安全可靠地进行信号传递是它设计工作的重点，但传递过程中物理链接也存在着许多风险。通信链路作为建筑智能化系统信息沟通的物理链路，存在着以下几个方面的风险：

(1) 外部通信接入

这里的外部通信接入的风险与在建造建筑基础环境中的风险有所不同，主要是考虑由于整个建筑群对外通信的连接都来自同一个局端，系统出现单点运行故障的可能性。如果对外通信链路只在一个方向连接大楼，如果出现问题，将造成对外通信的中断。

（2）通信链路带宽

智能建筑中，由于各个系统在信息传送过程中，对通信链路的带宽需求也有所不同，因此如果在工程设计与应用过程中，未能充分考虑各个系统信息传送过程中传输信号的宽带匹配，则可能产生信号无法传送的风险。尽管整个系统的数据信号均可传送，但由于在数据传输过程中的带宽并不相匹配，造成数据传输过程中超过系统的等待时间或系统无法处理，都将造成数据通信链路的传输风险。

（3）信息泄露

信息泄露的危险主要包括两个方面，主动泄露和被动泄露。主动泄露主要包括信息被动失窃（信息被无权访问者获取）和信息主动透露（信息被授权访问者转移到受控范围之外），这两种信息泄露威胁主要来自信息访问的终端。另一种主要风险则是由于通信链路的电磁辐射导致的数据信号被人窃取或盗阅。因此不法入侵者完全可以通过在传输线路上架设窃听设备，盗取在链路上传送的关键数据，从而导致信号外泄，甚至改变一些数据来破坏数据的完整性，对链路的正常传输造成了巨大的安全威胁。

（4）信息干扰

智慧建造的通信信号极易遭到干扰，而信号干扰又会损害信号传递的准确度与完整性，直接造成信号传递的出错，这就是在智能建造设计流程中，最常面临的一个风险。

（5）负载驱动

在智能建造中，消息传送流程中必然存在信息内容的衰减，而这样的信号能否驱动负载也是一种常见的风险。而负载驱动的风险其实也涉及两个方面：一方面是控制信息未符合负载的条件；另一方面则是在设计系统流程中，对传送的信号种类以及电气特征（线缆损耗、传输压降等）并未充分考虑。而这两种情况均将造成到负荷端的信号无法驱动负载，进而造成通信系统失效。

（6）雷击、浪涌

雷电对设备的危害，大致由以下四个方面引起：①直击雷；②传导雷；③感应雷；④开关过电压。通信设备所形成的严重结果表现为以下三个阶段：①装置损毁，人员伤亡；②装置及元器件寿命减少；③传送及储存的信息、数据（模拟或数字）遭到影响及损失，致使设备形成误动作而短暂崩溃或全部供电系统停止运行。

根据对上述通信链接的风险分析，我们可以发现任何物理链路的风险都将造成信号传送的延时、误码、泄露、设备故障，或者对接收装置产生伤害，如果不能克服上述风险，信号传送的及时性、准确性和安全性就无从谈起。

3. 数据通信风险

数据通信系统的安全性主要表现在通信网络层所遭受的各类影响。在智能建造中，数据通信系统将不仅是资源共享与交流的基础，还是整个系统控制与管理系统的基石。而数据通信系统在智能建筑中的重要作用，也将使其所面对的危险与挑战越来越多。

数据通信系统的安全性风险主要表现在以下几个方面：①通信带宽的分配；②通信

协议的匹配性；③编解码的兼容性；④数据通信格式；⑤信息传输的可靠性；⑥信息传输的安全性；⑦信息传输的质量等。

信息传输的质量对自动化控制系统应用至关重要。信息传输的质量主要关系到通信线路、负荷驱动、数据带宽分摊、数据信息传输时延、通信的准确度等几个方面，如果通信品质无法提升，将直接造成通信的损失，因此通信质量的风险其实是对整个数据通信体系风险的综合，因此可以成为整个数据通信系统的重点风险。

在现代智能建造中，数据通信网络不仅是建筑信息获取与交流的平台，而且是建筑系统控制与管理系统的重要基石。数据通信技术在智能建造中的作用，也使其受到的危害与危险更大。

4. 设备管理风险

建筑智能化子系统是由各种电子设备构成的一种综合性的体系，其所有电子设备的正常工作状态均有出现故障的可能性，而电子设备的故障将直接造成相关的控制系统无法正常工作，甚至整个智能体系的崩溃。

5. 应用系统风险

智慧建造设计中的应用信息系统涵盖了各个专业的领域和课程，目的是为智能建造设计管理系统创造健康适宜的工作环境，以达到信息资源共享和管理系统节能的目的。因此应用系统存在如下问题：①系统功能的实现；②系统数据采集的准确性；③系统响应时间；④系统之间的联动控制；⑤系统的操作权限等。

其中的数据收集过程是指人们在感应器和其他待测装置的虚拟和数字被测单元中自行收集信息的过程。智能建造管理系统必须大量收集现场的数据，把内部系统数据、外部环境数据、设计参数等加以比较处理，可以说数据收集是整个智能建造功能完成的重要基石。但收集数量一旦不准确，则基于这些数据的信息管理与控制工作就缺乏准确性，这也将造成整个建筑管理系统的紊乱。

智能建筑中不进行系统的联动，就无法实现全局事件的管理，工作流程也无法自动化，系统功能不能直接服务于用户，降低了对突发事件的响应能力，主管人员很难迅速作出决策，可能增加某些事故带来的危害和损失。建筑内的机电设备流程在联动控制不完善的情况下，其自动化控制程度也难以提高，会增加能源消耗并提高人员成本。

6. 管理风险

任何一种单一的科技或产品都无法达到对系统安全性的要求，唯有把科技与管理工作有机融合起来，从有效监控整个系统的安全性建设、使用和保养的全过程角度出发，才能提升整个系统的总体安全性水准。在智慧建造设计、施工项目建成之后，要发挥智慧建造的所有功效与特性，就必须经过严密高效的科学管理方可实现。系统管理主要面临着如下问题：①智能化管理队伍；②操作管理制度；③系统的完善和功能提升。

再完善的技术和方案也必须由人来执行，如果系统的管理者和人员都没有安全防范意识，就不能通过主动的措施进行预防，而完全处在被动挨打的地位。管理者和人员在没有必要的知识之时，便不能安全地配置和管理系统，不能及时发现已经存在的和随时可能出现的安全隐患和风险。

通过对智能建筑的安全风险分析，从建筑基础环境、通信链路、数据通信系统、设备管理、应用系统和管理等几个方面，将智能建筑面临的主要风险源进行了整理和归纳。这些风险源有些来自建筑设计之初，对系统考虑的缺陷；有些是在智能建筑的设计过程中，对系统各种指标和参数未进行详细分析；智能建筑的风险源主要分技术和管理两个方面，这也符合安全管理主要从技术和管理两个方面进行考虑的特点。

2.3.2 建筑工业化的安全风险分析

建筑工业化是一项以技术为驱动力的生产方式变革，颠覆了中国传统的建筑施工产业链，对施工单位的方案设计、建筑构配件制造、工程实施、质量检测等环节的操作都产生了很大影响。建筑工业化中早期参与供应链支持场外施工并能提高建设效率，同时也要求房屋建筑商对特定的供应链作出更大的承诺，从而使建筑工业化面临与规划和市场变化相关的风险。另外，由于政府有关法规和标准的体制还不健全，使得建筑工业化中各技术投入与主体间的相互关系欠和谐，从而无法彰显建筑工业化的优越性。但是，产业链参与者规模的扩大以及施工制造环节的变化，对工程目标(质量、进度、成本)的扰动越来越频繁，且围绕各主体间的互动，风险也呈现错综复杂的关系，为建筑工业化项目的顺利实施增加了较多的不确定性。

建筑工业化项目管理的整个生命周期中均面临着不确定性。但由于改变了施工工艺，合并了生产制造过程与现场生产，扩大了供应链环节，再加上政府政策机制与相关项目管理力量的不足，除传统的项目管理经营风险之外，建筑工业化项目管理中又形成了新的经营风险。如结构产品设计能力不足、技术标准不健全、预制构件装配设计错误等技术风险；结构件物流仓储管理不合理、运输信息丢失、构件技术标准不统一、预制配件信息提供方式不明、结构设计师与制造商之间沟通困难等技术管理风险；以及国家的有关政策法规制度变化、在技术标准和预制构件体系规定下的定额和清单管理不健全等政策风险。

1. 技术风险

建筑工业化建造是一种对传统的建筑钢筋绑扎、现场浇筑混凝土等建造方式的颠覆，它是以工厂生产构配件、现场组装为特点的建造模式。这种建造模式不仅能大幅缩短项目建设周期，同时也能够减少资源浪费和保护环境。然而，由于我国的建筑工业化近几年才渐渐兴起，因此，在建设过程中会遇到很多技术问题。由于建造过程中工程技术的不完善可能引发问题的危险性被称为建筑工业化工程技术风险，如预制建筑构件系统的完善性、工业化模数系统的健全性和高技能职工的作业技术水平等。

现场工作人员的日常安全行为准则是决定在施工过程中是否会产生重大安全事故的关键所在，但由于他们都是实际施工的直接参加者，有不少施工者在上岗工作之前并没有进行过系统、完整的安全技术培训教学，使得施工者对安全意识的了解程度不足，也没有遵守有关操作规程和安全管理制度、规范等，而实际作业的工作环境复杂多变，很容易发生安全事故。例如，目前 PC 装配式施工住宅技术工人的短缺、施工单位的建筑队伍还不能满足生产方式，也影响了 PC 装配式施工住宅的发展趋势。与现浇砼比较，现代 PC 装配式住宅施工工艺、建筑材料、工地管理、施工方法都出现了较大的改变，尤其是在吊装重大结构物的过程中，吊机械、绳子、挂钩等较以往吊装方式出现了很大改变，现场施工人员的不确定性也加大。

2. 管理风险

在建筑工业化项目的实施过程中，由于参与主体更为多元化，使得多方合作与协调变得极为重要。然而，目前看来，参与项目的各方之间的信息化交流技术与平台尚需完善以提高效率。在装配式建筑项目等工程项目的开发实施中，会因为企业管理、参建管理人员的能力水平差异，而产生经营风险。施工安全管理体系的建设与执行，是中国建筑工业化工程建设全程中关键的环节，如果施工安全管理体系存在漏洞或管理工作措施在无法有效落实，将会造成十分严重的后果。但是，当前中国许多建筑施工现场在安全管理方面还存在不少问题，主要体现在制度措施的建设不全，现场施工设备布置不科学合理，设施维修不及时，安全监理工作不规范等，都给中国建筑机械化施工造成了安全隐患。

3. 机械化应用风险

建筑施工现场，往往会使用不同的土木工程机械，比如，塔吊施工机械、铲斗机、泵车、炮机等，而这种工程常用的机械一般都要求具有一定技术职业资格的施工人员使用，同时遵守有关规定。在一些地方建筑施工现场的机械管理工作也相对凌乱，甚至出现了无证使用工程机械的现象，而这种管理不规范情况最终会造成机械工伤事故的出现。在部分社会经济比较欠发达的地方，由于建设施工技术水平还相对落后，施工的机械设备从数量、型号、性能上都还无法充分适应建设施工要求，许多地方还在使用上一代的机械，由于这种机械设备性能比较陈旧，因此为建设工地安全风险管理带来了更多问题。

2.4 安全风险预警与应急机制

2.4.1 安全风险预警与应急机制的目的及意义

进一步抓好安全生产管理，推进航油工程建设市场规范和工程标准化建设，加强供油工程建设安全执法检查，落实安全责任制，完善供油工程建设安全管理预警与应急机制，加快安全形势持续稳中向好，是我国供油工程建设安全生产形势下迫切需要解决的问题。我国供油工程建设安全管理困难重重，如基础建设工人主体为农民工，安全意识不高，整体素质偏低，违章作业和疲劳作业时有发生；供油工程建设施工单位无完善的安全教育培训制度、管理机构无法及时监管、安全隐患整改和复查无法落实等问题。国家相关工程建设法律法规不完善，政府相关部门监管不力，供油工程建设项目未落实各方安全责任，安全管理预警与应急机制没有有效建立。以上问题使得供油工程建设安全生产工作挑战巨大。

预警管理的相关概念来自军事领域。受军事研究中预警启发，预警管理在各行各业得到迅速推广，不仅在投资管理、风险管理等领域广泛应用，在自然灾害预警和食品安全预警领域也广泛应用。近年来，国内许多学者开始运用数理统计等方法建立预警模型，详细分析事故原因，系统研究建设项目安全管理预警问题。

虽然我国供油工程建设项目的安全管理已经从施工过程中的控制和事后的应急预案逐渐转变为事前的预防，但大部分建设项目仍然存在预警体系和机制不完善等问题。一方面，多数施工单位忽视施工全过程的隐患排查和风险分析，导致“头痛医头，脚痛医脚”的被动局面，多数施工单位缺乏或几乎没有安全预警技术方面的专家；另一方面，现有法律法规对供油工程建设项目安全预警机制没有明确的规章制度，也没有明确法律责任，导致各责任主体责任不清。存在安全管理滞后、信息发布不及时等问题。如何加大力度整顿和规范供油工程建设市场，加强安全执法监督检查，进一步监督落实安全责任制，进一步推进和完善供油工程建设安全生产标准化的进程，完善供油工程建设安全管理预警应急机制，是当前我国安全生产形势下亟待解决的问题。

2.4.2 安全风险预警与应急机制相关概念

1. 施工安全管理

安全涉及日常工作和生活的各个方面，可以涉及国家安全、民族安全、交通安全、经济安全、政治安全、网络安全、区域安全、普通企业安全。安全指提前确定各类活动中可能出现的危险，并且为了消除这种危险所采取的各种办法、手段和行动的总称；从狭义上来讲，安全是指人类的个体与周围的环境能够很好地相容，并且在工作生活中，个人生命财产等不会受到外界的威胁，持续在一个稳定和谐的状态里。

安全管理即为组织和管理生产活动，包含计划、协调指挥、控制等相关活动。确保一线工人在生产工作期间的安全和健康。根据管理范围的不同，可分为宏观安全管理和微观安全管理两部分。宏观安全管理是指从制度建设、法律、经济、文化等方面，对国家安全思想相关的政策措施和保护生产劳动者健康安全的活动进行指导。微观安全管理是指企业根据国家政策和规范的要求，为保护员工的安全和健康而采取的主要安全措施。

进行施工安全管理，特别是供油工程施工管理，需要了解供油工程建设领域相关安全管理的原理、方法以及具体应用方法，包括供油工程建设安全管理的宏观和微观两个方面。宏观供油工程建设安全管理是指国家和政府层面的安全管理，派遣监管机构对航油工程建设的安全生产进行管理，包括检查供油工程建设的组织是否符合国内的政策和规范。微观供油工程建设安全管理主要是指项目参与方对项目有关安全生产的计划、实施、控制、协调、监督和管理，包含设计方、建设方、监理方和施工方。就是通过控制生产过程中危险因素的特定状态，减少或消除生产中的危险因素，把可能导致安全事故的隐患扼杀在摇篮里，确保项目能够按时完成计划目标。

2. 施工安全预警管理

1）预警是指需要提防的危险（包括灾难和事故等）发生前，利用经验总结、观测到的情况等，向相关部门上报相应的险情，发出紧急信号，报告对应可能的危险，避免危险发生的时候准备不够充分，以此来减少事故或灾害所造成的伤害。

2）施工安全预警管理，是指按照施工单位安全管理的日常活动和结果，测算出该项目是否达到预期的安全管理目标，判断该项目处于正常状态还是事故状态，从而调整建筑施工单位的运作，作出决策。它是建筑施工单位生产运行的一个综合评价，通过收集到的数据进行分析和预测，在有事故隐患的情况下，为了防止意外情况的发生，采取的既定的组织、管理方法，对项目进行干预和调节，使之恢复正常运行。对于供油工程建设而言，工程项目安全预警管理主要在于事前控制和主动管理的性质，主要目的是将事故发生率降至最低，并且转变管理思想和管理方式。施工项目预警管理需要从风险的来源出发，及时发现安全隐患，及时做好排除隐患的工作，将事故消灭在萌芽状态。

民航业近几年飞速发展，航空煤油供应量和储运需求不断攀升，中国航油目前机场油库均采用较大储量的油罐。结合近几年航空煤油储罐建设经验，从质量和安全等方面综合考虑，油罐施工选择了倒装法和电动葫芦群集顶升法(图 2-4)，即从上往下的次序安装壁板。在安装顶升装置前，修正安全运行系数，提升群集电动葫芦的安全裕度；安装过程中，在群集电动葫芦配电箱内为每个电动葫芦增加了电流控制器，当一个控制器电流超过额定值时就会报警，全集电动葫芦同时自动停止工作，操作工全面检查排除故障后再继续顶升，以减少人员作业触电事故发生的概率，大大提高了电动葫芦群集顶升装置的安全性，同时也提高了施工安全和施工进度。

图 2-4　电动葫芦群集顶升法

航油油罐内设有内浮盘、浮动出油装置等特殊装置，为防止浮盘与浮动出油装置冲突而引发次生事故，可使用钢带液位计作为浮盘指示器以显示浮盘实时位置，与储油罐液位计相互比对，如两者高度差超过设定限制则发出警报，目前该做法已作为行业内监测内浮顶油罐内设备正常有效运行的重要手段(图 2-5)。航空煤油储罐浮动出油装置技术是由国外引进而来，最初国内厂家最大可以制造 DN600 直径产品，国外产品最大可达到 DN900。航油公司通过设计师与国内制造厂共同核算、研发、评估，最终对浮动出油装置浮力结构进行了详细计算，解决了大口径浮动出油装置与浮盘之间撞击而产生的安全隐患，研制出了国产 DN700 浮动出油装置，并发明了浮盘与浮动出油装置的特制连接架，工艺简洁、安全可靠、节省投资，同时也避免了因两根浮动出油装置不同步而带来的进气风险。

3）应急管理即对事故发生的原因、过程和后果进行分析，整合各类有效资源，主要目的是降低事故损害，完善对事故的有效控制及处理过程。首先，自然因素、人为因素

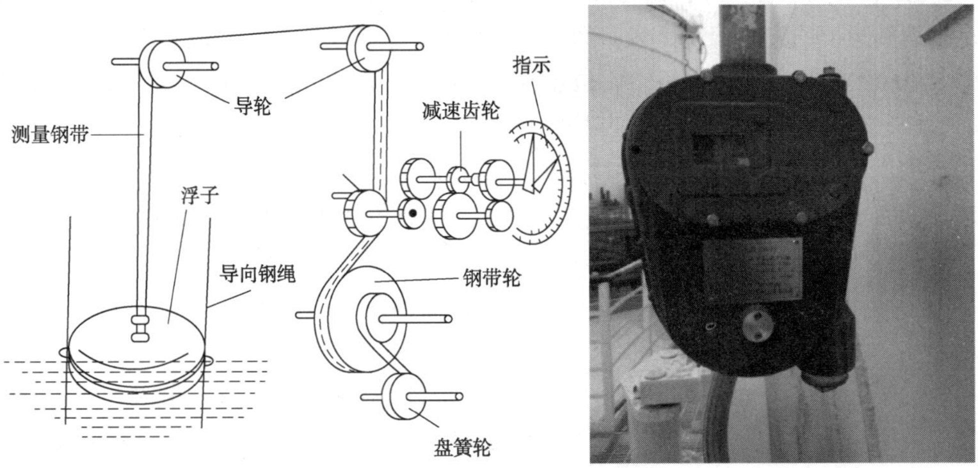

图 2-5　采用浮盘指示器

和技术因素造成的各类突发事件是应急管理的对象。其次，突发事件的准备、响应、恢复和缓解是应急管理的主要内容。通过整合和总结对应的有效信息，做好应对各种突发事件所需的应急准备。预防、准备、响应和恢复共同组成应急管理的周期，既包括危机前的管理，即事故分析、事故监测预警、预案制定，又包括危机后的管理，如应急救援、应急物资供应、补充、配送、事故善后处理、应急体系的完善和建设等。应急管理和处置事件具有突发性，各地区模式的不一致造成各种突发事件的差异。因此，应对事件的重大隐患进行分析，制定科学合理的应对方案，降低突发事件的损失。

4）应急管理能力主要是紧急事件突发时的应对管理能力，是应急管理能力的一种总体体现。目前学术界对于应急管理能力主要有以下四种观点：一是应急管理能力的动态属性；二是应急管理能力的阶段性；三是应急管理能力的系统性；四是应急管理能力的非常态联动响应行为。

① 应急管理能力分为广义和狭义两个部分，它的周期过程总是动态变化的。广义地说，应急管理能力是为事故而制定的预防、准备、响应和恢复活动等；狭义地说，应急管理能力是为了防止事故发生或最大限度地减轻事故所产生的损失而采取的行动。

② 应急管理能力的效果是通过对不同阶段的应对突发事件的能力而体现的，是在应急前期准备、事中响应和后期恢复过程中应急主体所展现出的全面管理能力，表现为静态和动态两方面，既能在应急管理因素方面的能力中展现，又能在应急管理各个过程的能力中表现。

③ 应急管理能力的综合体系是由差别子系统所构成的，主要由管理机能的规划、组织、指挥、总控和平衡能力，以及管理过程中的预防准备能力、响应处置能力、恢复生产能力与总结分析能力所构成。其能力组成主要是知识的储备、技能的学习和资源的利用。

④ 应急管理能力是应对突发性危害发生前、中、后的综合处理能力，也是对非常态的联动的应对活动。例如，政府与人民的反应是否迅速，各行业的应急救援力量等行为都是应急管理能力评价的一部分。

2.4.3 施工项目安全管理预警体系及应急机制的建立

2.4.3.1 预警指标体系的建立

1. 预警指标体系的建立原则

(1) 科学性

有说服力的指标体系前提是设置的科学合理，为使体系能反映施工安全管理内涵与规律，应以统计理论为基础，结合必要的调查及考证，通过定性分析、定量计算相结合及综合考核评价，构建安全管理预警指标体系。

(2) 充分性

建立预警指标体系之前，应该充分分析影响施工安全管理的若干因素，并掌握足够多的影响因素，为建立预警指标体系准备充分的资料。

(3) 适应性

预警指标体系是由若干个影响施工安全管理因素组成的，对于各个因素其评价的重点可能有所不同，每一项指标的概念要明确，界限要清楚，并适用于施工项目安全管理预警指标体系。

(4) 系统性

预警指标体系是一个有机的整体，应依据真实、合理和系统的基础数据，确定指标间的联系，保证指标体系全面而有层次。

(5) 可行性

要设置有实际意义的、有大量统计数据作为依据的、便于精简计算的预警指标，使建立的预警模型操作性更强、更加简单易行。

2. 施工项目安全管理预警指标的建立

供油工程建设现场条件复杂，影响施工安全的各项因素繁杂，建立适合的安全预警指标体系是十分复杂的。通常来讲，影响项目安全管理的因素主要包括操作人员的自身安全意识、劳动保护用品的正确穿戴、机械设备的日常使用、施工项目的用电、特殊作业(包括但不限于高空作业、交叉作业)、违章作业等。主要从以下四个方面建立预警指标体系。

(1) 人为因素

人为因素主要是指直接或间接参与建设项目的各方主要人员，人的因素是影响建设项目安全管理的最主要因素。包括安全管理人员的安全意识、文化程度、身体状况、年龄和工龄、技术水平、违章作业、占有率和安全意识，以及管理人员对安全管理的重视程度。

(2) 事物因素

事物的因素包括机械设备及材料的更新、施工机械设备的用电和防火、施工材料质量和合格率、消防和防雷设施的完好性、安全防护设备的完好性、机械设备安全防护是否合格等。

(3) 环境因素

环境因素包括施工项目的难易程度、文明施工、三通一平、基坑支护及模板工程、

“四口”防护、高空作业、交叉作业、施工现场的合理布局、员工的生活住宿、季节影响等。

（4）管理因素

管理因素包括但不限于安全规章制度、安全生产检查、安全奖惩措施落实、安全保险购买、档案管理、施工组织、安全教育培训、分包商资质及人员管理、事故隐患整改等。

综上分析，可以得到预警指标体系选择结果。详见表 2-19。

表 2-19　施工项目安全管理预警指标体系选择结果

	一级指标	二级指标
施工项目安全管理影响因素	人为因素	作业人员安全意识
		作业人员文化程度
		作业人员身体状况
		作业人员年龄和工龄
		作业人员技术水平
		违章作业情况
		安全管理人员占有率
		管理人员对安全管理的重视程度
	事物因素	消防和防雷设施情况
		材料机械设备更新情况
		施工机械用电及防火情况
		材料质量及合格率
		安全防护设备的完好性
		机械设备安全防护情况
	环境因素	施工项目难易程度
		文明施工情况
		三通一平情况
		基坑支护及模板工程情况
		“四口”防护情况
		高空作业情况
		交叉作业情况
		施工场地合理布局
		员工生活及住宿情况
		季节影响
	管理因素	安全规章制度情况及档案管理
		安全生产检查情况
		安全奖惩措施执行情况
		安全保险购买情况
		施工组织
		安全教育与培训
		分包商资质和人员管理情况
		事故隐患整改情况

3. 建立预警机制的建议

(1) 建立完善的供油工程建设企业安全管理预警系统

大多数施工单位以应急预案为安全预警的主要内容和具体措施，但没有建立有效的安全生产预警机制，存在安全管理滞后、信息发布不及时的问题。施工单位应当设立与安全预警相关的部门或者组织，负责建设项目预警指标的统计、分析和整理，结果的评价和预测，以及预警信息的发布。施工单位各级领导必须树立强烈的风险和危机意识，根据企业实际情况识别预警要素，定期形成部门安全预警报告。企业领导将确认并发布安全生产预警指标报告，然后立即采取措施进行整改、监督和评审。企业安全生产预警指标体系从人的因素、物的因素、环境因素和管理因素四个方面进行预警。二级指标应包括文化程度、身体状况、年龄及工龄、技术水平、违章作业、消防及防雷设施、材料及机械设备更新、施工机械用电及防火、材料质量及合格率、安全防护设备投入、机械设备安全防护、施工项目难度、基坑支护、高空作业、交叉作业、施工现场合理布局、员工生活住宿、季节影响等 28 个方面，安全规章制度及档案管理、安全生产检查、安全奖惩措施落实、安全教育培训、分包商资质及人员管理、事故隐患整改。

(2) 建立专家主导的建筑企业预警管理系统

大多数建筑企业缺乏或没有精通预警和预测技术的专家。现有的法律法规对建筑安全预警预报机制没有明确的规章制度，也没有界定法律责任，导致各责任主体责任不清。因此，有必要在建筑企业建立预警管理体系，邀请安全技术、安全管理、预警研究等领域的相关专家，举办专家研讨会和讲座，加强和完善建筑企业安全管理预警预报机制。同时对专家采取问责措施，更好地达到专家带头的目的；还要综合考虑各方利益，加强政府的推动，企业积极响应和采纳，营造良好的施工安全氛围。

2.4.3.2 工程安全应急能力的主要体现

1. 事前预防能力

通常情况下，应提前做好建筑工程的日常安全管理工作来预防建筑事故的发生，从而确保从源头上切断危害。指建设工程应急组织是否建立，应急预案是否规范，应急资金是否结合建设工程实际建立和落实，从制度体系上保证建设工程的安全均为建设工程应急管理体系能力的体现。施工现场的各种安全隐患及人为的不安全行为经常会造成施工事故的发生。而事故发生的决定性因素是安全隐患发现不及时、处理不当。工程监测预警能力指施工现场和隐患及隐患的即时监控。因此，事前监测预警是有效监控危险源，及时预防风险因素的手段和方式。

2. 应急准备能力

应急培训、预案演练和资源配置共同组成了应急准备工作。应急培训主要包括对现场指挥人员和施工人员的专业培训；预案演练主要包含应急疏散演练、现场指挥救援演练、与政府各部门协调的协同演练，为确保人员培训到位、应急演练效果显著、预案合理做好准备；资源的配置主要包含应急救援队伍是否专业、是否充分发挥救援作用、应急物资装备是否齐全、分配是否科学等。这几项准备工作将直接影响事故的应急响应效果，应作为供油工程建设应急管理的重点。

3. 应急响应能力

为了快速有效地控制供油工程建设安全事故的发展，建设项目应及时巩固应急能力，这是调控指标的首要环节和应急管理的主要内容。首先，应急响应的第一步是突发事件信息的报告、传递和接收。建筑事故发生后，紧急报警信息的准确性和事故报告的及时性关系到应急预案能否有序启动，也关系到专家指挥员采取什么样的应急预案。其次，指挥人员在接到紧急事故信息后，会根据信息对现场进行合理指挥，以确保施工现场人员的安全，防止事故损失的进一步扩大。最后，应急救援能力是指专家对现场救援方案的专业指导、各行各业事故救援情况和后勤保障基本情况等。

4. 事后恢复能力

当施工事故已经得到有效控制，且应急响应过程完成后，相关方应立即恢复现场秩序，包括预警的消除、现场的清理、人员的疏散和事故造成损失的补救措施等。应对工程应急系统流程的正确性、指挥所有权的可操作性和应急资源的有序分配进行分析，并通过对供油工程建设事故应急体系运行的分析和总结，找出薄弱环节，进一步对应急过程进行改进，有助于提高事故的事后恢复能力，也是提高应急管理能力的必要条件。

2.5 安全风险监督管理

供油工程的特点决定了监理安全监督管理基础相对薄弱、管理相对复杂、环境影响大、危害因素多变、安全风险高的基本态势。实施监理安全管理可以保证施工现场安全监理的连续性和有效性。加强安全风险管理、实现安全预控、促进施工项目部安全保证体系有序有效运行、严格文件审查、加强施工现场管控，都是提高安全生产管理的有效途径。

2.5.1 供油工程建设特点

供油建设工程项目复杂性强、安全意识薄弱、工程流动较大、施工的多变性、施工的危险性，造成了建设工程的监理安全监督管理能力相对薄弱、管理相对复杂、环境影响大、危害因素多变、安全风险高的基本态势。

（1）工程复杂性强。受到我国各地区间社会经济发展不平衡的影响，航油建设工程的规模、技术装备、管理模式也具有很大差异。同时，一个项目通常使用多种设备，由多个承包商施工，由多个设计单位设计，其安全和经济责任在各自的合同中约定，较难统一。施工主要为室外作业，工程量大、工期长。施工中涉及专业和技术非常多样，从建筑基础施工、主体结构施工到管道施工、电气施工的环节非常复杂。而且在施工过程中，大量不同专业、不同工种的施工人员存在协调、交叉作业的问题，需要各种机械设备和电气化设施，对现场施工人员的专业技术水平要求很高。这些因素使得航空燃油工程管理变得复杂。

（2）供油工程建设中雇用的工人大多没有经过专业的技能培训，安全意识相对薄弱。目前工程市场属于充分竞争市场，在激烈的市场竞争中利润空间越来越小。很多施工单位片面地认为加强安全管理会影响施工效率，同时还要为安全管理付出一定的管理成本，需要更多的人力和财力。安全施工管理存在无法落实的问题，第三方安全监督机构由于缺乏足够的专业性，在工程施工过程中难以直接进行安全管理，容易造成安全生产事故。还有一些施工项目时间非常紧张。为了追求更快的施工进度，忽视安全管理，容易造成安全生产事故。

(3) 工程流动性较大。供油工程施工的流动性包括两个方面：一是不同专业的交替作业，二是施工场地的频繁变动。供油工程项目的生产随不同工程而流动，项目团队也需随项目不断变换作业环境，因而施工具有较大流动性和较多的可变因素。

(4) 施工的多变性。供油工程，特别是大多数管道建设工程现场均在室外，工作环境不断变化，极容易受到外部环境的影响，这些因素共同决定了供油工程中的多变性。

(5) 施工的危险性。航油项目多在野外作业，环境条件差，劳动强度大，受天气影响大，大大增加了施工风险。

2.5.2 安全风险监督的重要性

一般情况下，建设单位会委托工程监理单位，对成本控制、施工质量、施工进度、安全生产监督管理、合同管理、信息管理等提供管理服务，同时提供现场勘察、施工设计及保修等阶段性的服务。工程监理单位的安全责任是在现有法律规定的基础上，根据建设单位的委托对建设项目施工阶段进行安全生产管理，并根据建设单位的利益，从项目目标的控制上对施工中的随意性和盲目性进行及时制止，从而达到促进项目建设目标(项目投资、质量、进度、安全)实现的目的，以确保项目建设的经济、科学、合法和合理性。因此，认真履行监督管理责任，并采取适当的手段和方法来提高工程建设过程中的安全管理能力，预防和减少安全事故的发生，是工程监理单位至关重要的责任。

在航空工程建设中，施工单位处于安全生产的第一位。大多数施工单位在经济利益和其他因素的诱使下安全意识不强、管理机构不健全、安全责任制落实不到位，忽视安全生产工作，为安全施工带来较大的安全隐患。通过安全监督管理，督促施工单位建立落实安全责任制及健全安全管理机构，可以促进施工单位现场安全保障体系有序有效运行，从而确保供油工程施工安全。

长久以来，工程现场都是供油工程中的薄弱环节，也最容易发生安全事故。因此工程现场是安全生产管理工作中的重点。供油工程建筑工地经常作为新机场配套建设，地处荒郊野外，地势较为复杂，属地监管部门和施工单位较难做到对安全监管的全面覆盖，因此委托工程监理单位便可更好地将安全监理管理覆盖到整个施工现场。监理单位通过定期检查督导，对重点环节进行持续督导，并在发生重要情况后第一时间向建设单位汇报，及时协助现场完善安全措施，改善现场劳动条件，确保现场安全措施和安全监督工作的有效性。

供油工程施工中发生的事故具有很强的关联性，施工中发生的安全事故甚至会在工程建设完成后对运行安全造成严重影响，局部事故也可能引发系统事故。此外，航油工程涉及系统广泛，与民航、应急、环保、气象等各系统均有关联，因此相关事故也会对人民群众安全及社会秩序造成严重的影响，同时损害和污染环境。因此，工程监理单位的安全监督管理责任尤为重要。

2.5.3 安全风险监督的策略及方式

安全风险监督的过程本质上就是严格执行国家、属地政府和本行业针对安全生产和技术所颁布的法律法规和技术标准，工程监理单位应依据这些法律法规和技术标准认真履行监理职责，对工程建设中的各级标段进行严格监管。

1. 加强安全风险管理

监理单位在开展安全风险管理工作前，首先应针对航油建设工程本身的特点，参考概念事故的经验教训，全面评估该项目的风险程度和危险源辨识，对于在受控条件下，仍存在高风险等级的危害，应结合工程项目实际情况，制定补充控制措施切实降低其风险等级。同时，监理人员要对该工程项目的安全风险及隐患有一个整体性把握，对该工程所存在的主要风险和管控措施有明确的界定，这样才能对整个安全生产大局做到心中有数。此外，监理项目部要严格做好监理规划，包括建立健全安全监督管理机构(第一责任人为总工程师)，配备专业的监理人员，明确安全职责，制定安全监督程序、方法并完善安全工作制度；前期的风险评估结果应充分体现在编制的监管制度文件中，对整个建设过程中存在的主要风险和控制措施有明确的界定，对于安全风险要有明确的控制手段。

2. 实施安全监督管理工作的要点

(1) 监督施工单位建立健全项目安全保障体系

施工单位在安全管理体系中首当其冲，是安全生产的直接责任单位。项目建设中，施工单位承担着确保安全的责任，监理单位则承担施工项目进行过程中的安全监督管理责任，两者目标相同，但责任却不尽相同。单依靠对施工现场、设备和人员不熟悉，同时又无权对现场事物进行处置的监理人员来面对多专业、多工种、多现场的复杂施工状况是不现实的。督促施工单位健全工程安全保障体系是监理人的第一要务。管控重点：①制度建设：机构齐全，横向到边，不留死角，人员配备数量适当，资质合格，职责明确，制度健全；②系统运转：人员到位，措施落实，责任严肃严格，运转有序、有效、良性；③管控方法：检查、检验、督促、交流等。

监管部门必须最大限度地参与现场监督检查，以使企业能够按照规定执行相关法律法规和技术标准。安全事故发生后，有关部门和单位一定要针对此类事故的原因和特点进行深入研讨和分析，然后科学合理地制定应急预案。同时，从政府部门的角度出发，要把安全生产作为项目建设的根基，并在城市开发建设的过程中进行合理的统筹规划。在这种情况下，建设方和施工方应结合不同工程的特点，针对性地制定监督管理方略，为施工安全的监督管理提供强而有力的保障。

(2) 严格审查施工项目部报审文件

施工部门提交的文件主要分为施工规划和施工实施两大类，其中包括人、机、料、法、环境五个方面。监理单位应按照如下要求对安全生产方面的审查项目和控制点在项目施工开始前进行逐一确定，并依照这些要求严格进行审查，审查合格后方可进行签批。

1）审查项目：承包商/分包商资质；控制点：施工单位资质、安全生产许可证、进网许可证或信用记录、分包工程依据、范围、数量。

2）审查项目：施工组织设计；控制点：组织机构结构是否完整，管理人员数量和资质是否合规，施工方案是否先进合理，是否违反相关法律法规及技术标准，质量安全保障体系是否完善，控制保证措施是否完备。

3）审查项目：安全生产风险管理体系规划；控制点：编制安全风险和文明施工实施方案、危险源和环境因素辨识、评估与预控措施、应急预案、应急演练效果等。

4）审查项目：专项施工方案；控制点：项目前期准备工作的完整性，安全风险评估是否全面准确，防控措施是否完备，有无安全检查报告书，需要组织的是否附专家论证报告。

5）审查项目：安全文明施工策划方案(或实施细则)；控制点：施工总平面布置是否合理，办公室、宿舍、食堂、仓库、道路、施工用电等临时设施以及排水、防火、防雷、防台风等措施是否符合安全技术标准和安全文明施工的要求。

（3）加强安全管理思想认识培养教育

为进一步提高工程项目的安全生产监督管理水平，最大限度地避免事故的发生，在开工前非常有必要对有关单位开展一次安全生产基础教育。此外，各有关单位也要积极落实安全生产责任制，将责任明确到个人，建立健全各项管理制度，从而避免出现各自为政、推诿扯皮的现象。因此有关单位在施工期间进行安全监理的过程中要不断加强对员工的培训，增强员工的防范意识与责任意识，对工程进展中存在的各种风险和安全隐患进行告知，并针对这些问题及时制定防范措施；聘请专业人员，实现安全生产全方位监督管理，使监管职能最大化。

（4）加强施工现场的管控

施工现场是安全管理的主要领域，通过采用先进技术可大幅度减少施工风险。

例如，在罐内进行罐内壁喷砂除锈和涂漆作业时采用罐内壁防腐提升装置，可在罐内壁进行360度旋转，完全满足施工需要。相较以往的内部搭设脚手架进行防腐施工，施工进度和安全可靠性大大提高，减小高处作业风险，提供安全保障，能够更高效地完成施工内容，确保施工质量(图2-6)。

航油建设工程中管道的焊接方式一般采用氩电联焊技术：氩弧焊打底，下向焊填充盖面，相对于以往的焊接工艺，既提高焊缝的一次合格率和焊接质量，又使管道洁净度得到了有效的提升，降低了工程建设中的质量风险。使用挡风棚保证焊接质量，施工现场配备风速仪、温湿度计实时监控现场环境，有效控制焊接质量。同时，管道内补口可采用自动化智能机器人实施，智能机器人具备前进后退、照明摄像、机械除锈、灰尘回收、无气喷涂等自动化功能；内补口喷涂材料为HT515专用补口漆，此项较为成熟的内补口工艺，为机坪管线的内补口施工提供了可借鉴的经验，有效降低工程建设中的质量风险。

图 2-6　采用罐内壁提升装置开展内壁防腐作业

此外，监理人员还应对重点环节进行全面排查，对关键环节全程监理，定期对现场进行巡视，认真履行安全监督责任，并在发现问题后第一时间督促施工单位整改，发现重大问题应及时向建设单位报告。其管控要点主要为：

1）确保施工单位的安全生产保证体系有效运行，协助施工单位完善质量保证体系；确保施工单位的专职或兼职安全生产管理人员按规定到岗履职；对施工单位的技术资质进行审核，并对其是否能保证质量和按工期完成工程项目进行审核；对施工人员的资质证书进行审查，并对其相关技能进行考核。

2）监督施工单位的各项管理制度(包括日例会、安全例会、安全检查、安全施工作业票、安全技术交底、安全监护、安全评价等)在现场的执行与落实情况；协助施工单位改进质量、计量检测方法和技术；建立施工现场质量管理体系，制定现场会议制度、现场质量检验程序以及质量统计报表和质量事故报告及处理制度。

3）监督施工单位的安全技术措施、专项施工方案、安全文明施工策划方案(或实施细则)等在施工现场的落实情况，并审查施工组织设计及监理细则。根据施工质量控制的重要程度不同、监督控制要求不同，按照 A、B、C 三个等级的质量控制点，对工程质量进行控制。A 级为重要质量控制点，在确保工程质量方面至关重要，由建设单位、施工单位、监理单位三方共同建设，并共同检查和确认；B 级为次要质量控制点，由施工单位、监理单位共同检查和确认，建设单位在必要时可随时对其进行检查；C 级为一般质量控制点，由施工单位自行检查。在整个工程开工前进行风险预评价时，对所存在的风险源进行全面辨识，可以令参与工程建设的相关方均能明确认识到自己的安全责任，同时还可以令监理单位全面掌控工程建设中的重点安全监督管理环节，确保监理工作高效完成。

4）对现场使用的机械和运输车辆进行安全管理。监理单位要对施工现场的测量标桩、建筑物的定位放线以和高程水准点进行检查及复核，对各种埋地管道和电缆的铺设进行检查，并对隐蔽记录和绘制的平面图、立面图、剖面图以及地面警示桩设置位置进行审查。

5）监督管理施工现场员工安全防护用品的使用情况。

6）“四口”(楼梯口、电梯井口、预留洞口、通道口)、“临边”(阳台、楼板、屋面等)、高处作业等危险部位的安全防护，现场防滑坡、防坠落物等控制措施，施工用电以及消防设施等管理。

7）施工单位对于防暑降温、防雷击、防食物中毒、防自然灾害、冬季防冻、防火、防煤气中毒，以及其他灾害防范措施的落实。

8）检查安全措施补助费及安全文明施工措施费的使用。

9）协调交叉作业和工序交接中的安全文明施工措施的落实。

10）参与建设单位组织的安全检查，并跟踪检查整改措施的落实。

11）对重要及危险的作业工序及部位(如大件吊装、重要脚手架安装拆除、大型起重机械安装拆除、临近带电体作业等)进行旁站。

12）在实施监理过程中，如发现施工行为违反安全管理规定或存在其他事故隐患时，必须要求施工单位立即整改；对于情况严重、危及人身安全的，应当由总监理工程师签发暂停施工令，要求施工单位暂时停止施工，并及时报告建设单位。

13）监理人员应对施工单位的整改进程及结果进行监督检查，直至满足安全文明施工要求，并形成相应的闭环管理文件。

14）对工程质量有重大影响和施工安全有威胁的施工机械、设备，及不能保证施工安全的施工机具禁止使用。

15）配合政府行政主管质量监督部门对工程质量进行监督。

（5）融入信息化监督管理技术

随着国内信息化技术水平的提高，在安全管理中结合信息化管理手段，可以解决大量现场较难把握和处理的难题，是当前阶段提升安全管理水平的最有力措施。施工现场的人、财、物等各项资源均可通过信息化管理手段整合，形成并建立包含现场施工进度、施工质量、安全管理等全方位的管理系统。例如，特殊环境作业下施工人员可以通过 GPS 定位系统进行跟踪定位，并联动监控设备与紧急呼救设备，发生现场事故后可以第一时间启动事故应对，提升事故处置效率。此外，利用信息化管理系统可以对现场施工人员的考勤、休假等信息进行有效管理，准确掌握现场施工人员的数量和个人信息，加强对现场施工人员的有效管理。

通过采用常规巡查以及视频监控的风险监督管理方法，结合风险警示，确保风险监督管理更加具有指向性，可以避免检查工作重复发生，使安全监督检查规划更加科学与合理，安全监督检查工作的效率也得以提升。

利用计算机管理系统，能够随时随地地查看工程施工中风险点的具体情况，掌握每次安全检查过程中发现的安全隐患以及采取的处理方法，并能够跟踪安全隐患整改落实情况，确保了安全监督工作的及时性与高效性。

2.5.4 评价与总结

项目监理部应分阶段召开安全专题会议，对本阶段的安全文明施工工作进行评价和总结，并就下一阶段的安全文明施工工作作出研究布置。工程完工后，全面评价和总结安全文明施工工作，并形成相应的报告。

航油建设项目是一项复杂的、技术性很强的工程。要真正做好安全监管工作，不仅需要安全监管人员不断提高自己的职业素养和责任感，还需要各参与单位通力合作，各司其职。当然，监理企业在承担安全监理责任的同时，也应合理规避监理风险，维护自身合法权益，从而不断促进建设监理市场的健康发展。

2.6　创新技术在工程风险管控中的应用

改革开放以来，我国建筑业发展迅速，取得了巨大成就，随着我国经济由高速增长转向高质量发展阶段。为充分把握数字化、网络化、智能化融合发展带来的契机，以信息化、智能化为杠杆培育新动能，带动建筑业转型升级，国家住房和城乡建设部先后发布了《2011—2015 年建筑业信息化发展纲要》《关于推进建筑信息模型应用的指导意见》和《2016—2020 年建筑业信息化发展纲要》等文件，要求建筑业企业对大数据、云计算、物联网、3D 打印以及智能化等技术进行应用。2020 年 7 月，住房和城乡建设部等多个部门颁发《关于推动智能建造与建筑工业化协同发展的指导意见》，进一步明确提出了智能建造与建筑工业化协同发展的智能建造产业体系。

2.6.1　智能建造系统通用体系结构

智能建造系统是将信息化与空间物理模型相融合的一种智能系统，通过信息计算模拟物理施工进程并不断循环进行反馈优化的方式进行深度交互，形成“状态监控—实时分析—优化决策—精准控制”的闭环体系，从而解决项目建设期间无法确定的问题，提高资源配置的效率，实现建造过程的动态优化机制。智能建造系统由智能生产、智能设计、智能物流及智能施工等部分组成。智能设计是指利用智能化技术实现设计方式和流程智能化，并有效评估设计的功能性、设计对智能生产及智能施工的支撑性，同时对设计变更、供应变化、工厂或工地环境变化作出快速响应。智能生产及智能施工，是指实现面向自动化、智能化的生产方式和工艺流程，并适应设计变更、供应及现场环境变化等。智能物流则是指依据生产及施工需要，实现原材料或构配件的智能采购和配送，同时对设计、生产和施工中的变化进行快速响应。

1. 智能建造系统的功能架构

建造能力和建造过程两个体系共同构成了智能建造系统总体功能体系架构。其中建造能力主要涵盖施工组织、施工技术、建造资源和约束条件，这些约束条件是组成智能建造系统的基础。建造过程是建立在精益建造理论基础上的“计划—执行—监控—优化”的迭代过程，使智能建造系统拥有自组织、自适应与自学习能力，从而减少建造过程对人为决策的依赖。

2. 智能建造系统技术架构

智能建造系统是一个高度集成的信息系统，可以利用传感器感知实际的建造过程，然后将实时采集的数据迅速传输至云计算平台，可以支持不同专业的项目管理人员在统一的平台上共享信息并协同工作。在信息平台中经过分析、处理和优化后形成的决策控制信息再通过物联网反馈至实际建造环节，实现对施工设备的远程控制及对施工人员的远程协助。

2.6.2 智能建造关键技术应用分析

1. 智能装备及建筑机器人

智能装备和建筑机器人可自动执行建筑施工工作，可以按计算机程序或人类的指令工作，代替或协助人完成施工任务。目前各类建筑机器人在智能建造过程中均有不同程度的应用，其中较为实用且应用前景较好的建筑机器人包括铺路机器人、挖掘机器人、焊接机器人、砌墙机器人、喷涂机器人、安防机器人、安装机器人、管道检测机器人、模块化建筑装配机器人等。在未来，国产化建筑机器人将面向智能化、绿色化、标准化、普惠化方向发展，将成为重要的建造辅助工具，代替人工完成高风险作业任务。

在预制工厂中，由于生产环境较为简单，为智能制造技术的应用提供了便利，使得智能装备和智能机器人在预制构件生产工厂等场景中广泛应用，实现了预制生产的自动化。然而在现场施工中，建筑机器人通常面临现场计量不完善、公差较大、工件不确定性较大、在施工现场较为恶劣的环境下移动困难、施工机器人专用性强等问题，这与制造机器人十分不同，给智能设备和机器人在施工现场的应用带来了挑战，因此大部分施工过程仍以人工作业为主。

在工厂加工阶段，建筑产品部件生产自动化、智能化程度大幅提高，从而将部分现场施工工序转移到了工厂中，比如，自动化火焰切割设备、焊接机器人、智能钢筋加工设备、混凝土浇筑机器人、PC 构件加工流水线等设备实现了钢构件、预制混凝土构件等预制部品部件的自动化生产。

在施工过程中，智能化推土机、挖掘机、装载机、压路机等与 BIM、物联网、人工智能等技术相结合，实现了施工机械的自动控制。例如，公路工程中使用的路面无人智能化集群施工技术，使用智能化的摊铺机、压路机等协同进行路面铺设；盾构施工中可实现混凝土自动布料、浇筑情况监控、自动化振捣等功能的智能化衬砌台车；在铁路工程中使用的智能化整平机、智能化铺轨机等。通过机器自动或人机协作的施工方式，已能够完成施工中的部分施工工序，如测量放样、混凝土布料、地面抹平、砌砖、钻孔、地面研磨等工序。

2. BIM 技术

建筑信息模型（Building Information Modeling，BIM），是对建设工程及其相关设施的物理和功能特征的数字化表述。BIM 技术集设计、建造、运维等建筑项目全过程中的各种相关信息于一体，相比传统的设计、施工建造流程，BIM 能有效控制建设周期、减少错误发生，且还可利用 BIM 技术进行建筑物运行、维护和设施管理。目前 BIM 技术在施工阶段应用较多，包括用于 3D 渲染、VR 展示、错漏碰缺检查、模拟施工方案等。将 BIM 与 GIS（地理信息系统）技术、VR 技术等进行集成应用，将为建筑设计带来更为丰富的维度信息。

BIM 以三维模型的形式表达建筑设施，可将建筑设计信息可视化，同时可以在建筑工程全生命期内提供建筑的各种信息数据源。因此，可利用 BIM 为其他智能建造技术提供数据基础，与其他智能建造技术结合使用。

深化设计方面，BIM 技术广泛应用于复杂构造、复杂节点的深化设计，装配式结构中的 PC 构件或钢构件的拆分、数字化加工，以及二次结构施工中。利用 BIM 技术还可在施工之前发现各种建筑结构构件间的冲突，避免因构件冲突而造成的变更和返工。

安全管理方面，BIM 技术发挥着重要作用，可利用 BIM 模型标记安全风险信息。将 BIM 技术与物联网、人工智能等技术相结合，通过建立安全设施模型，实现对安全风险的分析、判断和预警；利用模拟施工，可对施工中的安全风险进行预判；利用三维模型模拟各工序的空间占用，结合人工智能模型对并行作业中的空间冲突进行预测。在对风险的分析、判断和预警的基础上，将有助于制定更为有效的安全及防护措施。

BIM 技术还可以应用于施工进度和施工成本管理中，形成 4D-BIM 技术和 5D-BIM 技术。将进度计划与 BIM 数据库相结合，进行施工进度模拟，对整个工程的进度安排进行展示，并在施工过程中，将计划进度和实际进度相对比，分析工期进度的偏差。在利用 BIM 对进度管理的基础上，结合 BIM 对人工、材料、机械等用量及成本的计算，可得到人工、材料、机械、资金等的消耗随时间的变化情况。

利用 BIM 技术在施工方案编制过程中，可以以视频或动画的形式展示施工方案，并进行三维可视化交底，提高交底效率和准确度；还可利用 BIM 技术建立建筑物、施工机具、临时设施等的施工现场 BIM 模型，优化现场临时设施的布局、提高施工场地利用效率。

在中国航油供油工程的建设过程中，全程引入先进的 BIM 技术应用，将 BIM 技术与施工工艺、施工工序、施工过程信息相结合，提前做好罐前平台进出与进出油管碰撞检查、储罐工艺管道碰撞检查，发现设计图纸中的碰撞问题，减少二次施工改造的情况发生；对油泵房操作平台加宽，将消防泵房长半径弯头更改为短半径弯头，二次优化设计，设计更美观大方，操作更加便捷，减少人员劳动作业风险；对材料进行力学校核，提取准确材料清单和工程量，节约施工成本；利用 BIM 技术进行可视化交底并将施工信息录入模型中达到施工信息的可追溯性和记录的长久性；利用 BIM 技术在油罐壁增加环向走廊，将油罐盘梯和罐区平台巧妙连接成一个整体，使操作人员上到平台以后能够以最短的时间和最短的路程达到每个油罐的罐顶(图 2-7)。

3. GIS 技术应用

BIM 技术主要反映建筑物本身的各种信息，但通常不能反映建筑物周边环境的信息，而地理信息系统(GIS)能以直观的地理图形方式获取、存储、管理、分析、显示与地理位置相关的各种数据，可反映真实的地理环境信息，但不能反映建筑物单体信息。因此，两种技术经常结合使用，由 BIM 模型从微观角度反映工程结构单体信息，GIS 从宏观角度反映建筑周边环境、地形、地质等地理信息，从而“BIM+GIS”技术可同时显示宏观与微观信息，提供了从空间地理数据处理的角度进行分析的途径。

“BIM+GIS”技术也可用于质量、进度、安全、成本等方面管理。在施工模拟方面，可以结合 GIS 数据和 BIM 数据进行现场施工模拟；在工程进度管理方面，利用“BIM+

图 2-7 利用 BIM 技术在罐前增加环向平台

GIS”技术可将项目本身及周围环境进行可视化，并通过 GIS 模型颜色来显示进度信息。安全风险管理方面，GIS 技术已应用于地铁盾构施工安全风险管理系统、大坝可视化安全监测平台、高填方工程监测等。将 BIM 与 GIS 相结合的应用十分适合线性工程的统一管理，如通过将 BIM 模型、遥感影像、数字高程模型等进行融合，实现了从宏观、中观、微观尺度对铁路工程线路周边地形地貌到结构构件的统一管理。

GIS 可提供工程周围地形、管线、道路、既有建筑物等空间地理数据，并通过空间分析等手段对空间地理数据进行处理，如查看 BIM 模型和施工现场影像，辅助选择施工区域和场地踏勘，辅助选择施工临时设施的位置，可视化监控施工所需材料供应链的状态，查看工程周围已建设施并检查新建工程与已建设施间的冲突情况等。

GIS 的另一个重要功能是对地质信息进行管理和应用。利用 GIS 的地质模型信息，可进行施工中边坡安全风险评估、隧道定位、病害查询、地质预报、地质监测、地质剖面的获取和应用等。

4. 人工智能技术

人工智能技术是智能建造中“智能”的体现之一，在智能建造中起到“大脑”的作用，可以对施工现场的多源多维数据进行分析，实现对施工过程的智能监测、预测、优化和控制。人工智能技术在智能建造中的应用已较为广泛，如施工图生成和施工现场安排、建筑工程预算、建筑效益分析等。

进度管理方面，可利用人工智能技术进行施工进度的自动生成、优化和预测等。质量管理方面，人工智能技术可进行施工过程控制和施工质量智能检测，并利用人工智能方法对施工质量进行检查。安全管理方面，利用人工智能技术可以进行安全风险识别和安全措施检查，如施工人员的疲劳作业检测、施工中不安全行为预警、安全帽佩戴检测、安全风险评估等。成本管理方面包括施工成本的预测和控制，如工程造价估算、机械数量的合理安排、辅助制定进度计划和资源配置方案等。

5. 物联网技术应用

物联网是智能建造系统中的“神经系统”，实现智能建造体系中的前端感知和终端执行。物联网技术可对施工过程中产生的大量信息进行实时感知和动态采集，并将采集到的数据和信息进行实时传输，实现现场施工过程中产生的各种信息和数据的实时获取和汇总；同时对施工过程中的各种控制指令进行下达，实现自动化施工设备的实时控制。物联网技术对现实世界信息的采集，一般通过二维码、RFID、定位标签、视频摄像机、传感器等采集技术，或通过人工录入进行；数据传输则通过电缆、LORA、窄带物联网、Wi-Fi、蓝牙、4G/5G等通信技术进行。

物联网技术在施工中通常用于对施工现场人员、机械、材料等的实时监测和控制。在人员管理方面，通过具有RFID芯片的可穿戴设备等，实现对施工人员的身份管理、定位追踪、安全预警等功能。在机械管理方面，可实现对机械状态的监控，如追踪机械设备的分布状况和运动轨迹、对塔式起重机结构和作业状态的监控等。在材料管理方面，可实现对施工所用材料的追踪、定位和管理。

此外，物联网技术还可用于施工过程、施工质量、施工环境的监测。在施工过程管理方面，一方面可实现对施工风险因素的实时监测，如高支模架体稳定性、边坡稳定性、受施工影响既有结构健康监测、工地非法入侵监测、个人防护装备使用情况等；另一方面，可用于预制构件吊装控制、施工数据采集等方向。在施工质量监测方面，可以监测如混凝土施工质量、混凝土强度、混凝土振捣质量、大体积混凝土浇筑温度等。在施工环境监测方面，通过各种传感器和有线或无线传输技术进行噪声、扬尘等环保监控、远程视频采集、基坑变形监测等。

6. 虚拟现实技术应用

虚拟现实(VR)是一种计算机仿真系统，可在其中创建和浏览虚拟世界，提供沉浸式体验，使信息表达更加直观。在实际应用VR技术时，通常以BIM模型等为基础，体验者通过VR眼镜等设备进行体验。由于VR技术对计算机配置要求较高，且需专用软件和专用设备，因此限制了其在工程建设中的应用。

在施工安全方面，可将VR技术与BIM技术相结合，模拟安全事故情景，展示安全事故中错误和正确的操作，使施工人员身临其境地感受安全事故的危害，帮助施工人员规避安全风险，增强安全生产和自我保护意识。

在技术指导方面，利用虚拟现实技术可以更直观地对施工操作过程进行展示，可使非专业人员更快地掌握操作要领，提高技术指导的效率。目前虚拟现实技术已应用于施工技术交底、大型机械操作培训、建筑设备安装指导等方面。

在协同决策方面，利用虚拟现实技术可更加直观地进行成果展示，并可进行多人协同工作，进行碰撞检测、评估施工现场布局场景以及进行协同深化设计等。

虚拟现实技术还可用于施工监控，查看工程施工进度模拟成果和实际施工进度，也可查看某一重点施工环节的施工情况。

7. 三维扫描技术应用

三维扫描技术以激光测距原理为基础，通过快速获取物体表面大量而密集的点的坐标等信息，形成点云数据，并依此建立三维模型。三维扫描技术具有非接触、高速测量、高精确度、高密度、穿透性、全自动等特点，在常规方法需要较多控制点的异形结构测量中，三维扫描技术可大大提高测量效率。同时，三维扫描技术形成的点云模型能够真实反映扫描对象的状态，包括制造误差、施工误差、结构变形等信息。

"三维扫描+BIM"技术在深化设计、质量检查等方面已获得应用。其主要原理是通过点云模型逆向建立建构筑物或构件的三维模型，进而对 BIM 模型进行修正，完成其余部分的深化设计，从而减少因施工误差引起的碰撞；与 BIM 模型进行比对，发现施工质量问题，检查施工过程中安装精度、施工缺陷、施工误差、预埋件安装位置等；利用 BIM 模型进行模拟施工；可利用逆向建立的三维模型进行有限元分析以考察结构的受力变化；可与 BIM 结合确定各个施工阶段的工作量，建立 4D 竣工 BIM 模型，并通过连续的定期扫描检查施工进度。利用三维扫描技术能够进行逆向建模的特点，可在设计图纸缺失的情况下，得到既有结构的 BIM 模型。

此外，利用三维扫描技术定期连续扫描可获得结构或构筑物的几何要素随时间的变化情况，实现对构件或构筑物的变形进行监测，如基坑的变形和基坑周边建筑的沉降情况、钢结构建筑的变形监测、公路挡土墙位移监测、隧道围岩变形监测等。

2.6.3 智能建造与创新工程范例分析

1. 基于"三维建模+瞬态模拟"技术的建造安全管理

(1) 工程概况

中国航油某科技项目平台由于科研试验需求，向油品中加注水分及固体颗粒杂质，导致油品质量降低，为了减少油品质量降低对工艺系统引发的风险，采用了立式高架锥底罐及工艺管道全地上铺设两大解决措施。为了检验两种措施应用过程中的安全问题，该项目利用模拟软件，按 1∶1 的比例对油罐和地上管道进行建模，分析油罐和管道系统的安全性，并提出了相应措施。

(2) 利用三维建模与瞬态模拟技术进行风险评估

1) 立式高架锥底罐应用过程中的安全问题。图 2-8 为空罐和满载工况下油罐位移对比云图，(a)和(b)中位移较大部位均在受力点附近。由图 2-9 可知，在加大变形系数的情况下，无论是空罐还是满载油罐，具有向图中右方位移的趋势，理论上最大位移量约为 5.85 毫米和 3.4 毫米。

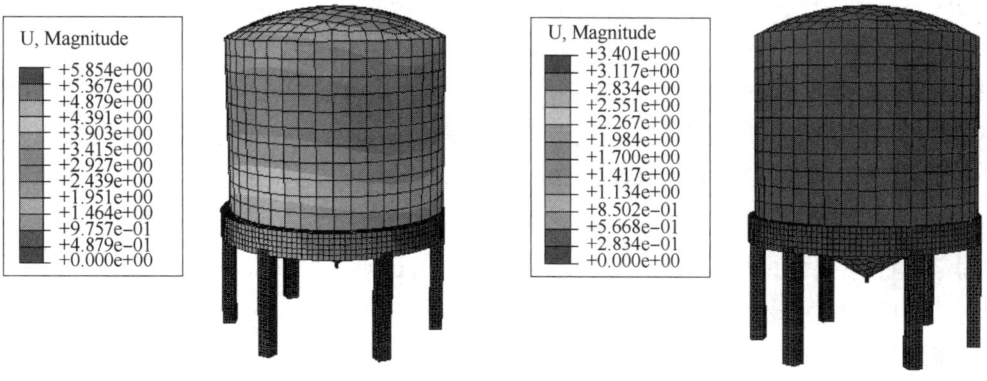

(a) (b)

图 2-8 空罐和满载工况下油罐位移对比云图

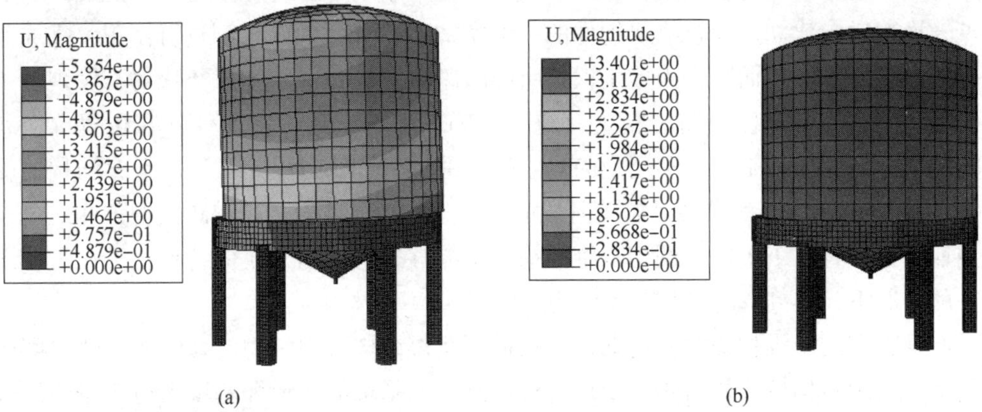

图 2-9　空罐和满载工况下油罐加大变形系数位移对比云图

图 2-10 中的(a)和(b)为空罐和满载工况下油罐底部与底座接触面的受力对比云图，由图可知，空罐和满载工况下油罐与底座接触面的应力最大值约 0.035 兆帕和 0.1159 兆帕，均在油罐的极限压强范围内。

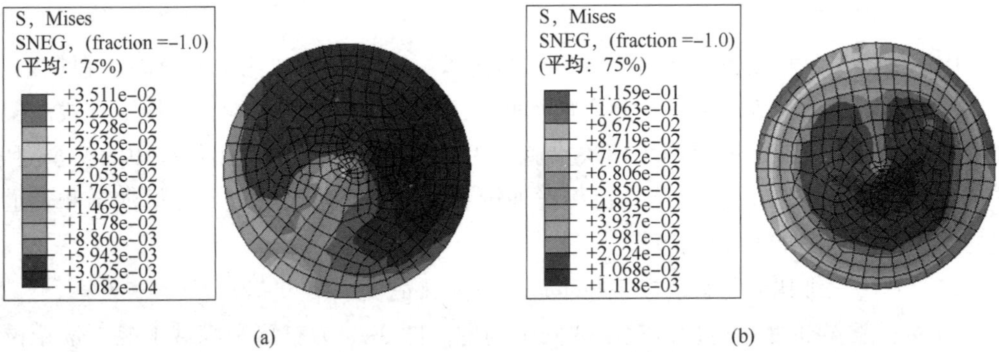

图 2-10　空罐和满载工况下油罐底部与底座接触面的受力对比云图

以上的分析为油罐在外力作用下整体的位移趋势。在实际工况中输油管与油罐连接处存在应力，如果应力较大可能对输油管或油罐造成安全隐患，所以项目还研究了连接处的应力情况。图 2-11 为空油罐和满载工况下输油管连接处的变形对比云图，通过观察可知，无论是空罐还是满载时其连接处变形量均较小，所以可忽略不计。图 2-12 为空罐与满载工况下输油管连接处的应力对比云图，通过观察可知连接处最大应力约为 0.4 兆帕和 0.36 兆帕。满载工况下的应力比空罐小，是因为满载时液体的压强作用在油罐内表面形成压力，输油管对油罐的作用力与液体的压力方向相反。

图 2-13 为满载工况下为油罐添加固定装置前后的应力对比云图，图 2-13(a)为添加固定装置前，图 2-13(b)为添加固定装置后，通过对比发现在满载工况下，油罐添加固定装置后其应力最大值由 0.1159 兆帕减小为 0.0037 兆帕，应力减少效果明显，所以为油罐增加固定装置可有效减少其表面的应力值。

通过软件模拟管道回油动量变化对罐的冲击力，经分析得到以下结论：动量变化冲击力可使空罐造成约 5.85 毫米的位移量，满载时约 3.4 毫米的位移量；管道与油罐相接触部位变形量均非常小，可忽略不计；空罐与满载工况下输油管与油罐的连接处的应力值约为 0.4 兆帕和 0.36 兆帕；满载工况下添加固定装置后油罐底部受到的应力值由 0.1159 兆帕变为 0.0037 兆帕，均满足安全要求。

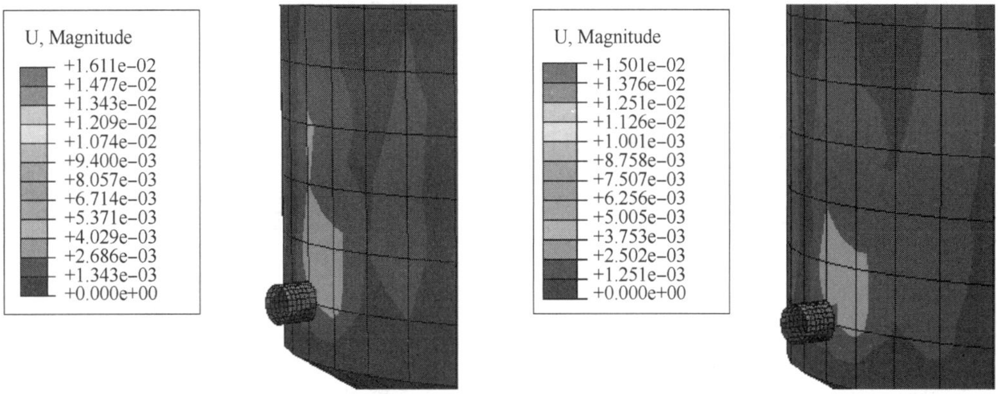

(a) (b)

图 2-11 空罐和满载工况下输油管连接处的变形对比云图

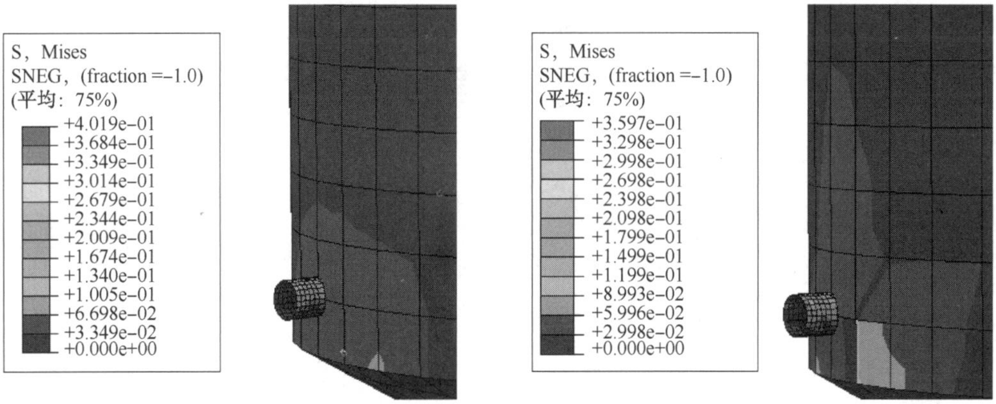

(a) (b)

图 2-12 空罐和满载工况下输油管连接处的应力对比云图

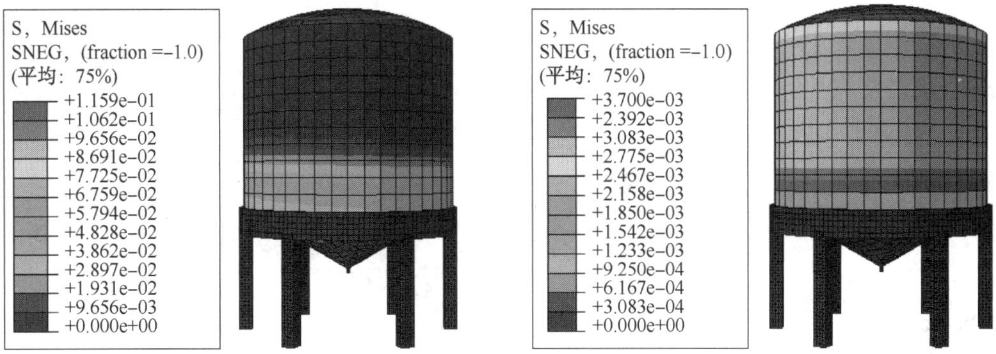

(a) (b)

图 2-13 满载工况下添加固定装置前后油罐应力对比云图

2）地上管道应用过程中的安全问题。在对过滤设备进行性能测试的过程中，需要制造水击过程，测试滤芯在水击条件下的承压能力。当水击过程发生时，流体经过弯头、大小头短接、扩大短接等典型管件时，速度方向的改变引起动量的变化进而诱导产生冲击力，从而引起管道位移或振动，致使管道处于不安全状态。相比于地下敷设而言，地上管道更容易产生位移或振动。为了减小因为水击而导致的地上管道的位移和振动，本项目利用模拟软件进行 1∶1 比例建模，分析水击作用下“罐-管道”系统的安全性，并提出了相应措施。

按照工艺平面图建立图 2-14 所示的工艺系统几何模型。

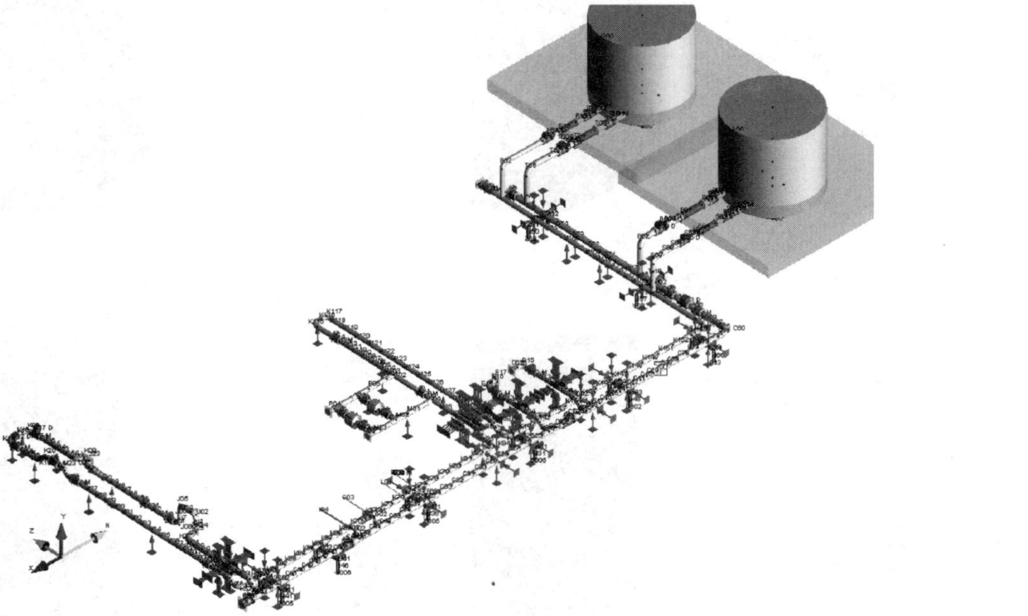

图 2-14　工艺系统几何模型

通过分析发现，在工艺管道局部位置存在应力集中过大现象，且动态响应剧烈，一次压力波传递下，管道瞬态最大波动幅值为 47 毫米，对管道安全存在较大威胁，主要位置分布在图 2-15 中标注的位置。在这些位置处可通过添加支吊架、导向支架缓解。

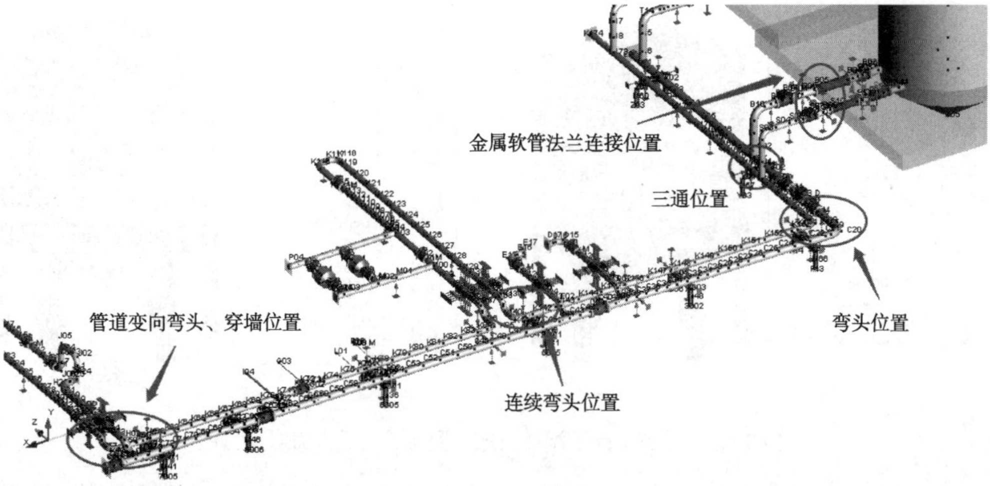

图 2-15　模拟分析结果

其中，罐出口金属软管两端需添加导向支架，抑制管道在水击荷载作用下的横向运动与扭转运动，如图 2-16(a)所示；三通位置处水平管线均需要添加导向支架，如图 2-16(a)所示；弯头位置处需添加支撑或导向支架；连续弯头位置处需导向支架与止推支架配合使用，主要抑制横向摆动与轴向过大位移，如图 2-16(b)所示。

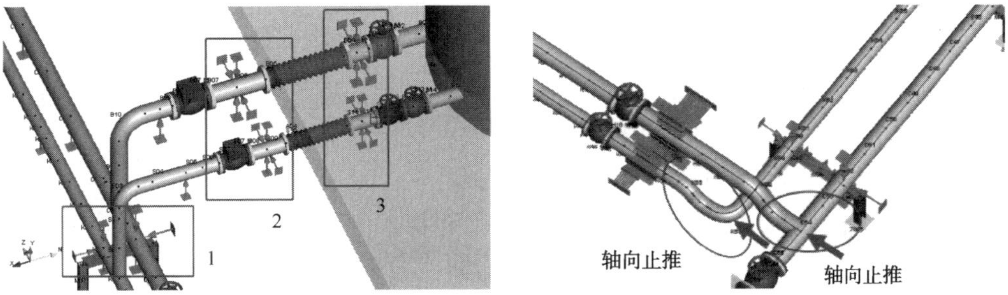

(a) (b)

图 2-16 需添加支架的位置说明

(3) 三维建模与瞬态模拟技术评估效果

该项目通过使用三维模型对油罐满罐、空罐以及加装固定装置前后应力对比云图的分析最终确定油罐位移量及接触位置形变量均符合安全要求；同时借由地上管道几何模型模拟水击过程，确定了使用导向支架和止推支架共同抑制摆动和位移的方案。通过使用该三维模型顺利推进了项目。

2. 基于 BIM 技术的智能建造管理示例

(1) 工程概况

某科研设计办公类综合建筑施工项目，为集成办公、实验室等主体建筑及会议室、报告厅、员工食堂、员工宿舍等各类配套设施为一体的大型综合实验基地。该项目位于华北地区，属于亚热带季风气候区，属东南季风剧烈活动地带，全年有两个较为明显的降水期，场地属于湖沼积平原地貌单元，地块东邻自然景观河道、北邻已建成住宅区，南部和西部为在建住宅区。

(2) 基于 BIM 技术的智能建造管理技术应用重点

该项目结合以物联网为主的现代信息化技术，基于 BIM 技术应用智能建造管理技术，包括三维施工场地布置、四维施工进度模拟的技术，以及基于 BIM 技术的可视化交底。智能安全管理主要包括 BIM+RFID 的材料安全管理、BIM+物联网的人员安全管理及针对群塔作业、高支模施工的风险源控制。基于 BIM、物联网和云计算技术搭建智慧管理平台用于建设项目质量控制、安全管理和绿色施工管理的全过程管理。

(3) 基于 BIM 技术的智能施工管理

1) 基于 BIM 的施工场地布置。通过使用 BIM 模型技术和施工过程模拟技术，制作该项目的 3D 场地模型和动画，并将项目的各个功能区域布置在 BIM 模型当中，根据模拟施工场外环境变化以及施工不同阶段的场地变化和需求，通过软件合理优化，以减少不必要的拆改；将项目中的各部件投放至模型当中，可以较为直观地观察到各部件之间、各部件与施工主体建筑及临时建筑间是否发生位置冲突；将施工现场的临时水电管道网进行布置，从而降低管理人员的工作难度，节省人力、物力。

此外，在施工过程中将前期模拟好的3D施工场地图形成二维码，便可使现场施工人员通过扫描二维码了解现场物料的摆放位置，避免物料乱堆乱卸、散乱无序的现象。

2）基于BIM的施工进度管控。应用“4D-BIM”技术，对流水施工阶段划分和工序穿插进行优化，从而满足各种交叉作业的施工需求；根据工程量计算人、机、料数量，实现高效的资源调配；利用4D-BIM技术进行施工模拟可在施工前确认工程设计中存在的缺陷和不足，降低施工方案的改动和工程返工的可能性，从而节约施工成本；通过实际与前期模拟的施工计划进行比对，可以随时了解并对比施工现场人员、材料、资金等多方面的情况，从而对施工进度计划进行科学合理的更新或改动。

3）基于BIM技术的可视化交底。通过使用“BIM+VR”技术的方法，改变了传统的口述或文字进行安全技术交底的方法，可以更加精准地阐述施工过程中所需要的具体要求，使作业人员对整个施工环节和质量要求产生更为直观的视觉理解。

（4）基于BIM的智能安全管理

1）基于BIM和RFID技术的材料安全管理。材料安全管理质量对施工整体质量有着重要影响，利用基于RFID的物联网技术，对现场物料的运输、验收、储存、发放进行全程监控，对施工物料进行精细化管理，从而提升物料安全管理水平。在该项目中，材料制造商在材料生产时，已在材料中植入RFID芯片并加密，从而确保材料来源的唯一性，同时在RFID芯片中输入材料的生产时间、成分、重量、加工信息、注意事项等重要信息内容。因此，材料交付施工单位时已明确材料的来源，防止因材料被更换导致以次充好的现象。

2）基于BIM和物联网技术的人员安全管理。该项目施工现场人员密度较大，存在多工种多单位同时施工的交叉作业情况，因此项目借助信息化手段，显著提高了人员管理效率。

① 人员管理实名制。施工现场采取封闭式管理模式，对每个进场的员工进行精准的实名管控；在现场出入口设置人脸识别门禁系统，并结合前期培训工作建立作业人员安全教育信息库及不安全行为记录数据库，对未接受安全教育和考核不合格的人员进行限制。

② VR技术安全教育。该项目利用VR技术对施工作业人员进行安全培训教育，通过模拟施工现场的虚拟世界，模拟高空坠落、塌方、触电、火灾等事故情景，令施工人员感受到违章操作带来的严重后果，从而认识到规范施工的重要性，提高施工人员的安全防范意识。

③ 基于BIM技术的风险源控制。该项目通过BIM技术，动态模拟了工程建设的全作业流程，使施工人员及监管人员准确了解并掌握施工现场存在的危险源及施工阶段中可能发生的危险状况，并针对这些情况提前做好管控和应对措施；对施工过程中的群塔作业、高支模施工和交叉作业等高危作业中存在的风险因素进行有效管控。

该项目施工前，应用了3D场地布置技术，较为直观地模拟了现场塔式起重机的位置、臂长、高度及吊运情景，并在模拟直观显示塔式起重机的回转半径和运行轨迹后，准确地判断了起重机布置的安全合理性；应用群塔可视化防碰撞系统，自动监测塔式起重机顶升过程中是否会与其他临近塔式起重机或周边建筑物发生碰撞的风险。通过全新智能化塔式起重机的监测和预警技术，应用可视化防碰撞系统不仅能全面进行塔式起重机防碰撞、防倾翻的风险管控，还能保证在塔机超载、安全防护及吊钩可视化等各种功能的安全运行，同时，可以对塔式起重机的不安全运行状态发出风险预警，必要时会自动制动，确保风险可控。

该项目 1 号、2 号、3 号楼门厅大堂为高支模区域，施工难度、风险较大，属施工重大危险源。借助 BIM 模型，使施工人员在作业前了解到高支模施工的关键节点，提前根据风险制定应对措施。通过 4D 动画展示高支模施工过程和技术交底，有效防止了高支模支撑体系与柱子或墙体发生碰撞，提高了其施工质量和安全性。

3. 基于智能建造的项目安全管理方法应用

(1) 工程概况

某房屋工程建设项目内容包括地基与基础、主体结构、建筑装饰装修等。

(2) 建设管理平台

建设数据管理平台针对建设统筹、招采管理、成本合约、设计管理，以及工程管理、成本质量管理、竣工管理，进行全流程数据统计处理。基于数据平台，针对工程管理专项对工程管理平台进行优化升级。此外，该平台还集成了合同统计功能，能够实现对纸质合同的电子存档，并对合同数量、金额等进行统计留档，同时管理者可以利用该平台对合同实现便捷调取和查阅。

平台内嵌施工场地 BIM 模型后，可将模型与施工现场进行逐一对应，并根据施工进度进行实时更新。通过在施工现场配置高密度环境监测站，并与平台内环境监测系统进行链接，可全面监测施工现场环境，并对环境数据进行统计和分析。

该项目中安装了多台塔式起重机，为实现对所有塔式起重机运行状态的实时查看，并对将出现问题的塔式起重机发出风险预警，针对性地开发了塔式起重机状态监测系统，以保证施工安全。为加强人员管理，该项目设立了人员实名制信息系统，可对人员的户籍地及数量进行统计分析，确定人员的来源，实现对劳务人员的科学管理。

(3) 无人塔式起重机智能安装技术

基于物联网控制技术，该项目建立了塔式起重机监测系统，将采集到的物理空间环境数据，传送至云端，云端数据通过可视化技术显示在终端。

1) 塔式起重机检测的定位原理。该项目利用 RFID 定位技术，基于三角剖分理论，对塔式起重机位置进行定位。由于每个塔式起重机的 RFID 标签均有各自的射频识别范围，通过 3 个不同位置的 RFID 标签即可确定该塔式起重机的空间位置。为提高塔式起重机的定位精度，在三角剖分理论的基础上增加一个 RFID 标签，对得出的塔式起重机位置进行复核确认。

2) 基于大数据计算的塔式起重机监测。由于该项目塔式起重机的施工过程存在许多风险，且风险间存在耦合关系，因此出现了大量的需监测的危险源信息。

为解决上述问题，该项目将每台塔式起重机看作一个样本并编号，将其相关参数视为样本特征值，考虑到风险因素的相互耦合影响，基于大数据计算技术对样本按相关规则进行安全等级分类，再将结果传至信息终端，在信息终端可准确掌握现场塔式起重机的运行情况，实现了塔式起重机的智能检测。

（4）施工质量检测智能机器人

利用施工质量监测智能机器人，不仅能够快速执行质量检测任务，减少检测人员发生事故，而且质量检测精度更高。该项目应用高空飞行智能机器人进行钢结构腐蚀检测，其利用云计算技术，通过检测钢结构外观，并将检测数据传送至云端进行处理。该技术的优点是可对钢结构进行准确而全面的检测，同时降低了人员高空作业的风险。

此外，该项目还利用智能机器人对现浇结构外观进行了质量检测，通过机器人的行走机构、图像采集机构、存储机构、传输机构、控制机构以及远程服务器或客户端的有机结合，可精确定位现浇结构外观问题位置，并能够区分问题类型，从而提高检测效率。

（5）区块链技术

建筑设计模型节点、施工信息模型节点、运营维护模型节点及全过程模型监管节点共同组成了分布式建筑信息模型管理系统的 4 个分布式区块链节点。4 个节点通过相同的数据接口对建筑信息进行传输、批注和监管，并可永久保存所有传输的数据信息，实现信息互通，减少信息损失，提高监管层次和监管力度。

（6）VR 安全教育

在实际施工过程中，由于现场施工人员更多地关注施工进度和施工质量，对施工安全的关注度较低，因而易引发施工过程中的安全事故。利用计算机仿真技术，VR 虚拟现实技术已在智能建筑中得到广泛应用，可让用户沉浸于虚拟世界中。该项目通过 VR 技术对施工人员进行安全教育，使得施工人员进入身临其境的虚拟施工环境，让每个施工人员提前了解施工现场的安全风险，从而有效地防止施工安全事故的发生。

4. 隧道施工智能预警与安全管理平台应用

（1）工程概况

隧道施工多元信息智能预警与安全管理平台的应用以某隧道项目为例，隧道单洞长达 11.775 千米，具有“长、大、高、寒”的显著特点。隧道区域地形、地质条件、水文及气象条件复杂，地处高海拔地区，地震烈度高，对保温抗冻要求高，隧址区不良地质问题突出。

项目通过应用隧道施工多元信息智能预警与安全管理平台，实现了隧道施工有害气体自动监测、施工现场人员定位与考勤管理、施工信息和监测数据同步、灾害智能预警与应急预案、低温环境下的气候参数自动监测采集等功能，解决了隧道工程施工作业环境复杂、施工安全风险高、监控和预警滞后等问题，提高在复杂严苛工况下的智慧化隧道施工水平和施工监测效率，有效保障隧道施工安全顺利实施。

本平台由多元信息自动采集、动态风险管理与分析预警和网络动态虚拟隧道施工三部分构成，通过自动监测、实时预警、风险管理等系列技术手段解决复杂条件下隧道施工的技术问题，提高抗风险能力。

本案例根据隧道实际情况制定了以下部署方案：隧道洞口为人员考勤区域，洞口到隧道施工掌子面为人员定位区域，每隔 100 米布设一个传输基站完全覆盖整个隧道。在隧道施工掌子面等危险区域，安装数据采集基站和相应传感器，传输基站的安装间距减少到 30 米，以提高人员定位精度。洞口安装网关基站，通过 GPRS 网络或者以太网口连接到远程数据管理中心。

平台主要硬件设备安装包括：网关基站安装、数据传输基站和数据采集基站安装，以及主要监测传感器安装等。其中，网关基站设置在隧道洞口，置于网络信号相对较强的位置。数据传输基站安装在隧道内，以每隔 250 米的间距进行布设。采集基站和有害气体监测传感器则安装在隧道掌子面附近开挖台车上。

平台服务器和软件系统部署按照分布式数据处理的设计，将系统应用、基础数据库、电子地图部分集成在同一个服务器上。结合项目公司现场网络化视频监控，构成施工现场实时可视化和多元信息智能预警与安全管理的智慧监控系统。

（2）平台应用

1）隧道施工掌子面附近有害气体自动监测。隧道进口段独头掘进超长和穿越断层距离累计长，在隧道施工掌子面附近极易产生有害气体。因此，本案例在隧道施工工作面附近安装有害气体监测传感器，对 CO（一氧化碳）、CH_4（甲烷）、瓦斯等有害气体浓度进行 24 小时不间断自动监测，以保障施工安全。

2）基于物联网的隧道施工现场人员定位与考勤管理。由于隧道单洞长达 11.775 千米，施工现场区域广，人员分布分散，隧道内通信盲区增大，难以实时定位人员及作业轨迹。本案例采用 Zigbee 等多种物联网定位技术，实现隧道现场的人员实时定位和作业轨迹同步跟踪。平台的考勤系统自动统计生成每日考勤、每月考勤报表，人员定位信息经过处理后生成人员分布图表和在洞内的运动轨迹，通过在隧道俯视图的图例动画直观显示和查看隧道内人员和设备的考勤、定位和预警等综合信息。

3）数字孪生隧道施工信息和监测数据同步。由于存在隧道单洞涌水量大、反坡排水、超长距离通风等问题，隧道施工难度和挑战极大。本案例采用数字孪生技术，实现隧道断面、围岩和支护等施工信息和现场监测、自动预警信息实时同步，大大降低施工难度。

首先，利用隧道内轮廓设计相关数据，由虚拟仿真平台对隧道进行 3D 断面建模并进行隧道线形绘制。

其次，进行隧道基本信息绘制和围岩分级信息绘制，包括隧道概况、大事记、勘察设计与施工信息等，同时绘制围岩分级地质特征信息。根据隧道不同区段围岩级别设计的初支类型和不同区段设计的二次衬砌类型进行隧道支护信息绘制。

最后，远程数字孪生隧道通过客户端访问服务器上的数据库，获取和显示现场监测的实时数据，对监控量测数据显示参数设置，并在虚拟隧道中行进和漫游，在检测点的里程位置打开数据显示窗口，查看检测点的数据。同时，将人员和设备的实时定位信息与周边环境和里程信息相结合，进行 3D 可视化展示。

4）灾害智能预警与应急预案。隧道隧址区域存在大规模高压富水断层，洞口浅埋软弱破碎围岩段落长，施工风险等级高。本案例基于四色预警机制，根据不同测点预设标准值或阈值，综合预警级别、预警内容、处置措施、多种指示信息等进行洞内、洞外的联动反应，实现智能预警。同时，通过制定施工应急预案、智能响应与灾后救援技术，建立软硬件结合的网络化灾害应急响应机制，降低隧道施工风险。

5）寒区低温环境下的气候参数自动监测采集。隧道位于寒区，隧址区海拔高度2000米以上，年最低气温零下32摄氏度，最大冻深2.53米，无霜期仅134天，冻害防控、风吹雪防治及隧道防冻保温要求高，隧道施工连续跨越4个冬季，施工环境极为恶劣。本案例在隧道进口、出口、1#斜井和2#斜井施工入口处建立4座气象监测站，实现风速、风向、温度、湿度、光照度、大气压力等环境参数自动监测，为施工建设提供全方位的气候信息。

5. 5G高清视频远程监管一体化系统应用

（1）工程概况

该项目位于某国际机场临空经济区，是该国际机场的重要配套服务保障项目。项目总建筑面积17万平方米，建筑高度42米，于2020年6月开工建设。

针对现有智慧工地网络解决方案在带宽、传输速率、设备连接数量、信号抗干扰能力、信号稳定性、信号覆盖范围等多方面的不足，项目研发了5G高清视频远程智能监管一体化系统，充分发挥5G优势特性，实现了海量底层设备链接、大型机械设备和机器人毫秒级远程实时试验操控、4K和8K超高清视频实时传输、AI算法精准实时响应、BIM在作业面场景下的海量数据传输及应用，结合国家保密级云平台数据存储标准，最大限度地实现建筑工地“人机料法环测”施工全过程、全要素、全方位监督和管理。该系统可以满足集团管理者、项目管理者、建设及监理管理者多层级多方位管理需求，有利于加大监管力度、扩大监管范围、提升工作效率和监管质量、降低管理成本。

5G高清视频远程智能监管一体化系统方案核心可总结为“1+多+N”。其中“1”是为建造场景开通一个定制化5G专属网络，实现建造全业务场景覆盖，同时通过5G网络的部署，MEC及切片的应用赋能感知层多设备接入并具备毫秒级网络时延响应能力，具体体现在支持海量移动智能化设备建造场景应用；支撑远程巡检、隐检、预检、协同在线作业、施工数字旁站；支持大型机械远程操控实现工程远程质量安全把控。“多”即以云计算、大数据、物联网、区块链、BIM等多项前沿技术共同构建平台底层。“N”代表方案在平台基础上展现的N项创新应用能力。

平台基于JAVA（计算机编程语言）等语言进行研发，在业务系统上采用分布式框架，配合微服务技术架构，具备复杂度可控、扩展灵活、独立部署、开发针对性强、维护成本低、国家通信保密安全等级等特点。

（2）应用过程

该工程经受北京冬奥重保项目工期压力，因施工队伍和项目管理人员施工调配不足，项目采用5G专属网络覆盖作业面、地下室、楼宇内部，利用5G远程高清视频远程监控一体化系统，辅助项目疫情期间全过程管理，实现了项目高品质施工质量，保障项目施工安全，工程如期交付。

本系统应用包括集团面向项目监管、建设及监理面向项目监管、项目面向工地现场“人机料法环”多维度监管。实现对项目的数字化、可视化、智能化全过程监督管理。

1）集团面向项目监管。施工总承包的上级单位对在施工程项目有严格的质量、安全、进度、人员及健康、绿色等监管要求和标准。集团相关职能部门对项目有月、季、年度相关监管和考核。由于疫情管控和工期紧的诸多因素影响，劳务和管理人员不足的情况下，通过远程视频监控项目施工过程实施动态，发现潜在的项目管理风险，提出有针对性的合理化建议，远程指导项目作业和管理。

2）建设及监理面向项目监管。为落实住建部对建设单位工程质量首要责任的要求，利用5G高清视频远程监管系统移动视频的灵活性，对项目混凝土浇筑、土方回填、防水工程等关键工序的隐检、预检、旁站进行质量过程管控，加强对关键材料生产和施工过程的追溯管理，有效落实参建各方质量主体责任。

3）项目面向工地现场。

① 施工进度保障。项目管理者通过查阅5G远程视频监控+BIM数字孪生协同溯源系统，可呈现施工现场真实场景，结合与其同位置同视角的BIM模型，管理者可获悉工程整体进度情况以及当日实际工程量，同时也可通过该系统进行历史视频信息回溯，确保项目管理人员对施工整体进度进行整体把控。

② 施工质量保障。基于5G网络搭载的移动高清监控设备可近距离对钢筋绑扎过程、模板支护过程、混凝土浇筑及养护过程进行质量监控，对混凝土蜂窝麻面进行质量评估，及时调整后续技术方案，保障工程质量高品质完成。

③ 施工安全保障。“安全生产、预防为主、综合治理、共筑屏障”。应用建筑技术安全保障预警体系，构建智能监控和防范体系，有效弥补传统方法和技术在监管中的缺陷，实现对人员、机械、物料、环境等的全方位实时管理监控，变被动监督为主动监控，真正做到事前预警、事中常态监测、事后规范管理。

第 3 章

建设项目法律风险管理

PART 3

本章主题为建设项目法律风险管理，主要划分为三个小节，分别为建设项目法律风险管理概况、建设项目法律风险识别和建设项目法律风险防控。

利用案例分析法、文献分析法等研究方法，结合新时代智能建造等新型建设项目特点，本章主要对建设项目全方位、全流程进行法律风险防控分析，探索建设项目法律风险管理模式。

第3.1节建设项目法律风险管理概述，主要介绍建设项目法律风险管理的基本概念、管理原则、法律风险管理必要性、建设项目的法律法规体系和法律风险种类等，以明确建设项目法律风险管理的基本理论和整体架构。

第3.2节建设项目的法律风险识别，主要分为建设项目法律风险的形成原因、识别方法和建设项目全方位、全流程法律风险识别三个部分。在法律风险识别中，一是对建设项目的勘察设计、招标投标、施工、监理等各个阶段进行全流程风险识别；二是对合同管理、海外建设项目等重点方面进行法律风险识别；三是结合新型建设项目的特点，对智能建造行业中的人工智能、BIM技术应用等进行法律风险识别。利用理论与实践案例相结合的方法，本节通过全方位对建设项目的法律风险进行识别，与第三节建设项目的法律风险防控有效衔接。

第3.3节建设项目的法律风险防控，主要分为建设项目法律风险防控整体构架和建设项目全方位、全流程法律风险防控两个部分。一是对建设项目各个阶段进行全流程法律风险防控分析；二是对建设项目主体资质、招标投标、合同管理、项目总承包、海外建设项目等重点领域进行法律风险防控分析；三是结合新型建设项目的特点，对智能建造项目的法律风险防控进行分析，以探索研究建设项目的法律风险防控模式。

3.1 建设项目法律风险管理概述

法律风险管理是企业全面风险管理的重要组成部分，贯穿于企业经营决策和业务发展的各个环节，包括法律风险识别、法律风险分析、法律风险应对等各个方面。

《关于促进建筑业持续健康发展的意见》中提出，建筑业是国民经济的支柱产业，要进一步优化资质资格管理、完善招投标制度、完善工程建设组织模式、加强工程质量安全管理、优化建筑市场环境、提高从业人员素质、推进建筑产业现代化、加快建筑业企业“走出去”等。为加快适应建筑行业发展的新形势、新业态，应突出法律管理在该领域中的重要作用。

3.1.1 建设项目法律风险管理的必要性

建设工程项目是一种综合性活动，具有投资大、工期长、人员流动大、涉及范围广、工程周期长、社会影响大、突发情况多等特点。工程建设过程中，因工程的技术复杂、投资多元、环境多变、规模较大等大量不可预见的因素决定了建设项目具有高风险性，法律风险在此类风险中属于较为突出的风险，即使企业在工程管理过程中做到合法、合规、合约，也不一定能完全杜绝法律风险，因此，针对建设项目活动开展中的潜在法律风险，相关主体要做好识别与防控。

我国建筑领域的法律法规体系包括建设法律、行政法规、部门规章、地方性法规和规章等。随着经济社会的发展逐步健全，近年来，包括《建筑法》《安全生产法》《招标投标法》《环境保护法》等在内的相关法律法规对建设项目各参与方规定了严格的要求。

从建设项目的监管环境来看，政府对于建筑领域的监管要求也在不断加强，对于土地管理、环境评价等的执法力度不断加大，建设项目相关主体更应该重视活动开展的合法合规性。

从国际化发展来看，随着"走出去"和"一带一路"倡议深入推进，加强建设项目法律风险管理已成为企业适应国内外市场需求、提升国际竞争力的客观要求。

3.1.2 法律风险定义与管理原则

1. 企业法律风险定义

国际层面，国际律师协会将企业法律风险定义为企业因经营活动不符合法律规定或外部法律事件导致风险损失的可能性；全球企业法律顾问协会将企业法律风险定义为企业所承担的发生潜在经济损失或其他损害的风险。

国内层面，企业法律风险一词首先出现在2004年公布的《国有企业法律顾问管理办法》中，但国内目前并没有统一的定义。综合来看，企业法律风险是指基于法律规定、监管要求或合同约定，由于企业外部环境发生变化，或企业及其利益相关者的作为或不作为，对企业产生负面法律责任或后果的可能性。主要具备以下几个特征。

1）原因法定性。企业法律风险的产生大多是由于违反了法律法规或合同约定。

2）结果强制性。法律风险产生后，企业往往需承担因违规或违约带来的法律责任。

3）可预见性。企业的法律风险一般具有可预测性，往往能通过法律规定、合同约定进行预判。

4）可控性。企业通过提前进行风险管理，建立法律风险防控机制等，大多可以事先预判相关法律风险并通过采取相应措施进行防范和控制。

建设项目的法律风险一般具有整体性、长期性、多样性、复杂性、多发性、不确定性、可预见性等特点。例如，建设项目的复杂性决定了工程周期往往较长，而从工程项目立项、招投标、设计、工程施工到竣工验收、质保期等各个阶段，法律风险都可能存在，贯穿了整个工程建设周期。同时，建设项目一般包括多个阶段，相关法律关系复杂，涉及投资、总承包、分包、设计监理、设备采购、劳务分包等多种法律行为，由此可能引发的建设项目主体资质不符、未获得行政审批许可、违法招标投标，违法发包、转包、分包、挂靠，不符合安全文明和质量标准要求的违约行为、侵权行为、劳务纠纷等法律风险无处不在，同时，智能建造技术在建设项目中的应用还会带来大数据、网络安全、信息安全、知识产权保护等建筑行业新型法律问题，因此建设项目各参与方应提前做好法律风险管理，避免相关损失。

2. 法律风险管理原则

（1）事先防范

企业在进行建设项目有关法律行为前，应对相关法律风险进行有效识别，开展合法合规性审查、资信调查等，采取有效预防措施，最大限度地将法律风险控制在合理范围内。事先进行法律风险防范有利于降低建设项目法律风险管理成本、增加法律风险的可预测和可控性，对于企业法律风险管理可以起到事半功倍的效果。

（2）事中控制

在建设项目进行过程中，一旦产生法律风险，企业应及时响应，分析风险发生原因、采取有效应对措施，避免损失的进一步扩大。该原则是建设项目法律风险防范的关键因素，事中控制应贯穿于建设项目运行的各个阶段。

（3）事后救济

在建设项目法律风险发生后，企业可通过积极协商调解、法律诉讼、商事仲裁等方式，维护自身合法权益，最大程度挽回损失，消除或降低建设项目法律风险带来的不利影响。

3.1.3 建设项目法律法规体系

建筑法律关系是指发生在建设活动中的各种社会关系。狭义的建筑法律指的是《中华人民共和国建筑法》，而广义的建筑法律是指由国家权力机关或其他授权机关制定的旨在调整国家及相关主体在建设活动中发生的各种社会关系的法律法规的总称。

建设项目法律法规体系是指有关建设工程的各项法律、行政法规、地方性法规、部门规章和地方政府规章的总称，它们相互联系、相互补充，形成完整统一的法律框架。

第一层级法律：由全国人民代表大会及其常务委员会通过的规范工程建设活动的法律规范，如《建筑法》《环境保护法》《安全生产法》等。

第二层级行政法规：由国务院制定的规范工程建设活动的各项法规，如《建设工程质量管理条例》《建设工程安全生产管理条例》《建设工程勘察设计管理条例》等。

第三层级部门规章：由国务院建设行政主管部门制定或由国务院建设行政主管部门与其他有关部门联合制定并发布的有关工程建设方面的各项规章，如《工程监理企业资质管理规定》《实施工程建设强制性标准监督规定》等。

第四层级规范性文件：由各级机关、团体、组织制定的各类规定，如《注册监理工程师管理规定》《建设工程监理范围和规模标准规定》等。

3.1.4 建设项目法律风险种类

按照企业经营业务领域划分，建设项目法律风险属于企业法律风险的一种，可从不同角度、不同标准划分为不同的类别。

1. 从法律风险产生的原因层面

（1）操作性法律风险和环境性法律风险

前者是由于建设项目相关法律主体自身原因导致面临法律问题和风险，后者主要指法律规定本身环境的变化导致意外的、不利后果的风险。

（2）系统风险和非系统风险

前者一般表现为法律风险存在所有主体中，后者则主要是个体特殊因素引起的。

（3）投机性法律风险和纯粹性法律风险

前者一般存在风险的同时伴随收益机会，而后者往往体现为完全的损失。

2. 从法律责任层面

可分为民商法律风险（一般包括违约、侵权和缔约过失）、行政法律风险、刑事法律风险。

3. 从法律风险发生的不同阶段层面

可分为建设项目勘察设计阶段法律风险、招标投标法律风险、施工阶段法律风险、监理阶段法律风险等。

4. 从建设项目参与的相关主体层面

可分为发包人法律风险、承包人法律风险、分包人法律风险等。

5. 从建设项目所在的地域层面

可分为建设项目国内法律风险和海外建设项目法律风险。

6. 从建设项目的模式和应用技术层面

可分为传统工程项目法律风险和智能建造项目法律风险等。

3.2 建设项目法律风险识别

风险识别是法律风险防控的第一步，建设项目各主体只有在充分识别相关法律风险的前提下，才能采取有效的法律风险预防和控制措施。

本节所称风险识别是指在法律风险发生之前，运用各种方法系统地、科学地认识建设项目开展过程中所面临的各项法律风险，并对风险的发生原因、潜在影响进行分析，以帮助各主体提出有效的法律风险防控措施。

建设工程企业应根据经营管理需求构建符合自身特点的法律风险识别框架，主要从以下几个角度进行识别：对承包人的业务行为进行识别，包括招投标管理、合同管理、结算管理、劳务关系、财务管理等；依据法律风险发生的原因进行识别，审查是否存在违法违规、违约侵权等行为；根据法律风险发生后引起的后果进行识别，如行政责任、民事责任、刑事责任法律风险；根据所在行业特点进行识别，分析工程建设项目所属行业容易发生的纠纷。

针对工程建设项目的法律风险进行识别后，可建立法律风险防控机制，对每一风险事件适用的法律法规、风险动因、发生的可能性、法律后果、危害成都、指导案例、相关部门、经营管理流程等进行明确并加以分析评估，提出应对措施。

3.2.1 法律风险识别方法

1. 生产流程分析法

生产流程一般是指生产工艺中从原料投入到成品产出的连续加工过程。在建设项目法律风险识别中，该种方法重点强调针对建设项目开展的各个阶段进行逐一调查分析，包括勘察设计、招标投标、施工、监理、运维等，识别各个阶段存在的相关法律风险。

2. 风险调查列举法

法律风险管理人员针对建设项目相关主体面临的法律风险进行一一列举，并根据不同的标准对风险进行分类，如直接风险和间接风险等。

3. 分解分析法

分解分析法是指将一复杂的事物分解为多个比较简单的事物，将大系统分解为具体的组成要素，从中分析可能存在的法律风险和由此引发的潜在损失。

4. 初始清单法

结合具体建设项目情况，可以通过建立法律风险初始识别清单，对风险进行分类分解，以有效提升风险识别的效率。

此外，风险识别的方法还有环境分析、事件分析、风险调查、经验数据等，建设项目各主体在进行法律风险识别时，应结合具体建设项目特点，综合交互使用上述法律风险识别方法。

3.2.2 建设项目合同法律风险识别

建设工程合同是承包人进行工程建设，发包人支付价款的合同，包括建设项目勘察合同、设计合同、施工合同、监理合同等类型，具有诺成性、双务性、有偿性、主体特定性、标的特殊性、内容计划性、形式要式性、监管严格性等特点。

建设项目合同法律风险，即建设项目相关主体在参与项目各个阶段建设的过程中，由于外部法律环境变化或自身主体行为违法违约而导致不利后果或损失的风险。

建设项目各阶段行为的开展都需要合同作为法律依据，因此做好合同法律风险识别和防范对于各参与方来说至关重要。

1. 建设项目合同法律风险的成因

（1）立法因素

建设项目相关的法律环境发生变化、法律规定不完善、法律法规的滞后性等都会为建设项目的合同履约带来法律风险。

（2）行政因素

行政机关对建设行业的监管不到位或行政权力的滥用等，会导致建设项目合同的法律风险。

（3）主体因素

建设行业中对建设项目各参与方的主体资格资质一般会有特殊的要求，例如，发包人、承包人、监理人等应当取得相关资质证书、开展活动的范围限制和工程质量要求等，如果项目参与主体存在不具备相关资质等情形，也会带来合同无效等法律风险。

（4）合同内容因素

建设项目合同内容的约定不规范、不全面、不合规，例如，合同价款、履约期限、结算方式、违约责任、争议解决方式等约定不明或存在歧义，都会存在潜在的法律风险。

2. 建设项目合同法律风险的识别

合同管理是建设项目管理的重要组成部分，是项目开展各项活动的依据和指南，贯穿于项目管理的全周期全流程。基于建设项目往往涉及的法律关系复杂、主体多、周期长、金额大等特点，《民法典》在合同编中将建设工程合同作为一种典型的合同类型予以规定。

合同是企业开展各项建设项目活动的重要法律依据，在建设项目管理尤其是法律风险防控至关重要。建设工程合同是承包人进行工程建设，发包人支付价款的合同，包括工程勘察合同、工程设计合同和工程施工合同。建设项目勘察设计合同一般包括相关方提交资料和概预算文件的期限、质量要求、费用等；施工合同一般包括工程范围、工期、中间交工工程的开工和竣工时间、工程质量、工程造价、技术资料交付、材料和设备供应责任、拨款结算、竣工验收、质保范围和期限等；监理合同一般包括各方的权利义务、法律责任等。

基于建设项目本身的特殊性，建设项目合同除具有一般的合同法律风险外，往往还具有以下特征：

1）法律风险防控的长期性。因建设项目的周期一般较长，合同履行期限与之对应也往往较长，因而相关合同的风险防控具有长期性。

2）法律风险防范的动态性。一个建设项目从设计到竣工验收，因参与方较多、工程复杂，履约过程中可能会涉及合同的多次变更调整甚至解除，因此合同风险的防范也是一个动态的过程，需要不断根据合同主体、内容的变化而采取不同的风险防控措施。

（1）建设项目合同类型的法律风险识别

1）固定总价合同。固定总价合同又称包死合同，即双方在合同中约定完成项目的总价，除非工程量和设计变更，否则合同价格不再调整。总价是指完成合同约定范围内工程量以及为完成该工程量而实施的全部工作的总价款。这类合同主要适用于工程条件稳定、工程量小、工期短、工程结构简单、设计图纸清晰的建设项目。合同风险主要在于承包人，包括工程量风险和价格风险。

2）固定单价合同。固定单价合同是指合同的价格计算是以图纸及规范为基础，工程任务和内容明确，建设单位的要求和条件清楚，合同单价以投标文件报价的形式固定下来，除特殊约定外不再因为环境的变化和工程量的增减而变化的一类合同。在此类合同中，价格风险由承包人承担，工程量变化的风险由发包人承担。

3）成本加酬金合同。成本加酬金合同是由业主向承包人支付工程项目的实际成本，并按事先约定的某一种方式支付酬金的合同类型。这类合同中业主承担的风险更多，主要适用于一些时间紧急、项目较新型或风险很大的建设项目。

（2）建设项目合同主体的法律风险识别

建设项目合同一般履行期限较长、影响因素较多、各主体的法律关系复杂，参与各方主体在项目开展过程中的合并分立重组、承包分包、合作开发等行为，都会产生一系列的法律风险。

合同主体主要包括发包人、承包人、分包人、实际施工人、咨询单位、监理人等，适用的法律有《民法典》《建筑法》《最高人民法院关于审理建设工程施工合同纠纷案件适用法律问题的解释》，其中对各方主体的资质要求、违规法律责任等进行了明确规定。

1）合同主体法律意识淡薄。国内建设项目的法律法规、行业规范内容复杂、专业性强，尤其在建设项目主体资质、工程安全等方面有较多的强制性规定。但在建设项目开展过程中，各参与方可能因缺乏专业知识，法律意识淡薄而面临违法违规的风险。

2）合同主体资质资信风险。合同签订前，对于承包方而言，如果未对发包方、劳务方的资质资信进行详尽调查，那么后期就会面临工程质量不合格、工程款无法按时结算等风险。

案例分析：山西大同某安装公司拟承保该市某生产企业的生产线安装建设项目。项目承保前，安装公司基于防控风险考虑，对该企业进行了资信调查，结果显示该企业注册资金仅有 50 万元，厂房也是临时租赁，基本判断无履约能力。因此，该安装公司没有进行本次合作，利用前期的资信调查成功预防了法律风险和经济损失。

（3）建设项目合同内容的法律风险识别

1）授权内容。我国的建设项目一般实行项目经理责任制，以项目经理为责任主体进行施工管理、履行建设项目合同义务等。但是，项目经理进行工程管理应在授权范围内开展，包括建设项目资金使用、合同签订履行、协调与建设项目相关的内外部关系等。如果合同中对项目经理的授权范围约定不明或没有约定，那么可能会出现无权代理或表见代理，建设项目相关方面临损失风险。

2）文本内容。发包人在建设市场中一般处于优势地位，因此条款内容的法律风险主要在于承包方。在合同内容的约定上，一些发包人往往利用优势地位将合同中的法律风险转移给承包人，如不合理的工期条款、结算条款、单方面约束性责任义务、违约责任等。

3）合同无效。根据我国现行法律法规，建设项目合同无效的情形主要包括：

a. 违反法律、行政法规的强制性规定，例如，承包人未取得建筑业企业资质或超越资质等级开展活动；实际施工人没有资质但借用有资质的施工企业名义开展活动；必须进行招标的建设项目未招标或中标无效等。

b. 承包人对建设项目进行转包或违法分包。

c. 为变相降低工程价款，招标人和中标人在中标合同之外另行签订合同，例如，以明显高于市场的价格购买承建房产，无偿建设住房配套设施，让利、向建设单位捐赠财物等，此种情形下，一方当事人可以向法院申请合同无效。

d. 发包人未取得建设工程规划许可证等规划审批手续，当事人可以向法院申请合同无效，但向法院起诉前取得的情形除外。

建设项目合同无效的处理原则：

a. 建设项目施工合同无效，但是验收合格的，可以参照合同关于工程价款的约定折价补偿承包人。

b. 验收不合格但修复后合格的，发包人可以请求承包人承担修复费用。

c. 验收不合格同时修复后仍不合格的，承包人无权请求合同中的折价补偿。发包人对项目不合格有过错的，也应承担相应的过错责任。

d. 建设项目施工合同无效，主张损失赔偿的当事人应当承担举证责任。

4）合同解除。合同解除一般包括两种情形：约定解除和法定解除。建设项目合同各方可以在合同中提前约定解除事由及解除后的工程结算等内容，提前做好风险识别。

发包人可以解除合同的法定事由：承包人对建设项目转包或者违法分包。

承包人可以解除合同的法定事由：发包人提供的建筑材料和设备不符合强制性标准；发包人不履行或经催告后合理期限内仍未履行协助义务导致承包人无法施工。

建设项目合同解除的法律风险主要体现在承包人的工程价款回收问题。根据相关法律规定，发包人逾期未支付工程价款的，承包人可与发包人协商将工程折价或请求法院依法拍卖，并对所得款项优先受偿。

5）合同与招标文件不一致。根据相关规定，中标通知书发出后，招标人与中标人应及时根据招标文件和投标文件的内容签订书面合同，同时不得做实质性内容的修改。如果发包人和承包人在签订合同时对于招标文件中的合同进行了实质性修改，那么就会面临合同无效等法律风险和损失。

（4）建设项目阴阳合同

工程建设领域的阴阳合同，又称“黑白合同”，是指法律法规规定必须进行招投标的工程项目，发包人与承包人出于避税或规避监管等目的就同一工程签订两份不同的合同，表面内容上符合法律规定的合同在建设工程主管机构备案，即“白合同”；另一份用于实际交易，但对招投标文件中的实质性内容做了修改，存在违规风险，即“黑合同”。

根据《招标投标法》的规定，招标人和中标人应按照招标文件和投标文件的内容订立合同，不得另行订立违背合同实质性内容的其他协议。《最高人民法院关于审理建设工程施工合同纠纷案件适用法律问题的解释》中也明确规定，当施工合同与备案的中标合同实质性内容不一致时，应以备案的中标合同作为工程结算的依据。因此发包人与承包人签订阴阳合同的行为违反法律规定，具有较大的法律风险。

（5）建设项目 BIM 技术应用的合同法律风险识别

传统建设项目中，建设工程合同模式主要为双边型，适用于分离式项目交付形式。基于 BIM 技术的新型建设项目以多方参与协同运用为特点，在参与方的权责义务、风险承担等各方面与传统模式有所不同，这时再套用传统建设项目的合同就会存在权利义务划分、知识产权归属、侵权责任分配等方面的法律风险。

3. 建设项目合同法律风险案例分析

甲公司与乙公司签订某村建设工程施工合同，约定工程总包干价为 16000 万元，质量保证金为工程价款的百分之三，约定在质保期满时，无质量问题一次性付清。工程竣工后，乙公司将甲公司未支付的质保金以债权转让的方式转让给了丙公司，后丙公司多次向甲公司主张债权未能实现，于是对甲公司提起仲裁。本案的争议焦点为双方对工程保修期的理解：丙公司认为甲乙在原合同中对质保期约定不明，应视为没有约定。而甲公司认为施工合同虽没有写明时间，但是根据相关法规，屋面防水工程保修期为 3 年。仲裁庭审理后认为，本案工程是住宅楼，包括屋面防水工程、建筑物的电气管线、给排水管线安装工程等，根据相关法律规定，工程质保期为 3 年应属合理，驳回申请人的仲裁请求。

3.2.3 勘察设计阶段法律风险识别

建设项目勘察设计是工程勘察和设计的总称。工程勘察设计包括工程地质勘察、水文地质勘察、岩土工程和工程测量，勘察设计资格分为甲、乙、丙、丁四个等级，决定了相关勘察设计单位可以从事的业务范围和业务规模。

勘察是基于工程建设规划、设计、施工、运营和综合治理的需要，对地形地质、水文等进行测绘、勘探和综合评定，并提供勘察成果和资料的活动。

设计是运用工程技术理论和方法对工程的技术、经济、资源环境等进行综合分析论证，并编制建设工程设计文件的活动。

建设项目勘察设计对工程质量、工程进度和工程造价等起着至关重要的作用。例如，东海平湖油气田海底管道和登陆管道就因前期勘察工作的失误，导致海底管道安装后出现漏油，给企业带来巨大的损失。因此，对建设项目勘察设计阶段的法律风险识别与防控不可或缺。

建设项目勘察设计阶段可能存在的法律风险：

1. 发包人或设计人主体资质风险

国家对工程勘察设计单位实行资质管理制度，工程勘察设计应坚持先勘察、后设计、再施工的原则，依据法律法规进行，并对成果质量负责。

建设项目勘察设计企业的法律风险，即因企业外部的法律环境变化或企业内部未依法依约开展活动而对企业造成的负面法律后果的可能性。

勘察设计相关主体为发包人和承包人。在签订合同之前，发包人应履行完毕实施项目的前置审批手续，取得有关资质和许可。承包人应取得工程勘察资质证书等资质。发包人如果不具备主体资格，或是设计人如果不具备承接建设项目的资质，都会导致相关合同的无效。

2. 设计阶段招标投标风险

除根据《建设工程勘察设计管理条例》规定可以直接发包的工程勘察设计项目外，原则上勘察设计发包需要根据招标投标法进行招标发包。

设计人对招标文件内容理解不准确、未严格按照招标文件要求进行投标、中途退标等都会带来一定的风险和损失。

3. 建设项目勘察设计合同风险

合同中对于建设项目的勘察设计内容约定不明、数据资料提供的义务和责任承担不明、勘察设计周期约定不合理、成果交付与费用支付约定不准确等问题都会导致一定的法律风险。

关于勘察合同的内容，住建部和工商总局为有效规范市场秩序，制定了《建设工程勘察合同》示范文本，适用于岩土工程勘察、涉及、物探、检测、水文地质勘察和工程测量等工程勘察活动。该示范文本不是强制性要求，仅供合同双方参考，但是为避免争议和法律风险，发包人和承包人签订的工程勘察合同也应包括一些基础构成要件，例如，承包人的资质要求、工程概况、勘察内容、合同期限、质量标准、合同价款、不得非法转包分包等，同时建议以书面形式签署。

4. 建设项目勘察活动法律风险案例分析

（1）案例一：项目勘察合同效力法律风险

B村村民为解决供用水问题，委托A公司进行地质探测。经A公司探测，B村选定打井位置并进行施工，但未发掘水源，重新探测后仍未见水，B村村民向法院起诉，要求A公司返回勘察费用并赔偿其经济损失。A公司认为双方签订的并非工程勘察合同，而是技术咨询合同，因此无须承担赔偿等违约责任。法院经审理后认为，B村村民委托A公司进行水井探测，A公司开展了相应勘察工作，双方已从事实上形成了建设工程勘察合同关系，A公司的勘察成果不符合A村村民要求，应免收勘察费并赔偿经济损失。

（2）案例二：勘察企业不具备资质条件法律风险

A设计院与梁某签订了《工程地质勘察劳务合同》，委托梁某承担某高速公路第二合同段勘察阶段的钻探劳务工作，梁某与黄某（不具有建设工程勘察企业资质）签订合同约定，梁某委托黄某进行详细的勘探，后梁某与黄某因工程结算问题产生纠纷，黄某诉至法院。法院审理认为，本案中梁某与黄某的合同构成建设工程勘察分包合同关系，但黄某不具有工程勘察相关资质，违反了法律强制性规定，故梁某与黄某签订的合同无效。但因黄某已实际完成部分勘察工程，梁某应支付相应的工程款。

3.2.4 招投标阶段法律风险识别

1. 建设项目招标投标概述

（1）建设项目招标投标法律体系

1）国际惯例。随着经济全球化和国际贸易的互联互通，招标采购在国际贸易中的占比不断扩大，招投标制度也逐渐成为一项国际惯例，在实践中形成了一整套系统的、完善的，为各国政府和企业所共同遵循的国际规则。国际上影响较大的招标投标国际规则主要有：世界银行的《国际复兴开发银行贷款和国际开发协会信贷采购指南》、FIDIC的《招标程序》、WTO的《WTO政府采购协定》、亚洲开发银行的《亚洲开发银行贷款采购指南》以及日本海外经济协力基金（OECF）的《日本海外经济协力基金贷款项目采购导则》，等等。其中，世界银行的《国际复兴开发银行贷款和国际开发协会信贷采购指南》和FIDIC的《招标程序》与我国的关系最为密切，也是世界上公认的较为成熟、完善的招标投标国际惯例。

2）国内法律体系。在社会主义市场经济体制逐步完善和规范的环境下，我国相继出台了《中华人民共和国招标投标法》(以下简称《招标投标法》)、《政府采购法》等一系列法律法规，这些法律法规对规范招投标行为，维护招标投标各方权利，促进招标投标行业健康发展提供了极其重要的保障作用。

《招标投标法》是调整在招标投标活动中产生的社会关系的法律规范的总称。狭义的《招标投标法》指《招标投标法》，凡在我国境内进行招标采购项目的采购活动，必须依照该法的规定进行。广义的《招标投标法》则包括所有调整招标投标活动的法律规范。除《招标投标法》外，还包括中华人民共和国《建筑法》《招标投标法实施条例》《政府采购法实施条例》等法律法规中有关招标投标的规定。

广义的招标投标管理法律规范有三个层次：第一层次为招投标管理法律，如《招标投标法》《政府采购法》等，由全国人大及其常委会制定。第二层次为国务院行政法规和地方性招投标管理法规，如《招标投标法实施条例》，由国务院和有立法权的地方人大颁布。第三层次为部门管理规章和地方性招投标管理规章，如住房和城乡建设部发布的《建筑工程设计招标投标管理办法》，由国务院有关部门和地方人民政府颁布。

(2) 招标投标的概念与基本原则

工程招标投标是指对工业、水利、交通、民航、铁路、信息产业、房屋建筑和市政基础设施等各类工程建设项目，包括各类土木工程建造、设备建造安装、管道线路制造敷设、装饰装修等，以及相关附带服务的招标投标过程。

招标人是依照《招标投标法》规定提出招标项目、进行招标的法人或者其他组织。

投标人是响应招标、参加投标竞争的法人或者其他组织。投标人主要应注意以下事项：

1) 招标人对投标人资格条件的要求；

2) 应充分熟悉项目现场及周边的条件，并且充分理解招标文件的要求、内容；

3) 安排熟悉或者是有过工程类经验的人员参与技术标、商务标的编制工作，类似经验丰富的人员担任项目经理、总工、安全、质量及合同管理的主要工作人员；

4) 根据同行业有竞争力对手的投标测算其价格；

5) 对把握不准的项目投标价格进行风险评估；

6) 及时提出问题，在规定时限内提交需要招标人澄清的问题；

7) 确定投标价格，并检查是否有算术性的错误，检查价格的唯一性；

8) 投标文件格式是否符合招标人要求；

9) 将投标文件密封后递交至开标地点。

投标文件应包括下列内容：

1) 投标函及投标函附录；

2) 法定代表人身份证明或附有法定代表人身份证明的授权委托书；

3) 联合体协议书(如接受联合体招标)；

4) 投标保证金；

5) 已标价工程量清单；

6) 施工组织设计及技术方案等；

7) 项目管理机构；

8）拟分包项目情况表；

9）资格审查资料；

10）投标人须知前附表规定的其他材料。

投标文件的内容应符合招标文件要求，同时投标保证金是投标人投标的必要条件之一。在投标有效期内，投标人不得要求撤销或修改其投标文件。出现特殊情况需要延长投标有效期的，招标人应以书面形式通知所有投标人。

招标代理机构是依法设立、从事招标代理业务并提供相关服务的社会中介组织。应当具备下列条件：

1）有从事招标代理业务的营业场所和相应资金；

2）有能够编制招标文件和组织评标的相应专业力量。

招标人开展招标活动，可以自行办理招标事宜，或委托招标代理机构代理。任何单位和个人不得以任何方式为招标人指定招标代理机构。对于依法必须进行招标的项目，招标人选择自行办理时应当向有关行政监督部门备案。

电子招标投标活动是指以数据电文形式，依托电子招标投标系统完成的全部或者部分招标投标交易、公共服务和行政监督活动。数据电文形式与纸质形式的招标投标活动具有同等法律效力。

电子招标投标系统分为交易平台、公共服务平台和行政监督平台。交易平台是以数据电文形式完成招标投标交易活动的信息平台。公共服务平台是满足交易平台之间信息交换、资源共享需要，并提供信息服务的信息平台。行政监督平台是行政监督部门和监察机关在线监督电子招标投标活动的信息平台。

招标投标活动应当公开、公平、公正和诚实信用。招标方式分为公开招标和邀请招标两种。公开招标，是指招标人以招标公告的方式邀请不特定的法人或者其他组织投标。邀请招标，是指招标人以投标邀请书的方式邀请特定的法人或者其他组织投标。

（3）建设项目招标范围

在我国境内进行下列建设项目包括项目的勘察、设计、施工、监理以及与工程建设有关的重要设备、材料等的采购，必须进行招标：

1）大型基础设施、公用事业等关系社会公共利益、公众安全的项目；

2）全部或者部分使用国有资金投资或者国家融资的项目；

3）使用国际组织或者外国政府贷款、援助资金的项目。

不属于上述2)和3)情形的大型基础设施、公用事业等关系社会公共利益、公众安全的项目，必须招标的具体范围由国务院发展改革部门会同国务院有关部门按照确有必要、严格限定的原则制定，报国务院批准。

2. 建设项目招标投标合规监管

行政监督是工程招投标领域的重要一环，有利于规范工程招投标领域的市场经济秩序，创造公开、公平、公正的市场经济环境。招标投标活动相关主体应当接受行政部门的依法监督。

工业(含内贸)、水利、交通、铁道、民航、信息产业等行业和产业项目的招投标活动的监督执法，分别由各自行业的行政主管部门负责；各类房屋建筑及其附属设施的建造和与其配套的线路、管道、设备的安装项目和市政工程项目的招投标活动的监督执法，由建设行政主管部门负责；进口机电设备采购项目的招投标活动的监督执法，由外经贸行政主管部门负责。

（1）监管目的

自《招标投标法》实施以来，我国招投标市场发展总体向好，招投标活动日趋普及，招投标领域不断扩大，相关主体的招投标行为日益规范。但是，招投标活动中仍存在一些违法违规现象，扰乱市场秩序，滋生腐败问题。为整顿和规范市场经济秩序，创造招投标领域健康的市场经济环境，推动反腐败工作的深入开展，必须加强和改进招投标行政监督，进一步规范招投标活动。

（2）监管对象

招标人、投标人、招标代理机构、评标委员会。

（3）监管内容

有关行政主管部门按职责分工，对于招标、投标、开标、评标、中标等招标投标过程中泄露保密资料、泄露标底、串通招标、串通投标、歧视排斥投标等违法活动进行监督执法。

（4）监管程序

核准招标内容；接受自行招标备案；认定招标代理机构资格并依法实施管理；对招标投标从业人员进行管理；指定招标公告发布的媒体；组建和管理评标专家库；监督评标专家的确定方式、抽取和评标活动；接受依法必须招标项目招标投标情况报告；受理投诉。

3. 建设项目招投标法律风险识别

（1）招投标合同风险识别

1）中标通知书发出后，因客观条件限制或躲避某些风险，双方或一方拒绝签订合同。

2）选择合同计价方式前，没有进行价格走势预测。

3）合同编写人员对法律法规认识不清、对工程了解不深或编写过程中疏忽大意。

4）违反合同约定的履约风险。

（2）招投标廉政风险识别

1）通过向招标方、评标委员会或招标代理机构进行行贿以谋取中标。

指导案例：投标人行贿

案情：2015 年 5 月，工程老板梁某为获得 A 市某综合大楼项目，请求 A 市建设工程交易中心主任、市建设工程招标投标管理站站长覃某在项目招投标过程中给予帮助，并承诺事后给予一定的好处费。覃某利用职务之便，将评标专家库的曾某、庞某等人介绍给梁某认识。中标后，梁某分别送给覃某 10 万元、曾某和庞某各 3000 元。

分析：本案中梁某的中标行贿行为，违反了《招标投标法》等法律法规，破坏了市场经济秩序，给国家造成经济损失，在社会上造成了不良影响。

2）招标人利用职务之便受贿，或招标方通过要挟、暗示竞标方提供有价物或好处才能中标。

3）投标人通过伪造、篡改投标文件及标书等文件以谋取中标。

4）投标人通过与其他竞标方或业主相互串通，破坏市场秩序，损害其他投标人的合法权益。

5）投标人通过向其他竞标方或业主提供有价物或好处，获取投标保密信息，以获得投标优势。

6）在业务往来过程中提供或收取任何形式的贿赂、回扣、佣金或有价物。

7）投标人在招投标过程中聘用第三方，并通过第三方向招标方提供有价物或好处，以谋取中标。

8）业主利用发包权，强迫承包企业签订阴阳合同，私下索取不当利益。

9）评标委员会接受投标人行贿。

（3）违规情形风险识别

1）虚假招标：虚假招标主要涉及的六种情况：

a. 预先约定投标人中标。

b. 约定报价。

c. 更改投标文件。

d. 倾向评标。

案例分析：某1200万元的系统集成项目招标。招标人发布招标公告后，有7家实力相当的本地、外地企业前往投标。但是招标人希望本地企业中标，以确保硬件售后服务及软件升级维护随叫随到。于是，成立了一个5人评标委员会，其中3人是采购人代表，其余2人分别为技术、经济专家，最终确定了本地一家企业作为中标候选人。

分析：根据有关规定，评标专家必须从监管部门的专家库中随机抽取，金额超过300万元的项目，评标委员会的组成应当在7人以上，且技术、经济专家不得少于三分之二。上述项目的5人评标委员会中采购人代表占3人，违反了相关规定。

e. 暗中陪标

案例分析：A高校针对机房项目改造进行招标。招标公告发布后，甲建筑公司与该校基建处负责人私下交易，希望中标该建设项目。为了减少竞争，甲建筑公司邀请了5家施工企业前来投标，并暗示这5家企业其希望中标的意向。正式开标时，甲公司邀请的5家企业不是报价过高，就是服务太差。甲建筑公司最后中标。

分析：这是一起典型的陪标行为。这种由供应商与采购人恶意串通并向采购人行贿或者提供不正当利益谋取中标的行为，违反了《招标投标法》等相关法律法规，具有极大的法律风险。

f. 以不合理条件限制、排斥潜在投标人或者投标人：

就同一招标项目提供有差别的信息；

设定与招标项目不相适应或与合同履行无关的条件要求；

依法必须进行招标的项目以特定行政区域或者特定行业的业绩、奖项作为加分条件或者中标条件；

采取不同的资格审查或者评标标准；

限定或者指定特定的专利、商标、品牌、原产地或者供应商；

依法必须进行招标的项目非法限定潜在投标人或者投标人的所有制形式或者组织形式。

2）串通投标。串通投标主要涉及的四种情况：

a. 招标人与投标人串通投标。招标人在开标前开启投标文件并将有关信息泄露给其他投标人；招标人直接或者间接向投标人泄露标底、评标委员会成员等信息；招标人明示或者暗示投标人压低或者抬高投标报价；招标人授意投标人撤换、修改投标文件；招标人明示或者暗示投标人为特定投标人中标提供方便；协商约定报价：投标人之间协商投标报价等投标文件的实质性内容。

案例分析：A 市一家医院招标采购一批进口设备。基于长期的业务往来，该医院希望甲医疗设备公司中标。于是开标时，该医院暗示甲公司压低投标报价，以确保中标，之后在签订合同时再将货款提高。在压低报价后，甲公司成为中标候选人。在签订合同前，该医院和甲公司将原来的投标报价提高 10%签订了采购合同，且提高后的合同价远远高于其他所有投标人的报价。

分析：招标人与投标人相互串通，以低价中标、高价签订合同的做法，违反法律法规，严重影响了政府采购活动的公平公正，同时损害了潜在投标人的正当利益，扰乱了正常的市场竞争秩序。

b. 联合行动或不正当竞争手段。投标人之间约定中标人；投标人之间约定部分投标人放弃投标或者中标；属于同一组织成员的投标人按照该组织要求协同投标；投标人之间为谋取中标或者排斥特定投标人而采取的其他联合行动。

c. 故意流标。

d. 投标文件一致、雷同或呈规律性差异。不同投标人的投标文件由同一单位或者个人编制；不同投标人投标文件中的项目管理成员为同一人。

其他串通投标的表现形式：不同投标人委托同一单位或者个人办理投标事宜；不同投标人的投标文件相互混装；不同投标人的投标保证金从同一单位或者个人的账户转出等。

3）违规评标。违规评标主要涉及的四种情况：

a. 评委会私下接触投标人；

b. 不公正评审意见；

c. 评标委员会向招标人征询意向；

d. 评标委员会接受任何单位或者个人关于投标人的特定要求。

4）规避招标：将依法必须进行招标的项目化整为零或者以其他任何方式规避招标。

5）其他违规风险识别。

3.2.5 施工阶段法律风险识别

1. 建设项目质量法律风险

国际上对工程施工过程中的质量检查与监督一般包括三个方面：一是承包商的质量自检与质量保证。二是发包人进行的质量监督检查。三是政府的监督检查，确保工程项目选址正确，符合公共安全和健康要求。

根据《民法典》相关规定，因承包人原因导致的建设工程在合理使用期限内造成人身损害和财产损失的，承包人应承担赔偿责任。

建设项目质量是建筑业可持续发展的决定性因素，也是建设工程企业最应关注的板块儿。常见的建设项目质量法律风险包括：勘察设计环节，勘察设计单位提供的资料不准确、图纸存在缺陷等导致项目质量问题；施工阶段，施工单位违反图纸设计或行业标准，偷工减料、使用不合格建筑材料等导致项目质量不合格；承包人违法转包或分包，导致工程质量存在法律风险。

（1）工程质量标准法律风险

合同约定的工程质量标准不符合国家质量标准要求。对于约定质量标准低于国家标准的合同无效，工程属于不合格工程。

因此，合同中约定的质量标准首先要不低于国家标准，其次是工程质量标准要明确具体，如工程标准达到国家标准但未达到合同约定标准，承包人也面临违约风险。

（2）发包人和承包人质量责任风险

发包人存在下列情形时，应对工程质量缺陷承担责任：发包人提供的设计有缺陷、提供或指定购买的建筑材料不符合标准、指定承包人分包。同时，承包人存在下列情形时，也应承担过错责任：承包人对发包人提供的缺陷资料应发现而没有发现的；承包人对不符合国家标准的甲供料或甲定乙供料未履行检验义务的；承包人对存在质量瑕疵的指定分包存在过错等。

对于工程总承包项目，总承包单位应对包括分包项目在内的全部建设项目质量负责，分包单位在分包范围内负责。

（3）建设项目质量法律风险案例分析

A公司是某电力工程集团小车系统采购商。因小车系统出现质量问题，造成发包人损失达600余万元。设备质量问题发生后，电力集团进行工程项目整体安全检查，仅检测费就高达700万元，发现其他项目的该设备也存在质量安全问题，A公司设备的质量安全问题造成电力工程集团2000余万元的损失，但是即使电力集团通过诉讼获得支持，考虑到A公司的执行能力有限，电力工程集团也面临执行不能的法律风险。

2. 建设项目安全法律风险

建设项目安全问题是生产过程中最为重要的内容，因此安全风险防范至关重要。安全风险的来源主要有两种，一是自然因素，二是人为因素。施工中的安全隐患包括高空作业、地理环境、机械设备、成品材料、人员安全等，所依据的法律法规包括《安全生产法》《建设工程安全生产管理条例》《安全生产许可证条例》等。

常见的建设项目施工安全相关的法律风险包括：施工单位没有严格落实法律法规关于施工安全相关的强制性标准和技术规范，施工方案存在安全隐患；发现存在安全隐患或发生安全责任事故后，责任单位安全意识淡薄，没有提高重视，隐瞒不报，未采取相关措施排除风险；建设项目安全生产相关管理人员没有履职尽责，未对生产项目进行有效监管并督促存在安全隐患的地方及时整改。

建设项目施工安全的法律风险一旦发生，往往损失较为严重，同时伴随刑事责任，例如，重大责任事故罪、消防责任事故罪等，因此必须引起高度重视。

3. 建设项目分包、转包、挂靠法律风险

（1）建设项目分包法律风险

建设项目分包是工程建设的客观要求，有利于实现资源和技术的最佳配置。但是如果分包单位过多，也会带来一系列的风险。

合法分包是指承建单位根据合同约定将建设项目中非主体、非关键性部分分包给有资质的单位承包，同时监理单位要对分包单位的资质进行严格审查。分包单位进场前，要向总包单位报送施工设计进度计划，分包单位人员要接受质安部门管理。

违法分包的情形包括：

1）总承包单位将建设工程分包给不具备相应资质条件的单位；

2）未经合同约定或建设单位认可，承包单位将其承包的部分建设工程交由其他单位完成；

3）总承包单位将工程的主体结构分包；

4）分包单位再分包。

企业进行违法分包将面临被责令整改、没收违法所得、罚款、停业整顿、降低资质等级、吊销资质证书等法律处罚。同时对于建设项目质量不达标而导致的损失，违法分包人和违法承包人应承担连带赔偿责任。

（2）建设项目转包法律风险

转包是指承包单位将其所承包的全部建设项目又承包给他人或者肢解后转给其他单位承保。

我国法律规定建设项目设计单位、施工单位不得转包。分包与转包的区别在于，前者只是针对一部分工程交由其他单位完成，而后者是将所有工程转包。法律上允许分包，但是禁止转包。

企业进行转包将面临被责令整改、没收违法所得、罚款、停业整顿、降低资质等级、吊销资质证书等法律处罚。同时，对于建设项目质量不达标而导致的损失，转包人和接受转包的单位或个人应承担连带赔偿责任。

（3）建设项目挂靠法律风险

挂靠是指没有相关资质的单位或个人以有资质条件的工程企业名义对外承接建设项目的行为，通常前者会向后者缴纳一定的管理费。

我国法律明令禁止挂靠行为，即：

1）施工企业不能超越资质等级范围或以任何行为借用其他企业名义承揽建设项目；

2）工企业不能以任何形式允许其他单位或个人借用本企业的资质证书或营业执照并以本企业名义承揽建设项目。

以挂靠为目的签订的合同一般认定为无效，同时被挂靠企业将面临责令整改、被没收违法所得、罚款、停业整顿、降低资质等级、吊销资质证书等法律处罚。如果相关建设项目因不符合质量标准而导致损失，挂靠主体和被挂靠主体应承担连带赔偿责任。

4. 建设项目结算支付法律风险

工程价款结算贯穿建设工程始终，包括预付款、进度款和竣工结算，也是最易引发纠纷的地方。因此，施工合同中结算条款的约定应严格以国家法律法规为依据，约定具体明确，且具有可操作性，使得发包人和承包人的合法权益得到有效保障。

无论结算方式采用固定价、可调价还是成本加酬金，都应在合同中明确约定风险范围、风险费用的计算方法和调整方法，以避免争议和风险。

工程价款的支付是一个连续的过程，能否按时支付关系到工程能否顺利竣工，也关系到发包人和承包人的经济利益。在施工合同中，应明确约定预付款的数额和支付方式，严格执行工程预付款制度规定；工程进度款在整个工程价款中占比最高，且因为支付要根据工程的进度计算，更易引发争议，尤其对于大型建设工程项目采用分段结算支付的，应当在合同中对各施工阶段的划分予以明确和细化；工程竣工验收后进行竣工结算，这是工程款支付的最后阶段，但也因财务工作烦琐等愿意会引发争议，因此在合同中应对竣工结算的方式、程序和违约责任等提前约定明确具体。

实践中，因施工合同对工程价款的计价标准和结算方式约定不明、工程量或质量标准发生变化、工程质量未达到合同约定标准等而产生工程价款支付纠纷不在少数。同时，发包在收到竣工结算报告后，也应及时审查，如果未在约定期限内答复，不仅达不到拖延支付工程款的目的，还会丧失提出异议的机会。

此外，在工程垫资模式下，即双方在合同中约定，由承包人先行垫付施工资金，等工程部分或全部完成时，再由发包人进行结算，由此引发的工程价款支付纠纷也屡见不鲜。

(1) 建设项目结算金额与审计或财政评审金额不一致

根据最高法司法解释和相关答复意见等文件，当建设项目工程决算价款与审计结果不一致时，应以当事人的约定为准，只有在双方没有约定、约定无效或明确约定以审计结果作为结算依据的情况下，才能以审计结果为依据，理由是审计是一种行政监督行为，不能影响建设项目单位和承包单位双方的合同效力。

当建设项目结算金额与财政部门对财政投资的评定审核不一致时，以建设单位和承建单位的合同约定为准，理由是财政审核只是国家对基本建设资金的监督管理，不能影响建设项目双方的合同效力及履行。

(2) 建设项目合同无效情形下的工程价款结算

对于建设项目合同无效但工程质量验收合格的情况，承包人可以主张以实际履行的合同中关于工程价款的约定折价补偿。如果难以确定实际履行的合同，可以参照最后签订的合同关于工程价款的约定主张折价补偿。

(3) 建设项目工期延期对结算的影响

建设项目一般周期长、参与方多、环节复杂，任何一个因素的变化都可能对施工进程带来影响，而工程逾期竣工往往会为发包人带来损失，导致工程结算风险，承包人也会面临索赔风险。

5. 施工阶段法律风险案例分析

(1) 案例一：建设项目结算金额与审计金额不一致

2015 年，某国有企业（甲方）通过招投标将其一厂房建设项目委托某建设公司（乙方）承建并签订施工合同，工程价款为 1000 万元。合同中约定，乙方配合甲方项目相关的审计工作。2015年项目竣工验收后，双方签订结算书确定金额为1200万元，甲方支付了800万元。2016年，审计部门对该建设项目进行审计，审计金额为900万元。之后乙方要求甲方支付项目剩余工程款项200万元，但甲方表示应按审计金额支付剩余价款，双方协商不成，乙方起诉至人民法院。

法院经审理认为，除非双方明确约定工程结算以审计结果为依据，否则建设项目审计不影响双方按合同约定进行工程结算。本案中，双方虽在合同中约定乙方配合审计工作，但并不能视为乙方同意以审计结果为依据结算。法院最终判决甲方应按建设项目结算金额即1200万元支付工程价款。

（2）案例二：建设项目中标价和鉴定金额不一致

2014年，A市政府（甲方）通过招投标将一农田建设项目委托某工程公司（乙方）施工并签订合同，中标价格为2000万元。但该建设项目竣工验收并投入使用5年后，甲方对工程进行鉴定，显示总造价为1300万元。甲方认为乙方应返回其超额支付的建设项目费用，双方协商不成，甲方起诉至人民法院。

法院经审理认为，该案双方明确约定建设项目中标价为2000万元，属于固定价格结算建设项目款项，因此对甲方要求以鉴定结果为工程结算依据的主张不予支持。

3.2.6 监理阶段法律风险识别

1. 工程监理法律风险识别

我国实行建设工程监理制度，并设立资质等级许可。工程监理，是指建设单位委托具有相应资质的监理单位，依据法律法规和有关文件，对承包单位建设项目质量、工期和资金使用等方面进行监督。建设单位在实施监理前应书面通知施工单位。

工程监理单位应在资质许可的范围内，承揽监理业务，与建设单位签订监理合同。

工程监理应遵循资质许可原则、依法监理原则、客观公正原则和总监理工程师全权负责原则。

国务院规定的实行强制监理的工程范围包括：国家重点建设项目，大中型公用事业工程，成片开发建设住宅小区工程，利用国外政府或者国际组织贷款援助资金的工程，项目总投资在3000万以上的关系社会公共利益和公众安全的基础设施项目，学校、影剧院、体育场馆项目。

工程监理涵盖建设项目各阶段，包括建设前期、设计、施工准备、施工、工程保修等环节，主要对相关阶段的建设投资、工期、进度和质量等进行控制，对工程合同进行管理等，监理程序为编制工程监理规划、根据进度编制工程建设监理细则、按照细则实施工程监理、参与竣工预验收并签署监理意见、监理业务完成后向建设单位提交监理档案等。监理人员对不符合工程设计要求、施工技术标准和合同约定的情形，有权要求施工企业改正；对不符合工程质量标准和要求的，应当报告建设单位并要求相关单位改正。

同时，监理单位与承包单位、建筑材料设备供应单位不得存在利益关系。监理单位禁止转让监理业务。监理单位与承包单位串通损害建设单位利益的，应承担连带责任。

2. 监理阶段法律风险案例分析

（1）案例一：监理文件效力

A集团负责某国道立交桥工程的部分项目施工，通过公开招标又将部分工程分包给了某交通公司。工程竣工后，双方就清算问题一直存在争议。在诉讼中，交通公司提交了有监理单位签字的《合同外工程量》和某法院的监理询问笔录等作为证据。经法院审理，监理在《合同外工程量》上的签字属于误签，法院未予以采信。

（2）案例二：监理合同纠纷

A房产公司与B监理公司签订某工程委托监理合同，后B监理公司向A书面申请变更监理主体为C公司。在工程竣工未验收的情况下，A房产公司与C监理公司因监理费用支付问题始终未达成一致，于是C公司提起仲裁并得到裁决支持。仲裁裁决生效后，A公司未在规定期限内履行裁决义务，于是C公司向法院申请强制执行，A公司申请裁定不予执行，后法院认为仲裁裁决事实不清、证据不足等裁定不予执行。C公司又向法院提起诉讼。本案的争议焦点在于工程造价以行政审计还是工程审计为依据。法院审理后认为，本案工程因监理单位未在相关资料上盖章签字而无法验收和决算，因此监理公司要求A公司支付监理费用的条件尚未成熟，驳回C公司的诉讼请求。

3.2.7 智能建造的法律风险识别

当前，数字经济时代已经到来，建筑行业作为国民经济的支柱产业，应走在数字化转型升级的前列。智能建造通过融合人工智能、大数据、区块链、云计算等技术日渐融入数字中国建设之中，促进建筑业的转型升级、绿色建造、高质量发展、提升国际市场竞争力。

人工智能是以信息化技术为基础，研发可模拟人脑的思维和行为方式进行工作，同时又可弥补人的行为能力局限性的技术，包括智能感知、智能推理、智能学习和智能行动等多个环节。

人工智能的风险源主要包括三大类：技术、应用和管理。

1）技术层面，风险源涉及数据（采集、存储、使用、传输、共享）、算法（偏见、透明性）和系统（开源、软件、硬件、人机交互）三项，例如，数据的过度采集、数据泄露和篡改等安全问题，信息合规问题，算法的公平性和实用性，算法偏见和歧视、软硬件安全风险，人机交互认知风险等。

2）应用层面包括个体和组织安全、环境、社会影响。

3）管理层面包括人员管理、流程监督审核等，例如，人员更迭导致的识别问题等。

技术的发展与法律的规制往往不能同步，法律规定通常存在一定的滞后性，因此，人工智能在建筑领域的广泛应用、在提高生产效率和节约生产成本的同时，也带来了一些挑战和问题，新型法律风险的产生就是其中一个重要的表现形式。

人工智能的法律风险可定义为，在智能技术逐渐升级和快速应用的过程中，由于智能化程度的差异和法律的滞后性等原因，导致智能技术处于或超出法律边界而出现的一系列法律问题。

1. 建设项目中人工智能应用的法律风险

(1) 人工智能完成作品的版权归属

作品是指文学、艺术和科学领域内具有独创性并能以某种有形形式复制的智力成果。当前，在建筑领域，人工智能通过收集数据、应用算法等已经可以进行独创性工作，如人工智能所设计的建设图纸。但是，该设计图纸的版权归属如何确定存在争议。

(2) 人工智能侵权的法律责任承担

人工智能的运作模式主要依赖于算法技术，有些可能是许多算法的复杂交互运作，而当算法设计出现问题或是不可预测的序列中发生小的疏漏，那么就会引起破坏性的事故，带来一系列法律风险。

数据为人工智能的运作提供主要支撑，人工智能借助大数据对海量数据的收集和分析以帮助机器实现对人脑的模拟，但是，随着人工智能对人脑的高度模拟达到一定程度，其感知和推理能力不断深化，其可能成为由人类创造并脱离人类掌控的智能顶端技术，许多不可预测的法律风险也会随之产生。

在建设项目施工阶段，人工智能机器如砌砖机器人、抹灰机器人等逐渐投入使用，带来了生产效率的极大提升。但是，这些人工智能机器人在作业的过程中如果因失控或其他因素造成他人损害，相关责任应该由谁承担？例如，我国首例人工智能机器人侵权事件中，就是因为人工智能系统出现了操作故障而失控，造成了人员损伤。

当人工智能依赖人的使用操作时，由于其自主性较低，此时相关侵权行为的责任主体主要涉及人工智能产品的生产者、销售者和使用者。人工智能产品的生产过程直接关系用户体验和安全性操作，如果因生产环节出现失误而导致产品侵权，可以根据《产品质量法》对生产者追究相关责任。商家对所销售产品承担一定的保证义务，如果因在销售过程中的管理不当或销售假冒伪劣产品导致侵权行为，那么根据《中华人民共和国民法典》，人工智能产品的销售者应当承担相应责任。在产品使用过程中，如果人工智能仍需在人的操作支配下开展活动，那么发生侵权行为时，可根据《中华人民共和国民法典》的有关规定划分责任承担。

未来人工智能的自主性会越来越强，对人的操作依赖会越来越低，这时人工智能引发的侵权责任如何划分，仍然值得进一步思考研究。

2. 建设项目中 BIM 技术应用的法律风险

近年来，随着现代化、信息化、工业化的不断发展，建筑信息模型(以下简称 BIM)技术在工程建设领域的规划发展、勘察设计、施工运维等各阶段得到越来越广泛的应用，以促进实现建设项目全流程数据共享和信息化管理。

BIM 技术是一个建设项目的物理与功能特征的数字化表达，通过数字模型整合建设项目所有信息，在项目规划设计、施工运营和维护等各个环节中实现信息共享，促进建设项目各参与方和相关人员及时沟通交流以实现建设目标，具有协调性、优化性、可视化、模拟性、参数化性、信息完备性、可出图性、一体化性等特点。

但是，在促进建筑项目信息互用共享、提升对工程的有效协调控制、提高生产效率的同时，该技术应用过程中的多方协同参与也使各参与方在传统建设工程中的权责义务发生了变化，合同风险、责任风险等法律风险也逐渐呈现。

（1）法律责任划分

在传统建设项目模式下，设计师、承包人建设单位的分工明确、责任划分也相对清晰。BIM 技术促进了建设项目的数字化、信息化，但同时也带来了责任承担问题，主要表现为数据协同共享中产生的损失责任分配：

1）设计师可能承担因模型数据共享而引发的专业责任，但目前专业设计责任的界限并不清晰。

2）项目参与者可能承担因数据交换错误、丢失或滥用而引发的连带责任等，但目前关于设计不兼容、软件缺陷或故障而导致的损失责任分配并不明确。如此一来，为了避免承担连带责任，各方参与者对于信息的共享意愿逐渐削弱，或要求出具免责声明等，致使新技术应用的使用价值和工作效率大大削弱。

3）利用 BIM 技术，各方参与者在建设项目实施过程中都能对数据进行修改，这时如何准确判断责任承担的相关方也成为一大问题。

4）BIM 数据的不断更新也会产生法律风险，如设计错误导致的赔偿问题等。

（2）合同风险

BIM 技术存在的主要法律风险之一就是改变了传统工程建设项目中建设单位、设计单位、承包人、供应商之间的责任风险划分，而传统的合同文本在各方权利义务承担、工作内容、责任划分等方面已经不再能满足 BIM 技术下建设项目各方的需求，目前缺少基于 BIM 技术发展的建设项目合同示范文本。

（3）知识产权归属

在传统建设项目模式下，工程设计作品的所有权一般属于原创作者。但是，BIM 技术融合了多个参与方，设计者创建模型的过程中，承包人和其他相关主体也会为模型提供数据或共享信息，最终交付给业主的项目成果就是 BIM 模型。它包含了多个参与方提供的软件、语言、沟通模式等多种信息，而每个参与方都可能对模型的内容有权属关系的主张，因此它的权属问题一直备受关注。

如果基于 BIM 技术的建设项目知识产权问题无法得到有效解决，各方的权利义务无法明确，那么项目各参与方在数据的共享和互动上就会有所保留，导致 BIM 技术的应用无法有效实现。

目前关于 BIM 技术的产权归属共有三种观点：

1）归设计师所有。这种情形下，建设单位和承包人可能面临数据无法使用或修改的风险。

2）归业主所有。这种情形下，因设计师不再享有作品的所有权，那么因设计错误而产生的风险也会由建设单位承担。

3）项目参与者各自按贡献部分所有。这种情形下，虽然各自按自己的劳动成果享有所有权，但是实际应用中由于参与方较多，信息的共享会产生授权的交叉，容易产生专利被盗用或信息被泄露的风险。

（4）权利义务承担

在 BIM 技术应用的新型建设项目各方协同的工作模式下，容易存在各参建方角色分工和工作范围不明确的问题，例如，各方职责划分不清晰、各方工作范围缺少界限、模型管理职责、文件权限管理职责和专业协调职责分配不明等法律风险。

3. 建设项目中大数据应用的法律风险

大数据的主要特点表现为容量大、种类多、传播速度由点到面、复杂性、可变性。在大数据时代的背景下，通过对海量数据进行整合处理、共享互动，实现了对建设项目从点到面的信息化、网格化管理模式。但是，大量的数据共享和互动也会带来信息泄露等法律风险。

信息泄露法律风险。智能建造平台中大量的信息共享增加了信息泄露的风险，包括设备数据、网络数据、商业秘密、个人信息、行为数据等，例如，人工智能设备的应用中，由于黑客或病毒的侵入，导致各方参与者的相关信息被盗取，增加了信息泄露的安全风险。

建设项目各参与方开展数据处理活动未履行数据安全保护义务的，相关单位和直接负责人员可能面临罚款、暂停业务、停业整顿、吊销营业执照等行政处罚，承担给他人造成损失的民事责任，如果危害国家主权安全和发展利益，还有可能面临刑事责任。

3.2.8 海外建设项目法律风险识别

1. 海外建设项目法律风险因素

随着国际化水平的不断提升，海外工程承包是我国企业实现“走出去”的重要途径之一，是指中国的企业或单位在境外承包建设工程项目，包括工程咨询、勘察设计、施工、监理、运营管理等。但是，由于海外建设项目复杂的法律关系和不同的法律依据，例如，买卖合同关系、保险合同关系、金融税务关系、涉外争议解决等，导致建设项目相关企业面临的涉外法律风险也就更加复杂多样。

(1) 复杂的涉外法律关系

一是海外建设项目的法律关系必然具有涉外性，但国内企业通常对于国外的法律规定、税收政策、劳动用工、政治环境、经济文化、投资惯例等不甚熟悉，因此在建设项目开展过程中容易处于不利地位，例如，有些国家采取税收歧视待遇，有些国家对进口原材料、设备等有特殊限制，有些国家在工程环保、安全等方面的标准规定比中国更严，有些国家在市场准入方面对外资控股比例、外籍劳工数量等进行了严格限制，为中国企业“走出去”也带来了不小的挑战。

同时，一旦发生争议，施工企业又会面临管辖权、法律适用、裁决或判决的承认和执行等诸多法律问题，对于法律风险的处理相比于国内建设项目要求更高、难度更大。

二是海外建设项目法律关系中一般会涉及两国政府的参与，尤其是项目所在国政府，例如，项目承包企业的资质需得到当地政府认可，项目融资可能需要当地政府的主权担保，劳动用工需要通过行政审批等，都会增加海外建设项目的法律风险。

三是海外建设项目的金融法律风险。一般情况下，国外承包工程主要涉及大型基础设施建设等。海外项目规模大、资金多，项目企业一般会采用多种融资方式，例如，政府借贷、国际金融机构贷款、PPP 融资、出口信贷等，同时也会带来金融法律风险。

（2）不同的涉外法律适用

海外建设项目的开展中不仅要遵守我国法律法规，包括《对外贸易法》《对外承包工程管理条例》《境外投资管理办法》《涉外民事关系法律适用法》等，更要符合项目所在地法律政策要求或相关国际条约、国际惯例。

由于不同国家或地区对建设项目的审批管理、建设企业的资质许可、建设项目的合同文本、项目开展中的融资税务等问题要求不同，复杂的法律规定也给项目企业开展业务增加了法律风险。例如，在沙特开展的建设项目，承包方需按照伊斯兰教法、国王指令和沙特的标准工程合同开展建设活动。

（3）海外建设项目承包方面临的法律风险

一是海外项目招投标阶段的法律风险：

1）企业主体资质不合规。海外一些国家以建设企业的业务能力、技术条件、资金规模等为标准设有建设项目承包企业的资质分级制度，即承包方只有达到项目所在国的资质等级要求才能承包相关建设项目，如不能提前完成资质认证工作，则在项目竞标阶段就可能存在法律风险。

2）招标文件内容的法律风险。承包单位在参与海外建设项目竞标时，由于语言、法律法规等各方因素的差异，可能会对招标文件出现错误理解导致法律风险。例如，中国某建设公司 2009 年在沙特麦加竞标的某项建设项目中，招标文件中对于工程运能开通的表述存在歧义，但由于该公司未在招标阶段关注该项内容，业主方和承包方的理解出现分歧，影响了整个建设项目的工程进度和成本控制。

二是项目施工阶段的法律风险：

1）数据资料法律风险。在 EPC 项目中，FIDIC 的示范合同约定承包方应对业主提供数据和资料的准确完整性进行核实，如果未通过现场核实导致工程数据错误，应承担相应的损失风险。

2）环境保护法律风险。近年来，许多国家对于环境保护越来越重视，立法中也逐渐增加关于环境保护的相关规定，如建设单位在施工过程中忽视对环境保护的东道国要求，也可能出现违法违规风险。

（4）其他涉外因素影响

1）政治风险。建设项目所在国的政治变动可能会直接影响到工程建设项目的开展。国际关系层面，如果项目所在国的国际关系紧张，可能会有经济制裁、封锁、冲突、禁运等风险。一个建设工程往往投资较大、工期较长，在这个过程中如果一个国家的政策经常变化，也可能给项目工程带来很大的不确定因素。

目前中国的对外工程项目主要集中于发展中国家，“一带一路”工程项目经过的国家政局也多有动荡，民族冲突、宗教纷争、历史原因、政府更迭等，都可能导致工程项目中断。例如，2016 年，埃塞俄比亚因经济发展不平衡引发的矛盾升级而发生安全危机，国家进入紧急状态，政府随之采取的一系列管控措施导致中国企业在埃塞俄比亚的建设项目物资积压，建设项目停摆。因此，政治风险对于海外工程建设项目来说影响很大，且具有不可控性。

2）经济风险，包括通货膨胀、外汇风险、利率税率风险等。例如，国际工程款的支付通常为项目所在地货币，一旦出现外汇管制、外汇波动，而合同中又没有对相关情况进行约定时，工程项目可能会面临潜在损失。同时，国际建设项目的周期往往较长，这时工程所在国的利率、税率波动也会给工程项目的成本带来较大影响。

3）社会风险。良好的社会秩序和治安环境是工程项目顺利完工的外在保障。如果社会治安混乱，建设项目开展过程中的安全问题就不容忽视。例如，我国在国外的某建设项目建设期间，该国发生社会暴动，导致在建工程遭受严重影响，工期拖延长达一年，施工现场物资被抢夺，损失严重。

4）自然风险。恶劣的自然环境也会给施工现场带来严重影响，例如，高温、严寒、火山、地震、海拔高、特殊的地质条件等都是制约工程施工的自然因素。

5）技术风险，包括设计技术风险和施工技术风险。设计的基础资料和勘察文件等是工程设计的主要技术依据，如果基础资料不准确，会导致工程项目面临重大风险。不同国家有不同的工程设计规范和标准，如果设计单位对工程所在国的工程规范和标准不熟悉，那么就会对工程设计的适用性产生风险。对于工程施工中的技术风险，新技术、新工艺的出现也会增加工程项目的复杂性和难度，另外工程变更、施工条件变化、施工人员、原材料和设备的风险等都会给工程项目带来不确定的影响。

6）管理风险。针对不同的项目特点，应当采取对应的项目组织结构形式，如果项目管理人员不采用针对性的现代项目管理技术、施工组织不合理，施工阶段没有流程化、标准化的管理等，也会引发建设项目的质量风险。

7）合同风险。例如，建设项目各方约定固定总价结算，而如果合同未明确合同范围，承包人可能要承担超过其报价的工程量。另外，合同条款不完整、不公正、支付问题、工程变更等都会带来项目合同风险。例如，2018—2019 年，许多中国企业在埃塞俄比亚的建设项目面临合同风险，多是拖欠工程款项、建设项目延期等导致，在埃项目多采用 EPC 合同或世行范本，但建设项目总承包方对合同中的权利义务不尽熟悉，法律风险防控意识淡薄，导致损失的发生。

2. 海外建设项目法律风险案例分析

（1）案例一：未对项目所在地政府政策、法律法规充分研判

2010 年，哈萨克斯坦出台对所有在哈石油开采企业征收石油出口税的相关决议，但实际上外资企业只有田吉兹和卡拉恰干纳克两家在缴税之列，其他 15 家公司都成功避免风险，原因就在于此前与政府签订的合同中有关于“不受后出台海关法律制约”的相关条款约定。

因此，企业在海外投资，尤其是在法律法规或政治环境还处于稳定发展阶段的发展中国家投资，需要提前对项目所在地的政策法规进行充分研究，同时结合国际国内形势对相关的法律风险进行预判识别，防控政策变化带来的法律风险。

（2）案例二：未对项目所在地施工环境进行充分调研

2010 年，某冶金建设公司与武汉某公司签订越南某燃煤火电厂总承包协议，总价包

死合同。但是由于该冶金公司对国外施工环境不熟悉，加之合同对工程范围约定不明确，导致施工过程中工程量远超预期，造成巨额亏损，冶金公司不得不提前终止协议，面临被索赔的风险。

(3) 案例三：未对项目合同约定完全履行

某工程集团与A公司就两个项目工程开展技术合作，签订技术协议，约定某工程集团使用技术仅限于上述两个项目，争议管辖地位于新加坡国际仲裁中心，适用中国法律。合同履约完成后，该工程集团又将上述技术用于开展其他项目，于是A公司发函，通知其涉嫌侵犯知识产权。

3.3 建设项目法律风险防控

3.3.1 建设项目法律风险防控构架

建设项目风险管理有利于增强工程项目决策的科学性、及时性，降低不确定性，提高工程管理者的管理水平，同时为今后的工程项目风险分析和管理提供经验，创新管理方法、提高管理效率、提高管理质量、降低管理成本，以最大限度地实现建设项目目标。

建设项目法律风险防控是指企业针对工程管理中的法律风险采取相应措施，将法律风险控制在可承受的范围内。

组织层面，应建立由企业风险管理委员会领导，工程建设等业务部门和法律风控等职能部门共同参与的风险防控组织体系。

制度层面，应制定公司工程项目风险管理制度、风险防控指引等，为建设工程法律风险防控提供制度依据和防控指引措施。建立建设项目法律风险预警制度，坚持事先防范原则，降低建设项目风险发生概率。建立法律风险评估制度，对工程项目各阶段定期开展风险评估，确保法律风险防控的及时性和有效性。

执行层面，应建立工程法律风险防控的动态体系。针对工程项目复杂的内外部环境，作出法律风险识别、评估，提出法律风险管理解决方案，实现建设项目全流程全周期动态法律风险防控。同时风险防控体系要与内部控制规范结合起来，先通过风险识别、风险评估建立内部控制规范，再通过风险防控组织体系、监督体系等，建立风险防控体系。

3.3.2 建设项目主体资质法律风险防控

1. 建筑业企业的资质许可与监督

开展施工活动的建筑业企业，应当申请建筑业企业资质，经审查合格，取得建筑业企业资质证书后，方可在许可范围内从事建筑施工活动。建筑业企业资质主要包括施工总承包资质、专业承包资质和施工劳务资质。

国务院、省、自治区、直辖市的住房城乡建设主管部门负责建筑业企业资质的统一监督管理。

企业工商注册所在地设区的市人民政府住房城乡建设主管部门负责建筑业企业的资质许可。

住房城乡建设主管部门、其他有关部门的监督检查人员履行对建筑业企业的监督检查职责，有权检查相关资质证书、企业内部安全生产等管理制度文件、纠正违反有关法律法规及规范的行为。对于违反法定职权、法定程序或通过不正当手段等情形取得资质许可的企业，资质许可机关应当撤销其资质。

违法处罚：建筑业企业开展活动存在违法行为的，行为发生地的有关行政部门负责依法查处，并将相关情况告知许可机关，建筑业企业可能面临停业整顿、降低资质等级、吊销资质证书等行政处罚。

发生下列情形的，建筑业企业资质将面临撤销风险：资质许可机关工作人员在资质许可中存在滥用职权、玩忽职守、超越法定职权、违反法定程序、对不符合条件的企业准予资质许可等不当行为；建筑业企业利用欺骗、贿赂等不正当手段取得资质许可。

发生下列情形的，建筑业企业资质将面临注销风险：企业未及时对有效期届满的资质证书申请延续；企业依法终止；资质证书依法被撤回、撤销或吊销的；企业提出注销申请的。企业应将建筑业企业资质证书及时交回资质许可机关。

2. 建设项目勘察设计企业的资质管理

工程勘察设计企业从事建设项目勘察设计活动应取得相应资质证书，工程勘察分为工程勘察综合资质、工程勘察专业资质、工程勘察劳务资质等，工程设计分为工程设计综合资质、工程设计行业资质、工程设计专业资质和工程设计专项资质等，相关企业应在许可范围内提供对应的技术和管理服务。

国务院住房城乡建设主管部门和有关部门对全国的建设工程勘察、设计资质进行监督管理。

发生下列情形时，企业的工程勘察设计资质将面临被撤销的风险，相关主体应予以避免：资质许可人员在准予资质许可时存在滥用职权、玩忽职守、超越法定职权、违反资质审批程序，或对不符合许可条件的申请人作出资质许可等不当行为；申请人获取资质证书存在欺骗、贿赂等不当行为。

发生下列情形时，企业的工程勘察设计资质将面临被注销的风险：资质证书有效期届满未依法申请延续；企业依法终止；资质证书依法被撤销、撤回或者吊销。

3. 工程监理企业的资质管理

企业从事工程监理活动应取得相应资质，分为综合资质、专业资质和事务所资质并在许可范围内开展相关活动。住房城乡建设主管部门是工程监理企业资质的监督管理部门。

下列情形应明确禁止，否则工程监理企业将面临较大法律风险：

（1）串通投标，行贿谋取中标；

（2）弄虚作假降低工程质量；

（3）将不合格的建设工程、建筑材料、建筑构配件和设备按照合格签字；
（4）超越本企业资质等级或以其他企业名义承揽监理业务；
（5）允许其他单位或个人以本企业的名义承揽工程；
（6）转包；
（7）商业贿赂；
（8）涂改、伪造、出借、转让资质证书。

发生下列情形时，工程监理企业将面临资质被撤销的风险，相关主体应明确禁止：资质许可机关工作人员在资质许可中存在滥用职权、玩忽职守、超越法定职权、违反资质审批程序，或对不符合许可条件的申请人作出准予许可等不当行为；企业取得资质证书存在欺骗、贿赂等不当行为。

发生下列情形时，工程监理企业将面临资质被注销的风险：对有效期届满的资质证书未申请延续；企业依法终止；企业资质依法被撤销、撤回或吊销。

4. 工程企业借用资质的法律风险管理

我国对建设工程企业资质管理的法律法规包括《中华人民共和国建筑法》《建筑业企业资质管理规定》《建筑业企业资质等级标准》《建设工程勘察设计资质管理规定》《工程监理企业资质管理规定》等，对建设市场中相关企业的准入进行明确规范。但是实践中，尤其是中小型建筑工程施工中，仍有不少企业存在挂靠等借用资质的违规行为。

挂靠行为实质上是以合法形式掩盖非法目的，扰乱了建筑市场的管理秩序。根据我国法律规定，一是明令禁止建筑施工企业承揽建设项目时超越本企业资质许可范围或利用其他建筑施工企业的名义；二是明令禁止具有相关资质的建筑企业允许其他单位或个人以本企业的资质承揽工程。

发生下列情形时，相关企业将面临被认定为存在挂靠的法律风险：工程承包人没有建筑资质，与具有某类工程资质的建筑企业签订资质挂靠协议，再由具备资质的建筑企业与发包人签订正式的建筑工程施工合同，但实质上没有资质的企业为该工程的实际承包人。

根据最高法相关司法解释，承包人被认定为存在上述挂靠行为时，相关建设工程施工合同无效，此种情况下，承包人是否可以主张工程价款取决于工程竣工验收是否合格。如果合格，发包人应支付工程款；如果不合格，经修复后合格的，工程款仍应当支付，否则，承包人不得主张支付工程款项。此外，对于因挂靠行为导致工程质量不合格引发的损失，资质出借方与借用方承担连带赔偿责任。

5. 建设行业从业人员法律风险管理

为了推动我国建设行业与国际接轨，走向国际市场，我国参照国际惯例也建立了注册建筑师和监理工程师执业资格制度等 8 个执业资格制度，以从建设从业人员层面规范市场秩序，保证工程质量。

建筑业专业人员应在各自的专业范围内参加全国或行业组织的统一考试，获得资质证书，经注册后在资格范围内执业，同时由于知识不断更新，执业人员须接受继续教育。目前建筑业领域的专业技术人员包括注册建筑师、注册结构工程师、注册监理工程师、注册造价工程师、注册咨询工程师、注册建造师等。

6. 建设项目主体法律风险防控案例分析

施工单位资质等级不符引发合同无效案。

2001 年，原告某施工单位与被告某发包单位签订建设工程施工合同，工程为某市高18 层的度假村酒店工程，工程施工完成并交付使用后，被告以原告没有相应资质为由，拒绝支付工程款。

法院审理查明，本案工程属于二级以上建筑企业资质的承包范围，而原告所取得的资质为施工总承包企业三级资质，根据《建筑法》相关规定，双方建筑工程合同确认为无效合同。对此，施工企业负主要责任，发包单位负次要责任。但基于公平的原则，对于已建完工的工程经价格评估后，发包人仍应支付工程款项。从本案的经验可得，实践中，发包人发包工程时，一定要认真审查承包人的单位资质，否则建设项目的相关施工合同可能被认定为无效，从而导致一系列法律风险。

3.3.3 建设项目招标投标法律风险防控

1. 招标准备阶段

(1) 审批核准

招标项目按照国家有关规定需要履行项目审批手续的，应当先履行审批手续，取得批准。

专业工程建设招标项目按照国家有关规定需要履行项目审批、核准手续的，应当先报送相关部门审批、核准。招标人应当在批准的招标范围、招标方式和招标组织形式下开展招标。

(2) 招标计划

项目实施单位应在项目可行性研究报告批复后组织编制招标计划，公司建设项目管理部门审批授权项目的招标计划。

招标计划中合理划分标段，不得利用标段划分规避公开招标。每个标段均需编制对应的招标方案，招标方案内容应包括标段划分、对投标人的资质和业绩要求、对项目经理的要求、计划时间、评标委员会的组建规则、评标方法及分值构成、项目管理机构和其他评分因素的计分规则。采用资格预审的，应在招标方案中增加资格预审方法及分值构成等内容。招标计划一经批复不得随意更改，确有特殊情况需要变更已经审批的招标计划的，应按原上报程序进行审批。

(3) 招标文件编制

项目实施单位应规范使用公司发布的标准招标文件，招标文件相关条款要求应与并按批准的招标方案一致。

项目实施单位应该在招标公告等文件中明确投标人信用审核的办法和对失信投标人的处理办法及评标标准。

项目实施单位应将工程进度款结算、竣工结算时所具备的付款条件，以及承包主要管理人员驻场要求及处罚标准等明确写入招标文件所附的合同中。

项目实施单位应对工程量清单的工作范围，暂估价和暂列金额的合理性、完整性，控制价是否在概算批复范围内进行专业审查。

（4）招标申请

项目实施单位应在各标段招标公告发布前上报招标申请，经公司相关主管部门审核或备案。

招标申请经公司主管部门审核通过后，项目实施单位方可将招标文件报工程建设项目相应的行业行政主管部门备案。行业行政主管部门对招标文件提出修改的，项目实施单位应将修改部分的内容按照分工，及时修改完善。

2. 招标阶段

（1）资格预审

招标人对投标人进行资格预审的，应当发布资格预审公告、编制资格预审文件。资格预审公告视同招标公告，其发布要求、载明内容应当与招标公告的要求一致。同一招标项目的资格预审公告的内容应当一致。

资格预审公告应载明资格预审后投标人的数量，一般不得少于 7 个投标人，且应当采用专家评审的办法，由专家综合评分排序，按得分高低顺序确定投标人。资格预审合格的潜在投标人不足 3 个的，招标人应当重新进行招标。

（2）发布招标公告或投标邀请书

公开招标应当发布招标公告，载明招标人的名称和地址，招标项目的性质、数量、实施地点和时间以及获取招标文件的办法等事项。依法必须进行招标项目的招标公告，应当通过国家指定的报刊、信息网络或者其他媒介发布。

邀请招标应当向三个以上法人或者其他组织发出投标邀请书。

招标人不得以不合理的条件限制或者排斥潜在投标人，不得对潜在投标人实行歧视待遇。

投标人少于三个的，招标人应当依照本法重新招标。对于超出截止时间的投标文件，招标人应当拒收。

（3）招标文件澄清与修改

招标人需要对招标文件进行澄清或者修改的，应当在投标文件截止提交 15 日前，书面通知所有招标文件收受人。招标人对招标文件澄清或者修改的内容也是招标文件的组成部分。

（4）投标时间

依法必须进行招标的项目，自招标文件发出之日起至投标文件截止提交之日止，不得少于 20 日。

3. 开标、评标和定标阶段

（1）开标的组织和程序

开标应当公开进行，时间应为提交投标文件截止时间的同一时间，地点应为招标文件中确定的地点。

开标时，由投标人或者其推选的代表检查投标文件的密封情况，也可以由招标人委托的公证机构检查并公证；经确认无误后，当众拆封截止时间前收到的所有投标文件，宣读投标人名称、投标价格和投标文件的其他主要内容。

开标过程应当记录，并存档备查。

（2）评标

招标人组建评标委员会来开展评标工作。

依法必须进行招标的项目，评标委员会由招标人代表和技术、经济专家组成，成员人数为五人以上单数，其中技术、经济方面的专家不得少于总数的三分之二。

一般招标项目可以采取随机抽取方式，特殊招标项目可以由招标人直接确定。与投标人有利害关系的人不得进入相关项目的评标委员会；已经进入的应当更换。评标委员会成员的名单在中标结果确定前应当保密。

评标委员会可以要求投标人对投标文件中含义不明确的内容作必要的澄清或者说明，但是澄清或者说明不得超出投标文件的范围或者改变投标文件的实质性内容。

评标程序。招标人应当采取必要的措施，保证评标在严格保密的情况下进行。任何单位和个人不得非法干预、影响评标的过程和结果。

评标委员会按照招标文件确定的评标标准和方法完成评标后，应当向招标人提出书面评标报告，并推荐合格的中标候选人。

采用综合评分法时，应当将所有评委评分在去掉一个最高分和一个最低分之后的算术平均值作为评委算术平均分。对于评委的打分超出评委算术平均分±30%时（技术部分总评分和商务部分总评分应当分别计算），该评委应当就打分情况向评标委员会提供书面说明，并将该书面说明附在评标报告中。

在确定中标人前，招标人不得与投标人就投标价格、投标方案等实质性内容进行谈判。

评标委员会成员应当客观、公正，并对评审意见负责。评标委员会成员不得私下接触投标人，不得收受投标人的财物或者其他好处，不得透露评标的有关情况。

（3）定标

确定中标人分两种方式：一是招标人根据评标委员会的评标报告和推荐的中标候选人确定；二是招标人授权评标委员会确定。

公示。招标人应当自收到评标报告之日起 3 日内在与发布招标公告相同的媒体上对中标候选人进行公示。公示期不得少于 3 日，公示期最后一天应当回避节假日。

重新招标。如所有投标都未通过评审，对于依法必须进行招标的项目，招标人应当重新招标。

发出中标通知书。中标人确定后，招标人应当向中标人发出中标通知书，向所有未中标的投标人通知中标结果。

备案。依法必须进行招标的项目，招标人应当自确定中标人之日起十五日内，向有关行政监督部门提交招标投标情况的书面报告。

合同签订。中标通知书发出之日起三十日内，招标人和中标人应当订立书面合同。合同主要条款应当与招投标文件一致，且不得对实质性内容进行修改。

中标人不得转让中标项目或将其肢解后分别转让给他人。根据合同约定或经招标人同意，中标人可以将中标项目的部分非主体、非关键性工作分包，并与接受分包人共同对分包项目承担连带责任。同时，接受分包的人不得再次分包。

4. 风险防范与应对措施

1）出台相关的招投标管理制度，规范招投标流程，确保投标过程中不存在欺诈、串通、腐败、胁迫等不道德行为。

2）由相关部门对投标过程中的投标文件进行复核，确保投标文件真实有效，不存在虚假、伪造等违规行为。

3）由相关部门对投标过程进行全过程监督，确保投标人员及招标方不出现不道德的反商业贿赂行为。

4）由投标负责人在投递标书之前签订投标承诺书，确保投标活动依法依规。

5）在发现或收到举报，证明投标过程中投标人员存在不当行为时，由相关部门出面终止投标行为，并开展相应调查。

6）对商务合同设置内部审核程序，加入反商业贿赂条款，避免日后产生商务纠纷，规范业主和投标方的行为。

7）对招投标过程中聘用的第三方进行合规尽职调查，确保第三方的资信实力，并要求第三方签订反商业贿赂声明。

8）重点关注投标过程中的各项费用支付，明确资金走向，减少付款风险。

5. 违规责任追究机制

（1）招标人责任追究

招标人存在下列行为的，企业有关部门可视情况给予相应处罚：

1）对管理职责范围内的招标投标活动不认真履行监管职责，存在失管失察情况的；

2）对管理职责范围内的招标投标活动不认真履行审核职责，存在失职渎职行为的；

3）对发生在管理职责范围内的各种招标投标违法违规行为未及时调查处理的；

4）不配合有关招标投标违法违规问题的调查处理，造成不良后果的；

5）对必须招标的项目化整为零，规避招标的；

6）擅自取消投标单位的投标资格，或以不合理条件限制、排斥潜在投标人；

7）在评标委员会依法推荐的中标候选人以外确定中标人的；

8）发生索贿、受贿行为，向他人泄露招标评标活动秘密的；

9）项目实施单位或上级派出的专家在招投标活动中未严格履行专家职责，造成后果的；

10）其他违反招标投标有关规定的。

（2）投标人、评标委员会责任追究

招标人对于投标人、评标委员会在招标投标活动中出现的违法违规行为，应报行业行政主管部门处理。投标人不良记录可以记入企业承包商诚信档案，按照相关规定进行处理。

1）中标人存在下列行为时，招标人可以采取取消其中标资格、没收投标保证金或要求其赔偿损失等措施维护合法权益：中标通知书发出后，中标人无正当理由不与招标人签订合同；中标人签订合同时提出附加条件或者对合同实质性内容进行修改；未按要求支付履约保证金。

2）存在下列情形的，转让或分包无效，项目实施单位应向公司行政主管部门报告，同时企业可以针对中标人不良记录建立承包商诚信档案等加强法律风险防范：中标人将中标项目转让给他人；中标人将中标项目肢解后分别转让给他人；中标人将中标项目的部分主体、关键性工作分包给他人；分包人再次分包。

3）中标人未按约履行合同，招标人可采取以下措施：对中标人的履约保证金不予退还；如损失超过履约保证金，招标人可主张中标人对超过部分予以赔偿；中标人没有支付履约保证金的，招标人可主张其赔偿相应损失。

3.3.4 建设项目合同法律风险防控

1. 完善合同管理组织结构

建设项目各方企业对合同的管理可以按照归口管理、分工负责的原则，设立专门的合同管理机构，明确合同主管部门以及各履约责任部门职责，促进建设项目合同管理全流程全覆盖。

明确合同管理人员职责，对于大型建设项目的合同管理人员，应加强专业培训，具备法律、工程、财务、管理等综合业务技能，熟悉法律法规、行业规范和技术标准要求，不断提升法律专业素养和业务素质能力。

加强合同管理制度设计。完善建设项目合同管理的程序文件、管理办法、指引指南等，明确建设项目合同管理的前期准备、专业审核、签订履行、变更终止。建立合同管理规章制度体系，使企业建设项目的合同管理有规可依。

2. 合同主体资格的法律风险防控

签订建设项目合同之前，主体资格审查是一项必不可少的工作。合同当事人应对交易对家的法人资格、履约能力、行为能力、项目合法性等各方面进行详尽调查，例如，发包人是否具有营业执照，是否得到所在地的立项批文，是否已获得建设用地规划许可证、建设工程规划许可证等。

建设工程总承包单位可以对工程进行分包，但是分包仍有明确的限制条件，包括发包人以明示的方式同意总承包单位分包，建设项目主体结构必须由总承包单位完成，不得分包。

3. 合同备案法律风险防控

为有效维护建筑市场的秩序，保护建设项目各方的合法权益，对建设项目合同实行存档备案管理制度。

实践中，为获得不当利益，同一建设项目可能会存在多份合同，根据法律规定，对于实质性内容约定不一致的地方，即便存在多份合同，也应以备案的中标合同为依据。为有效防止工程款项结算纠纷或者出现阴阳合同等风险，在完成中标和建设工程合同签署后，施工单位应及时与发包人共同办理合同备案手续。

4. 建设项目合同全生命周期法律风险防控

（1）合同准备阶段

规范使用合同文本，建议选择建设项目施工合同示范文本；充分调查交易对家资信情况，例如，发包人建设工程施工许可证、资金风险、承包人经营资质、失信记录、纠纷状况等，综合预判各方履约能力；成立专门的建设项目合同谈判小组，包括法律人员、财务人员、工程技术人员、审计人员等，对合同风险进行充分研判分析，科学合理降低风险影响。

(2) 合同审核阶段

合同内容经谈判拟定后，提交公司法律部门进行合法合规性审核，财务、审计、工程等部门在各自的职能业务范围内进行审核，必要时可召开专家评审会议，对合同具体内容的合理性、可行性、完备性等进行综合审定。

合同签订时，应由各方法定代表人或授权代表人签字，根据合同约定加盖公司公章或合同专用章以及骑缝章，不得在合同空白页上盖章，以防止本文篡改的法律风险。

(3) 合同履约阶段

加强动态管控，建设项目主办人员应实时跟踪合同的履约情况，及时进行合同备案，定期检查履约进度等。如出现合同部分内容调整或无法履约的情况，经协商一致，应及时签订书面的合同变更、终止协议。同时，应注意收集和保存好相关证据，包括双方往来函件、施工签证、支付票据等，以防日后出现争议时有理有据。

(4) 纠纷处理阶段

1) 及时进行索赔。在建设项目开展过程中，对于因对方过错导致的损失，应在合理期限内及时主张权利，包括提出经济补偿或工期顺延等要求降低损失。同时，应保存好各个环节的资料文书，例如，招投标文件、评标报告、工程图纸、谈判审核备忘录、授权书、往来函件和费用单据等，是保证合同权利义务实现和保护权益正当索赔的重要证明。可以进行索赔的情形包括发包人未按约定提供数据资料或设备供应材料、建设项目延期等。

2) 行使合同解除权。建设项目开展中往往会受各种因素影响，如合同确实无法继续履行，守约方可及时行使合同解除权来避免或减少损失的发生。解除的原因可以是双方协商一致，或出现合同中约定的解除事由，或出现法定解除事由。同时为避免法律风险，建议以书面形式完成合同解除程序。

3) 仲裁或诉讼方式。如出现争议或违约行为，各方应及时沟通协商，如无法补救，应根据合同中约定的争议解决方式及时主张权利，例如，向法院提起诉讼或向仲裁机构申请仲裁，避免因超过诉讼时效等原因导致损失扩大。

5. 加强合同信息化建设

建设项目相关的合同一般数量多、金额大、涉及的业务部门多，因此，企业可加强合同管理信息系统建设，与资产管理系统等有效对接，实现合同信息的专业审核、快速流转、实时跟踪、动态监督，形成管理闭环，提升合同风险防控能力。

3.3.5 建设项目不同阶段法律风险防控

1. 勘察设计阶段的法律风险防控

(1) 勘察设计主体资质风险防控

勘察设计阶段，各方应认真审查相对方的主体资格，包括营业执照、资信情况、履约能力等。承包人还应关注发包人的建设项目是否获得行政许可，发包人还应审查承包人是否具备建设项目勘察设计资质、相关资质等级是否符合项目要求等，避免因交易对家主体资质问题导致合同无效，从而产生损失。

（2）勘察设计合同法律风险防控

勘察设计合同中应对以下内容明确约定：

1）建设项目勘察或设计的具体内容，包括项目名称、规模、用地性质、施工或设计要求。

2）勘察或设计活动开展的依据，包括发包人提供数据资料的内容、时限。

3）合理的勘察或设计周期。

4）明确的成果质量交付要求。

5）建设项目勘察或设计现场服务要求。

6）费用支付约定等。

2. 施工阶段的法律风险防控

（1）工程质量法律风险防控

建设项目施工质量过程控制主要分为事前审查、事中跟踪和事后评审三个阶段。关于施工前的质量管理，承包人需要对技术、物质、组织和施工现场做好准备。监理工程师对承包人的施工前准备工作进行全面检查和控制，包括施工队伍的资质审查、原材料的管理、施工用设备审查、施工条件与环境的质量审查等，做好监控准备等开工前质量保证工作。

施工过程中，承包人委托监理工程师进行的质量管理包括：对自检系统与工序进行质量控制、对各项工程活动进行质量跟踪、对工程变更进行研究、对工序产品进行检查和验收、下达停工指令、控制施工质量、对分部和分项工程进行验收等。

建立合格供应商名录以帮助对供应商进行系统管理和评价，确保企业供应商的质量。企业应定期对供应商名录组织专业评审，对于评审不合格的供应商予以清退；在合同中明确质量标准、约定履约保函；禁止挂靠等违法行为；承包人要加强对工程质量的监督检查；购买工程质量责任保险等。

实践中，工程材料设备的质量不合格会对工程质量带来严重影响，同时承包人也应为此承担违约或连带责任。因此，加强设备质量风险防范也是尤为重要的一环。

施工企业应增强法律风险防范意识，可结合建设项目实际情况，成立专门法律风险防控小组，指定专业法律风险防控人员对建设项目工程质量法律风险防控进行指导。

（2）工程安全法律风险防控

增强安全意识是防范安全风险的重中之重。建立安全管理体系和管理制度，对施工中的各环节安全隐患进行及时清理和排查。

要提高施工安全风险识别管理，对潜在风险采取针对性的方法和手段加以分析、判断和归类。优化施工技术。开展施工安全重大危险源的辨识和风险评估。

投保工程保险降低安全风险，包括建筑工程一切险、安装工程一切险、第三者责任险、特种危险赔偿等。相比于通过诉讼和仲裁等司法手段来维护权益，投保建设项目保险对于防控风险更具有成本和时间优势。

(3) 工期延误法律风险防控

收到开工通知后，承包人应立即对施工现场的开工条件进行核实，如发现可能影响工程进度的因素应留存好相关证据，并以书面形式通知发包人；在建设项目施工过程中，如出现非因承包人自身原因影响工程进度的情形，也应收集保存好相关证据，并根据合同约定的时限和程序及时向发包人提出工期索赔。

对于承包人提出的工期顺延索赔主张，发包人应全面审核：一是申请索赔的主张是否符合法律规定和合同约定；二是索赔的内容和范围，是否有具体的工期延误天数、损失内容和预期利润；三是引起索赔发生的责任方和事实理由是否明确。经过全面审核后，发包人应在约定的时间内决定是否顺延工期和赔偿损失，同时需要关注的是，即便通过审核，承包人仍有责任组织后期施工计划的开展。

(4) 建设项目结算法律风险防控

在建设项目合同中明确相关结算条款，在履约过程中如果施工内容等发生变更，应以书面方式确认。各方都应保存好工程管理中的相关证据，包括招投标文件、工程设计图纸资料、往来函件答复、现场记录、备忘录、会计凭证等，证据资料的完整保存对于后续解决纠纷至关重要，否则就会面临败诉的不利后果。

发包人在收到结算资料后，应尽快进行审核。对于一些规模较大、各方主体关系复杂的建设项目，由于结算往往内容复杂、专业性强，发包人如有异议，应及时提出并与对方沟通协商，避免因超出异议期间而承担不利后果。

承包人在建设项目开展过程中应严格把关工程质量和工程进度，避免因此类问题违约导致项目价款无法及时结算；关注《工程结算单》的效力，在建设项目竣工验收后及时提交结算报告，与发包人沟通项目结算事宜；针对垫资行为，要严格规范招标投标程序，加强对相关单位的资信审查，把好工程价款结算关。

关注诉讼时效。根据法律规定，权利人在法定期间内未行使自己的合法权利就会丧失再诉讼权，因此，一旦发生工程款项争议，如需通过司法手段维权，相关方需关注诉讼时效，避免因超过时效而无法实现合法权益。

(5) 建设项目分包或转包法律风险防控

对于分包，应在法律允许的条件和范围内进行，同时应严格审查接受分包人的资质，确保合法合规，例如，劳务分包应分给具有劳务作业资质的劳务企业。对于转包，应坚决杜绝，避免法律风险。

一是加强施工合同管理，合同中明确约定对工程分包的要求，同时在履约过程中严格监督检查，承包人是否存在违反合同约定违法分包的情形。

二是加强人员管理，明确建设项目经理、质量监督员、安全责任员等人的职责分工。

三是对相关责任人的违法违规行为建立惩罚机制，如发现企业内部存在转包或违法分包等违规行为的，企业纪检等有关部门应严格按照法律法规和公司制度规定处理，加大惩罚力度。

3. 监理阶段的法律风险防控

(1) 项目监理质量和安全风险管理

工程监理以事前控制为主，对工程施工进行全员、全方面、全过程动态监理。监理单位对施工过程中的安全监理方法包括安全专题会议、日常巡视、安全检查、监理指令、安全监理例会和监理报告等。

安全监理的事前控制包括审查项目经理部的安全施工许可证、人员资质、安全保障和各项管理制度，例如，安全教育管理制度、临时用电管理制度、安全用品采购管理制度、文明施工管理制度等。

安全监理的过程控制主要是确保施工单位对各项安全方案进行落实，降低安全事故发生率，例如，对施工安全保障体系进行监控、对工地进行巡视，定期做好确认记录，及时排除安全隐患风险。

（2）建设项目监理合同风险管理

建设项目的发包人应是经法定程序批准实施工程项目建设的合法权利人，对于国有投资的大中型经营性项目，建设单位必须为法人。监理人依法应具备法人资格，在许可范围内从事监理活动。

建设项目双方签订的工程委托监理合同主要包括以下内容：

1）明确监理的内容和范围，例如，承担建设项目哪个阶段的监理业务，具体的监理工作内容。

2）明确双方的权利义务。一般情况下，发包人的权利义务包括负责协调建设工程的外部环境、提供工程监理所需的资料、按约支付监理费用等。监理单位的义务包括按约完成监理业务、对工程相关资料保密、业务完成后返还相关物品设备等。

3）监理费用的支付。我国实行政府指导价的建设项目监理业务收费标准，根据《建设工程监理与相关服务收费标准》，浮动幅度为20%。

4. 有效选择争议解决方式

对于建设项目相关的法律纠纷，一般有四种争议解决方式可供选择：诉讼、商事仲裁、独立调解、专家评判机制。

（1）诉讼

诉讼是人民法院根据法律规定，在当事各方的参加下，依法解决争议纠纷的活动，这是一种最基本的争议解决方式，程序要求严格，判决具有强制执行力。

（2）商事仲裁

商事仲裁是指当事各方协议将争议提交第三方，由第三方对争议事项进行评判并作出裁决的一种争议解决方式。

相比于诉讼，商事仲裁具有以下特点：

1）自愿性。仲裁以当事各方自愿为前提，可以协商约定是否选择仲裁作为争议解决方式，确定仲裁后也可以自主选择仲裁机构、仲裁员、仲裁庭组成、仲裁审理方式等，充分体现当事方意思自治；

2）专业性。建设项目争议一般涉及专业的技术性、法律性问题，而仲裁机构都有分专业的仲裁员名册供当事人选择，仲裁员一般既精通法律又熟悉行业规则，裁决更具有专业权威性；

3）灵活性。商事仲裁中一些具体的程序可以由当事人选择，相比于诉讼严格的程序规定，更具有弹性和灵活性；

4）保密性。仲裁以不公开审理为原则，对于当事人的商业秘密和业务内容能够给予充分保护；

5）高效性。仲裁裁决为一裁终局，仲裁适用普通程序时审限为 4 个月，适用简易程序时审限为 75 天，而诉讼中即便采用简易程序仅一审的审限也至少 3 个月，因此仲裁相比于诉讼具有高效省时的优势，仲裁裁决作出后便具有法律效力，为当事人快速解决纠纷提供便利；

6）独立性。仲裁机构独立于行政机构，仲裁庭作出裁决不受任何机关、团体和个人的干涉。目前已经成为国际上公认并广泛采用的争议解决方式之一。

（3）独立调解

建设项目争议相关方还可以将争议事项提交调解中心，选定或委托调解员调解解决，形成各方都认可的调解方案，签订调解协议。

不同于诉讼和仲裁，调解结果本身并不具有强制执行力，但是独立调解的成本比仲裁更低，程序也更加简便，同时相比于前两种方式，能够更好地维护之后的商业合作关系。

（4）专家评判机制

结合我国建设项目实际情况和国际上认可的建设项目争端解决机制，我国目前的建设工程示范文本中也提出了“专家解决工程争议”的争议评审制度。

建设项目各参与方发生争议后，可以将纠纷交给具有资质的第三方进行裁决，这是介于民间调解和仲裁之间的一种争议解决方式，第三方由法律和建设项目专业人士等组成，各方对于第三方作出的裁决是否为终局裁决可以进行协商约定。

建设项目主体可结合项目实际情况和上述争议解决方式的各自优势，综合考虑成本、收益和时间等因素，有效选择对己方有利的纠纷解决方式，以最大限度地避免损失，维护企业的合法权益。

3.3.6 建设项目总承包法律风险防控

1. 建设项目总承包合同的法律风险防控

建设项目总承包合同的法律风险防控贯穿工程立项、设计、施工、竣工验收、结算全过程。

在签约之前，要加强对合同主体资格、履约能力、资信等的审查和调查，对工程项目背景、建设工程立项、环评、土地审批文件的合法性等进行调查。对合同文本中的工程范围、承包人和发包人责任、合同价款、支付方式、法律适用和争议解决条款等进行严格审核。对建设工程项目招标投标程序和招投标文件进行合法性审查。

2. EPC 工程总承包模式法律风险防控

EPC 工程模式是指发包人选择一家承包人整体负责工程项目的设计、采购和施工，并对工程的工期、进度、质量和安全等全面负责的工程项目承包模式。这种模式可充分发挥工程总承包人在建设领域的丰富经验，优化资源分配，反映了发包人防控风险的现实需求，主要适用于专业技术要求高、建设结构工艺复杂、投资规模较大的工程建设项目。

国际上EPC工程总承包主体一般有以下几种形式：综合公司单独承包，即一家具有综合功能的工程公司在获得勘察、设计、施工等总承包资质后统一开展业务；联合体承包，即工程勘察公司、设计公司、承包人等组成联合体，对工程项目进行联合总承包；设计企业单独承包，取得工程设计资质的企业开展总承包业务，同时将工程施工、原料采购等业务分包；施工企业单独承包，由施工企业进行采购-施工总承包，同时将工程设计进行分包，目前此种情况较少。

工程总承包人在业务中应对工程现场数据和资料正确性负责、对设计文件的合法合约性负责、对工程设计适用性负责、承担工程变更和价格调整风险、不可抗力带来的损失等。

为防范和降低风险，总承包人应对工程现场和背景环境进行详尽调查，认真分析招标文件各项内容，避免因理解歧义或信息疏漏而导致法律风险。

3.3.7 智能建造项目法律风险防控

1. 建设项目人工智能技术应用的法律风险防控

(1) 加强信息保护

严格遵守法律规定。《民法典》和《个人信息保护法》中对个人信息的内容进行了明确保护：

1）个人信息是以电子或者其他方式记录的能够单独或者与其他信息结合识别特定自然人的各种信息；

2）对个人信息的处理包括信息收集、存储、使用、加工、传输、提供、公开、删除等，应当遵循合法、正当、必要、诚信原则，提前征得相关信息人的同意、公开处理信息的规则、明示处理信息的目的方式和范围；

3）信息相关人可以向信息处理者查阅或复制个人信息，发现错误的有权请求更正，发现违法违约的，有权请求删除；

4）信息处理者不得泄露或篡改其收集储存的个人信息，未经信息相关人同意不得向他人非法提供；

5）完善信息安全系统。建设项目智能建造的相关信息处理方应建立和加强平台信息安全系统，采取必要措施保证信息安全，避免信息泄露、篡改、丢失，一旦发现前述情形，应及时采取补救措施。

(2) 明确责任范畴

在我国的法律体系中，人工智能产品尚不具备民事主体资格，发生侵权问题时，可具体结合《侵权责任法》等法律法规进行责任划分。

一般情况下，如果因人工智能产品自身操作系统出现问题，那么主要责任会追溯到设计者和生产方承担，因此设计和生产者要加强优化设计，保证产品质量以减少侵权行为发生，同时生产者也可以结合情况通过“当前科学水平尚不能发现缺陷”这一免责事由举证来减少责任风险。

如果因使用者操作不当导致损失发生，那么建设单位应承担主要责任，因此对建设项目智能平台的使用者应加强培训，保证操作和运行的正确规范。

（3）建立数据安全保护机制

建设项目各参与方应用智能建造平台，应严格遵守国家网络安全、数据安全等级保护制度，严格落实数据安全保护义务，在企业内逐步建立健全建设项目智能建造全流程数据安全管理制度体系，明确数据安全负责人和管理机构，明确智能建造平台数据系统权限和数据管理部门主体责任，制定数据安全管理办法，科学规范数据安全管理流程，严格履行数据保护义务。

（4）加强数据风险监测与评估

1）优化监管体系，提升监管意识

明确智能建造平台各参与方的职责义务，确定监管主体，成立建设项目智能建造监管委员会，对技术的应用进行定期监督管理，一旦发现平台数据缺陷、泄露等风险，应立即采取补救措施。发生数据安全事件，及时告知相关用户和有关部门，同时立即采取措施避免损失发生。

2）构建建设项目人工智能实时监测平台和动态评价机制

相关主体应及时对相关风险进行分析评估，或邀请第三方专业机构来进行智能平台数据评估和安全保障工作，定期向有关部门报送风险评估报告，内容包括处理重要数据的种类和数量、开展数据处理活动的情况、存在的数据安全风险以及应对措施等，将损失和影响控制在合理的范围内。

（5）完善法律法规

对于大数据相关的风险，顶层设计方面，可以完善数据合规法律体系，建立健全以数据安全专门立法为基础，以信息保护法、网络安全法等为支撑的数据合规法律法规体系。

对于人工智能发展带来的法律风险，包括产生新的犯罪形式、脱离人类控制产生危害社会的行为等，有学者从刑法角度提出可增设滥用人工智能罪、人工智能事故罪等，将利用人工智能相关犯罪纳入《刑法》的规制范畴，同时从法律层面明确人工智能技术的应用规范、滥用人工智能技术的表现形式、人工智能产品设计者和使用者的数据保护责任义务等，从源头防控风险。

（6）完善智能平台法律风险管理设计

在建设项目智能平台的程序设计和编制中加入学习法律法规的部分，将法律规范、典型案例等作为人工智能的学习内容，提升智能平台运作的规范意识。

（7）加强数据合规管理

积极开展事前数据合规工作，制定数据合规计划，编制数字安全合规指引，防范数据风险；加强过程性数据合规管理，明确智能平台数据合规主体责任。

2. 建设项目 BIM 技术应用的法律风险防控

（1）合理划分责任

应用 BIM 技术的建设项目，设计方、承包方和供应方等各参与方之间的协同运作功能得到加强，但是各方共享和交互数据容易导致模型中各参与者的职责模糊，这时如果各方没有合同关系，而相关数据又出现了错误，设计方和施工方的责任承担问题就会出现争议。

基于此种情况，BIM 技术的各参与者可以根据从 BIM 中获得的利益、各自控制风险的能力和转移风险的能力等方面，提前以合同等方式合理划分风险承担，明确模型风险管理者、协调维护者等各个角色的担任主体、确定工作范围。例如，设计师因设计错误而导致产品缺陷，面临的风险可能会很大，这时设计人员可以约定免责声明、赔偿的限额，或者提前购买相关的保险来转移风险。

（2）设计合同文本

目前，我国建设项目设计、施工合同示范文本主要是针对传统建设项目制定的，虽然部分地区出台了 BIM 技术相关的合同示范文本，如《上海市建筑信息模型技术应用咨询服务合同示范文本》，但是并没有涵盖参与各方的权责分配。

因此，基于 BIM 技术的建设项目应重新设计合同模板，包括产品的产权归属、各方参与者的职能角色、责任划分和风险承担、基于 BIM 技术的工作流程、基于 BIM 附加价值的设计补偿、各参与方的建设项目保险种类、模型变更记录要求等，提前防范新技术应用的法律风险，同时充分发挥 BIM 技术的应用潜力。

（3）合理划分权属

1）如果按照谁创建、谁拥有的观点，采用 BIM 技术的设计作品产权归属设计师，那么对于建设单位和承包人等其他参与者来说，应提前约定对于模型的使用权以及建设单位在运维阶段对于模型的使用和修改权。对于设计师来说，因为已经授权其他参与者有条件地使用模型，那么可以约定免除设计师承担后续模型修改和复用产生的法律责任。

2）如果按照所有权属于建设单位的观点，那么因设计错误而产生的风险也随之转移给用户，这种情况下，建设单位应提前通过合同约定等防控使用风险。

3）如果按照各方成果各自所有的观点，容易产生交叉授权的情形，模型中的信息也更易于复制，这种情况下，参与各方在提供有专利的设计或机密信息时，建议签订防止专利盗用或保密协议，并在数据的所有、使用和共享上作出明确限制，避免出现权属争议。

3.3.8 海外建设项目法律风险防控

针对境外工程复杂、风险性较高的特点，企业要增强风险防控意识，健全境外机构风险防控制度，培养专业人员、制定风险防控具体措施，积累对外工程承包管理经验，建立境外建设项目法律风险防控体系。

1. 海外建设项目开始前

（1）进行充分的背景调查

一是指派专业律师团队或委托第三方机构到项目所在地提前做好尽职调查，充分评估所在地的法律法规、政治政策、工程环境、民族文化、经济政策、宗教历史、环境保护、劳务用工、争议解决等现状情况和相关要求，提前做好法律风险识别与评估，出具专业分析报告。

二是做好海外建设项目的财务尽职调查，对于项目的总工程量、设备材料采购、劳务成本等进行充分预算评估，做好成本控制，防止信息不对称带来的损失风险。

（2）项目招投标阶段

充分研究和理解建设项目招标文件中有关数据、融资、法律适用等方面的条款，如发现歧义，及时与业主方沟通，明确内容要求。

（3）建立海外信息库

提升海外建设项目信息化管理水平，建立基础数据库，收集整理海外建设项目所在地的法律法规、政治政策变化情况等，为企业法律风险防控提供动态支撑。

2. 海外建设项目合同法律风险防控

（1）合同谈判前

成立包括业务、法律、财务、翻译等人员在内的专业谈判小组，深入分析研究项目所在国的政治、经济、法律等背景，制定专业的合同谈判策略。

（2）采用国际上认可的合同示范文本

文本选择上，由业主负责设计、承包商负责施工的传统工程项目可适用 FIDIC 的《施工合同条件》，EPC 建设项目可适用 FIDIC 的《设计采购施工工程合同条件》，电气和机械设备相关的设计和施工多适用 FIDIC 的《生产设备和设计——施工合同条件》，规模相对较小的建设项目可适用 FIDIC 的《简明合同格式》。

文本内容上，对于可预测的合同风险，采用合理的风险分配原则，划分风险承担主体，整合各类资源有效应对和防控风险。对于不可预测风险，提前研究合法科学的索赔方式，降低和转移该类风险的损失。

（3）控制原材料价格上涨带来的风险

在 EPC 模式下，承包方往往要承担原材料价格上涨带来的风险，海外建设项目一般规模大、工期长，原材料价格上涨会大幅增加建设项目的投资成本。因此，承包方可以在签订合同时提出合理的原材料涨价要求，将这一成本计入合同总价款。

（4）选择合理的国际结算方式

选择有利的合同货币，尽可能避免汇率风险。选择安全的国际结算方式，确保因为支付时间问题导致的汇率风险可控。

3. 海外建设项目实施阶段

（1）融资风险防控

在建设项目融资过程中，建设单位应制定详细的项目可行性研究报告；申请信贷业务要求项目所在国提供主权担保，并约定明确的违约责任和赔偿方式；通过保险转移风险，将东道国违约作为投保标的，出现融资风险可先由保险公司赔偿。

（2）税务风险防控

加强对建设项目所在国税制规定的调研，充分了解招标文件中的税务条款约定，同时，利用双边税收协定中的优惠政策，降低税费成本。

（3）加强国际交流合作

在建设项目开展过程中，企业应加强与项目所在国政府和相关企业的交流沟通，及时了解相关政策动态，同时建立良好的合作关系，以便于及时加强法律风险预警和防控。

4. 海外建设项目法律风险发生后

有效利用争端解决机制。海外建设项目承包企业应关注合同中关于争议解决和法律适用条款的约定，以便争议发生后，及时通过和解、调解、仲裁和诉讼等多种方式有效地解决纠纷。

如果是合同履行期间的纠纷，在 FIDIC 的合同范本中，可以选用 DAB(争端裁决委员会)来处理纠纷。作为一种民间争议解决方式，其程序便捷、公正高效，国内工程企业可以充分研究 DAB 机制的规定要求、程序效力等，利用该种方式快速解决建设项目争议，实现节约成本、减少损失、维护权益的最佳效果。

第 4 章

建设项目审计监督

PART 4

本章划分为五小节对建设项目风险综合管理进行介绍。

其中第 4.1 节主要介绍建设项目审计的基本概念、内容和特点，同时明确在新形势、新业态、新模式下审计工作的总要求，梳理了建设项目审计的历史沿革和发展趋势，解释了引入新型建筑模式深化工程审计内涵和其外延拓展，并列举了通过信息化、大数据、标准化实现审计方法创新的理念。

第 4.2 节主要围绕建设项目审计的组织与实施展开，主要介绍了建设项目审计的顶层设计和运行机制、创新的审计模式和方法技巧，建设项目全过程审计的相关内容以及不同建设投资模式审计要点分析。

第 4.3 节主要介绍建设项目审计的主要内容，从建设项目的每个关键阶段的审计进行阐述，分别用案例证明了该阶段审计的重要性。

第 4.4 节主要是工程审计的后果与评价，介绍了工程审计的成果、针对建设项目绩效如何编制审计指标体系以及审计管理指南。

第 4.5 节主要是 BIM 技术与工程全生命周期结合的审计，主要介绍了大数据时代背景下如何结合智能技术对工程全生命周期进行准确、高效的审计。

4.1 建设项目审计概述

4.1.1 建设项目审计概念

审计是指一种通过对被审计单位的财务状况以及有关经营活动实施检查、评估的与被审计单位组织和人员无关的监督活动。

从理论的角度而言，建设项目审计是指根据国家制定的政策、法律规范、技术和经济指标，利用审计这一技术对建设项目的建设施工全过程的技术、经济活动和与之有关的工作进行审计、监督。这不仅是我国审计监督的一个重要内容，同时也是国家对固定资产投资行为进行监督的一种重要方式。

2005 年，全国内部审计协会制定了《内部审计实务指南第 1 号：建设项目内部审计》，以保证工作的可信度、公正、可操作，并对其中的各种可能会存在的缺陷进行精确的审核，这种行为被称为建设项目内部审计。内部审计的目的是促进和提升建设项目在建设质量、建设速度和建设完成投产之后的效益。

为了能够更加容易地理解建设项目审计这一概念，在上述内容的基础上，还需要对工程项目审计的内涵进行深入的分析。

1. 建设项目审计主体

与其他审计类型不同，我国的建设项目审计主体主要由政府、社会和国内审计组织组成。政府审计机构专注于审计基于国家资金投入或融资的重大建设项目，但是，社会审计组织也可以参与到具有一定行业竞争性的建设项目中，并且可以审计政府委托的基础性和公益性的建设项目。在大部分航油公司内由各级审计部门及承担审计工作的部门按照规定，对航油公司及所属各公司负责管理的各类建设项目、维修项目及参照建设项目计价方式核算临时设施所进行的审计监督、评价和服务活动，便属于内部审计机构这一主体的职能。

2. 建设项目审计客体

根据建设工程审计概念，建设工程审计对象是建设过程中的技术和经济活动，包括工程竣工前、竣工中和竣工后的所有工程。建设工程审计对象从实体来看，包括建设部门、地方政府、设计部门、施工部门、财政部门、监理部门以及参与建设和管理的所有部门或单位。在航油公司内部，建设项目审计客体，即航油公司及所属各公司负责管理的各类建设项目、维修项目及参照建设项目计价方式核算临时设施。

3. 建设项目审计范围

审计工作的重点在于对基础设施和技术改进项目进行评估。

4. 建设项目审计依据

建设项目审计依据分为三个层面：

（1）方针政策

主要是指在特定时期国家颁布的一系列宏观调控的政策、对特定行业的政策以及特定时期内的规划与发展等。这些因素对工程建设项目的投资与决策的审计工作具有重大影响，它们作为工程建设项目审计的依据，对建设项目审计的实施起到了宏观和指导的作用。

（2）法律、法规

我国的建设项目审计实践必须严格遵守法律法规的规定，这些规定包括：《中华人民共和国审计法》《内部建设项目审计操作指南》《中华人民共和国建筑法》《中华人民共和国民法典》《中华人民共和国招标投标法》《中华人民共和国价格法》《中华人民共和国税法》《中华人民共和国土地法》以及国家和各省市地区颁布的其他相关文件和规定。这些法规是审计工作的刚性依据。

（3）相关的技术经济指标

在造价审计过程中，应当严格遵守概算定额、概算指标、预算定额，并结合相应的技术经济分析指标，对建筑物的投资回报进行全面的评估。

5. 建设项目审计目标

与传统的审计方式不同，建设项目审计应遵循三个核心原则：确保审计的准确性、公正性、可靠性。在此基础上，应当全面检验、考核、分析、总结，以确保审核的准确性、可靠性和及时性，为建设项目的可持续发展提供保障。经由对建设项目审计，可以推动企业实施有效的内控机制，确保施工准确无误，同时也能够有效地改善投入产出比，从而实现双赢。

6. 建设项目审计内容

（1）从建设项目审计程序上看

建设项目审计主要分为三个部分：开工前审计、在建期审计和竣工后审计。

1）开工前审计。审计过程中，相关审计部门会检查所有必须完成的步骤，以保证项目的成功执行。通常，这种审计会检查包括投资、勘测、设计、融资、施工准备、招标以及施工协议等方面的相关内容。

2）在建期审计。根据建设项目审计的相关法律法规及相关条例规定，我国政府审计机关在建设项目建设期间进行审计的主要内容有：

① 在审计建设项目准备阶段的资金使用情况，应当特别关注的内容是土地征用、土地使用及“三通一平”费用的管理，以确保项目的有效实施，并确保资金的有效使用。

② 审计项目的概算报告。主要项目有：是否依据国家颁布的设计方案、定额等标准委托有能力的机构对概算进行设计与调整，是否通过相关部门的审核；设计变更的条件是否与标准一致，程序是否完备；关系到建设项目范围的单项工程中的投资以及设计要求的调整变动申请有无按规定的批准程序，有没有擅自增加投资、提高工程要求的情况。

③ 对建设项目经济合同的具体实施情况进行有针对性的审计，以确保建设项目的经济合同符合国家法律规定，并且需要重点审计参建单位或甲乙方是否严格遵守合同内容。

④ 对建设项目的概算与实际情况之间的差异进行审计分析，查明出现较为重大差异的原因。

⑤ 审计监督建设项目内部控制制度。对审计内部控制制度的健全性和执行的严格性，以及对审计内部控制制度执行的有效性进行重点审计。

⑥ 审计监督建设项目的资金来源、到位和使用情况，确保建设项目的财务状态良好，并且能够按照相关的要求进行管控。密切关注财务报表中的异常信息，以确保财务报表的准确性、完整性、可靠性，从而确保财务支出的公平性、公正性。

⑦ 对建设项目建设的成本进行审计监督。审计内容应包括工程款的真实性和合法性，财务报表的真实性；待摊投资的超支程度和原因，是否将成本列入待摊费用的范围；施工单位是否正确汇总施工成本，是否严格按照概算口径和有关法规准确核算单位工程的成本；生产成本和施工成本，同一单位实施的不同工程之间是否存在混淆。生产成本和施工成本之间以及同一组织实施的不同工程之间是否存在模糊不清的情况；是否存在“账外账”等违反规定等行为，这些违反纪律和规范的行为是审计的重点。

⑧ 审计建设项目材料和设备的采购和管理情况，相关的主要内容包括设备、材料和其他用品的采购是否符合建设项目的设计要求，是否盲目采购，设备、材料和其他用品的接收、储存、使用和维护是否有效，同一建设期消耗的建筑材料和用品是否严格按照相应的分类方式入账。

⑨ 审计和监督建筑项目的税收和征费的计提和支付情况。核实建筑部门的税费是否按照国家规定计算并按时足额缴纳。

⑩ 审计和监督有关环境保护的法律、法规和政策在建设项目中的实施。主要是核查相关的国家环境法律和政策是否在建设项目的设计和施工等全生命周期内得到执行，以及环境管理项目是否与建设项目同时实施。

⑪ 审计监督工作将重点关注与建设项目相关的设计单位，以确保其符合有关部门批

准的标准和规模，并且确保其设计费用的收取符合国家的法律法规。

⑫ 对建筑项目有关建设施工单位进行逐一审计和监督。主要关注建设项目是否出现了非法分包、转包的情况，工程款的合法性，建筑工程的执行情况是否存在对建设项目质量和资金出现损害等行为。

⑬ 对建设项目的监理单位进行审计和监督，应注意需要对以下内容进行重点审计：监理部门是否具有建设项目的相关监理资质，监理任务是否符合合同要求，监理费用的收取是否符合国家有关法律规定。

3）竣工后审计。从理论层面上讲，建设项目竣工后审计应该覆盖后期的全部工作，而不仅限于竣工验收和报告阶段。竣工后审计的重点应放在检查验收程序的合规性，验收报告的准确性、可靠性以及合理性上，检查竣工报告和总结报告是否采用了正确的计算方法和表述，检查建设项目的总投资是否超出预算，是否符合批准的投资计划要求以及检查建设项目的实际投资效益是否达到投资决策中规定的预算指标。

但是在实际的操作过程中通常会与理论情况有所出入，在竣工后审计的工作中，审计人员通常围绕着竣工决算的相关内容开展审计工作，重点审计的相关内容包括：

① 审计监督建设项目竣工决算报表。建设项目审计将特别关注已完成的工程概览、财政预算、资金总额以及资金清单，对竣工阶段的建设项目会仔细检查所有相关的财务信息，确保正当性。此外，审计人员还应审计竣工决算说明书，保证完整性。

② 审计监督建设项目的投资和概算执行情况。主要包括不同资金来源的实际投资额；没有到位的资金、原因和影响，预算调整的原则是否符合规范，是否根据不同的调整因素、设计变更和估计费用对总投资估算进行核实，对建设项目预算超支是否进行核实并分析其原因，是否对扩大、超额的项目外投资情况进行分析等。

③ 审计监督建设项目中建筑安装工程的财务处理、资本投资和折旧投资的会计处理是否正确、合法和合理。

④ 审计监督建设项目资产使用的期限和执行情况。重点包括固定资产是否真正交付，验收检查程序是否到位，流动资产和铺面流动资金的转移是否真实合法，无形资产的交付和递延资产的交付情况等。

⑤ 审计监督未完成的工作情况以及后续所需的投资金额，并检查是否留存了足够支持建设项目全部完工的投资金额以及是否增加了新建设工程等。

⑥ 审计监督建设项目的资产负债表，包括检查银行存款和现金、存货等资金是否被滞留、隐藏、转移或挪用，应收账款和建设资金是否被挪用，债务是否及时清理等。

⑦ 审计监督建设项目投入生产后的收入的来源、分配、支付、持有和使用是否真实并符合我国相关法律法规。

⑧ 审计监督投资的包干结余，侧重于包干目标的实现和余额配给情况是否合理合规。

⑨ 审计监督建设项目的投资绩效。重点是评估和分析建设期的长短对项目投资回报的影响；分析建设成本，评估技术和经济项目指标，如投资回收期、资金净现值和内部收益率；分析项目的还贷能力；评估项目的经济、社会和环境效益。

审计机构在审计一个建设项目时，必须确保它已经通过了初步验收检查，并且已经编制了竣工决算，以确保该建设项目符合所有相关规定。建设项目审计的流程如图 4-1 所示。

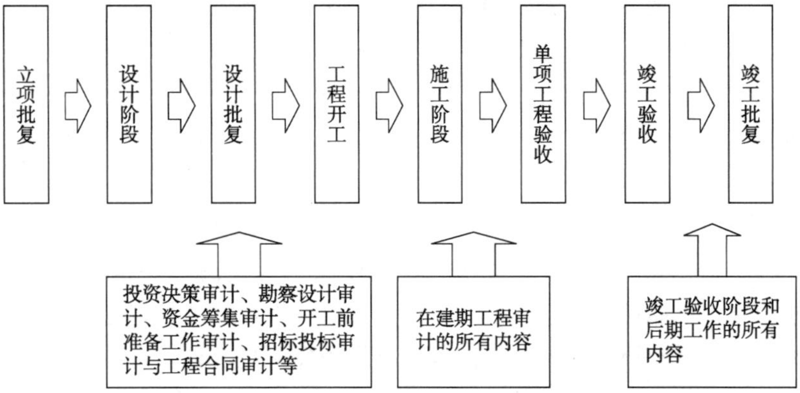

图 4-1　建设项目审计流程图

（2）从建设项目审计内容的专业特征上看

建设审计项目包含多个方面，如工程造价、财务收支、建设管理和投资效益审计等。

1）工程造价审计，是指按国家或行业的建设工程预算定额的编制次序或按施工次序逐个进行审核的一种方法。根据建设项目的特点，审计方法具有多样性，其中最常见的包括全面审计、标注图审计、分组计算审计等方法，以确保审计结果的准确性和可靠性。

2）财务收支审计，是指可以依据有关的法律、法规、制度以及会计学的基本准则，来审计企业的会计记录、报告以及所有的财务状况。这一过程的主要目的在于，通过审核、分析、纠正错误，确保企业符合有关的税收、纪律标准，提高企业的运作水平，实现企业的可持续发展。

3）建设管理审计，是指对建设项目的经营活动和内部控制是否适当、是否有效进行的一种确认与评估。

4）投资效益审计，是指国家审计机构从宏观和微观两个方面审查和评价投入基本建设投资经过投资活动的建设项目取得的有效效果。具体指标为：①是否能够通过降低开发成本、节约财政开支、追求卓越的服务水平，实现更快的经济发展，实现更强的经济效益；②是否能够通过节约人力、降低经营风险，实现技术创新，实现经济效益的持续发展，实现更高的经济目标；③我们应该尽可能地促进国家的经济发展与国防服务；④是否能够推动实现和执行国家战略目标、政策，并确保完成基本建设的计划。

（3）从建设项目审计范围上看

审计工作的重点在于对基础建设项目和技术改造项目进行全面评估，以确保其符合预期的经济效益。

1）在基本建设项目审计中，应对包括勘探、施工、材料采购、劳动配置、财务状况和完成情况等各方面进行审计。

基本建设审计具有以下几个方面的特点：①基本建设审计范围广泛，包括项目规划、设计、施工、物资供应、资金使用和竣工验收等多个方面。②在进行基本建设审计时，将建设项目审计划分成三个主要阶段：事前审计、事中审计和事后审计。能够更全面地了解整个建设工程的运行情况。③基本建设审计方法具有技术性，需要应用多种经济和技术手段，如工程勘察设计、工程概预算编制、施工组织等，以确保审计监督的有效实施。

2）技术改造项目的审计涵盖了技术改造项目的各个环节，包括决策、审批程序、资金来源、财务收支、财经纪律和制度执行、投资效益等方面。采取先进的技术方法，结合最新的政府政策，严格遵守相关的法律法规，全面审查技术改造投资项目的实施、实施步骤、资金使用、经费管理、财务管理以及相应的管理机构的工作效率。

（4）从建设项目内部审计规定的角度上看

通过开展全面的建设项目内部审计，能够有效地监督、控制、检查、调整、改善、优化、完善、维护、保障整个建设项目顺利进行，从而确保建设项目的有效实施、高效运营、费用节约、效率提高、风险降低、效益提升。

1）投资项目投资立项审计。主要核实和评估决策过程和为投资项目制定的可行性研究报告是否真实、完整和科学。

2）设计（勘察）监督审计。设计（勘察）监督审计主要核定建设项目的勘察和设计阶段检查和评估控制的质量和有效性。

3）招标和投标审计。是对招标和承包工程的质量和效果的审计和评估，涉及投资项目的各个方面，包括研究、设计和施工等。

4）合同管理审计。是主要对建设项目投资过程中每个具体合同和各项行政管理工作的质量和效果进行审计和评估。

5）对设备和材料采购的审计。可以检查和评估项目投资过程中设备和材料采购的各个环节的质量和效率。通过审计，可以确保项目的顺利实施，并为后续的管理提供依据。

6）建设项目管理审计。可以有效地监督和评估投资项目的实施情况，从而确保工作的进度、施工质量、工程监理以及投资管理的有效性。

7）工程造价审计。工程造价审计可以确保投资项目的所有费用都符合法律规定，并进行准确的评估。

8）竣工验收审计。竣工验收审计是对已完成的投资项目的验收、试运行和合同执行情况进行审计和评估。

9）财务控制审计。财务控制审计应监督和评估投资项目的资金筹措、资金使用及其核算的真实性和充分性。

10）项目后评价工作审计。项目后评价工作审计是指在投资项目建成投产后，对相关经济技术指标是否达到预定目标进行审计和评价。

7. 建设项目审计特点

建设项目审计作为一项专业审计，与审计对象、审计范围、审计内容、审计任务、审计目的、审计本质等有着密切的联系，有着不同于其他审计的特点。一般来说，固定资产投资项目审计工作是一个独立的，综合各类专业知识的，需要众多部门共同协作、相互配合的工作，它反映了我国的宏观经济管理与投资政策的审计。它的主要特点是：

（1）审计独立性

独立性是所有审计工作中都具有的原则和特点。固定资产投资项目审计与各具体的项目管理部门是相互独立的。在项目决策、资金和物质调配、设计和施工作业等方面，审计独立性是确保审计结果和评估的客观公正的重要手段。

（2）审计范围广泛，内容复杂

建设项目投资从提出项目建议书起，就要对总投资金额进行概算，并着手确定投资建设项目的资金来源，由此开展的管理经营活动。通过对建设项目的可行性评估，初始预算的制定，投资总量的确定。随着资金投入后，相关单位将开始进行一系列工作，包括但不限于施工方案的制定、建筑安装施工、设备及原材料采购。工程完工和投产后，要进行建设项目的竣工决算，以体现工程的投入和产出成果。

对建设项目进行审计，不仅要对投资的各个环节进行全面的审核，还要对投资财务、管理等方面的各项工作进行全程的监督核查。既要对建设项目的计划、概预算进行审计，还要对项目的经费来源、使用情况进行审查；既要对建设项目的竣工决算进行审计，还要对投资产生的效益进行审计。因此，建设项目审计具有审计范畴很广，审计内涵也比较复杂的特点。

（3）审计客体广

在固定资产建设项目审计的过程中，对利用国有资金进行工程建设项目投资的政府机构和单位等都需要接受审计机构的审计，并将需要审计的目标扩展至与投资的建设项目有关的其他单位部门与金融机构。

（4）审计方法多样

根据建设项目的不同，建设项目审计所面临的情况也不尽相同，所以会采用多种审计方法进行审计。审计过程中将传统审计方法与现代审计方法、宏观和微观审计方法、国外审计方法和国内审计方法相结合，使得我国固定资产投资项目审计方法呈现出多元化特点。

（5）审计的环节多

在建设项目准备阶段，资金运用情况审计、在建项目审计以及竣工决算审计，都是建设项目审计的重要环节。

在建设项目准备阶段，审计是对已经完成的、即将开工的建设工程项目进行的一种审计，以确保建设项目资金充足、条件符合要求，避免因缺乏必要的资金而造成的资源浪费。

在建项目审计是指工程建设项目开工之后到工程竣工之前这一区间里对有关该建设项目的所有项目进行审计，包括概算（预算）执行中资金的收支和项目管理等方面的内容。其目的是及时解决在建设项目的施工中出现的问题，保证在提高经济效益的基础上及时保质地完成建设项目的建设。竣工决算审计是对已经竣工的工程决算进行审计，其主要内容包括决算是否真实完整、是否符合相关规定。其目的是确保建设资金合法、合规、合理地使用，对建设项目产生的经济效益进行正确评价，总结施工经验，提升建设项目管理水平。

(6) 审计任务艰巨

在建设项目审计中，行业主管部门、地方政府、建设单位和项目法人等投资主体往往从自身的经济利益出发，只考虑自身的局部利益，不考虑整体宏观的经济利益，对项目进行投资和决策，损害国家利益。同时，在实施审计的过程中存在着“法规不完善”“无法可依”“部门规章相矛盾”“经济上无独立能力”等方面的问题。因此，审计组织和审计人员在面对新情况新挑战时，需要实事求是，正确运用法律和政策，克服各种困难，做好协调各方利益矛盾的工作。

4.1.2 新形势、新业态、新模式对审计工作的总要求

1. 在新形势、新业态、新模式下建设项目审计工作存在的问题和制约因素

(1) 跟踪审计人员监督越位

审计人员的职责应该是监督而不是审计，但是在建设项目审计的实践过程中，由于项目各方单位的责任划分不明确，所以责任各方对于跟踪审计人员过于依赖，导致了审计人员所拥有的权力过大，并且部分跟踪审计人员对于全过程审计的内涵与意义认识并不明确和清晰，在审计过程中、在建设项目的建设中承担起了管理者的角色，对于相关事务进行事无巨细的管理，逐渐淡忘自身审计监督的职责，迷失了方向。

(2) 审计风险转嫁到审计部门

部分建设单位将责任风险转嫁到了审计部门身上。有部分建设单位习惯将审计部门的意见也采纳进决策问题的范围内，这看似是对于审计部门的信赖，实则增加了风险。审计的职责是监督，是作为有关建设项目建设的第三方单位，如果过多介入问题决策，会导致在审计的过程中出现不必要的问题，比如隐蔽工程和变更项目签证等需要由施工单位自行报量，根据工程建设项目的实际情况，要求审计人员到现场一同测量，报给监理再由业主审核，最后再报给审计部门审核，但在实际的操作上很多单位省略了中间的报量测量的步骤，仅仅以不良天气等原因要求审计人员到建设现场审计。相当于审计人员的身上肩负了多个单位的多项职责，明显与审计目标和步骤相悖。

(3) 跟踪审计的介入时间点滞后

对于国家投资项目，必须经历多个环节，包括立项报批、规划设计、图审预算、财务评审、招标投标、现场施工、隐蔽工程、竣工验收、结算送审等阶段。大多数跟踪审计人员认为，审计的焦点应当集中于基础设施的实际实施，而不是仅仅关注其中的细节。另一方面，建设单位强调，在施工过程中，财务管理必须成为审计的重点。然而根据实际的跟踪审计可以看出，在施工阶段才进行跟踪审计其实时间点已经滞后。这是由于在跟踪审计介入之前的建设项目前期情况对于跟踪审计人员而言是较难了解并掌握的，信息的缺失会导致施工建设阶段的很多问题得不到发现和解决，影响施工进度，造成工期延迟，影响资金流动效率。

（4）跟踪审计人员专业水平参差不齐

跟踪审计涉及的知识面很广，要求跟踪审计人员具有很强的综合素质。由于跟踪审计工作在工程管理、财务资金、法律法规各个方面都有所覆盖，所以要求跟踪审计人员需要对工程管理知识有一定的涉猎，能够从建设项目的管理层面发现问题，又能对投资资金等财务资金的流向具有一定敏感度，并且要对我国的法律法规有所了解，能够理解和分析我国宏观的政策和制度。

（5）信息化技术利用率不高

具有跟踪审计功能的工程相关软件开发较晚，导致了能够利用的并转化成数据的信息资源十分有限，由于同样的原因，共享数据库与软件开发时所使用的原始数据之间的整合程度较低，这导致工程相关的跟踪审计软件的开发度不高，推广速度较慢。并且目前为止跟踪审计软件的信息管理系统和共享平台的搭建效果并不理想，与建设项目有关的资料和数据难以收集和提取，这导致了有关跟踪审计的重要信息和数据无法得到及时的交流和沟通，降低了跟踪审计的效率。

2. 在新形势、新业态、新模式下建设项目审计工作的改进策略

（1）进一步加强内控合规性管理

审计署为了进一步完善规范国有企业有关建设项目的投资审计工作，强调新形势、新业态、新模式下审计工作的重点，出台了《进一步完善和规范投资审计工作的意见》。通过对该文件的分析，明确了其中提出的重要意见，国有企业应该根据自身的状况制定出合理、合规的投资审计管理方法，具体操作流程与规范以及如何进行质量控制。做到在出现争议时有章可循，让跟踪审计的质量大幅提升，减少被审计单位进行投资审计的风险。

（2）提升审计人员的综合素质

审计涉及建设项目的多个环节，这需要进行跟踪审计工作的人员掌握多方面知识，成为在工程管理、财务资金、法律法规和计算机等方面都有涉猎的复合型人才，并且对国家出台的政策法规具有一定灵敏性和前瞻性。跟踪审计相关部门需要组建起一支清正廉洁、有服务精神的综合性复合型人才队伍。

（3）创新建设项目审计方式方法

实现建设项目审计方式方法的创新需要做到以下两方面的内容。一是要充分利用社会审计的优势，把社会中介机构人员纳入审计组，加强审计队伍建设，使得审计更加客观可靠。同时针对建设项目数量不断增加的现状，以及投资审计范围广、内容多、难度大的特点，需要采用聘请社会中介机构的形式进行建设项目跟踪审计，这样才能充分发挥审计的整体效能。

二是要实现对投资建设项目的绩效审计创新。要强调进行投资的建设项目对整个经济、社会和生态上作出的贡献和获得的收益，并对竣工后建设项目产生的实际效益与在设计阶段的预期效益进行对比，检验建设投入与竣工投产后的收益是否与预期相符。

（4）采用全过程跟踪审计

针对跟踪审计中常见的介入时间滞后、被动审计、审计盲区等一系列问题，我们提出了全程跟踪审计的模式来取代传统跟踪审计。在问题出现的初期，及时采取措施，可以将建设项目中出现不可挽回损失的可能性降到最低，并极大地提高建设项目的执行和审计的效率。

(5) 加强审计信息数据库建设

为了适应新形势、新业态、新模式下建设项目审计工作，必须要促进审计数字化平台建设，共享信息，推进智能审计工作进程。审计人员必须要加强对数字化审计的意识，要意识到建立审计信息数据库是必然趋势，是进行审计工作进入新模式的重要实践，通过这样的方式，让审计监督全覆盖的实现更进一步。

3. 在新形势、新业态、新模式下建设项目审计工作转型与创新升级

(1) 坚持审计工作的质效和依法审计

为了落实国有企业对审计的需求，需要加强内部审计的统筹协调工作，合理分配审计资源，确保审计全面、严格、有问必答。为了充分利用审计的优势，应该加强对整个审计监督体系的管理，形成一个完善的、有序的、具有权威性和有效性的审计监管机制，从而成为企业内部监督体系的核心。

内部审计应充分发挥其在企业监管中的重要作用。内部审计在建设项目的各方面都起着举足轻重的作用。但其中也存在很多问题，比如屡审屡犯、审计监督盲区等，这说明内部审计的作用仍有很大的发挥空间。要想提高企业内部审计的质量，必须抓住当前的着力点，抓住改革的突破口，发掘其深层潜能，使其发挥更大的作用。

为了促进我国经济的高质量发展，审计部门必须坚定地执行作为内部审计部门的职责，并加强对其工作质量的监督，这将有助于推进全面深化改革。审计部门要有坚定的信念，精通业务，务实作风，能适应新时代、新要求，围绕企业自身和国家的工作计划，履行自身职责，坚持依法审计。

(2) 运用数字技术提升审计的能力

随着科技近年来的飞速发展，“科技强审”的实施将有助于提升内部审计的质量，并且可以有效地利用互联网+、虚拟现实、大数据算法以及区块链等新型的信息技术，实现对企业的高效监管。内部审计应开放思路，树立“以数据为导向”的审计思路，提升信息化水平，积极推进“数字审计”在实际应用中的落地。因此，审计部门需要大幅度改进内部审计的流程，实现数据审计监督，以便更好地控制并预测可能存在的风险，并不断探索新的可行的解决办法，以便实现更为高效便捷的审计方式。

(3) 适应新常态，转变项目审计理念

在新形势、新模式下，审计机关和审计人员必须主动适应新常态，把握好审计与经济发展之间的关系，充分发挥审计“免疫”的作用。要解决投资建设项目审计的难点，必须从“完工”的思路，转变为“全面”的审计理念，将全过程跟踪审计运用到实际中，加强对建设项目的全面监控和管理。建设项目审计是提高工程建设资金运用效率的基础，在新常态下，工程建设项目审计必须以“监督”“制约”为抓手，以“服务”为核心，持续强化建设项目审计工作的质量。

(4) 践行新理念，推进项目审计革新

随着现代社会对于精确性、可靠性要求日趋提升，利用 BIM 技术及其相关的信息系统，对于国有投资项目进行全面的管理，已成为当前审计人员面临的重要挑战。在目前建设项目审计工作中，可以通过引入社会第三方机构来提高审计工作的效率。通过利用现代BIM网络的强大互联功能，可以快速、准确地获取施工变更、现场签证等基础审计资料，并且可以精确地比较和计算出工程量，从而有效地评估建设项目的计量精度。应用BIM技术，确保了审计的基本信息公开，为新时代的审计工作提供了技术支持。

一是要重视项目立项的科学化。对于一些短期内的“急功近利”的项目，要及早进行科学的评价，杜绝“面子工程”。

二是要加强对于具有较高风险的工程建设项目进行审计监督。国有企业要在建设项目审计工作中与社会公正相关的重要部分进行重点把控，在建设项目审计的实践过程中，要注重对项目的招投标文件、施工程序和合同条款等易出现问题的环节进行合规性审查。同时针对建设项目的投资规模和比重的问题，应根据建设项目的各个阶段风险因素，加强对项目实施过程的审计和监督，实行全过程跟踪审计。

建设项目如果出现了投入资金超过预算的问题，审计部门需要对有关部门建立变更签证会审制度进行严格督促；对建设项目的现场签证进行严格的审核，并严格审批变更的工程项目，对于超过建设项目预算的变更签证，为了防止违规批准签证的行为，审计人员必须要严格落实业主、监理、设计、审计四位一体的确认后，方可将变更的部分纳入竣工决算；对于需要进行设计变更和增加投资的项目，也需要严格按照审批程序执行，杜绝超计划和超规模项目的产生。

(5) 整合新思维，推进项目审计全覆盖

由于目前建设项目的规模越来越大，投资管理方式也发生了变化，如何运用现有的审计人员对建设项目进行全面的审计，是一个很大的问题。审计部门应该不断整合审计资源，以便在内部和外部审计方面取得最佳效果。一般的项目，由审计部门直接审核，而涉及政府支持的重大项目，可以与当地的审计机关联合审计。而对于建设项目，可以委托社会审计机构进行审计。对存在监管死角的项目，需要建立审计项目库，做到将特征不同的建设项目进行分类全覆盖。在进行审计之前，根据既定的审计方案把控三条关键主线：一是财务状况。应该特别关注财务状况，特别注意在初期阶段如何进行财务筹措、管理，把握财务报表的准确性、完整性和合法性。二是经营过程。对项目立项、勘察设计、施工招投标、竣工验收等重要环节的审计监督，杜绝违法违规的操作行为。三是权力运行。要重视项目决策、招投标、资金审批等容易出现浪费和利益输送的环节，确保建设项目审计的全覆盖。

4.1.3 建设项目审计的历史沿革和发展趋势

1. 建设项目审计的历史沿革

建设项目审计是基于固定资产投资这一投资方式，在传统的审计工作的基础上，根据固定资产投资的特性进行审计工作的。固定资产投资是指有关固定资产的建造、购置和安装等各种活动，而建设项目审计是一种固定资产投资活动的形式，即载体，是指一个或多个单独的工程，运用一定的资金，通过一系列的决策、执行等过程，在经济上进行统一的核算，在行政上具有独立的组织结构，并对其进行统一的管理，以形成固定资产为目的。

建设项目审计是指根据国家制定的政策、法律规范、技术和经济指标，对建设项目的建设施工全过程的技术、经济活动和与之有关的工作进行审计、监督。建设项目审计不仅是一种行之有效的监督方式，也是一种促使经济结构在监督的影响下进行调整的工具，是我国审计监督体系的重要部分。

在中国，早期建设项目的监督工作主要由国家金融机构和银行机构共同承担，如图 4-2 所示。1986 年，我国审计局正式启动《基本建设和建筑企业审计试行规程》，成为中国有史以来第一份针对固定资产投资的审计标准。随后，1989 年，审核机构更是深入企业审计，以期更好地管控和控制企业的财务状况，维护社会的稳定和公平。1993 年 6 月，我国审计局发出《固定资产投资关于加强新开工建设项目资金来源的审计通知》，以此来强化对于技术更新和改造的审计，从而大大提升了固定资产投资的审计质量。1996 年 4 月，审计署发布《审计署、国家计委、财政部、国家经贸部、建设部、国家工商行政管理局关于印发(建设项目审计处理暂行规定)通知》，从此着手制定《审计机关对国家建设项目预算(概算)执行情况审计实施办法》以及《审计机关对国家建设项目竣工决算审计实施办法》，以确保中国建设工程的审核效率。2001 年，《审计机关国家建设项目审计准则》颁布实施，十多年的不懈努力，使中国建立起一套覆盖固定资产投资的完善的审计机制，并制定出一套严格的相关规范。

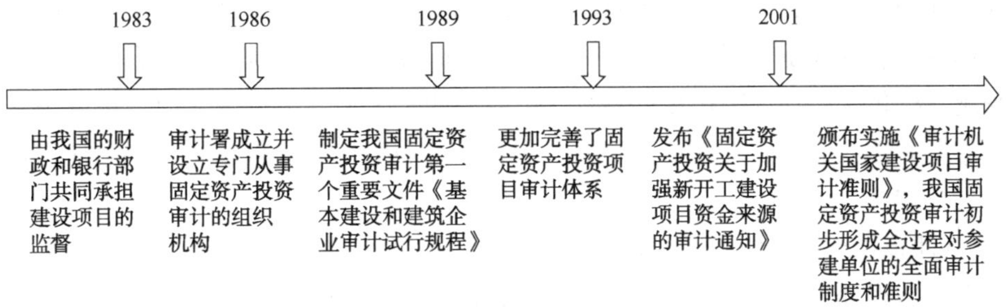

图 4-2　我国建设项目审计历史沿革

2. 建设项目审计的发展趋势

(1) 新时代审计的发展趋势

1) 从财务审计向全面审计发展。《党政领导干部和国有企业领导人员经济责任审计规定》下发后，国有企业和事业单位的各级主要领导干部在进行经济审计的内容上发生了新的转变，除了强调已有的预算执行、财务收支等基础财务审计上的问题，对精神文明建设也增加了新的要求，同时对所在企业单位的未来发展规划进行了符合相关政策的调整，并增加了对这些方面的管理审计。而从审计结果上看，新时代审计的发展无疑是从单一的财务审计向着综合性更强、更具有全面性的审计发展的。

2) 从重点检查到全面覆盖。近年来，随着审计工作的不断深入，审计方式也发生了巨大的变化。从 2018 年到 2019 年，中央财政部门的预算执行审计已经覆盖了中央一级预算单位，而且内部审计也已经延伸到了各个部属单位，每三年都会进行一次审计，以确保财政资金的有效使用。

3）从单一的专业技能人才转变为具有多元化能力的人才。在从单一的财务审计转变为更具有全面性的审计过程中，审计队伍的组成也要从以往单一的财会技术人员向强综合性的高素质人才结构转变，既需要具备财务相关知识的专业人士，也需要对管理、计算机技术等新时代全面审计下所需要的专业技术人才，并且新时代新队伍中的人员组成需要丰富的经验和较高的业务水平，只有这样才能使内部审计更好地紧跟时代步伐，在新时代中让内部审计发挥更大的作用。

4）审计工作从单一的报告转变为综合性的成果应用。在以往的内部审计工作过程中，审计之后的审计报告通常只针对被审计单位的财务状况提出整改意见，内容单一且资料较少。而在现阶段，综合审计应用逐渐取代了以往单一的审计报告，在以往关注的财务状况基础上，通过综合审计的方式对被审计单位的制度建设、管理水平同样提出问题并给予整改意见，同时汇总的审计对被审计单位的各部门中存在的问题进行了归纳总结，发现其具有的共性和企业发展趋势，为外审和上级主管部门对该单位进行发展规划提供了政策上的建议，促进了综合审计成果的应用与发展。

（2）大数据时代下审计的发展趋势

1）从事后审计财务报告，转为事前和事中审计。当前，许多传统的审计方法是在事后审计中发现企业经营活动中存在的一些问题，从而达到监管目的的。然而，随着信息技术的发展，审计人员可以对被审计企业的运营状况进行实时监督和审查，并可以随时提供审计报告。在此背景下，被审计企业可以及时掌握经营状况，并及时出具审计报告，找出问题产生的原因，从而有效地进行内部治理，提高整体经营效率，为公司的整体发展提供有利的环境。因此，随着大数据的不断发展，人们对审计报表的及时性要求也越来越高。传统的审计工作往往要在三个月至四个月后才能完成，而且审计报告存在着较大的滞后性，监管效果也不是很好。在大数据的背景下，审计的发展趋向事前、事中审计进行转变。

2）审计报告从单一转为多元化。在传统的审计环境中，审计报告的重点是对财务数据进行审计。审计有关的财务资料，并根据公司运作的有关资料，提供最后的财务报告。但在大数据的背景下，审计职能发生了转变，审计工作向综合性发展，不仅要对财务报表进行审计，还要对公司的内部控制和经营活动进行全面的检查。通过对不同类型的审计专项进行审计分析，可以更好地对整个公司的运作状况进行全面的检查和监控，使审计的综合性得到最大程度的提高，从而保证最终审计报告的整体质量。当前，在企业的运作中，管理和业务等各方面领域都开始全面地提高。因此，在大数据的背景下，企业的审计不仅限于企业的财务活动，而且越来越趋向于企业的经营活动和内部控制。在这种背景下，审计的范围和深度都得到了全方位的提高，有利于更好地保证公司的整体全面发展。

3）从抽样模式向总体模式发展。在大数据时代，审计的方式发生了改变，审计人员不再使用抽样检查的方法，而采用信息化技术对所有的数据、业务进行审计。在大数据背景下，我国的审计发展由抽样审计的方式向整体审计发展。首先，审计人员可以将调查数据的收集范围进一步扩展，从公司内部的所有商业和市场中收集到更多的信息。其次，运用数据处理技术，对大量的信息进行综合的分析整理，使审计工作脱离了抽样审计的范畴。同时，大数据技术极大地减少了审计风险，这是当今世界经济发展的基本趋势。在进行审计时，可以通过信息化手段对抽样的方式进行改进，使抽样方式转变为整体方式。通过利用大数据技术，审计人员可以更加全面地收集和分析被审计单位的所有信息，从而有效地拓展审计的范围，并且确保审计结果的准确性和可靠性。在大数据技术的基础上，全面减少了抽取审计样本的工作量，有利于审计人员更好地完成相关工作，提高审计工作的质量。

4）审计工作从单一的报告转变为综合性的应用。随着大数据时代的到来，审计报告的形式和内容也发生了变化。审计人员可以提供不同格式的审计报告，这样的审计报告具有更高的针对性和实用价值，可以更好地满足不同用户的需求。随着大数据处理技术的进展，审计的领域进行了广泛的扩展。在审计活动中，不但要进行审计，还要从信息收集、数据挖掘、统计分析等的角度对整个审计过程作出更充分的认识，从而使被审计机构得以更有效地实施业务开展和经营管理行为，最后使审计成果的有效运用和其应用深度得以全面提高，以便于为审计工作的全面实现提供更有力的保证。在审计活动中，审计工作者从多种方面对整个审计活动实施更全面的控制，以便于增强审计成果的效力。

5）从精确的数字审查转变为更加高效的数据分析和评估。现在的审计技术已经得到了很大的发展，通过信息技术，可以将海量的数据进行综合处理，使得数据的处理更加准确。所以，审计人员不必再去考虑资料的准确性，而是要将有关的注意力转移到怎样有效地运用资料，以提高审计效率。当前，我国的审计工作已具备了更为完善的数据分析平台。因此，审计人员必须改变传统的审计思路，将审计数据运用到实际工作中去，只有这样，数据的分析才能最大限度地发挥出数据的作用，从而为以后的数据管理提供一个更好的环境。

4.1.4 新型建筑模式下工程审计内涵和外延拓展

近几年来，随着我国工程信息化进程的加快，现行的审计方法已不能满足目前的建设项目管理工作需要。伴随着市场需求的不断增长，新型承包模式和新型技术也在不断创新着，以设计为主导的 EPC 工程总承包方式和以设计为核心的实现一体化管理的建筑师负责制正在逐步取代传统的 DBB 模式被国有企业的大型投资项目所采用。与此同时，BIM 技术在建筑行业的广泛应用，也促进了 BIM 技术和审计的融合。

通过引入先进的新型建筑模式，企业可以独立地完成所有的建造任务，并且在保证质量的同时提高效率。这样，建设单位就可以在保证质量的前提下，对建设项目细节作出充分的考虑，并且可以在保证实际应用、技术水平的同时确保项目的顺利完成。

BIM 技术是一种改进传统的业务流程，将建设项目从传统的生产流程转变为类似流水线的现代化工业化生产的重要工具，BIM 技术在“流水线”中，可以利用各种不同的软件和模型，通过大数据的信息共享，建立起一条数字化的生产线，实现工作质量与效率双增长的目的。

1. 新型建筑项目概念

（1）EPC 工程总承包模式的概念

EPC 是一种由设计、采购、施工三位一体的总承包模式，在世界范围内也被称为“交钥匙模式”。EPC 工程总承包要求总承包企业具有多元化的经营能力和综合性的实力。根据住建部和国家发改委联合颁布的《房政基础设施项目工程总承包管理办法》，工程总承包企业必须具有相应的施工资格，并具有相应的审计资格。将设计与施工资质相结合，就是将工程总承包的工作领域由施工阶段扩展至设计阶段。在设计总承包和施工总承包的双重作用下，建设方将最重要的项目集成的管理转移到了工程总承包设计+施工，成功实现了“1+1>2”的效果。这也是近年来国有企业进行大规模投资时所采用的最普遍的模式。

（2）建筑师负责制的概念

建筑师负责制这一承包模式是民用建筑实施全过程工程咨询的具体表现。这种新型模式是将建筑师作为责任主体，受到建设单位方面的委托，实施项目的全生命周期中施工到维护的全过程管理，直至将建设项目交付到业主手中。建筑师负责制这种新型模式是将建设单位的管理权力下放到了建筑师手中，这加大了建筑师对建设项目整体的把控能力，但同时也对建筑师的综合能力、专业知识有了更为严格的要求，以保证建设项目的质量。

（3）BIM 技术的概念

目前 BIM 最常用的建筑信息包括三维信息、成本信息、进度信息。此外，一个实际的建设项目还应该包括地理位置、方位空间信息、局部气象信息、材料品牌特性等；模型是以三维数字技术为依据，对建筑项目的各个阶段、运营和使用过程中的所有工程信息进行立体的表示。

BIM 是随着信息技术的发展而产生的一种数字化技术，它需要在建筑的整个生命周期中持续、一致地被使用，以收集和保存建筑的所有信息，并将其存储在一个模拟模型中，以此来实现信息的共享，从而形成一个信息共享的平台，在这个平台上，相关人员可以快速、及时地获取施工过程和相关建筑产品的信息，并可以对这些信息进行修改、更新和维护，并利用这些信息进行管理和决策，降低在建造过程中所产生的信息衰减和进行重复工作等问题，提升各方合作沟通效率，从而提高建筑的工作效率。BIM 平台数据协同具体方式见图 4-3。

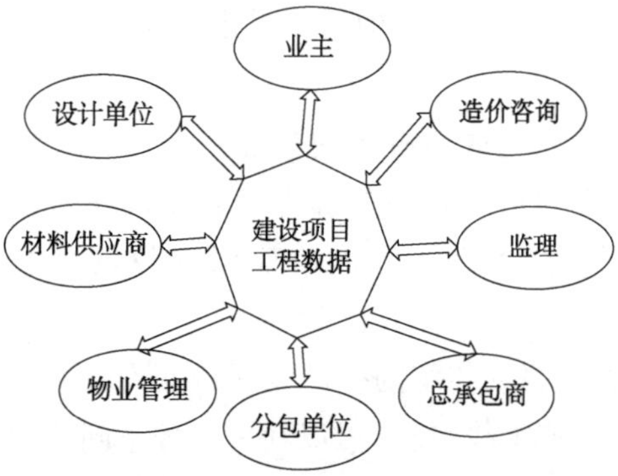

图 4-3　BIM 平台数据协同方式

BIM 模型是对建筑产品的实体属性和所包含的功能特征进行数字化的表示，它具有完整的数据存储标准，它可以将建筑的设计、生产、使用等各个环节的数据和信息资源结合在一起，对建筑产品的建造过程和物理特征进行了全面的描述，而且大多数数据都可以被工程人员有效地利用。

2. 新型建筑项目背景下的工程审计内涵

经过深入的研究，在新型建筑项目背景下，需要进一步提升建设项目审计的质量与效率。在 EPC 和建筑师负责制这些将建设单位的管理权利交由专业人员的方式与 BIM 技术相结合，通过建立信息管理系统的方法现在在管理权力下放的同时实现各项目之间的协同管理，也能够更便利地进行各部门之间的信息共享。同时通过 BIM 技术，在建设单位下放权力的同时能够起到威慑和“免疫系统”的作用。这样不仅有利于企业内部审计的完善和规范，同样也能提升审计的质量与效率。

（1）审计业务系统化

针对新型建筑模式的特点，将利用 BIM 技术为基础的审计技术作为建设项目信息管理平台的重要支点，构建起具有建设项目特点的系统，充分发挥管理控制流程的优势，将其和预警系统结合起来，使得建设项目的流程控制做到更加系统化、精细化，这对于丰富 BIM 云平台中的相关建设项目审计数据库有着重要作用，从而能够促进新型建筑模式下的新型全覆盖审计辅助系统实现对建设项目信息进行有效的控制，对于审计机构作出的审计决策进行智能的支持以及促进业务办理流程与审计流程之间的融合，将信息化基础管理平台做到多元化、综合化。

（2）审计工作规范化

借鉴“前端审批、后端数据服务、前后贯通”的思想，进一步提高审计工作的信息化水平和质量。在新型建筑项目模式的基础上，提出了一种基于 BIM 技术的新型工程建设项目管理平台，通过对审计过程进行标准化、流程化，以数据为手段对审计质量进行监控。

（3）监督管控全面化

为了实现审计监督的“四化”，必须运用信息化手段，使审计监督功能得到最大限度的发挥。在此基础上，构建和完善 BIM 技术与审计相结合的管理平台，并在新型建筑模式基础上，对施工过程中的各个环节进行监控。

3. 新型建筑项目背景下的外延纵横拓展

以 A 公司 T 市–Y 市管道 W 区中间泵站项目为例，体现在新型建筑项目下审计的外延纵横拓展。

T 市–Y 市管道 W 区中间泵站项目坐落在 T 市 W 区 M 镇，项目总投资为 7167.46 万元，占地面积 15.72 亩，$H=400$ 米，$N=800$ 千瓦输油泵的安装及相关配套构筑物的建设，站内新建构筑物主要有管输泵棚房、巡线值班用房、中心变电站，总建筑面积 1357 平方米。泵站建成投产后，在为 T 市–Y 市管道增压提量，保证首都机场用油量的同时，能够通过 T 市–Y 市第二输油管道来保障 B 市新机场的供油。本项目由 Z 公司投资兴建，项目投资人采用 EPC 方式建设，由 EPC 承包商负责从项目的设计、采购到施工进行全面的严格管理。

A 公司（联合体牵头单位）和 B 公司组成的联合体进行工程总承包（包括设计、采购和施工），T 市勘察院勘测，C 公司监理。2014 年 8 月 21 日开标，2015 年 3 月 12 日举行开工仪式，4 月 10 日正式破土动工，4 月 28 日地基分部工程通过验收，5 月 25 日基础分部工程通过验收，8 月工程通过验收；2016 年 3 月 16 日室内装修及水电安装分部工程通过验收，3 月 25 日节能分部通过验收，4 月 20 日交工验收。5 月初工程投入运行后效果显著，该泵站每天输油量为 9800 吨，比 W 泵站投入运行前日输出量增加 1700 吨，超出建设方原计划的预期效果。

（1）新型建筑项目背景下设计阶段 BIM 技术与审计结合的方法

以项目设计为先导，从设计的源头控制质量、投资、进度等关键环节，同时不断地对项目的设计进行优化，将项目的各个环节结合起来，使设计的核心优势得到最大限度的发挥，从而提高项目的效益。在设计阶段，需要设计单位根据需求，提供各个阶段的设计模式，同时通过三维建模快速有效地提取出建设项目审计所需要的信息，使得参与审计的人员能够通过运用 BIM 技术更加快速地对该建设项目的设计具有全面了解，从而更好地对设计阶段的预期建设成本进行审计。与此同时，BIM 模型仿真技术的使用能够在协助审计人员和工程管理人员在进行方案预览与比较评审时身临其境地进行空间和视觉的感受，能够帮助其及时发现设计上的不足与缺陷，从而减少之后因设计变更产生的成本。

（2）新型建筑项目背景下施工阶段 BIM 技术与审计结合的方法

严格执行施工管理制度。EPC 建设管理模式不应影响项目施工的基本流程，也不应担心总承包方管理层次的扩大而降低其对建设项目的参与程度。同时在施工阶段，主要采用 BIM 技术管理平台，对工程建设项目的情况进行全过程的实时监督，能够让审计人员随时对建设项目的进展情况与审计情况进行查看，这样既是对审计监督职能的一种信息化利用方式，也能达到审计监督的系统化、全面化、全程化、规范化、痕迹化和风险预警自动化的“六化”要求。

（3）新型建筑项目背景下基于 BIM 的工程结算阶段审核

T 市-Y 市管道 W 区中间泵站项目完工后，经过有关机构验收合格并点交之后，按照合同约定，由承包人(本案例中的 A 公司)在原合同价格基础上编制调整价格并提交发包人(本案例中的 Z 公司)审核确认价格。

在本案例的竣工验收阶段，同样采用了 BIM 技术管理平台，通过这种管理平台可以使监理单位对建设项目关键节点和重要项目的验收起到监督的作用，同时对质量监督站等有关质量监管部门提出的整改要求进行改进，并且验收合格；审计人员还能够通过 BIM 技术管理平台对工程竣工结算的数据进行全面详细的审查，确保其中数据的真实性和正确性，并且对档案是否合法进行追溯。

审计人员还能通过 BIM 技术管理平台上录入的建设项目实时信息，将已提交并上传到平台的竣工模型和实际建设项目施工状态进行对比，审核实际的建设项目施工情况与初步设计和施工图上的是否一致，同时对比当前建设项目实际投入的资金比例和在初步设计的概算是否一致，生产性和非生产性投资的比例是否未经上报审核就擅自进行调整，对竣工模型的历史资料审核是否合格等进行审计。

运用 BIM 技术这一新型技术，在 EPC 等新型模式下运用信息化平台实时审计建设项目资金流向，把握工程款支付情况和进度，将支付可视化、数据化，杜绝重复支付、多支、少支、漏支的现象出现，相关工作在建设项目的竣工阶段进行扫尾和核对工作，有利于审计工作效率和质量的提升(图 4-4、图 4-5)。

图 4-4　BIM 结构模型

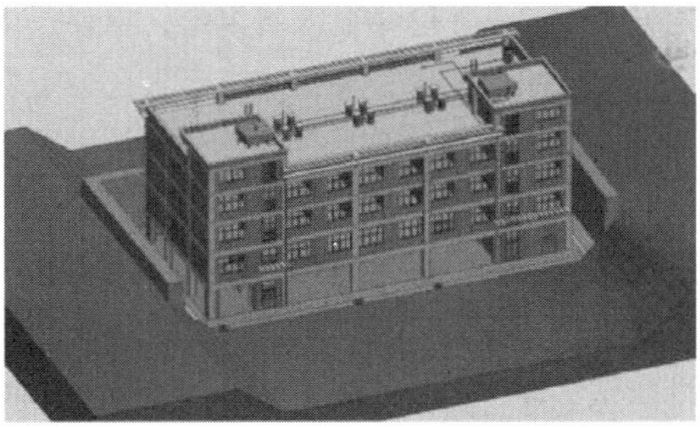

图 4-5　BIM 建筑模型

4.1.5　信息化和标准化审计方法创新

随着数字经济的发展，人们越来越多地提及大数据，这也给审计带来了巨大的变革，在信息时代，大量的数据和复杂的信息交织在一起，使得审计必须进行创新。审计方式将由原来的基于账目数据的会计核算逐步向大数据信息技术的运用进行转变，这种变化对审计信息化提出了新的要求，并在大数据环境下要求审计方法进行不断的创新迭代。

1. 大数据环境下的新型审计观念

（1）总体审计观

在传统的审计模式下，数据的采集和分析受到很大的限制，审计单位很难获得被审计单位与审计相关的所有资料和数据，尤其是本身并不属于被审计单位的外部资料和数据，更不可能通过对收集到的数据进行横向、纵向等综合性分析，只能采取随机抽样的方法进行审计，但随机抽样的方法本身就有着许多的缺点，在取样时，由于存在着一定的随机性，往往抽样审计方法可能会忽略具有重大影响的个别数据，同时可能掩盖某些欺诈行为，从而影响审计结果。然而，在大数据时代，实时采集审计数据、智能审计技术和资源共享等技术，使得外部数据和关联数据在审计领域中得到充分应用，从而扩大了审计范围，提高了审计结果的可信度和效度，降低了审计风险。因此，审计人员可以更好地避免忽视重要数据和掩盖欺诈行为的问题，从而提高审计效果。

（2）混杂审计观

当数据量很少时，由于数据的测量与评估效果有限，因此，数据的准确性会直接影响到最终审计结果。在大数据时代，数据复杂多样，质量参差不齐，单一数据的准确性降低了总体目标评估的效果，同时也使得对数据精度的要求更为费时费力。因此，相较于精确性，审计工作者应更加重视大数据的混杂性、时效性和完整性这三种特性。审计大数据具有强关联性和快速更新性，相较于个别数据，其时效性对审计结果的影响更为显著。

（3）关联审计观

传统的审计思维认为在审计工作进行之前需要先分析研究收集到的审计资料的因果联系，并在此花费大量的时间精力。但随着大数据时代的到来，研究审计资料后面因果逻辑关系的工作已经显得不再那么重要。由于大数据能够自动根据上传的审计资料进行结构化、数据化的分析，并将资料进行定性处理，同时大数据的云端也会分析信息系统中的大量数据，掌握当前状态和预测未来发展趋势。

（4）协同审计观

在传统的审计方式中，审计人员的判断与评估主要依靠的是经验。在大数据时代，审计信息化是不可避免的。审计人员在构建云审计平台上共享审计项目的信息，并运用大数据挖掘技术对审计数据进行分析。具体来说，审计人员通过信息化审计系统，从企业的内部经营管理信息系统中提取数据，通过数据模型对审计流程进行优化，通过建立审计大数据集成平台，可以实现资源共享，从而节省时间和人力成本，同时还能构建一个串联分析、监控、预警和处理等多任务的综合审计防线。采用这种模式，不仅可以有效地突破组织边界和功能边界，还可以有效地整合和共享资源，促进审计思路从“分散”向“协作”转变。

（5）持续审计观

通过现代化的审计手段，审计人员可以更加深入地了解企业的运营情况，从而更好地控制风险，保障企业的正常运营。此外，通过系统的数据采集、数据挖掘、数据分析，可以更加准确地识别企业的财务状态、财务收入、资金使用情况以及企业的绩效情况。随着科技的发展，越来越多的企业开始使用集成的大数据平台来完善审计流程，以便对企业的财务状况、运营情况、决策过程等作出及时、准确的评估，并及早发现、预测、识别、应对可能存在的危害，以此来构建一种可靠的、长期的审计机制。

2. 大数据背景下审计方法创新应具备的特征和重要性

（1）高效性与准确性

在大数据环境下，高效和准确的审计创新可以使审计工作的效率得到很大提高。审计人员收集大量的数据，然后通过大数据信息平台对数据进行某一方面的详细分析，以最快的速度找到问题所在，不遗留任何审计数据。

（2）便利性和针对性

在大数据时代，审计工作具有更高的便捷性和精准性。不仅可以全面覆盖被审计单位，而且还可以涵盖与被审计单位有关的其他机构，实现“足不出户”的审计工作，从而节省了审计的时间和成本，同时也提高了审计的效率和准确性。

（3）利于节约人力、财力、物力

现在我国的审计工作中出现了一些常见问题，如缺乏信息化人才、现代化建设滞后等。而大数据的运用，可以从某种意义上解决这些问题，它可以有效地提高审计的效率，同时也可以减少大量的基层审计人员，避免不必要的资金浪费。

（4）利于健全审计功能、抓住审计重点

在传统的审计工作中，仅仅依靠对财务账表的分析来判断企业的经济行为是否合理。而在大数据环境下，审计功能得到了扩展，可以通过对各种业务的数据分析，并对各个阶段的特征和趋势进行分析，从而帮助审计人员把握关键，减少不必要的精力浪费。

（5）提升审计覆盖率

在被审计单位的日常工作中，每天要处理的数据数以万计，仅靠人工来记录，是远远不够的，而且还会造成数据的不完整、数据错误等问题。而大数据审计，可以全面提升审计的覆盖率，让审计工作的效率得到大幅提升，同时也可以节省大量的时间，从而达到全面审计覆盖的目的。

3. 大数据背景下审计方法创新

（1）搭建审计平台，加强大数据的运用

第一，建立有效、安全的内部审计网络，加强网络安全保护，建立网络防火墙，增强审计专用网络的安全性；第二，建立审计数据中心，做好数据的存储和调用，对被审计项目的性质、所属、特征等进行归类，加强信息的共享；第三，加强审计系统的整体建设，包括六大系统：审计管理系统、网络审计分析系统、现场审计实施系统、结果分析系统、网上审理软件、电子权力运行风险监测系统。不同的系统相互协作，形成了一个庞大的数据库审计体系，为了降低在数据传输过程中发生差错的概率，需要对各个系统接口进行建设。

（2）拓宽审计范围，做好审计实施监督

从以往注重事后分析的方式，向事前预测、事中监督转变。积极引入现代科技，与信息化时代的产品相结合，使审计工作由单一的抽样方式向全局审计转化，以降低由抽样审计带来以偏概全等问题的风险，全面掌握审计目标。而对某些不能通过大数据进行分析的资料，如会议纪要、报表附注等，必须进行统一的汇总和整理，以找到有利于审计工作进行的资料，同时分析各种视频和音频，以保证审计工作的合法、合规。

4. 大数据背景下审计实践探究

（1）数据共享的实践

让数据流通，建立“公盘”和共享平台，让现场收集到的资源都能在最短的时间内变成有效数据，使得审计的取证和填写报告这两个环节真正联系在一起。

最理想情况下的审计历程应该是：首先，建立资料清单，收集资料，放入共享平台进行信息共享，加速填写报表的工作效率；其次，要保证报告和原始数据的真实性和适用性，保证取证、记录和最终报告在逻辑上的正确性和可用性，方便有关人员在三级复核审查系统中进行检查。

在实践中，通过设置环节的控制与补充，可以降低从取证到报告钩稽的隐形成本。例如，由于审计组内部人员的交流不畅，使得原始文件不能及时、高效地流通，而报表所需要的数据又是硬性的，造成了审计效率大大降低的问题，而要想解决这些问题，就必须花更多的时间和精力来整理，造成重复劳动等隐形成本。

（2）大型审计系统的应用

由于审计系统的效率、运行流畅等问题，使得审计系统在实际应用中常常是一个“壳”，因此，它只是一种传输审查结果的入口，在某种程度上解决了“有序”的问题，而不能实现真正的“有效”。“动脉”方面的工作做得很好，但忽略了“毛细血管”，但是在实际操作中大部分的时间花在了这些细节上。

在后续的实施中，为了避免出现不必要的环节，导致审计效率的下降，可以采取如下改进措施：一是充分发挥平台的作用，“定调”整个审核，避免不必要的工作环节。二是运用技术优势，对毛细血管般运作的精细工作进行有效集成，从而实现高效的数据连接与整合。三是建立小型的审计平台(大型的审计平台，往往会考虑到整个系统的运作，忽视了一些细微的信息共享和联系)，在全面的审核体系中，开发出专门的审核平台，就像是毛细血管。四是密切联系业务发展，了解一线审计人员在审计流程中遇到的难点，然后再进行全面整体的整合开发，使审计系统不再是“壳”。

(3) 个性化审计系统的特点

1) 离线-在线双模式。根据目前的网络环境和审计现场工作的实践，我们认为审计系统的工作环境应该分为离线和联机两种，既可以输入数据，也可以输出数据，并且可以让用户在速度上获得无差别的体验；在网络信号较差的情况下，也能够达到较快的速度和较高的效率。

2) 覆盖审计过程的全生命周期。审计工作具有严密的逻辑性，从整体上可以划分为审计前准备、现场审核和档案整理等过程。在这个过程中，审计人员所获得的资料能够在全过程、全环节、全团队内进行再利用与分享。而审计制度则是在时空上，为审计各方架起了一座桥梁。通过这种方式，可以将审计流程固化，从而提升审计的精确度和效率。

3) 任务系统和审计系统的融合。审计包括工作时间上的“前后配合”和人员协作，其中“前后配合”主要是指审计制度，而人员协作则主要是任务系统，如果想要达到更好的审计效果，就必须进行沟通，让双方的接口和数据连接起来，进行深入融合。

4.2 建设项目审计的组织与实施

4.2.1 建设项目审计顶层设计与运行机制

在建设项目中，除了具有一般工程所特有的特性之外，还存在着一定的特殊性。建筑项目是一种单一且一次性的工程，与其他成批重复的生产工艺有着很大的区别，而且常常无法复刻。由于其特有的单一与一次性的特点，建设项目也拥有了生命周期，而一般建设项目的生命周期由项目建议书、可行性研究、决策、设计、招投标、施工、竣工验收等过程组成，在这些过程中建设项目耗费的资源多，涉及项目重大经济利益，同时项目建设周期较长，受各种外部因素及环境的影响和制约，增加了工程项目管理及工程成本控制的难度。所以了解建设项目审计顶层设计与运行机制是必要的。

1. 建设项目审计顶层设计

建立审计委员会对加强顶层设计和统筹协调，把握方向、控制全局、制定政策、提高改革的能力，为审计工作提供强有力的指导等方面都有着正向意义。

(1) 审计委员会的本源职能

从全世界审计委员会的发展情况来看，审计委员会成立的最初目的是强化审计监管和审计评价。在审计监督功能方面，一是对外部注册会计师进行监管；二是由审计委员会作为股东的代理人来选择外部审计机构和审计人员，参与审计范围和审计合同的谈判，对审计中出现的不正常状态或不正常交易进行监控，以降低或者杜绝合谋行为。通过建立有效的审计监督体系，一是可以有效地保护企业财务信息。二是可以通过审计委员会的指导，确定适当的审计机构及其从业人员，并且可以根据企业的需求，协调审计过程，及时发现并纠正可疑的财务报表，从而有效地防止企业之间的勾结。三是对内部审计机关进行监督，通过审计委员会对内部审计规范、程序是否合理、是否符合要求进行审核，并提出相应的改进建议；参与年度审计工作，监督审计程序、审计范畴、审计质量和审计整改情况；定期与内审人员沟通，收集内审意见，以保证内审工作的独立性和高质量。在审计评价的功能上，一是对会计报表的合法性、真实性进行审查与评价；二是通过审计评价，委员会可以确保财务信息的准确、完整，并且可以发现和纠正不符合规定的财务状况，从而保证财务信息的公平、客观、公开。从这一点可以看出，在审计委员会成立之初，其最重要的功能就是监督、审核和评估。

(2) 我国审计委员会的职能定位

从实质上讲，审计委员会是一种议事的组织，没有分支机构，这就表明了审计委员会并没有从事过实际审计工作，其作用也就是议事与沟通。根据不同地区审查委员会成员的构成情况考虑，通常包括地方政府部门、纪委监委、组织、人事、审计、财政、税务和金融等部门的主要领导。这表明审计委员会的权威性和重要性非常高，有利于协调和合作进行审计监督工作。在进行审计工作时，审计委员会必须遵循一定的流程，包括审计计划、审计通知、问题线索的发现、审计报告和审计整改等。以上流程必须提交给审计委员会，由其负责监督、评估并决定是否进行。

中央审计委员会肩负着多种职责，其中最为主要的为：一是认真落实中央关于审计工作的指示，确保审计工作符合中央的战略部署；二是审核审计机关提交的审计工作计划，确保审计工作符合中央有关规章制度，确保审计工作质量。中央审计委员会被视为中华人民共和国审计体系的最高决策机构，它肩负着推动审计改革、促进审计公正、维护社会公平正义的使命，为实现审计改革的目标提供了坚实的政治保障。目前，全国各地都陆续建立起了审计委员会，并制定了相应的工作规范。中央审计委员会肩负着审计监管的重担，因此，应当积极探索出更有力的措施，以满足不同地域审计的需求，扩充审计委员会的职能，完善其相应的管理体系，提升审计委员会的运转效能，以期达到审计委员会的目标，地方审计委员会职责总体划分情况见表 4-1。

表 4-1　地方审计委员会职责权限细化表

一级职责	职责细化	职责描述
领导职能	领导审计工作	党委领导下的审计委员会领导政府审计工作
	领导联席会议	领导经济责任审计联席会议，负责会议召集、召开和协调
	指导审计工作	指导审计及其他相关工作
统筹策划职能	统筹审计工作	全省/市/县审计人财物统筹管理、工作统筹安排
	策划审计工作	总体谋划全省/市/县审计重大工作、重点工作等
协调职能	协调联席会议	协调各成员单位召开会议、加强平时联系与沟通
	协调协同监督	协调审计与纪检监察及其他部门的协同调查与办案
	协调线索、案件移送	协调审计线索移交、案件移送等

续表

一级职责	职责细化	职责描述
决策职能	审计计划决策	审定年度计划、项目计划及其他审计计划
	审计处理决策	确定审计处理
	其他重大决策	确定其他重大决策
审议职能	审议重大事项	审议审计重大政策、重大决策和其他重大事项
	审议审计计划	审议年度审计计划、项目审计计划、下达审计通知书
	审议审计报告和决议	审议审计报告、审议审计决议等
监督职能	执行监督	监督方针政策、决策部署的贯彻执行
	质量监督	监督审计质量、督查审计整改、接受对结果有异议的反映
	成果应用监督	审计成果应用的结果应向审计委员会反馈

审计委员会主要发挥领导作用，加强对审计作业的领导，有利于贯彻党的方针，实现国家战略部署，增强审计的威望。在综合规划各部门的功能上，要发挥审计委员会的作用，统筹规划地区年度审计工作计划、重要事项和重大工作，强化组织领导，提高审计监督的一体性和全面性，实现审计全覆盖目标。在协调功能上，要充分发挥审计委员会的作用，增强内部审计与外部门之间的交流与协作，增强信息在两者之间的流通互动，形成审计监督的联合，促进审计的协同监管。在决策功能上，作为审计的最高决策机关，通过交流彼此意见、讨论决定、审批审计方案、确定审计程序、决定重要的决策及其他重要问题，并将政策和工作计划的安排贯彻执行。在审议工作中，审议重要政策、重要决策和重要问题需要有法可依，强化对政策的把握和对质量的控制，确保决策科学、公正和权威。在监察职能方面，在党的领导下，审计委员会要对事业单位、国有企业等单位在党的方针、政策和决策的贯彻实施方面进行监督，加强对审计质量的监控，督促检查整改，强化审计结果运用，增强审计“透视镜”的作用。

（3）建设项目审计的组织模式

建设项目审计的组织模式主要分为两类，分别是内部审计机构自主审计和委托外部机构审计。

在内部审计机构进行建设项目审计的自行开展时，审计组应当尽量配齐工程技术、工程造价、工程管理、工程经济等相关领域的专业人员，部分人员也可以外聘或从其他部门借用。

在委托外部机构开展建设项目审计时，需对被委任机构的素质和资质进行必要的调查，因为内部审计机构对建设项目的质量仍负有责任，所以需要对审计目标和具体要求提出清晰明确的意见，对受托机构派出的审计组人员组成和专业结构以及审计实施方案审核把关，对受托机构的审计实施工作加强业务督导和检查，对受托机构的质量控制体系进行抽查，对受托机构出具的审计报告进行复核和完善。

2. 建设项目审计运行机制

建设项目运行机制是指建设项目实施过程中应遵循的工作顺序。按科学的方法进行建设项目审计，既能有效地促进审计工作的开展，又能使审计的职责更加明确，从而使审计工作的质量得到进一步的提升。根据我国内部审计协会颁布的内部审计准则的规定，建设项目审计的运作机制可以划分为审计准备阶段、审计实施阶段、审计终结阶段和后续审计阶段。

（1）审计准备阶段

1）确认审计项目并制定审计方案。审计项目的确定具有双重意义：一是审计单位的年度审计计划；二是根据年度审计计划，审计人员选择相应的具体审计项目。

内部审计机关应当根据本部门或本单位的年度建设项目施工计划，并结合其自身的审计能力，对建设项目审计进行风险评价，以综合规划当年的审计工作，从理论上讲，应该先对风险较大或风险不大但影响较大的项目进行审核。

2）组建审计小组，制定审计计划。在选定了审计项目后，要按照审计项目的特点、内容和任务的具体要求，建立审计小组，明确审计小组负责人，合理划分职责。针对建设项目审计的人员构成，一般包括工程技术人员、财务会计人员、技术经济人员和管理人员等专业人士。工程技术人员应当是具备预算员资格、造价工程师资格的工程师或高级工程师，并承担工程造价审计、技术审计等相关工作。财务会计人员则需要具备工程项目相关的财务和审计知识。技术经济人员则是一类具有工程经济、投资经济和项目管理等专业知识的经济师或高级经济师。管理人员实际上是负责项目审计工作的全面协调人员，他们未必掌握以上审计所需的专门技术，但必须具备管理、协调、沟通和统筹能力，一般由他们担任审计小组组长。审计小组的人数取决于审计的规模和审计的时长。工程项目审计实行组长或主审负责制。

3）初步搜集审计数据。在进行建设项目审计前，首先需要初步搜集与工程项目审计相关的信息，如法律、法规、规章、政策和其他相关文件资料。对于被审计过的单位，应特别关注其以往的审计工作，并充分利用现有的审计档案。其次，审计小组还应全面调查和审查被审计单位。例如，审计人员需要向计划部门、项目主管部门、银行等部门了解项目的背景和材料，如项目立项报告、可行性研究报告、设计任务书、设计概算、分年度投资计划财务计划等。在收集资料时，应注意各个部门对该建设项目的意见和建议。所收集的信息是建设项目审计工作的重要基础。

4）发出审计通知书。根据要求，在进行审计之前，内部审计机关应当将审计通知书送达被审计单位。执行特殊审计时，可以在实行审计时送至。

（2）审计实施阶段

1）对被审计单位的情况进行深入了解。审计人员发出审计通知书后，需要按照规定的时间到达被审计单位，通常要召开一次进点会议，由被审计单位的领导和相关人员出席，审计小组说明审计目标和要求，取得被审计单位的支持，然后由被审计单位领导、各业务部门负责人向被审计单位汇报建设项目的基本信息。审计人员应该知道以下建设项目的基本内容：

①建设单位的基本信息，包括机构的运行模式与人员编制、负责人等；②经费来源及数目、计划与实际投入的金额、项目概算及其调整情况以及国家计划目标和实际收入；③建设项目的概况，如工程平面布置、建筑面积、占地面积、生产区和生活区的建筑及占地面积、主要厂房结构面积和建筑标准等；④建设项目的完工程度和施工进度，

包括已完工的单项工程数量和成本，未完工的单项工程项目进度等；⑤工程设计单位、主要施工单位和主要设备生产厂家的名单等。这些信息是进行建设项目审计必不可少的基础数据。

根据对被审计的建设项目初步了解的基础上，需要进一步收集与审计相关的信息。如果要进行开工前的审计，则需要收集经过审批的项目建议书、可行性研究报告、设计文件、筹资相关资料、开工手续、招投标资料、工程合同以及土地获取等相关资料。如果要进行工程决算审计，则需要收集以下资料：①工程竣工图纸；②决算书；③工程量计算书；④材料价格的信息；⑤施工合同；⑥施工签证；⑦设计变更资料；⑧施工组织设计文档；⑨与工程建设管理相关的系统条款。这些数据是建设项目审计的基础和目标，通常都是建设单位提供的。为确保审计工作的积极性，审计人员在搜集资料时要认真甄别其真实性，并根据需要对涉及隐蔽工程的相关证明和与材料价格相关的资料进行现场核查，以确保审计结果的真实性。

2）对工程项目的内部控制体系是否健全、是否符合要求进行审核，并对其内部控制体系进行评估。建设项目审计与其他专业性审计相同，也应该采取系统基础审计的方式，对建设项目的内部控制体系进行检验，以评估工程项目的适用性和有效性，从而找出最优的控制方法和节点，从最优的控制节点开始，进行重点审计，从而达到提高建设项目审计效果的目的。

描述企业的内部控制体系。审计人员需要对企业的内部控制体系进行描述，以便全面了解工程项目的建设和管理质量。这种描述可以采用问卷、流程图、文字表述等方法进行。其中，主要包括以下内容：承包模式的描述、施工管理组织体系的描述、现场管理制度的描述、授权制度的描述、财务管理制度的描述以及材料设备采购制度的描述。这些描述可以更好地反映企业内部控制的情况，从而让审计人员全面了解工程项目的管理情况。

对企业内部控制体系进行检验通常包括两个阶段。首先是“凭证穿行测试”，通过跟踪整个业务流程来检验企业的档案是否完整，凭证是否合规。其次是“程序穿行测试”，审计人员需要对活动的每个步骤进行一至两次的测试。这个阶段的重点在于对控制节点进行分析，对施工建设项目的活动进行分层测试。在测试中，审计人员会选择一小部分的行为活动进行检验，以检查其有效性。这种测试方法称为小样本测试，它的目的是检查实际活动的成效是否符合预期目标。这样的检验可以更好地确保企业的内部控制体系健全有效。

在对以上所述的内部控制体系进行了全面的描述和检验后，审计人员对工程项目的内部控制体系进行评估，并对审计计划进行相应的调整和扩展。

3）根据审计计划的要求，对工程项目实施了一系列的审计。选取工程审计的重点，对有关资料、文件、合同、资金、实物等进行仔细的核查，并且在审计期间，对施工工地进行实地勘察勘验以及调查取证，确保审计内容的真实性和合法性。同时，要做好审计工作的底稿。通过对被审计单位的多次取证和分析，审计人员对被审计单位所提交的审计信息有了全面的了解，并根据国家政策、法律法规、有关技术以及经济指标等方面的规定，要求审计人员对所审查项目的真实性、合法性、有效性进行评估，从而得出初步的审计结果与结论。作为审计实施阶段的一个关键环节，审计人员要与被审计机构就初步的审计结果进行交流和讨论，以取得共识。

4）适当地收集证明资料，并填写审计工作底稿。在进行审计工作时，及时、准确地收集并整理证明资料是非常重要的。同时，填写审计工作底稿也是审计工作中必不可少的环节。审计工作底稿是审计组织根据特定的设计原则编制的一份文档，审计人员应该按照工作底稿的格式和结构，填写相关的内容，以反映审计过程和结果。通过适当地收集证明资料并填写审计工作底稿，审计人员可以更好地记录和整理审计过程中的重要信息，从而提高审计的准确性和效率。

在确定正式的填写内容之前，审计人员必须了解以下问题：①填写的资料对编制审计报告而言是否必要的？②是否提供审计的项目所必要的？③是否对改正违规行为起到作用？④对未来本项目审计的进一步调查有重要作用吗？⑤与审计目标相符吗？若答案为“是”，则须将有关信息填写于审计工作底稿中，否则，无需填写至审计工作底稿中。

审计工作底稿应当包括：①已充分查明或已大致查明的事实和情况；②证明事实的主要证据、旁证和陈述；③法律、法规、制度以及其他相关的依据；④反映企业经济效益的指标和指标是否达到以及管理者是否尽职；⑤分析和评估问题和经济事务中的主观影响因素；⑥根据审计准则对如何解决问题提出初步的意见，并按照其中内容对管理提出相应的改善意见；⑦审计工作底稿的附件。

审计工作底稿是从审计工作开展的实践中获取的，其来自国家政策、法令；相关部门的规章制度、批准文件；被审计单位有关的计划、管理制度、会计制度、责任制度，各种账目、凭证、统计资料、经济活动分析以及财产和物资等的实际情况；各方举报揭发的材料，相关工作人员的情况报告，其他单位或个人提供的被审计项目、被审单位的相关信息；审计人员的工作日志、询问调查的记录、核对账目，各种查证、函证核实资料等。

在填写审计工作底稿时，必须保证：①内容完整、真实、突出重点。如果要全面反映审计计划的制作确定和执行情况，需要包括与审计相关的各个部门的所有需要重点注意的事项，以及审计人员专业的判断。未经批准，不得删除或更改审计工作底稿。②填写审计工作底稿时，要做到观点鲜明、逻辑严密、措辞得体、字体清晰、格式规范、标识统一；审计工作底稿应该包括索引号和序列号；审计工作底稿中所列的事项、时间、地点、当事人、数据、计量、计算方法、原因等均应准确，确定没有疏漏和错误；有关的证据材料若有冲突，应加以区分和解释。③要全面地反映所进行审计建设项目的性质、目的和要求，以保证审计工作底稿的简明性和适用性。④各有关审计工作底稿要有钩稽的联系，并在互相参考时标明索引号。⑤审计工作底稿中需要由被审计单位、第三方所提供或代写，审计人员除了要说明该资料的来源，还要执行所需要的审计流程，并将相关的审计记录制作下来；审计工作底稿所附的有关审计证明文件，须经被审计单位或提供材料的第三方单位予以确认，如因特殊情形而不能确认或证实，则须由审计小组作出书面解释。

《内部审计具体准则第 3 号——审计工作底稿》中明确提出：“在编制审计报告之前，审计工作底稿要由审计小组组长再次核查，并提交复核意见。”同时，该准则中也明确了“复核后的审计工作底稿，不得增加、删除、更改”。审计人员根据审计小组组长提出的复核意见对审计工作底稿进行审查，如发现有修改必要，应另外编写审计工作底稿，并作出书面解释。对审计工作底稿进行复核的目标是为了确保审计工作底稿的完整性、适用性、真实性、规范性，降低审计的风险、改善审计的质量。审计人员应对审计工作底稿的真实性负全部责任，其以及参与复核的人员需要承担对审计工作底稿中所记录的国家和被审计单位的保密义务。

审计人员与被审计单位就初步审计结果上取得一致意见之后，则开始准备编撰审计报告。

5）编撰审计报告。审计小组在将审计报告提交给其机构之前，应征询被审计单位的意见。被审计单位在收到审计报告后十天之内，需要提交书面的意见；未在指定时间内提交书面报告的，视为没有任何异议，审计人员应将其进行记录。被审计单位对审计报告有意见时，审计小组应当进一步研究、核查。并对审计报告进行修订。

审计报告正文内容包括以下方面：

① 审计概述：阐述了审计项目的立项依据、审计目的和范围、审计重点和审计标准等内容；

② 审计依据：应当声明内部审计是按照内部审计标准执行的，若存在未遵循该标准的情况，应当作出解释和说明；

③ 审计结论：以实际情况为依据，对被审计单位的经营行为和内部控制进行评估；

④ 审计决定：针对审计过程中发现的主要问题提出的处理、处罚意见；

⑤ 审计建议：针对审计过程中发现的被审计单位出现的主要问题提出的改进企业运作和内部控制的建议。

附件：应当包含对被审计单位的审计程序和审计结论中出现的问题具体说明以及被审计单位的反馈意见(通常是在资料呈递时附送给单位的领导)。

审计报告应由审计组长签章并注明日期。

内部审计机关要建立和完善审计报告复核制度，设置专门的机构，并由专业人员负责对审计报告进行复核。审计机关或审计人员对审计报告进行复核后，应当提交复核意见，并形成复核工作日志。

经过复核后的审计报告，由其内部审计机关的主管领导进行审核，而有关重大事物和项目的审计报告，则需要由本组织的最高决策层审批。

（3）审计终结阶段

在完成以上工作后，审计人员会对审计材料进行归还，并从现场撤出，接着再对审计档案进行整理。以下信息应当保存在档案中：

1）审计方案；

2）审计通知书或审计委托书；

3）审计工作底稿；

4）审计报告、审计报告征求意见书及书面回执；

5）审计时所依据的主要资料的复印件。

（4）后续审计阶段

后续审计一般指在前一次审计工作完成后，审计机构对被审计单位的审计结果和处理结论进行跟踪审计，以确保其得到落实和执行，并避免隐瞒、漏审、错审等情况。此外，后续审计还可适用于以下情况：一是对于建设项目，由于各种原因工程进度受阻，导致工期延误等问题，此时进行后续审计非常必要，以促进工程建设项目的顺利实施。二是对于已经进行过前期或在建工程审计的工程，在其竣工后再次进行审计，即后续审计。后续审计能够评估工程的实际投资收益，并与可行性研究时的预期收益进行对比，以评估工程的建设绩效和经验，并检验之前审计工作的质量和水平，为以后的工作提供指导和借鉴。在后续审计过程中，审计人员应适当收集证明资料，并填写审计工作底稿，以确保审计工作的准确性和可靠性。

后续审计的主要内容包括：

1）将原来的审计结果和处理决定中提出的问题作为后续审计工作的重点。检查被审计单位是否认真地进行了整改，纠正或处置相关人员和事件，取得了怎样的成效。对尚未采纳和执行的相关问题，要进行缜密分析，找到原因；对由于各种原因而迟迟不改正或措施不到位的，要立即督促其采取相应的对策；对故意拖延、拒绝履行的被审计单位，应当责令限期改正。

2）检查上次审计时发现的问题，审查有没有再犯，尤其是上次审计时，由于某些原因(比如时间紧迫、人手有限、线索不足)没有发现的问题。例如，挪用、转移建设资金、侵占建设费用等。

3）审计是否出现了新的问题。有些单位利用规则或实践的漏洞，绕开已经审计过的问题，在其他地方产生违规行为，比如违反纪律的新的方法，新的计划外项目，这些都会造成损失的再次发生。

4）审计前一次审计及审计报告的质量。审计人员在审计工作中是否存在不当或错误，是否存在审计决策不够客观、不精确，或操作上的困难等问题。通过对自身的审查，可以促进对审计工作的完善，提升审计的质量，从而建立起审计的权威。

作为审计工作的一个不可或缺的重要环节，后续审计是加强审计监督、深化审计内容，促进审计制度化、规范化的有效途径。

内审人员在提交审计报告后，应当在适当的期限内对被审计机构进行复审，以确定被审计机构采取了适当的纠错措施，并取得预期的结果。如未采取改正措施，则须对高层管理人员或董事会进行调查，确定其是否需要对该现象承担责任。内审人员必须确保管理人员或董事会把真正的和可能的危险放在心上，但是如果管理人员或者董事会决定接受风险或者不采取改正措施，那么内审人员就没有进一步责任。在类似的情况下，如果管理人员采用了除内部审计师的建议之外的其他矫正方式，也是一样。在进行后续审计时，审计人员应充分考虑到被审计单位的业务计划和时间需求，尽可能地降低对被审计单位的经营、职工以及之前审计过的业务的影响。

4.2.2 新型建设项目审计模式和方法路径

在传统的审计模式下，审计部门与审计人员对于建设项目审计的介入多集中于项目建成后的事后静态审计，缺少对于前期设计阶段和施工阶段的事前事中的介入，这种审计模式有着以下缺点：

1）介入形式的被动。审计人员在开展审计工作时，难以对前期的招投标、施工和验收等阶段的基本资料和信息进行全面收集，在审计过程中只能按照签订的合同或者协议要求被动开展静态审计工作。

2）介入时段的滞后。由于传统的事后静态审计的原因导致审计工作人员无法对建设工程前期内容进行深入了解和调查，如已建成的建设项目，无法了解其隐蔽工程的具体情况等，难以取证。同时在决算期间各方产生争议时，由于参与审计工作的人员介入时间滞后，对于一些在建设项目前期签署的描述模糊、表意不清的变更签证时，没有足够的证据和确凿的记载证实各方观点，导致审计周期延长。

3）增加了审计的风险。由于事后审计滞后的缺陷，审计人员无法在建设项目施工阶段实际到施工现场进行审计监督，对于只能通过有关的签证单、验收单等书面资料作为审计的依据，这无疑增加了审计的风险。

1. 建设项目审计模式

随着我国经济的飞速发展和对于建设项目投入的加大，我国的国有企业对于各项大型建设项目的投资也在增加，在大型建设项目越来越多的情况下，仅靠内部审计单位与国家审计单位进行审计已经不能满足现今行业需求，还需要引入社会审计单位对传统的审计模式进行更新与升级，目前我国的一些国有企业投资的建设项目开始尝试使用国家审计、内部审计和社会审计相结合的审计模式。

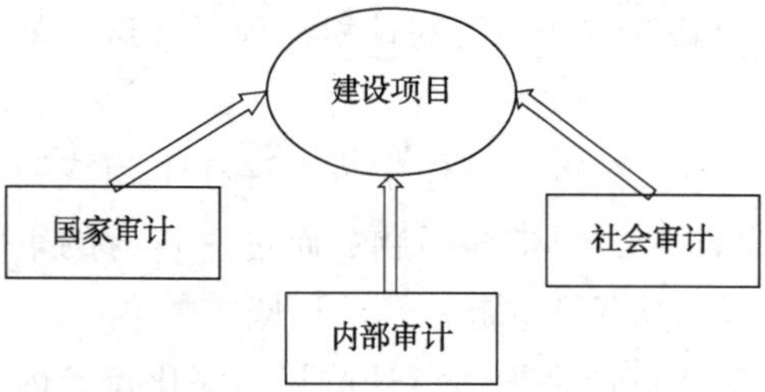

图 4-6　三结合审计模式示意图

三结合审计模式如图 4-6 所示，即建设项目在审计过程中，需要交由三种社会性质不同的审计单位进行审计，顺序分别为内部审计、社会审计和国家审计。具体操作的流程为：首先建设项目交由企业内部审计单位进行审计，其次由内部审计单位将审计完成的结果交由社会审计单位，社会审计单位对于企业内部审计单位提交的审计结果进行再次审计，然后将第二次审计结果由社会审计单位交由国家审计单位，最后由国家审计单位给出最终的审计结果。

三结合审计模式的优势主要在于以下几个方面：

1）三方之间都具有共同目标，有利于自身工作的完成。各方审计单位之间的目标一致，都是为保障建设项目的资金状况与完成情况，通过审计这一手段，对工程建设项目的隐蔽工程完成情况与质量进行了解掌握，揭露潜在问题，分析问题成因，为促进建设项目投资资金的完整与安全作出贡献。

2）各方审计单位优势互补，有利于提升审计工作的质量。社会审计单位的用人机制灵活，可以根据建设项目审计工作的需要，随时聘请社会审计单位的专业人员对建设项目进行专业审计。这种灵活的用人模式能够对国家审计单位人手不足的审计队伍进行补充，并通过社会审计的力量弥补国家审计和内部审计的不足，提高整体的审计效率。

与此同时，社会审计单位也能够借助与国家审计单位合作的机会提高自己审计质量的权威性。国家审计单位的特点具有独立性强、具有权威性和强制性，所以社会审计单位与国家审计单位合作能够客观披露审计成果，同时实施自身专业人员多的优势，规避审计风险。国家审计单位也能够通过自身监督社会审计单位的权力，及时纠正社会审计单位在审计过程中出现的审计质量、规范问题。两者结合对于提升审计工作的质量起到了很大的作用。

企业内部审计单位与国家审计单位和社会审计单位在审计中进行融合，可以弥补两个外部审计单位不了解企业内部信息和资料的缺陷，通过灵活的审计技巧使得建设项目审计的质量和效率更上一层楼。同时随着三方不同审计单位的优势和特点凝聚在一起，能够使内部审计单位完成从被动审计到主动审计的转变，充分发挥其原本的作用。

3）齐抓共审，有利于三种审计职能作用的充分发挥。围绕建设项目审计这一相同目标，整合审计资源，一同构建齐抓共审的格局，有利于三种审计职能的充分发挥。建设单位聘请社会审计单位对于工程造价等方面进行专业审计是一种随着市场经济发展的必然现象，在依靠国家审计单位的监督下，公正合法地为建设单位提供专业服务是被法律制度许可的；国家审计单位通过与社会审计单位的合作，做到了将建设项目的审计监督端口提前，有效杜绝了被审计单位的违规操作，确保了项目收支的合法、合规、合理；内部审计单位借助外部力量，了解企业目前存在的问题和企业现状与未来发展趋势，对存在问题进行分析，提出在内部审计单位视角下的改进建议，提升了内部审计单位在企业内部的重要程度。

2. 建设项目审计方法及分类

建设项目审计方法是指审计人员对建设项目进行审计的过程中为了完成审计目标，发挥审计作用使用的一系列技术和手段的总和。按照建设项目阶段的不同，审计工作时采取的方法也不一样，以下将会结合航油公司的建设项目工程，通过案例分阶段介绍建设项目的审计方法。

（1）基本建设程序方面的审计方法

根据2004年由国务院颁布的《关于投资体制改革的决定》，在企业投资建设项目不使用政府投资时，根据不同的实际情况采用核准制或备案制来取代审批制。而根据《政府核准的投资项目目录》规定，凡是政府投资的建设项目均采用核准制。所以，基本建设程序为：项目立项审批(或核准、备案)、可行性研究、初步设计、施工图设计、项目建设、竣工验收。根据建设项目的建设程序，可以将审计方法大致划分为以下两类：

1）审批程序的合规性。审批程序的合规性包含了两方面，一是审批手续的完整性。以Z公司的B市国际机场工程这一大型建设项目为例，审计人员在进行审计工作时必须对项目的各类审批文件，如项目建议书、可行性研究报告、初步设计等审批文件批复的完整性进行审查。若有关单位无法出具批复文件的依据，则需要审计人员进行深入调查，找出问题的根源与核心，并明确与问题有关的责任人与单位，提请有关部门进行相应责任追究。审计人员需要重点审计是否有未批先建、建设项目发生重大设计变更而未上报给原批复单位再次进行审批和边勘察、边设计、边施工的“三边行为”等违规操作。二是审批权限具有合规性。有关部门在进行建设项目相关文件的审批时，应该按照项目审批规定，不产生越权等行为。例如，Z公司的B市建设项目的可行性研究报告是由国家发展改革委进行批复，若不是该单位进行批复，则其需要建设单位重新进行报批。

2）检查各审批文件的合规性。国家对于相关文件，如项目建议书、可行性研究报告、初步设计和开工报告等都有严格的规定，如果相关文件不符合规范，即使相关部门对文件进行了批复，审计人员在审计时也不能将其作为审计依据，反而须要求相关责任单位将文件修改至合规后，重新上报给相应部门进行审批。

（2）征地拆迁方面的审计方法

项目建设用地通常会涉及征地和拆迁工作，这类工作往往牵涉范围广、资金拨付链长且涉及人员多，导致情况复杂多变，容易在过程中产生违法违规的行为，是审计工作的重点和难点。航油公司参与建设的建设项目大多也面临过这类问题，通过总结以往经验，在征地拆迁方面，有以下两个方面需要重点关注：

1）复核占地面积。设计占地面积包括初步设计时大致确定的面积和经过审批的建设用地面积。如Z公司的B市机场案例中，需要自然资源部对建设用地进行审批。在审计人员进行审计工作时，需要注意有关建设用地的审批文件是否规范，是否符合《土地管理法》的规定，并将实际用地面积和批准计划用地面积之间进行比较，探求其中实际与计划有出入的部分。

2）审批权限及程序的合规性。审计人员应该注意是否有未经过国土部门审批违法违规征用建设用地，包括没有进行征地审批就先进行施工建设；超过规定征收耕地的份额需要缴纳的耕地开垦费少缴；对农民的补偿金有截留、挪用、少付，损害农民利益；编造虚假征地拆迁合同套取补偿金等违规违法行为。

（3）工程管理及财务管理方面的审计方法

对于航油公司的近几年相关建设项目出现的审计问题进行提取，发现关于工程管理和财务管理出现了以下三种较为常见的问题。

一是未做好物资材料管理，目前，审计中经常发现物资材料验收、进出库和剩料结算手续缺失，不符合制度规定与合同约定，存在完工后甲供材料一点不剩的不合理现象。例如：A项目未见甲供材节超表，未见剩余甲供材；B项目未按施工合同约定，提前14天履行对乙供材进场的核准手续。这些问题看似不大，但积少成多、养成习惯就是大问题。

二是工程造价管控不严，部分乙供材价格明显高于市场价，变更签证审核不严谨。例如，A项目部分乙供材的价格高于市场同期价格30%以上。

三是部分单位对固定总价和固定单价合同认识不清。例如，A项目的施工合同中，约定“采用固定总价合同”，但也约定了价格调整的条款，相互矛盾，容易造成审减造价时与施工单位纠纷的风险。

为了解决相应类似的问题，有以下几种审计方法可供参考：

1）审阅法。审阅法简而言之就是对被审计单位的证、账表、资料等文件是否合法合规进行阅读审查的方法。在工程管理方面，审计人员要对工程项目的相关法律、法规、文件、资料等进行审核，要求审计人员对工程项目的相关标准和规范进行了解并能够及时更新，通过平时积累，在实际审计中才能对审计目标拥有明确的认知。审阅法主要是通过对建设项目的立项依据进行详细审阅，包括可行性研究报告的具体内容，初步设计的立项指导思想等建设项目相关文件；建设项目初步设计阶段的概算投资以及内控和投资效益状况资料；与建设项目有关的法律法规；勘测、设计、施工、监理、采购、供货等合同资料与工程发包、招投标等和建设项目建设过程有关的资料等。通过对以上列出的相关资料和文件仔细审阅，审计人员才能明确审计工作中需要审计的重点，检测建设项目的合规合法性，并以此获得关键可靠的审计依据。而在财务管理方面，审计人员通过对经营凭证、账簿、报表、决策、计划、预算和合同等财务文件资料的内容进行详细审阅，以检查建设单位的经营资料是否真实、经营业务是否合法合规。

2）核对法。在审计工作中，核对法是获取真实客观审计依据的方法之一。在工程管理方面，需要对以下几个方面进行核对：①核对建设项目立项时的内容是否与初步设计一致，是否存在扩漏项等问题；②核对初步设计时进行的概算与工程预算是否存在过大出入，是否存在概算大、预算小的情况，是否存在超概算、漏项以及计划外单项工程等问题；③核对合同标底价与工程预算，以判断合同标底价是否在工程预算的范围内，并审查合同的合法合规性；④核对招投标文件和中标文件的内容，审查是否存在违规操作；⑤核对施工图预算与施工图纸、造价定额之间的差异，是否存在高套或低套定额的现象；⑥核对竣工决算与实际完成的工程量、竣工图、设计变更签证、施工现场签证等资料是否相符，以确保工程价款结算与实际一致；⑦核对工程核算资料与会计核算资料，是否存在核算资料不一致或不真实的情况。以航油公司部分项目为例，若初步设计概算偏松，则会间接导致部分项目出现实际结算价低于概算批复的情况（以 A 项目为例），部分项目形成了概算价高、招标合同价低、结算价变更为概算价的“驼峰现象”（以 B 项目为例）。

在财务管理方面，则是将会计记录以及相关资料中重复两处以上的数据进行相互的对照，用来检验记录的资金流向是否一致，财会计算是否正确。财务管理方面的核对法主要是对建设项目账、表、证的正确性与合法性进行核查，以证明建设单位的经营业务和经营账目的真实、合法、正确。如果审计人员在核对时发现资料出现错误或遗漏，需要及时查清造成错误或遗漏的原因。当缺少审计依据时，所核对的数据至少需要两个核对相符的不同来源。特别需要注意的是，核对法是对所提供的数据资料进行核实对比的方法，所以审计时需要完全真实的数据资料，否则核对就是毫无意义的。

3）分析法。分析法是指通过对建设项目的信息材料之间的相互关系进行比对，调查取证、发现问题的方法。建设项目审计人员对初设概算、施工图概算、施工合同、建设项目有关的财务资料、会计报表、竣工决算、现场工程监理资料、施工现场签证等与建设项目有关的书面资料，通过对其中有相关性的资料、技术经济指标进行比对，发现问题线索，取得审计依据。

4）复算法。工程管理方面的复算法是指采用有关工程造价的专业知识，通过对收集到的施工图预算，将其中建筑安装工程施工定额、预算编制劳动消耗定额、机械台班使用定额和材料消耗定额及预算定额与建筑安装工程的预算定额、人材机使用量、基价这些数据进行复算，确定建设安装、工程价款和交付财产等的真实性、准确性与合法性。财务管理方面的复算法是指对已经计算过的账表、凭证和报表以及预算、计划、分析等书面材料进行重新验算，确定其正确性和可靠性的审计方法。

5）函证法。函证法是指审计人员向与被审计建设项目有关的单位或个人发函，调查建设项目某阶段的实际情况并取得审计依据的调查方法。本方法对于查证款项往来有着很强的实用性和核证性，在审计工作的实施中不可或缺。

6）盘点法。盘点法是指审计人员对于建设项目的各项财产物资的实际情况进行清查和盘点的方法，确定经济资料中的记录与实物是否相符，用于证实有关经济资料和经济活动书面资料的准确性和真实性。通常由被审计单位自行盘点，同单位负责人或者领导以及审计人员签章即可。

7）观察法。观察法是指审计人员亲自到建设项目施工现场进行审核调查，通过实地调查以获得第一手审计依据的调查方法。审计人员通过深入建设项目科室、工地、仓库等区域，对其中的管理、施工和保管利用等各方面信息进行直接的观察和记录，发现其中真实的情况与运行流程是否合法合规，并根据自身审计视角，发现其中的薄弱环节和存在的问题，以收集书面材料之外的审计依据。审计依据的充分与否，直接影响到了审计结果与质量。

3. 建设项目审计技巧

（1）抓住重点审计事项

1）工程质量审计监督。对于工程建设项目的质量进行严格的审计监督，通过三个质量审计的重要节点：严格按照施工图纸施工、按照合同和招标文件执行、要求有关工程质量监管部门严格履行其职责。审计时以施工现场审计和突击审计为主，检查建设项目的相关工程项目是否保质完成，是否存在没有达到设计标准、以次充好等对工程质量不利的问题，从而保障工程建设项目的质量。

① 严格审核施工图纸和安装图纸。审计人员需要审核相关单位是否遵循相关规范组织隐蔽工程验收。在此过程中，需要特别关注施工现场的主要分部、分项工程，如结构配筋、钢筋混凝土浇筑和砂石垫层等，以审核其是否严格按照施工图纸和施工工艺进行施工。

② 严格审核施工合同以及招投标文件。审计人员需要审查施工及其他授权单位是否按照合同约定对约定项目进行建设。在审核过程中，需要特别关注涉及的主要设备、材料是否符合合同和招投标文件中规定的型号、规格、品牌和质量标准。如果存在疑虑，就需要进行现场核实审查，以确保工程和采购安装项目的质量和规范符合约定。以航油公司部分建设项目为例，部分单位对固定总价和固定单价合同认识不清。例如，B 项目的施工合同中，约定“采用固定总价合同”，但也约定了价格调整的条款，相互矛盾，容易造成审减造价时与施工单位纠纷的风险。

③ 严格审核对照监理合同和项目管理单位工作规程。对监理单位是否按照监理合同中的规范进行监理审核、委派的驻场监理工程师是否与监理合同上所说一致进行审核；对监理单位在项目管理的工作规程中是否合规合理进行审核，特别是在进场主材的签字手续上，查看监督部门是否对发现的问题及时提出、纠正或者上报，并发挥审计的监督作用。

2）工程造价审计监督。在审计过程中，审计人员需要对工程造价进行严格审核，主要围绕三个重点进行，分别是工程量清单和拦标价编制、工程变更和现场签证、工程竣工结算。在审核中，需要检查是否存在围标、串标等违规行为，导致中标价格过高、高估冒算和虚假工程造价等问题。通过控制工程造价，可以提升资金运用的效率，避免资金流失等问题的发生。

① 从严格审核拦标价入手，严防围标、串标。审计人员的重点应该在于审核工程量清单和拦标价是否符合相关规定和标准以及综合单价是否在整个建设项目的大环境中合理。在对拦标价进行审核时，应该对其进行严格控制，确保拦标价在符合市场规范和要求的区间范围内，并将投标报价控制在拦标价以下，以打击围标、串标等违规行为，降低恶意哄抬标价的可能性，同时压缩投标人的非法盈利空间，保障资金的最大效益。

② 对项目建设过程中的工程变更和现场签证进行严格审核。需要严格重点审核是否存在对设计的随意变更、虚假签证以及签证内容与实际施工的工程量不符等情况。此外，还需要审核工程变更是否按照承发包合同中约定的履行程序进行操作以及现场变更是否按照监理单位、建设单位、施工单位的顺序进行授权签字。对于存在重大设计变更的项目，特别需要审核涉及结构、工艺、设备、材料等方面内容是否符合相应行业规范标准的审批权限。此外，还需要审核设计变更是否在单项分解的投资预算指标范围内。如果签证内容与实际情况不符，以某公司建设项目为例，会导致以下情况：部分乙供材价格明显高于市场价，变更签证审核不严谨。例如，A 项目部分乙供材的价格高于市场同期价格 30%以上。

③ 对工程结算价的真实性、合理性进行严格审核。审计人员需要重点审核是否存在以下情况：多次结算工程造价、高估冒算、虚列工程造价等现象。同时，需要审核每个单项工程是否都有完整有效的施工图纸、变更协商、现场签证等相关文件和材料。所有需要结算的依据都需要有完整有效的签署。工程量计算是否符合有关标准规范，是否合法，有无错误、遗漏和重复。实际施工的建设项目与施工图设计和原预算或报审结果是否相符。与工程造价相关的中介机构是否对出具的造价成果附上工程量计算底稿，其机构实际相关负责人是否对其进行签字盖章。建议根据单项工程预算的不同，将一定金额以上的单项工程实行的结算进行三级审核，即由工程造价中介单位进行结算审计，并由建设单位的内部审计单位对竣工决算审计结果进行审核。当施工图纸不完整或不详细时，会导致工程量清单不准确和频繁变更的问题。例如，Y 供应油站扩建项目施工过程中工程签证及增加工程量审定该部分造价为 65. 74 万元，致使工程费实际结算价较施工合同金额增长了 13%，其中主要原因是水施、消防等设计不符合规范，导致安装及土建签证增加工程量。

3）项目预算执行和付款审计。对建设项目预算的真实性和合法性、预算申报的真实性进行审计；对建设项目是否严格按照规定的计划进行，实际建设项目与预期是否相符，有无超预算、超规模建设等情况进行审计；对中途发生的变更和调整是否符合相关行业的规定进行审计。

对建设项目工程款项付款是否严格按照审批支付程序，合规合法地兑付补贴资金，会计核算是否符合规范；资金支付的文件资料是否准备齐全，对监理单位出具的监理报告、工程造价中介机构出具的审核报告和相关负责人签字盖章进行审计。

（2）抓住重点审计时机

根据审计的内容将建设项目实施审计的重点划分为两个时间点：一是隐蔽工程和重要工程的施工进行阶段，二是建设项目完成后的竣工阶段。

1）项目施工过程的审计。采用突击式的审计方法，在容易发生弄虚作假和舞弊的隐蔽工程和关键工程施工阶段，对于可能造成工程质量负面影响的行为进行现场审计。一是在涉及钢筋搭建和配置的隐蔽和关键工程中，当结构钢筋布筋完成后，浇筑混凝土之前，在施工现场对施工过程进行突击审计，检查是否按照设计标准进行布筋、配筋；二是针对埋地管道这类隐蔽工程，在管道铺设完成后，土方回填之前，审计人员到现场进行突击审计，确保管道及阀门的质量、材质和型号是否与合同约定相符；三是针对砂石及混凝土垫层工艺的审计，在机耕路、土地整理等施工环节上，审计人员在施工现场进行突击审计，检查垫层工艺是否符合行业标准，是否与施工设计图纸一致。

2）项目建成后的审计。已完工的建设项目的审计重点需要落在项目建成后，不仅要检查是否严格招投标以及合同约定，真实合法地进行竣工验收，并将项目按照规范归档，同时还要检查竣工验收的建设项目是否真正投入生产和使用，有无"先建后废"等情况。如果在项目建设后期对参建单位的管控力不够，则会发生以下案例的类似情况：F机场输油管道局部改线工程、H机场扩建项目供油工程（近机位）、C机场在Y地区卸油站扩容项目等，在项目后期对参建单位的管控力不够，不能督促施工单位能积极配合审计工作，从而影响了资料归档、工程结算决算和转固的进度。

（3）建设项目审计技巧应用案例

X企业是一家典型施工企业。Y机场是X企业的重点项目。以下将会以Y机场案例为例，介绍建设项目审计技巧的具体应用。

1）案例背景介绍。Y机场位于距Y市区直线距离1.8千米的丘陵地区，处在Y市的经济技术开发区中，被主要定位为货运枢纽，占地2700亩。该机场工程建设项目合同总工期为300天，建设过程的主要时间节点如图4-7所示。

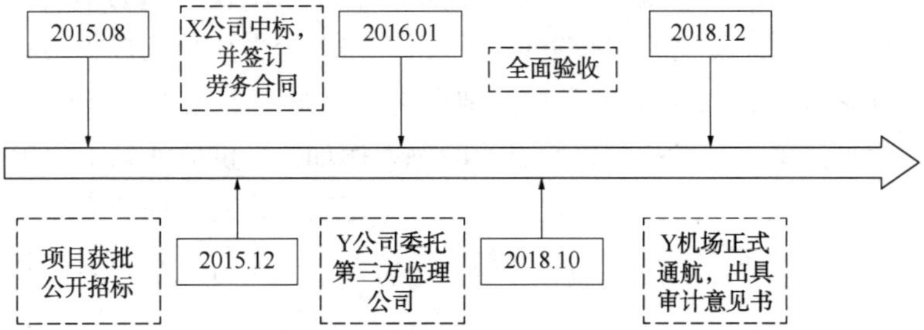

图4-7　Y机场工程项目的主要时间节点

审计结果显示，由X企业建设的Y机场工程项目结算价款56889.65万元，但经审计核定发现多计878.10万元，实际为56011.55万元。

2）Y机场建设项目审计存在问题。重点审计事项。Y机场工程建设项目审计中重点审计事项模糊，缺乏宏观上的审计控制，关注重点也局限于竣工结算阶段，反而忽略了对项目整体审计的把握，导致审计资源的分配不合理，无法发挥出审计的真正作用。例如，为了判断施工合同是否合理，需要耗费审计人员大量的时间来核实招标文件和施工合同，从而出现无法及时审计和评估施工现场的情况。同时，X企业在配置审计资源时，对潜在隐患缺乏预防和控制，对审计事项的重点模糊不清，在非重点事项上投入了过多的审计资源，导致进行审计工作产生头重脚轻，轻重颠倒的问题。过多的重复性与非必要性工作同样也会降低审计效率。

重点审计时机。对审计时机把握不到位，无法及时准确地得到相关审计资料。造成了审计结果与审计核算不符，产生纠纷的情况。例如，在 Y 机场工程项目的施工阶段，土石方工程工作量发生变化，实际从一、二标段所挖运的超运土石方数为 640 余万立方米，预计增加工程款为 6900 余万元。在建设方组织的工作会议上，各参与方讨论并确定了变更后的三标段土石方工作内容，但是 X 企业并没有作出工作量变更签证。竣工后，审计人员审计时直接采用了送审材料中的工程量数据。在竣工两年后，负责土石方倒运的 Z 公司就该土石方工程款问题与 X 企业数次对簿公堂。最后法院以竣工图计算得出了争议部分的款项总共为 4400 余万元，Z 公司胜诉。

从上述情况看，审计人员对工作量变更数量的确定，仅通过事后基层工地报送资料批准的数量而定，工作量的真实性和准确性难以得到保证。如果审计人员在工程审计工作中，对审计时机把控到位，就会及时发现工程量变更签证缺失的问题，在工程项目建设中解决该问题，避免上述纠纷。

4.2.3 建设项目全过程审计管理

1. 建设项目审计全覆盖的概念

（1）建设项目全过程审计定义

其指的是审计机构在政府法律、法规及有关规定的基础上充分运用当前领先的审计理论和方式，对建设项目的过程管理与技术经济活动展开全方位的、持续不断的、系统化的审计监督与评价，确保项目真实性、有效性、合法性，并可以创造一定效益。

（2）建设项目全过程审计方法

1）归纳对比法。该法是时下主流的资料审查方式，现已在工程项目领域得到了广泛的运用，是以项目进程、参与方等作为划分标准对所取得的资料进行种类划分，再将预期和实际数据展开比较，并进行深入分析，从中发现项目的潜在隐患。

2）实地核查法。审计时须实时反馈审计信息，迅速形成审计意见。要求审计工作人员亲临现场进行实地考察，实时掌握现场活动的动态，取得现场第一手资料，继而尽快取得真实有效的信息。

3）问询调查法。审计工作中须和被审对象展开有效沟通，亲自向项目管理员及有关参与者询问项目的相关事宜，第一时间准确掌握项目当前的进度情况。除此之外，一些涉及重大款项的事项也必须对经手人展开调查，通过这种做法将审计风险降至最低。

4）专家会议法。审计时难免会存在诸如造价预算等系列专业化的事项，对此，可组织有关专家通过会议的形式来克服审计难点，充分发挥专家的专业优势来寻找问题的解决办法，由此给出科学合理的审计意见，使审计质量得到有效提高。

5）分析综合法。审计工作者对各类审计事项及相关资料进行细致的观察后给出的客观评论，对项目进行分解，化繁为简形成多个基本事项，并对不同部分的组成关系展开深入分析，与此同时，全面考虑总体和部分的本质。

6）定性、定量分析法。以项目计划目标为参照依据，将项目的实际施工结果展开对比分析，对项目的实际施工进度作出必要的调整，在建筑施工标准量化的基础上进一步分析项目的阶段性成果，并给出客观评价。

7）审阅法。参考各类专业资料，从中取得审计工作涉及的标准和依据；对于项目难点和重点内容，需查阅有关文献资料，以掌握其具体的作业流程，在此基础上制定正确的审计策略，从而有效地解决项目存在问题。

8）大数据分析法。随着互联网的大范围普及，应运而生的电子商务、物联网等信息技术支撑着各个行业的变革与发展；“大数据”“云计算”“互联网+”等技术的运用，可以为项目建立动态采购信息数据库，以科学的方式确定采购量，从而提高经济效益(表4-2)。

表4-2　全过程审计各阶段实施主要方法

阶段	主要工作内容	全过程审计实施方法
投资决策阶段	项目规划	观察法、审阅法、复算法
	可行性研究	
	相关审批文件	
勘察设计阶段	设计方案与图纸	审阅法、核对法、分析综合法
		技术经济分析法、关键线路重点跟踪法
招投标阶段	招标、采购	分析综合法、技术经济分析法
施工阶段	合同签订、施工过程	审阅法、观察法、问询调查法
	工程变更、进度款支付	实地核查法、质量鉴定法
竣工结算阶段	竣工结算、竣工验收、财务结算	图纸对比监察法、归纳对比法、工程造价审计法

2. 建设项目审计全覆盖的特征

（1）建设项目全过程审计的必要性

与传统的事后审计方式相比，实施全过程审计的必要性体现在以下几个方面：

1）传统审计方式的介入时间滞后。以往原始的审计模式下，审计工作是在项目完全竣工之后才进行的，这样会导致审计部门错过施工过程中的一些重点细节，也无法顾及物料运输、设备安装等相关事宜，一旦有所纠纷，取证难度非常大。

正是因为审计介入时间存在滞后性，以致无法及时审计项目过程中的设计变更、隐蔽工程等，这些都会加大审计风险，甚至会影响项目的顺利进行。

2）传统审计方式的形式被动。审计工作人员在项目竣工验收之前较少深入现场了解项目实施过程中的问题，而是在结算时才被动地对项目进行审计，审计内容仅限于合同条款及变更，无法改变合同条款，无法及时揭露项目过程中超预算的支出，也无法对这部分资金的用途给出客观的评价，更不可能将不合理的资金花费追回来。可见，这种审计模式不能将审计的效用充分发挥出来。

3）传统审计方式的缺乏动态性。工程项目的整个周期涉及多个不同的阶段，以往原始的审计方式仅限于审计施工与竣工结算，且通常都是采用事后审计的方式进行的，不能及时掌握其他阶段的情况，这就不能将项目施工时的相关问题扼杀在萌芽状态，无法对此制定行之有效的防范策略，达不到动态控制的效果(图4-8)。

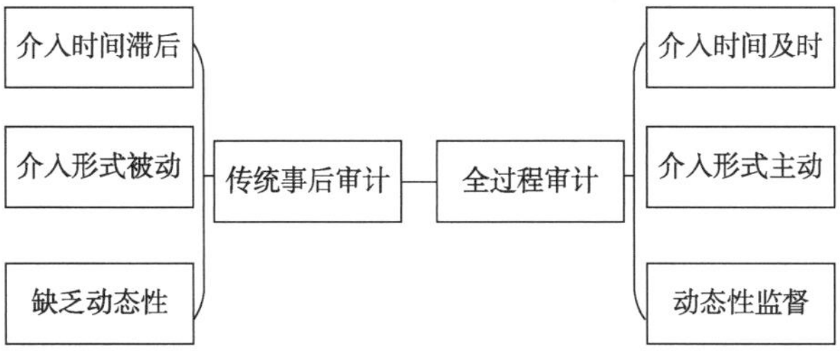

图 4-8　全过程审计与传统审计方式对比

综合前面的叙述可知，以往传统的事后审计存在介入时间滞后、被动审计、审计盲区等一系列的问题，且不能在问题的萌芽期就对症下药，起不到防患于未然的效果，以致项目施工时有可能发生不可逆转的损失，为确保审计、项目实施的高效性，有效化解上述问题，必须加大力度倡导先进的全过程审计。

（2）建设项目全过程审计的特点

1）全局把控性。对于工程项目而言，资金使用效率和流向至关重要，是计划实施的重点所在，全过程审计必须对此进行持续监控。

事前审计方面，应尽量实现作业流程的标准化，严格控制资金流向，将后续审计风险降至最低。事中审计方面，要对项目环节进行严密监察，将有可能致使项目失败的部分作为重点，及时发现项目问题，并给出有效的应对之策，对问题导致的项目漏洞给予必要的弥补。事后审计方面，要对项目建设中的反馈建议进行审计，确认其落实情况，追查相关人员有无将项目计划和审计建议执行到位。

2）目标效率性。这是指对项目建设中的变化作出及时的反应，从中获取准确无误的反馈信息，并给出有效的应对方案，使项目总体的资源利用率得到有效提高。审计工作人员必须全面掌握项目控制的关键点及其薄弱环节，将审计资源合理分配在关键环节的控制上，将反馈信息的作用发挥到极致。效率性在审计工作人员的审计资源分配方面提出了更高的要求，审计人员对项目重点、难点的掌控能力受到严峻的考验。

3）全面覆盖性。首先考虑审计内容方面，审计工作中，审计单位、审计人员必须以经济效益为出发点，实时对项目进行全面监控，采用多人流动审核的方式来审计不同阶段环节的建设签证与合同资料。

其次是审计范围方面，新型的全过程审计介入的时间较早，审计工作的进度与项目建设完全统一，全面覆盖项目建设的所有阶段，在项目管理规律的基础之上严格按照审计目标来监管关键控制点及项目的全部事项，确保对项目进行全方位的控制。

（3）建设项目全过程审计的优势

1）介入时间前置。以往传统的事后审计基本上都是在项目竣工结算阶段才介入，新型的全过程审计则有所不同，早在立项之初就已经介入，事前即开始监控，确保在问题的萌芽期就对其作出有效的处理。

2）方式灵活。以往传统的审计模式和新型的全过程审计在审计方式上也有所不同，前者是在项目竣工验收时对资料进行汇总、整理，再送审；后者则主张审计工作人员亲临现场及时审计项目各阶段的建设情况及其变更事项。

3）状态不同。以往传统的审计模式和新型的全过程审计在审计状态上也有所不同，前者是静态审计，涉及的项目资料数量众多，这将加重审计单位的工作负担；后者则是动态审计，可对项目的运转情况进行实时监督和评价。

4）目的多样性。以往传统的审计模式和新型的全过程审计在审计目的上也有所不同，前者只单纯地追求造价控制，后者则是围绕项目管理的多个方面展开全方位的审计，造价控制只是其中的一个重要方面，其终极目的在于使管理情况得到有效的改善。

3. 建设项目审计全覆盖的流程

目前大多数审计机构采用的是与有资质的咨询公司进行合作审计的方式来开展建设项目全过程审计，所以需要通过咨询机构的甄选来确定审计人员。对咨询机构的选择通常采用公开招标或邀请招标的方式，可以对个别项目进行委托招标，也可以按入围的方式进行选择。具体程序包括发布招标文件、投标、开标评标定标和签订合同，最后具体开展审计实务。

在实务操作过程中审计程序可以从三个层次进行分解。

（1）各审计阶段具体内容

1）准备阶段：组成审计小组、下发审计通知书、召开审计进点会、明确实施方案细则、明确人员分工及职责。

2）实施阶段：对法规、造价、合同和财务四方面审计资料进行审计，发表审计意见及建议。

3）报告阶段：编制阶段审计报告及项目投资控制情况汇总表。

4）后续阶段：审计意见落实情况反馈及归集审计档案。

（2）根据建设项目各阶段进一步细化审计实施阶段内容

1）在立项阶段主要针对投资估算明确项目建设规模。在明确了资金来源的前提下，工程管理部门向建设工程投资评审机构提交投资立项报告并按照有关程序进行审定，最终确定建设投资标准，全过程审计将以审定的建设规模为最高限价，在此建设规模范围内对工程进行审核，全过程促进工程管理部门将工程造价控制在投资限额之内。

2）在设计阶段主要针对设计概算进行审计。全过程审计需要对建设项目的设计概算进行全面审计，审核其设计预算是否符合限额设计的要求。加强对项目设计概算的审核，是对项目成本进行有效控制的方式，既能充分体现项目前期控制的理念，又能达到事半功倍的目的，从而避免出现超预算的情况。

3）在招标阶段主要针对招标文件、评标过程以及施工合同进行审计。对有招标资格的项目，先按程序审查招标文件，然后由项目主管单位编制招标文件(包括资审文件)，在招标之前提交给审计组，审计组根据要求，在规定的时限内提交审计意见，审查文件中设定的标底(或投标控制价格)，并出具审计意见。项目主管部门按照相关意见，对招标文件(资审资料)进行修改，并进行招标。

评标过程的审计重点是在开标后进行清标和询价，对投标情况形成审计意见，供评标委员会参考。程序是工程管理部门通知审计组参加开标会议，开标后，向审计组提供各投标人的投标文件，审计组通过充分的市场询价和综合评估，进行专业的分析和计算提出审计意见。定标后要继续对价格确认单及施工合同进行审计。程序是将根据评标结果拟定的价格确认单及施工合同，提交给审计组。审计组在规定时间内提出审计意见，工程管理部门根据审计意见，对施工(或分包)合同进行修改完善，签订正式合同。

4）在施工阶段主要针对隐蔽工程、工程进度款以及工程变更进行审计。对于重要的隐蔽工程，其中包括拆改项目、基础验槽、基础防水、基础回填、管线预埋、屋面工程、装饰工程等，在封闭前必须由全过程审计组进行查验，方可封闭。程序是工程管理部门在拆除或关闭隐蔽工程之前，应向审计组提交书面报告，由审计组在实地考察后，出具审核意见。隐蔽工程正式验收后，工程管理部门向审计组及时提供相关隐蔽工程验收记录。

对工程进度款的审计则由施工单位提交当月的工程量统计资料和月度工程支付申请，经监理公司审核，工程管理部门送交审计组审核，审计组在规定时间内提出意见。工程管理部门提请财务部门支付工程进度款。

施工过程中发生的工程变更由主张单位或部门以书面形式提出变更要求并附工程变更估算，经施工、设计、监理单位审核签认后交工程管理部门。工程管理部门分析变更的必要性及合理性，同时编制工程变更估算审核表并附工程变更估算确认书及监理审核与评估意见，在变更事项实施前提交给审计组。审计组对变更估算进行审核，在规定时间内出具审计意见。工程管理部门根据审计意见，签订正式的工程变更洽商，并报审计组备案。

5）在竣工阶段主要针对竣工结算及财务决算进行审计。工程管理部门向审计组提供经监理审核后的竣工结算报告和完整的竣工结算(或决算)资料，审计组进行审核，在规定时间内出具初步审计意见，在与施工单位对初步审计结果交换意见定案后出具竣工结算(决算)审核报告。工程管理部门按照审核意见及时进行竣工结算(决算)。

(3) 审计报告的出具与审计意见的发表

建设项目全过程审计报告应采取阶段审计报告的形式，可以按月或按季度对审计实施情况、审计发现问题以及审计意见和建议进行汇总整理并上报上级管理部门。阶段审计报告同时应附投资情况汇总表，对投资变动情况、全过程审计效益等情况进行分项及汇总列示，动态反应全过程审计阶段成果。

同时结合建设项目全过程审计事中性和动态性审计类型特点，在审计过程中及时出具意见要比审计报告更具有时效性。过程中发现的问题用审计意见的形式及时反映出来，尽快落实，及时奏效。全过程审计项目中所出具的审计意见应分为管理类和确认类两大类。管理类审计意见主要是针对法规审计、合同审计、造价审计和财务审计中，提出内部管理中存在的问题。确认类审计意见主要针对的是造价审计和财务审计，对价款进行确认，同时对确认事项也可发表管理类审计意见。

4.2.4 不同建设投资模式审计要点分析

1. DBB 工程审计要点分析

(1) DBB 模式分析

DBB 模式即从 19 世纪初就形成的一种传统承包模式，也称施工总承包模式。这个模式的特点便是需要按照设计—招标—建造这一固定顺序进行建设项目的施工建设，每个阶段任务结束之后才能进入下一个阶段。这种模式下的业主单位需要与设计、监理、施工等多个单位进行合同签订和工作协商，业主首先与建筑师或咨询工程签订合同，在完成前期工作之后再和建筑师一同对符合招标条件的施工单位进行筛选，与该承包模式相关的具体管理运作模式(见图4-9)。

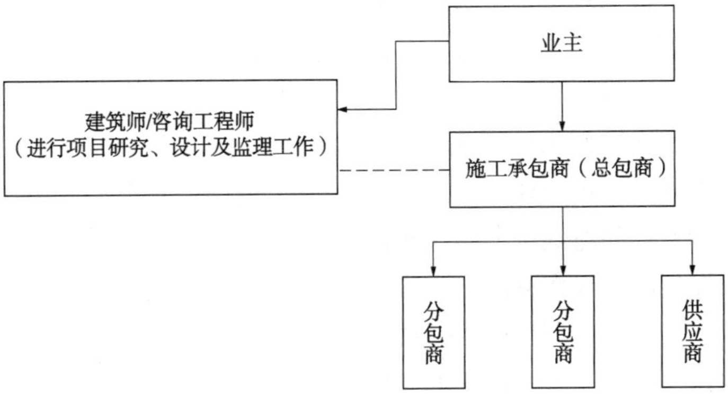

图4-9　DBB管理模式

（2）DBB工程审计的重点

1）立项决策。立项决策这一阶段将会直接影响到最后建设项目的规模与工程实施的顺利与否，所以在该阶段审计人员需要重点对相关单位是否将预期收益进行夸大化、虚构有关数据等进行审核，以防为了促使项目的审批通过而产生的不合规、不合法行为，对社会环境与经济造成负面影响。

2）招标采购。一般情况下建设项目的投资额较大，并且涉及的建设项目资金和物资流向都非常繁杂，投资人在对建设单位的选择、工程清单和预算造价的编审、投标书的经济评审、合同条款等环节的选择很大程度上决定了该建设项目的质量和施工效率。审计人员在招标采购阶段进行审计工作时，首先需要重点审查该建设项目是否满足招标条件，其次审查招标方式是否合法合规，招投标文件是否合理合规，招标文件中的工程量清单计价、招标控制价、标底设置、专用条款等具有较强排他性的内容是否合理真实。以此验证招投标环节的真实合规性。

3）设计阶段。设计阶段和拦标价阶段的审计工作一般可以结合起来，因为设计阶段的审计工作本来就包括对设计图纸、施工工艺、工程量清单和综合单价进行核定。在很多时候设计阶段图纸设计得不明确、不严谨，会造成项目后期进行工程量计算和综合单价核定时出现障碍或设计本身对建设资源过于浪费等问题。虽然经验丰富的工程师能够通过对图纸的审查来计算核定工程量与综合单价，但是这样的做法显然与施工规范不一致。而在建设项目设计阶段进行审计的话就能把有关设计等问题的发现期提前，能够促进有关责任方及时纠正错误，为投资项目资金和施工管理工作的进行赢得主动权。

同时设计阶段的审计重点还应该放在关于设计单位是否具有相应设计资质，设计费用是否合理，设计阶段的招投标文件、设计合同内容等书面资料是否合规合法，合同文件中有关双方权利和职责约定是否明确等方面。

4）造价控制。在工程建设项目实施中进行的造价控制，需要审计人员注意招投标合同中关于招标控制价的编制，同时对价差变动和利率变动风险分配的确定和执行情况进行重点审计。

5）资金运用。对建设项目资金使用进行审计的重点在于建设项目的资金筹措过程是否到位合规，对筹措到的建设项目资金的使用是否合理安全，而对于成本归集和核算是否准确、真实、合法尤其需要进行重点审核。在建设项目的实际实施建设中，根据以往总结的工作经验，在资金运用方面有着以下几个突出问题需要审计人员注意：建设项目有关资金是否已经完整入账、有无将不属于该建设项目的费用列入成本开支中、有无挤占问题、待摊投资的归集和分配是否正确合理等。

6）合同管理。审计人员对建设项目合同管理环节进行审计时，需要对建设项目是否有效，合理地进行相关项目的内部控制和风险管理的审查评估，并应该着重审查各相关单位对合同条约的履行情况，是否存在对合同条约的实质性背离，即是否在未经有关部门批准的情况下，违规对工程范围、建设工期、工程价款、工程质量作出改动。需要特别注意建设公司是否有为了压缩成本而进行非法转包、分包的行为，这种行为会为建设项目埋下巨大的安全质量隐患。同时由于情况变得复杂，也为审计取证带来了困难。

7）结算决算。有关建设项目工程竣工结算的审核工作一般是由建设单位负责的，而审计部门的工作是在建设单位工作的基础上进行监督核查的。若审计人员发现建设单位进行的竣工结算审核工作中有结算不实等问题，应该及时对其作出审计决定，并责令建设单位进行整顿修改，而如果发现任何违法问题，应该移交有关部门处理。在建设项目竣工结算的审计阶段，需要重点对工程变更和工程索赔的合理性进行审计，杜绝施工单位通过以低于其余投标单位的标价胜出，但在施工过程中以频繁的变更工程来增加造价问题的出现。

（3）DBB 工程审计的难点

1）项目宏观控制方面。为了对被审计项目的整体管控水平进行关键有效的评价，审计人员需要核查是否执行了国家的基本管理要求，如法人责任制、工程招投标制、工程合同制和工程监理制。这些管理要求的有效执行可以保证建设项目的规范化、合法化和透明化，有助于遏制浪费，确保资金的有效使用。审计人员需要对这些管理要求的执行情况进行全面、细致的审查，发现存在的问题并提出相应的改进建议，以提高建设项目的管理水平。

2）概算执行方面。

① 挤占、挪用工程投资。在实际的建设项目建设中，有较多挤占、挪用工程投资的问题发生，其通常具体表现为：将批复下的工程款项挪作他用，缩小在批复中应该进行的建设项目规模，或更有甚者直接未建。

② 擅自扩大实施规模和标准。擅自扩大实施规模和标准的问题也是比较常见的，这会导致该项目的实际投资远远超出概预算，为建设项目的整体建设进程带来负面影响。

3）工程招投标方面。工程招投标方面的难点在于招标文件编制的规范、招标程序的合理、评标过程的公正该如何保证。在实际操作中以上方面的表现过于多样化，下面将对两个比较有代表性的问题进行介绍：

① 串通投标。在建设项目的审计过程中，被审计单位只会提供中标单位的投标文

件，仅有中标单位的投标文件是不能对招投标情况进行具体详细的审查的，为了获取能够进行横行对比的资料，要求审计组对其他未中标的投标单位的投标文件进行索要，通过对各单位具有差异性数据的对比，判断是否存在串通投标的情况，如所有投标单位的报价、技术方案、产生错误一致等雷同情况。

② 虚假招标。虚假招标指建设单位内定了某些机构或单位来承建某个项目，但为了符合我国相关法律法规中的招投标程序，采用暗箱操作等手段，表面上看起来符合招标程序，实际上却已经违法内定了承建单位的情况。审计人员在进行审计工作时，可以对相关建设项目的资料时间点进行仔细核查，如果发现相关建设项目的开工早于招标时间，则说明建设单位进行了虚假招标。

4）设计变更和现场签证管理方面。

① 擅自变更或增加工程内容，规避审批程序。在以往的建设项目实践中有这样一则案例，由于被审计单位的《图纸会审记录单》没有制定明确的制度规定，而《设计变更单》的审批程序要求却非常严格，所以导致有关设计变更和图纸外新增工程以《图纸会审记录单》的形式进行办理，并以此作为了计价和结算的依据。由这个案例可以得知，有关建设项目管理的各方单位，可能存在类似案例中通过偷换概念等方式，以其他不严格审批程序来代替工程变更和内容增加的审批程序，从而规避掉需要多个部门多级领导审批的审批程序。

② 现场签证乱象多。由于建设单位委派非专业人士作为甲方代表，其缺乏建设项目领域的专业知识，导致现场签证签发管理混乱，问题百出。

5）工程结算方面。在工程结算方面，与专业技术问题相比，如工程量计算不准确、高估定额子目等，结算时所使用的相关资料和审计依据的充分性对工程款结算金额的影响更为显著。

① 结算依据不充分。在前述设计变更审批案例中，应当注意到《图纸会审记录单》的使用范围只包括对施工图纸中不明确的细节进行澄清说明。但是，在这个案例中，为了规避《设计变更单》中的审批程序，设计变更和图纸外新增工程被以《图纸会审记录单》的审批程序进行审批，并作为计价和结算的依据。这可能导致结算审核人员在建设项目结算期间只能依据《图纸会审记录单》进行计价并全额结算，从而增加了投资损失的风险。

② 结算依据被偷梁换柱。由于建设项目的建设周期较长，部分建设单位人员责任心较低，在人员更替的过程中相关建设项目资料很容易发生丢失遗漏等问题。而这种问题的发生给了乙方钻空子的空间，通过对原始资料的更改，减少或降低与建设单位在合同中商定的标准和要求。

2. EPC 工程审计要点分析

（1）EPC 模式分析

EPC 模式中通过招投标方式进行工程总承包单位的选定。在 EPC 项目实施中，业主单位充当协调者和决策者的角色，负责项目的整体管控和资源调度。工程总承包单位受业主单位委托，负责项目的规划、采购、施工管理、试运行和保修等主要建设和维修阶段工作。监理单位则负责监督整个建设项目的工作。业主单位、总承包单位和监理单位需要共同协调、协作，遵循合同约定，共同完成建设项目。具体的 EPC 运行模式如图 4-10 所示。

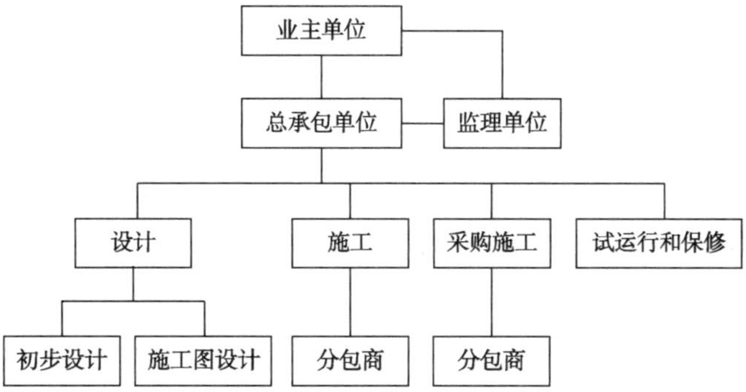

图 4-10　EPC 运行模式

(2) EPC 项目内部审计的主要内容

EPC 模式下的内部审计是对建设项目进行全面的审计监督，其内容包括：

建立和实施内部控制体系。审计人员需要对施工项目是否有一套完善、严密的内部控制制度，如工程签证、验收制度是否严格；设备材料的采购，价格控制，验收，领用和清点制度的合理性；费用报销制度的明确性等进行审计。内审人员要督促、引导相关企业在建设项目建设过程中，建立一整套严密、科学、健全的内部控制体系，确保建设项目的正常运行，保障投资资金合法、合理地使用。

1）项目合同管理及履行情况。需要审计业主委托的承包单位和监理单位是否认真负责地履行合同条约，是否做到对 EPC 项目及时编制管理工作计划，制定质量、进度、费用和安全、环保保证措施。只有这样才能保证建设项目的顺利开展和保质地完成工作预期目标，为社会提供经济效益。

2）项目的进度控制。审核合同方是否按编制的工作进度计划进行项目建设，确保工程按计划进度进行；是否对设计、采购、施工进度进行有效的监督与调整；是否办理了相应的文件、文件等。

3）质量管理情况。需要审计承包单位对施工质量和采购的设备质量是否进行了有效的控制，相关手续材料是否齐全。

4）项目分包的管理和实施。要求审核承包方是否已按国家要求进行投标，是否对相关价格进行询价对比，并有相关资料作审核依据，并按价格及品质择优选择；承包方的投标过程是否符合法律法规；投标的结果是否具有法律效力；中标方是否具备承包项目的资质；合同修订人是否为法定代表人或具有法人代表的书面授权，有无代理的权利；有没有接受过转包单位的履约担保，如保证金或保函，与分包人订立合同的程序是否合法、合规、完整，是否与招标文件中所列的内容相符，是否存在因合同条款规定或定义不明确而导致的额外成本；承包人是否严格遵守合同条款，有无非法分包或转包；合同中的变更、转让、终止的理由、程序是否合法，手续是否完备等。

5）职业健康安全和环境的管理。必须审核总承包单位的有关职业安全和环保管理体系及标准是否符合行业规范，有无安全事件防范措施，有无危险辨识及紧急应变预案；

是否有符合规定的安全培训、资金投入、设备设施检查、奖惩制度等；是否有相关的手续和文件资料。

6）人事的行政状况。对相关项目的劳务派遣进行审核，是否符合国家、地方和公司的相关规定；是否有在未订立劳动合同或雇佣协议的情况下，派遣劳务人员向其提供服务；是否存在未经公司相关部门批准而私自雇用员工的情况；是否有在相关项目培训、考核等方面存在问题的情况；工程施工合同在签订、变更、解除、终止时有无违规行为，应将相关记录规范完好地保存。

7）资产和材料的管理情况。要求对总承包单位资产和材料的管理进行审核；资产材料管理人员的职位是否设立；资产、物资的验收、保管、交接、取用等工作程序是否完备；是否存在因交接验收有关环节不完善而造成的所购资产和材料不符合要求的情况；是否存在因管理不当而造成的财产和材料的浪费；对与分包有关的资产和材料的供给是否符合要求，提供的程序是否完整合规以及结算方法是否正确。

8）工程项目的收取和支付情况。需要核实的内容包括：施工现场签证、设计变更、索赔、结算等原始资料的齐全性、合法性和合规性；工程项目能否按计划按时完成；项目各阶段的计量验收程序是否合理；工程量计算和审计方面的问题，包括工程项目的付款是否合规和按时支付、支付的批准程序是否完整、各种代垫的付款是否办理了扣除程序、扣除情况记录是否完整、各种单证提供是否及时完备以及工程结算是否符合规定并正确进行审计。这些内容需要认真核实，以确保项目的正常进行和合规完成。

9）项目费用的编制和实施情况。要求审核总承包单位是否按时完成工程造价预算，严格按成本预算控制施工费用，是否由于工程质量和进度与计划不符，造成工程建设项目费用的上升以及由于管理不善而多造成的管理费用。在项目成本预算编制完成后，是否根据实际情况对项目预算进行了及时的分析和调整以及当项目的实际状况与计划发生偏差后，是否采取相应的措施解决。

10）经济效益情况。内部审计人员通过对财务会计的相关数据进行分析，对建设项目的各项技术经济完成指标进行审计，评价其产生的经济效益。

11）项目的原始数据存档情况。内审人员要对工程项目的全部原始材料根据档案管理的相关规定，对其进行归档。

（3）EPC 项目内部审计程序

EPC 工程的内部审计按照建设项目的整个生命周期分为四个阶段：审计准备、审计实施、审计终结、后续审计。

1）审计准备阶段。一是要明确审计事项。内审机构按照公司当年的 EPC 项目进度表，汇总公司的年度审计计划，并确定 EPC 项目是否需要进行审计。二是组建审计组，制定审核计划。根据项目的特点、性质和需要审核的项目，内部审计机构选择合适的人员，成立审计组，确定审核组长，并对其职责进行明确、合理的划分。三是对审计数据的初步收集。审计人员应对本工程的基本信息进行初步的搜集，并掌握其背景和资料。四是发出审计通知书。在进行审核前，内部审计机构必须将审计通知书送达 EPC 项目的经理部，如果有特别的情况，可以在执行审计时一并送达。

2）审计实施阶段。一是审计人员需要前往 EPC 项目经理部了解具体情况。在发出审计通知书后，按规定时间前往 EPC 项目经理部，并组织召开进度会议，与项目经理及其他相关人员交流，以了解工程项目的进展情况。二是审计人员需要检查 EPC 工程的内部控制体系和执行情况，评估 EPC 工程的内部控制体系是否有效。三是根据公司年度审计计划，对工程项目进行审核。内审人员要选择审计的重点，认真地检查有关的资料、文件、合同、资金、实物等，并编写审计工作底稿。审计组应与 EPC 项目主管部门就初步审计的结果进行交流，并争取在审计结果上取得共识。四是适当收集证据，编制审计工作底稿。审计工作底稿应经审计组组长审核，并签字确认。五是编制审计报告。审计组在递交审计报告前，必须将编制完成的审计报告交给被审计机构的主管，征求意见，如果在收到审计报告后十天内没有提出书面意见，视为没有异议，审计人员会将其记录下来。如果 EPC 项目经理对审计结果有意见，那么审计组应当对其进行进一步的调查和核查。如果需要，审计报告将被修订。

3）审计终结阶段。在上述工作结束后，内审人员必须将所需的相关材料全部清理、返还，然后从施工现场撤出，并整理好审计文件，确保其完整性。审计文件通常包括审计方案、审计通知书或审计委托书、审计工作底稿、审计报告、审计报告征求意见及书面回执以及相关审计依据的复印件等。

4）后续审计阶段。后续审计是指在前一次 EPC 项目的审计完成后，由内部审计机关对前一次审计的结果和相关单位对问题的整改和实施情况进行监督，或者对在前一次审计中发现有隐瞒、漏审、错审等问题进行的后续审计。后续审计工作包括：对上一次审计结论、处理结果中存在问题的地方进行落实、整改的情况进行监督；核查上一次审计的问题是否重复发生；有无新的问题出现。

（4）EPC 工程审计的重点

1）项目前期阶段审计。经过项目建议书和可行性研究报告的研究后，必须对立项审批和可行性研究批复工作进行全面的完善，同时通知招标代理部门开始编制招标文件，以便 EPC 项目的招标阶段能够顺利进行。在内部审计机构进行审计时，需要审核与项目前期有关的文件细节，以确保项目前期建设流程的合理性和合规性。这些文件包括项目建议书、可行性研究报告以及初步设计等。

2）项目实施阶段审计。在整个建设项目的实施阶段，需要能够准确地抓住现场施工的重要节点，对项目实施阶段的有关文件合同进行分类与细化，并对其进行详细的检查和分析，对在实践工作中出现的管理方面的问题与有关管理人员进行分析和讨论。与此同时，也需要加强对 EPC 模式中内部管理的监管力度，督促建设项目中成本、工期、质量和进度完成指标评价体系的制定和完善。由于 EPC 模式往往伴随着建设项目规模大，投资金额高的特点，建设周期较长且实际情况复杂多变，这就导致理论统一性审计工作开展的难度较大。因此 EPC 项目审计工作中，需要结合建设项目施工的实际情况对相关制度体系进行修建和完善，对于施工各环节产生的问题要实时跟进，并将情况详细记录下来，提高完善管理制度的效率。

3）竣工结算阶段审计。对于整个建设项目的评价转型需要考虑成本控制、进度管理和质量管理等多个因素。在建设项目转变过程中，可以借助跟踪和结算审计的方式，将合同条款作为标准，通过系统化分析的方式对 EPC 项目的整体内容进行研究。内部审计人员需要审查相关单位对合同条款的履行情况，主要内容包括合同执行情况、施工管理情况和成本控制情况。在进行结算审计时，需要实时关注施工现场情况，包括场地施工状况、变更签证等数据的变化，审核变更子项目的材料，如计算基准、审计流程等是否符合相关规定以及施工过程中原始材料的真实情况，是否能够满足建设项目的设计标准。

（5）EPC 工程审计的问题和难点

1）难点一，责任主体的固有思维定位。EPC 总承包项目和传统承包模式的最大区别在于责任主体的转移，业主单位将传统承包模式下具体而复杂的多个责任主体的建设项目运作方式转变为在 EPC 总承包模式下由总承包单位作为单一的责任主体进行管理运行的模式，降低了建设单位与有关责任主体监督沟通的难度，但是也成为 EPC 项目审计的难点所在。

解决方案：转变思维模式

在进行审计的过程中，内部审计人员需要对传统承包模式和 EPC 模式下的建设项目进行不同的内容审计。对于 EPC 模式下的建设项目，内部审计人员需要审查总承包单位的工程招投标是否根据投标承诺完成建设项目的实际情况。此外，审计人员还需要对工程变更和施工索赔进行审查，判断其是否合理，并与建设项目相关联。在这个过程中，审计人员需要调整思维模式，适应不断变化的建设项目承包模式，确保审计工作的准确性和有效性。具体审查内容包括责任双方签订的合同、施工图纸、预算定额和取费标准的工程量核实、检查定制套用情况以及取费标准的执行情况等。

2）难点二，设计文件的审查。与在招标阶段之前设计文件的深度已经达到施工图设计的传统建设项目模式相比，EPC 总承包的项目是在设计文件只达到方案设计或初步设计时就开始进行有关总承包单位的招标。相较于在招投标前已经进行过相关审查的传统建设模式，EPC 总承包项目需要在结算审核时对设计文件进行审查。

解决方案：

内审人员必须审核总承包单位在工程施工过程中所提供的设计文件是否符合合同规定。因为在 EPC 工程招标阶段，业主会向总承包方说明工程的预期目标、功能要求和设计规范，并将相关的约束条款写入总承包合同中，因此，审计人员在对工程进行竣工验收的过程中，必须着重考虑其设计文件内容的完整性以及是否符合招标技术要求。

3）难点三，措施项目的确定。由于采用的是 EPC 项目模式，业主在进行招标时设计文件还未达到施工图设计的深度，这导致了措施项目内容及费用都相对不清晰，给审计人员在结算审计时带来挑战。

解决方案：

首先，从业主的角度出发，在建设项目招投标时，应当在合同中明确并细化相关的措施条款，明确风险范围，确定结算方式；其次，在工程建设中有关部门要从技术和经济两方面对各种方案进行综合分析，从中选择最佳方案。并且要清楚与定额缺项相关的主要措施成本，必须积极争取造价主管的支持，协调配合，完善新工艺和设备的计价指标，合理确定措施成本。

3. PPP 工程审计要点分析

(1) PPP 项目概述

PPP 在广义上是指政府方为了提供公共设施或服务而与社会资本开展合作的形式，并不仅仅局限于对于建设项目进行的融资，也包含设计、投融资、建设、运营、维护、移交等在建设项目全生命周期内的多种环节上的相互合作，发挥双方优势。在这种项目模式下，政府方和社会方通过合同的签订来保障合作的顺利进行，由社会力量向公众提供公用产品与服务，提高了建设项目有关资金物料的供给效率，也对建设项目的质量提供了保障。

(2) PPP 工程审计的重点

根据《财政部 PPP 模式操作指南》，PPP 项目的操作流程主要包括 5 个阶段：项目识别、项目准备、项目采购、项目执行和项目移交，每个阶段包含多个步骤，共计 19 个。具体包括：项目发起、项目筛选、物有所值评价、财政承载能力论证、管理架构组建、实施方案编制、实施方案审核、资格预审、采购文件编制、响应文件评审、谈判与合同签署、项目公司设立、融资管理、绩效监测与支付、中期评估、移交准备、性能测试、资产交割和绩效评价。

审计人员在进行 PPP 项目的审计工作中，应该对于以上所述的 5 个阶段 19 个步骤的主要脉络进行重点审计，审查有关建设项目的建设是否严格按照指南中要求的流程进行；每个阶段的审批程序是否合法合规，有无履行等。

1) 项目识别审计。在此阶段，政府应根据一定的评估标准，决定是否可以采用 PPP 模式来进行相关的基础设施和公共服务。在项目识别审计阶段中又细分为项目发起、项目筛选、物有所值评价及财政承受能力论证这四个步骤。

而在项目识别阶段，是对项目的前期立项、决策过程进行审计，重点审核项目建议书、可行性研究报告、项目物有所值评价报告、财政承受能力论证报告等项目的前期文件材料以及项目的审批程序是否合理。而且对项目是否满足投资规模大、需求周期长且稳定、价格机制灵活、市场化程度高的相关条件；是否将该工程列入省级财政 PPP 项目库；对此工程的建设是否适宜 PPP 模式也需要进行审查，并提出相关的建议。

2) 项目准备审计。项目准备阶段是指由国家委托的工程项目执行单位对已完成物有所值评价和财政承受能力论证的 PPP 工程进行前期准备工作的阶段。这一阶段又被分成 3 个步骤，依次是：管理架构组建、实施方案编制及实施方案审核。

《项目实施方案》是项目前期工作的重要组成部分，它对工程的建设施工具有指导意义，也关系到整个工程的后续工程能否顺利进行。在这一阶段的审计工作中，需要重点审查方案的编制和完备性，包括是否要求有资格的单位进行方案编制以及项目编制的内容是否充分。具体而言，需要审查方案是否包括项目概况、PPP 项目的必要性和可行性、风险分配框架、PPP 运作模式、项目交易结构、项目合同结构、核心边界、监督管理、PPP 采购方式、实施保障措施以及财务测算等方面的内容。除此之外，还需要审查方案中的数据是否准确，是否与 PPP 项目的实际情况相符。审计人员还需要对方案的合规性进行审查，确保方案符合相关的法规和规定；项目所使用的资料是否真实可靠；工程所涉工程的核心要素是否符合法律法规；项目是否已通过专家审核，是否已根据有关法规等进行审核，并对上述内容提出审计意见。

3）项目采购审计。项目采购是指由项目执行单位按照项目计划的规定，选择社会资本合作伙伴的程序。该阶段又详细地按照执行顺序划分为四个步骤：资格预审、采购文件编制、响应文件评审及谈判与合同签署。

审计人员在项目采购阶段进行审计工作的过程中，主要参照《政府采购法》和相关法规进行审查，对工程项目的采购过程和相关的文件资料进行审核。主要针对是否在省级人民政府财政部门指定的媒体渠道上公布的资格预审公告；资格预审申请是否超过15个工作日；项目采购文件的编写、项目采购邀请和响应文件的审查是否符合规定，采购谈判与合同的签署是否符合规定；根据相关法规的要求，对合同的文本进行审核，并对上述内容提出了审计意见。

4）项目执行审计。项目执行阶段是PPP模式下的工程建设与施工的时期。根据细分，可以将项目执行阶段划分为四个步骤：项目公司设立、融资管理、绩效监测与支付及中期评估。

在项目实施阶段，社会资本合作伙伴能否按期足额地成立项目公司；工程公司对工程项目设计是否合理，是否存在将公司的负债转嫁到政府机构的情况；项目执行单位是否按照合同规定对社会资本方的履约情况进行监督，并对其绩效进行定期监控，并编制季度报告、年度报告，报送相关财政部门备案；项目执行单位是否定期(3~5年)对工程项目进行中期评估，对已发现问题的风险水平进行评定，制定出相应的有效的处理办法和措施，并上报相关财政部门；本工程所涉及的政府部门是否根据国家有关法律、法规对工程实施行政监督等问题，并就上述审计内容形成审计意见。

5）项目移交审计。项目移交阶段是指项目实施机构或者政府指定的其他有关机构代表政府对合同约定的建设项目资产进行收回的过程。其中又将该阶段划分为四个步骤：移交准备、性能测试、资产交割及绩效评价。

有关项目移交阶段的审计，审计人员必须在下列方面进行重点审计：政府指派的工程接收单位对工程方案的意见是否有充分的准备；《项目移交清单》和《移交补偿方案》是否已由接收方编制，并符合要求；项目执行单位或政府委派的其他单位，有无根据有关法规组织项目移交工作小组，有无建立合理可靠的资产评价和业绩检验计划；项目移交工作组是否已委派具有相应资格的资产评估机构，以符合合同约定和合理、高效的评估方法进行资产评估；工程移交工作小组是否严格地根据相关的性能试验计划和交接标准，对移交的资产进行性能检测；在项目移交完毕后，相关财政部门是否会组织相关单位对项目的产出、成本效益、监管效果、可持续性、政府与社会资本的合作模式实施情况进行评估，并根据相关规定公布评估结果。审计部门对上述审计的内容形成审计意见。

（3）PPP工程审计的问题和难点

1）PPP项目审计面临的问题。

① 审计内容更为复杂。一方面，由于政府制定的PPP项目，大部分是轨道交通、供水、环保、燃气、市政等基础建设项目，这些项目施工难度大，施工技术复杂，施工风险大。另一方面，由于PPP项目涉及的利益主体较多，因此需要审计的目标也变得复

杂起来。在过去的几年里，我国的政府和国有企业作为主体参与了工程项目的审计，所涉及的问题多是国家利益的财政收支、工程造价、工程管理等。而在 PPP 项目中，由于民间资本的大量注入，对投资者的审计就显得尤为重要。同时，PPP 项目具有不确定性和相关审计工作的复杂性，因此，在 PPP 项目的全过程中，审计机关都要对合同的响应过程进行监控，包括前期准备、招投标、合同组织、融资、施工、运营、移交等各个阶段。

② 审计方法滞后。在基建项目审计中，最常用的审计方法是全过程跟踪审计，即对项目立项、可行性研究、设计、招投标、合同签订、结算、验收、投入使用、后期维护等建设全过程进行的审计。PPP 模式实施后，由于社会资本的介入，让建设项目的施工流程发生了变化，传统的全过程跟踪审计存在着许多利益相关方，如何参与、由谁主导等问题难以短期明晰。在建设项目实施的过程中，由于各利益相关方之间的信息复杂庞大、财务信息分散、标准不一，因此，以往将施工图作为审计基础，以财务信息为中心的传统审计模式已不能适应当前新型 PPP 项目模式。另外，由于 PPP 工程建设周期较长，涉及审计工作单位较多，工作交接频繁，审计工作时间短、人手少、任务繁重，很容易导致出现审计质量不严格的问题。很明显，传统的审计手段已经不能满足 PPP 模式下的工程建设项目实际需求。

③ 审计制度不健全。虽然我国已经制定了许多有关 PPP 项目的建设和管理的政策，但是当前情况下有关 PPP 项目的审计体系还是不完善。PPP 项目建设既要有社会资金，也要有国家出资，但谁占主导是需要以股权的具体分配方式来确定的，严格来说，《审计法》对 PPP 项目审计的规定还不明确。同时，我国《会计法》《政府采购法》等相关法规也没有明确对于 PPP 项目的会计核算、审计和管理进行专门规定。当前，PPP 项目的审计工作主要是根据国家的政策指导，严格遵循常规项目的方法进行审计，由于常规方法与 PPP 项目之间存在部分情况不匹配等问题，导致 PPP 模式的工程审计效果和质量受到影响。

④ 审计人才匮乏。对 PPP 项目进行审计需要审计人员既要具备一定的专业技术，又要具备丰富的专业知识，还要具备一定的专业能力。并且由于 PPP 项目的规模大、耗时长，需要大量的人力资源进行审计，因此，如何保证审计人员能够长时间地跟踪某一 PPP 项目的审计工作，并保证其在人员变动后的顺利移交成为一个难点。

2）PPP 项目审计的对策建议。

① 构建以大数据为基础的对 PPP 项目进行全面覆盖的审计模型。由于 PPP 项目的建设周期长、涉及的范围广的特点，其审计工作的工作量也比较大，仅靠人力进行审计是不太现实的。基于国家 PPP 综合信息平台，首先，加快建设 PPP 工程的大数据平台，实现对 PPP 项目的实时进展、财务、人员等数据的共享，建立统一的数据和接口标准，实现对建设项目有关数据的采集、加工、存储和分析的统一管理。然后，在挖掘大数据和数据模型的基础上，实时对 PPP 项目进行全覆盖、全过程跟踪审计。整个过程具体分为两个步骤：

第一个步骤：建立一个 PPP 模式建设项目专案资料库。根据项目建设流程，收集和整理企业历年的项目、已完成的 PPP 项目、正在实施的 PPP 项目，并根据收集到的相关资料，构建各个阶段的数据库。一方面，这些数据库是作为 PPP 项目数据的长期资产；另一方面，也是在 PPP 项目进行管理、运行和审计工作中进行参考的数据库。

第二个步骤：对 PPP 项目的大数据进行审计。对待审核的 PPP 项目进行全面、多元化的对比分析，挖掘问题，进行准确、科学的审计。利用大数据进行的 PPP 项目审计，可以突破各工程主体间的信息障碍，避免抽样审计的风险，从而达到全面审计与审计的可跟踪性，从而提高审计工作的效率和质量。建设 PPP 项目审计大数据不是一件容易的事情，它要求有高性能的数据架构，有专业的大数据审计体系，前期投入巨大，所以必须进行统筹规划，逐步推进大数据的建立。

② 建立健全的 PPP 项目审计有关体系。在我国建设工程项目中，建设和完善有关的法律法规和制度是促进 PPP 项目建设健康发展的一个重要保证。由于 PPP 项目自身的特殊性，审计工作不可能完全按照常规审计项目的要求来进行，必须尽快制定出符合 PPP 项目的审计标准、审计框架、审计方法、审计工具、审计绩效评价等方面标准，以使审计职责更加明确、审计监督效果更好，从而保证 PPP 项目的公开透明和健康发展，让政府放心，公众满意。

③建立 PPP 项目审计人才培训体系。现阶段，应当从短期培训和长期培训两个方面入手，重点针对在职审计人员进行培训。短期培训以 PPP 项目为主要培训内容，采用实践和理论相结合的方式，弥补审计人员的不足之处，转变审计人员的观念，增强他们对 PPP 项目的理解，提升他们在新技术运用和多方位协同沟通方面的能力。长期培训注重对人才培养的顶层设计和制度建设。具体而言，可从以下两个方面入手：一是建立符合 PPP 项目特点的制度和职业体系，解决 PPP 项目审计专业性不强的问题。二是加快高校 PPP 项目审计专业建设和人才培养计划的制定。在运行方面，可以增设 PPP 项目审计课程，如审计、工程管理等专业，并开设新的专业，如 PPP 项目管理审计等，以满足人才培养的需求。

4.3 建设项目审计的内容

4.3.1 项目可研和投资估算审计

1. 项目可行性研究审计

(1) 项目可行性研究

建设项目的可行性研究是指在项目投资前期，对于项目的关键问题，从技术经济的角度进行全面的分析和论证，在既定范围内对项目进行可行性评估，并对项目正式投入使用后产生的经济效果进行合理的预测，以确定建设项目是否可行。

(2) 审计工作目标

在此期间强调，项目可行性审核是投资决策过程中至关重要的一环，它不仅要求对项目进行全面的技术、经济分析，而且还要求确定一个明确的投资方案，并且为投资的未来发展提供一个完善的框架和基础。因此，在此期间的出台，将为投资者提供一个明确的投资方向，从而实现投资的最佳效益。所以，在审核可行性研究报告时，一定要谨慎，要充分利用各方的技术力量，反复论证、循序渐进，直到作出科学、可靠的决定。

（3）审计工作内容

1）审查建设工程项目是否根据要求编制了可行性研究报告。根据相关要求，任何新开展的、扩大范围的和重大变更的建筑施工活动，均需要提交一份完整的可行性研究报告，以确保其符合审计要求。

2）审查建设工程项目是否具备可行性研究工作的基础。国家计委《关于工程项目进行可行性研究的试行管理办法》提出，建设项目的可行性报告要经过相关部门和单位的调研、论证，提交相关的项目立项报告，并经相关部门审批后，方可委托相关单位进行可行性研究。若工程方案未获上级主管机关核准，审计机关须告知其办理相关手续或终止工程可行性研究。

3）经过严格的资格审查，负责对该建设项目进行可行性研究的单位将被授予资格。根据规定，只有经过严格的资质审查，才能够进行可行性研究。这些单位必须对自己的工作成果负责，并保证它们的可靠性和准确性。如果没有获得国家的批准，审计机构将会追究责任。此外，审计机构还会审查施工企业与可行性研究机构之间的委托协议。

4）可行性研究内容提出审计依据。在编制工程项目的可行性分析报告时，应当结合国家的长远发展战略、地域发展规划以及行业发展需求，严格审查规划以外的项目和建设内容，以确保不会出现低质量的重复建设。

5）在编写可行性研究报告之前，应当仔细审核所有相关工作。审计部门应当仔细审核在编制可行性研究报告之前的所有准备工作，包括但不限于调查研究、资源地质勘探、论证、深度分析等，以确保报告的准确性、完整性和可靠性。

6）审查可行性研究的内容。按照中华人民共和国国家计划委员会《关于工程项目进行可行性研究的试行管理办法》，针对航油项目，其可能性研究工作必须包括十项基本要求，详见表4-3。

表4-3　可行性研究应具备的内容

内　容	内　容
总论	环境保护
需求预测和拟建规模	企业组织、劳动定员和人员培训
资源、原材料、燃料及公用设施情况	实施进度的建议
建厂条件和厂址方案	投资估算和资金筹措
设计方案	社会及经济效果评价

可行性研究的审核方式可以是对以上内容逐一进行审核，并对其进行全面的评估与分析。此方法费时费力，通常不宜采用。另外一种审核方案是，通过对项目可行性研究的内容进行总结和分析，确定项目可行性研究需要解决的主要问题，并采用不同的审计方法，对这些问题的处理方法和结果的精确度进行评估，从而得出审计结论。

审计机关着重于以下五项问题的可行性研究。

① 说明为什么要投资建设这个项目；

② 阐述项目的技术可行性、经济效益、项目规模、原材料供应、市场销售等因素；

③ 阐述施工场地和当地的自然、社会状况，并对其选址进行了对比；

④ 阐述建设项目投资的时间、建设的时间、投资的收回、投资的最佳时间；

⑤ 阐述工程建设资金、工程建设、经营管理等方面的责任。

审计机关工作侧重于以下几个方面：第一，工程的选址、规模、施工方案等是否采用多方案进行比较；第二，所有的资料都是可靠的；第三，利用绩效评价指标，对项目的投资估算、预期收益等进行细致的分析与评价；第四，对工程项目的经济效果进行了分析，包括静态分析、动态分析、财务分析、国民经济评估等。

7）对批准可行性研究的审核。在审计程序中，重点检验的不仅是建设项目的可行性报表，还包括其中的文件，如行政、技术、财务等，必须得到相应的签署，才能确保其符合规范；同时，还需要及时将相应的文件提交给相应的部门，由其他相应审计机构组成的专家小组，根据具体的情况，给予最终的审计结果。

8）对工程规模和市场需求量的预测准确度的审核。通过对项目的大小、产品设计、国内外市场趋势、定价策略、竞争优势以及未来发展潜力的全面评估，可以有效地检验其对当下市场的准确性。

9）执行合作配置关系的审计。根据地质勘探部门提供的数据，对合作配置关系的执行进行全面审查，确保原材料、资源、燃料、动力、交通和公用设施的有效利用，以确保协同配合关系项目的顺利实施。

10）工程施工情况及选址方案的审核。在开展建设前，应当仔细评估施工条件、选址方案，并全面考察相应的天气、海洋、土壤、地貌以及社会经济状况。对工程地质、水文情况不明确的问题，审计人员要进行分析，并以书面形式上报上级审批。

11）项目工艺、技术方案审计。在审核项目的工艺、技术方案时，需要重点关注它们的最新性、可行性以及采用的新技术、新设备的可持续性。

12）交通运输情况审计。在交通运输方面的审核，需要关注的是车辆的使用状态。尤其需要关心车辆的安全性，这对于确保公司的正常经营非常关键。一旦一个公司的车辆状态发生了问题，可能导致原材料无法流入，或者无法将产品卖给客户，从而给员工的日常生活带来负面影响。

13）审计环保措施。环保检查，重点检查"三废"治理项目与主体工程的设计、施工和投产情况。对环境污染严重、治理方案不能实施的项目，审计机关应当提出暂停或终止建设的意见。

14）评估投资和筹资。对投资估算和筹资进行审核，主要是对这些安排的合理性进行审核。在审核过程中，要认真审核工程项目的投资估算、投资资金、生产流动资金的合法来源、贷款的偿还能力、投资回收期的计算等。

15）审计投资收益。对工程项目的投资效益进行审核，不仅要考察其微观利益，还要考察其对国民经济的整体效益，更要认真地对其进行财务评估和经济评估。

16）对各项经济指标计算审计。在进行财务报表的时候，必须严格检验所有的财务数据，包括但不限于项目的总投入、生产费用、每股盈余、债务的清偿能力、投入的回报时间、施工的周期等，以保证数据的精确性，避免出现任何欺诈和捏造的行为。

17）对可行性研究收费情况审计。审核项目的可行性研究费用，重点检查项目的合理性，合同中有没有规定收取费用的标准、支付的时间、方式等。

（4）审计工作难点与措施

1）审计工作难点分析。

① 审计工作的责任方定位模糊。独立性是内审工作的核心，而非独立性则会导致审计的不公正。然而，我国的内部审计机构在对谁负责的问题上，却有一种认识上的冲突。在内部审计工作的本质上，由于内部审计工作的特殊性，内部审计机构必须向国家审计机关报告，而不能与其他业务单位相提并论。内部审计工作表现得越好，发现的问题也就越多，这就会对内部审计人员的待遇和工作环境产生不利的影响。这样的权利和义务并不能使审计师清楚地知道他们应该为谁承担责任；另外，内部审计机关在其静态的组织架构、人员配置、各类福利待遇等方面，都是由所属单位的主管来决定的，并对此进行监督。

在现实生活中，内部审计机关和被审计机关基本由同一企业的主管领导，处于一种平等的地位，并且各职能部门的设置都遵循着制度和相互制约的原则，内部审计机关与被审计单位之间的利益关系是不可避免的，内部审计机关与被审计单位的利益关系也是多种多样的，这就使得企业的内部审计难以做到客观公正。如果不能确保内部审计机构和人员在经营活动中的独立性，那么，内部审计的作用就无法得到有效的保障。

② 审计工作者的素质有待提高。作为一名优秀的内部审核工作者，除了具备扎实的财务知识、审计能力、计算机技能、企业文化、经营策略、沟通能力外，更应具备良好的职业道德、职业操守、职场经验以及职场规范，以确保其工作能够顺利进行。但就目前的情况来看，目前的审计人员大多是刚从金融行业转行过来的，对工程预算、经营管理、信息技术等领域的知识了解得并不多。现代企业的管理系统日益网络化、信息化，对内部审计工作提出了更高的要求，因而必须建设一支高素质、高质量的内审队伍。

③ 审计结果执行力不足。审计的目标是对会计行为进行规范，所以实施是审计工作的关键。在实际审计中，被稽核单位的合作意识还需加强，尽管不敢设立各种障碍妨碍稽核、查证，但仍有不少单位以提供残缺资料、拖延资料等方式，被动地接受稽核。很多公司的内部审计人员在做好每一项审核工作时，都要先摸清自己的上司的意图，什么问题要写在报告里，什么问题不能写，要听领导的建议。尽管这些困难主要源于对内部审计的主观意识的模棱两可，但大多数情况下，被稽核机构仍会因为害怕被发现而采取抗拒、防御措施。基层单位的内部审计工作基本上是同一级别的，内部审计人员在财务和人事等方面受到上级的制约，受限于人力资源，因此难以开展内部审计工作。

2）审计工作难点应对措施。

① 建立并完善相关审计工作制度，强化宣传并加大力度。加强内部审计，增强内部审计的独立性，是建立健全内部审计的基础。在我国，绝大多数的公司是按照审计法、审计署对内部审计的相关规定进行的。但是，现行的许多公司，在建立内部审核的制度和方法上，存在着严重的缺陷，这就造成了许多单位的领导和员工对审计工作的理解不够透彻，对审计工作也是一窍不通。因此，特别是大中型企业，要按照国家的法律法

规，建立起一套内部审计制度，并通过培训等形式和活动，使相关人员能够更好地了解审计的各项规章制度。同时，要充分运用现代社会的各类宣传媒介，大力宣传审计法和内审条例，使内审工作成为家喻户晓的重要内容。建立内部审计制度的关键是要始终坚持内部审计的独立性。内部审计机构应该是由企业直接负责的，受到企业的直接领导，逐步转变为一个统一的一级管理制度，并实行“上审下”的制度，确保其地位独立甚至高于各职能部门，在制度上确保内部审计不会受到其他同级人员和相关职能部门的干涉，从而使审计具有客观性、公正性。

② 加强机构工作力量，提高审计人员素质。随着我国经济活动和经营范围的扩大，出现了大量的新业务，这就需要对内审人员进行高质量的管理。只有通过不断地提升内部审计人员的素质，不断完善内部审计的方法，使其具有暴露风险的能力，从而使其在防范风险中发挥作用。

首先，要改革现有的招聘制度，选拔具有技术资格和业务能力的人才，以补充内部审计工作；其次，内审人员必须精通会计、审计、企业管理、计算机等相关行业技能，单靠内审人员自我提升、自我学习、自我提升等手段是远远不够的。各部门也要提出更多的要求，给内审人员提供充满激励、充满氛围的学习环境。特别是要提高内审人员在风险管理等方面的敏感度，并掌握内控定位、识别、监督和评价的方法。

重新设定“智囊”，将事后问责转变为事前监督与事前预警，不仅能够有效地降低审计的宏观风险，而且还能够有效地降低审计的费用，并且能够给予有效的参考，从而推动审计工作走上更加先进的水平，让“智囊”的精神得到更加普遍的认可。

（5）可行性研究审计案例

1）案例背景 2012 年 10 月，由于 A 市 B 型航空港项目尚未批复、建设资金尚未到位，B 型航空港有限责任公司决定采用招标人投资、BT 施工模式进行建设。2014 年 5 月开始兴建。2015 年，发改委在对航空港项目的检查过程中发现了一些违法的问题，如建筑单位出资，采用 BT 的形式进行施工。2016 年 1 月，发改委发布了关于停止 B 型航空港土石方和路面主体施工的整改通知。根据国家发改委的整改意见，该项目于 2016 年 7 月进行了整改。在 2017 年 11 月完成，比原计划进度晚了 15 个月。工程施工周期较长，工程原材料、人工、土地征用等费用也相应提高，原有的批复预算无法满足工程需求。因此，A 市发改委向国家发改委递交了 B 型航空港的调整方案，并于 2018 年 3 月，经国家发改委批准，该工程的原材料、人工、土地征用费用将相应增加 2.2 亿元。到 2019 年末，项目总投资已达 7.8 亿元，占总投资的 92%。

2）审计分析。造成这一问题的原因有三：一是由于当地政府难以筹措机场建设项目的资金，为加速机场的建设和融资，采用招标人投资的方式进行 BT 施工；二是项目招投标与项目管理不规范，导致项目多次停工。为此，各地要加大对政府投资项目的前期论证力度，加大资金投入力度；各有关部门、建设单位要按照国家有关法规，认真履行工程管理责任。

2. 项目投资估算审计

（1）项目投资估算的编制

建设投资包括建设投资、建设期利息、固定资产投资方向的调整税、建设投资的流动资金，建设投资包括建设费用、其他工程费用、基本预备费、价差预备费等。投资估算按照阶段分为：计划阶段、投资估算阶段、建议书阶段投资估算、项目可行性阶段投资估算、项目评估阶段投资估算，本文重点阐述项目可行性阶段的投资估算。

1）投资估算的编制依据。

① 提出项目建议、进展情况分析、最终的实施策略。

② 投资估算指标、概算指标、技术经济指标；

③ 同类项目成本指数；

④ 建筑面积指标、能耗指标等设计指标；

⑤ 本地建筑材料的市场行情和变动趋势；

⑥ 有关政府的其他成本的核算文件和条款；

⑦ 根据各级政府和金融机构发布的信息，包括价格、利息、汇率和税收等重要参考指标；

⑧ 这个项目的所有信息都来自工程的地质数据、规划和图纸；

⑨《建设项目工程估算编审规程》；

⑩ 其他经验数据；

⑪ 额外的实证资料。

2）投资估算的编制。

① 建设工程费用通常采用指标估算法，也就是用相同规模、结构形式和建设标准的投资评估指标或相似项目成本数据，在没有合适的评估指标或相似项目成本数据时，可以用相应的项目预算或项目预算定额来估算实际工程量。

② 购置费用可能包括购买国内标准、高端、高质量的机械零配件；购买外购机械零配件时，可能需要考虑到外购机械零配件的市场售价；购买其他物资时，可能需要根据相应的政策、市场情况、供应商的 QoS 等因素，综合考虑后，最终确定购买费用。

③ 采用指标估算法来确定安装工程的费用，并结合技术标准、材料和规格以及施工方法和其他相关的工程造价资料，来进行精确的估算。

④ 在进行工程施工时，应根据实际情况进行成本核算。如果有合同协议，应按照协议中的规定进行费用列明。如果没有这些协议，则应根据国家或行业部门的规定进行估算。

⑤ 基础预备费是以基础建设成本与项目成本的总和乘以基础预备费，并依据国家或行业管理机构的具体要求及公布的指标来确定。

⑥ 投资方向调节税是指按照国家有关部门适时颁布的有关政策和费率，以工程项目成本、其他工程费用和预备费的总和为基础。

⑦ 在施工期间，按资金来源、资金使用进度和利率计算贷款利息。

⑧ 对于具备铺底流动资金需求的建设项目，其基础流动资金要按照国家或行业相关规定进行核算。

3）投资估算文件的组成。通常，投资估算文档的结构是由封底、正本、详细的信息、详细的分析、综合的预测、每个部门的预测以及重点的技术和经济指标构成的。在详细的信息部分，可能会涉及该项目的背景、规划目的、实施步骤、相关的参考和计算公式，以及可能存在的其他相关信息。

（2）项目投资估算审计

投资估算是项目建议书和可行性研究报告中不可或缺的一部分，它不仅能够为项目的成功实施提供有力的支撑，而且还能够为项目的可行性论证提供有利的经济依据。根据目前的工程计划和工程可行性分析的规定，工程投资概算一旦通过，就是工程投资的上限。其审计要点如下：

1）评估项目的相关数据、指标等依据是否合理，是否满足相关的文件规定。

2）在进行投资预测时，应该清楚地将各个部分进行划分，并且保证预测的内容全面。这些部分应该涵盖工程预测、安装预测、设备采购预测和工程建设其他预测。

3）各种成本的估计方法是否正确。

4）对工程造价进行了精确的计算，并确定了相应的深度。

5）根据《建设项目工程估算编审规程》的规定，对投资估算进行了编制。

6）是否对项目的评估进行了审查，对项目进行了优化，并对项目的投资估算进行了核准。

（3）投资估算审计案例

1）案例背景。该项目包括车间、仓库和配套设施，包括两层框架和轻钢结构，屋檐高 9 米，建筑面积 35000 平方米。2017 年 8 月，公司经过精心策划，委托一家拥有丰富经验的专家机构对该项目进行了全面的可行性分析，最终确定的总投资额达到 14000 万元。Z 集团的审计部门委托一家工程造价咨询公司对此项目进行了评估。

2）发现问题。经过详细的分析，审计人员发现，该工程的投资估算值过高，超过了 1400 万元，而且与当地的同期建筑项目的建安经济指标相比，差距也很大。

3）问题分析。审计结果显示，编制单位未能充分考虑各项工程量和相关单价的计算，并且在支出和收费方面也存在较大偏差，从而导致了这一结果。

4）审计意见和处理结果。根据审计结果，建议对该项目进行造价评估时，要综合考虑该地区的同类工程的平均成本，以及根据相关法律法规的要求，将各种费用进行合理的分配，以确保该项目的最终总投资额不会高于 12900 万元。

经过审计，集团审计部门及时向集团投资规划部提交了审计意见，并迅速召开了项目可行性研究投资估算评审会，经过审核，该方案得到了修订，最终将投资总额从 14300 万元降低至 12900 万元，比原先的估算总投资额减少了 1400 万元。

5）启示。合理编制投资估算，提高投资估算的准确性。投资估算是可行性研究报告和方案设计的重要组成部分，是项目经济评价的基础和项目决策的重要依据，它直接影响着项目决策者的决策，同时，投资估算对将来项目能否取得预期的经济效益起着关键作用，直接影响后续的初步设计概算的施工图预算及竣工结算的造价控制。因此，应该根据项目的具体内容及国家有关规定和估算指标等，全面、准确地估算建设项目的工程造价，并合理地预测估算编制后至竣工期间的价格、利率、汇率等动态因素的变化对投资的影响，从而提高投资估算的准确性，使投资估算精度能够满足控制初步设计概算的要求。

编制说明应明确投资估算依据。在编制投资估算时，应将所采用的估算系数和估算指标价格、费用水平调整到项目建设所在地及投资估算编制年的实际水平，合理确定估算编制期的人工、材料、机械台班价格，对影响造价变动的因素进行敏感性分析，注意分析市场的变动因素，充分估计物价上涨因素和市场供求情况对造价的影响等内容在编制说明中逐项详细阐述和说明，避免投资估算依据不明确的现象。

4.3.2 招投标阶段审计

1. 招标准备工作审计

招标前准备工作审计步骤如图 4-11 所示。

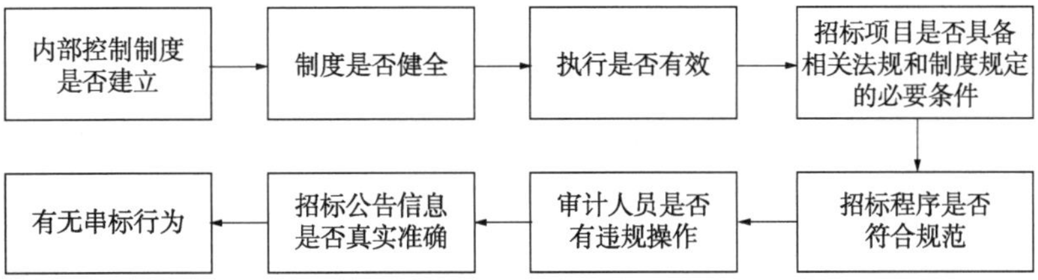

图 4-11　招标前准备工作审计

2. 资格预审文件审计

资格审查分为两类：资格预审和资格后审。资格预审是指对潜在的投标人进行资质审查，包括资质、业绩、信誉、技术和资金等多方面的审查。资格后审是指在开标后进行的资格审查。在实施资格预审时，投标文件中应当包含有关条件、标准和方法。投标人不得变更其所列出的资质条件或按未列出的资质标准进行审查。除非在投标文件中有明确的说明，否则，在进行资格预审时，将不再进行任何形式的审核。资格审查和后审查的内容和标准是一致的。对资格预审文件进行审核的主要步骤是：

1）资格预审公告的内容是否齐全，申请人的资格条件是否满足相关规定。

2）审核资料是否完整、是否符合有关资格条件。

3）审核程序、审查方法和标准是否合理、公正。

3. 招标正式文件审计

（1）招标文件内容审计

招标文件内容审计要点：

1）对建设项目招标项目、资金来源的审核；

2）对招标文件和邀请函进行审核，并对其内容进行审核；

3）审核的设计文件和其他技术数据符合投标的需求；

4）在投标文件中，应当明确指出招标项目的详细情况、投标人的具体要求以及其他必要的信息，以确保其符合法律法规，并且能够完整准确地反映出所有信息；

5）重新评估项目的进度和质量标准，确保所有的技术规定和要求都明确且符合实际情况；

6）在投标文件审核、澄清和有效期方面，必须符合相关规定；

7）投标保证金的审计、履约担保的方式、金额和时间是否与相关法规相一致；

8）选择审计和评标方法、评分标准、评审人员构成等方面是否符合相关要求；

9）对投标程序的合理性和合法性进行审核，对评标、定标工作进行公证；

10）对工程投标文件进行计价要求、合同主要条款的审核；

11）对投标文件要求的格式和内容进行审核。

（2）招标答疑文件审计

招标答疑文件审计要点：

1）审核答疑材料的真实性，必须符合招标法有关规定，以防止投标人在投标截止日期前未送达；

2）对投标者提出的问题要明确，不能含糊不清，对投标者的问题要尽可能作出回答，并形成书面文件；

3）有关设计图纸的问题，由设计单位作出答复，并由投标人提出书面答复；

4）对于工程量清单中出现的问题，招标人应当督促有关编制人员进行仔细审核，并由招标人出具书面答复，以避免对工程量清单有任何异议；

5）关于价格调整的问题，在答复时要前后一致，以免造成含糊；防止分项和暂估价项目的重叠。

（3）工程量清单的审计

对于工程量清单的审核，应当严格按照规定的标准进行，检查封口的格式、盖章的完整性、内容的详细性、各个部分的细节和措施的完整性，并且核实各种资料的真实性和完整性。审计成果文件主要由表 4-4 所示。

表 4-4　工程量清单审计成果文件

组成部分	组成部分
封面	暂列金额明细表
总说明	材料暂估单价表
分部分项工程量清单与计价表	专业工程暂估价表
措施项目清单与计价表(一)	计日工表
措施项目清单与计价表(二)	总承包服务费计价表
其他项目清单与计价汇总表	规费、税金项目清单计价表

4. 招标控制价的审计

（1）审计原则

1）本工程需经相关部门审批；

2）施工项目的造价要控制在概算范围内，并且要做到经济、合理；

3）材料、设备的取价，应当参考建设项目成本管理部门公布的市场信息和项目成本信息，并与市场价格相一致；

4）根据项目的具体情况和市场环境，应当制定出具有竞争力的分项、措施以及其他相关项目的清单；

5）规费、税金清单必须严格按照国家规定的收费标准计算，不得列入竞争性项目。

（2）招标控制价的审计依据

1）《建设工程工程量清单计价规范》（GB 50500—2013）及地方有关法规；

2）根据国家或地方政府的规定，建筑工程的价格定额和计价方式已经发布；

3）由项目成本主管部门公布的项目成本信息，未公布项目成本的市场基准；

4）投标文件和投标解答（包括数量和初步估价）；

5）完整的施工图、设计文件已通过审核；

6）经核准的工程大概预算；

7）本工程相关标准、规范、技术资料；

8）投标报价概算；

9）国家和省、市造价管理机构的相关法规；

10）有关价格的其他条款。

（3）招标控制价审计前的准备工作

1）负责对投标报价进行审查的有关信息的收集。

2）了解《建设工程工程量清单计价规范》（GB 50500—2013）及有关当地消耗量定额的计价文件。

3）熟悉设计文件、招标文件和数量表，对有问题的及时提出，以保证招标文件的准确编制。

4）按照《建设工程工程量清单计价规范》（GB 50500—2013）及《消耗量定额》的比较，对定额工程量进行了重新核算。

5）对施工场地条件有全面的认识，并制定施工组织和设计方案，为工程量清单编制提供参考。

6）采购物资和设备的市场报价，为投标报价编制提供精确的报价资料；对于新材料、新技术、新工艺的开发，要做好市场调查，全面掌握其施工工艺和市场行情。

7）收集同类工程成本和经济指标，为最终审批投标控制价提供参考。

8）对投标报价的编制有一定的了解。

（4）招标控制价审计要点

1）分部分项清单费用的审计。

① 审核的总单价应当符合当前的消耗量定额，并且收费应当完整、合理，取费率也应当符合国家、省级、行业建设主管部门规定的项目成本标准。投标人所承担的风险成本在总价中是否包括在内。

② 审核的定额工程量是否准确，人工、材料、机械消耗是否与定额不一致，是否按定额规定进行调整。

③ 审核人员、材料、设备是否按照工程造价管理机构发布的工程造价和市场信息，是否对与市场价格存在显著差异的材料、设备进行了定价；招标文件中所列的临时材料是否在工程量清单的价格表中，按暂估单价分别列明，并计算其总价。

④ 数量的计算方法是根据清单上所列的数量。

⑤ 综合单价分析采用清单计价规范中所列的格式，其格式必须清晰，并能充分满足今后价格调整的需求。

⑥ 总价格和数量之积与合价是否相符。

⑦ 各个项目的总额与清单所列总额是否相符。

2）一般措施项清单成本的计算，应当依据有关的计价规定、工程的具体情况和企业的能力，对不在一般措施项清单中但将会出现的措施项予以补充；一般措施项的各项指标应有完整的计算依据、费率等。

3）根据分部分项的要求，制作详细的专业措施项目表，以便准确地计算出每个单元的总价，而且这些单元表的形式和内容也要符合分部分项的要求，以便更好地反映出每个单元的实际情况。

4）其他项目的成本：

① 审核的暂定金额是否按照工程量清单所规定的数额进行核算，并结合招标文件和工程量清单的规定，对这一部分的成本是否要计入规费和税费。

② 专业暂估价的定价是否与招标工程量清单中所列的单价一致，是否已计入相关税费。

③ 计日工是否按照工程量清单中的子数计算，计日工单位的单价是否为总单位。

④ 在进行总承包时，应当严格遵守招标文件及其所涉及的工程量，并以发包方所提出的专业技术及所需的资源为依据，精确地计算出最终的总承包服务费，同时，必须保证收费的合理性，不得超出任何法律法规的范围。

5）是否严格遵守国家规定的税率，对规费和税金的计算是否准确可靠。

6）对汇总后的投标报价控制在核准预算之内，若超过预算，则由招标人向原预算审批机关报送。

7）在发布招标文件的页码中，必须使用汉语拼音，并且必须由招标人、工程造价顾问、法律代表人或其授权的机构进行印刷，必须由拥有相关资格的审查员进行审查并加上审查员的印章。

8）当项目编审工作结束后，要对结果进行验证，就需要使用类比方法。也就是与项目所在地同类项目的技术经济指标进行比较和分析，从而作出可行性判断。如果偏差太大，要找出问题的根源；如果是设计上的问题，要及时改正。

（5）招标控制价审计表格的应用

这份审计表包含了以下内容：封面；总体概述；工程项目的招投标价格统计表；单项工程的投标价格统计表；单个工程项目的投标价格统计表；部门分包施工的量工程项目明细和计量表；建设项目施工量清单综合单价分析表；工程项目明细和计量表(一)；工程项目明细和计量表(二)；其他工程项目明细和计量表；金额详细审计表；材料预估价格表；专用工程项目预计价格表；计时工作表；承包服务费核算表；费用和税金工程项目明细和核算表；咨询表。

5. 投标报价审计依据与方法

（1）投标报价审计依据

1)《建设工程工程量清单计价规范》(GB 50500—2013)是一项重要的技术规范；

2）政府机构可以颁布有关建筑项目的计价规定；

3）根据国家或地方政府的规定，建筑项目的计价标准由相关部门制定；

4）参阅招标文件、工程量清单以及相关补充通知和解答问题的指南；

5）建设工程设计文件及相关资料；

6）在施工过程中，应根据实际环境、项目性质以及预先制定的招标策略和实施步骤来进行安排；

7）合同条件；

8）技术资料包括与建设项目有关的标准和规范；

9）市场价格信息或工程造价管理机构发布的工程造价信息；

10）当地生活物资价格水平；

11）投标报价；

12）其他相关资料。

（2）投标报价审计方法

审核投标报价时，应当仔细检查其是否符合要求，并确保其合理性。

1）投标报价的符合性审计：

① 如果投标报价超出了招标文件规定的最高限额，那么这份报价将被视为无效。

② 在进行竞争时，投标公司投标报价必须遵守招标文件和其他有关法律法规的规定。

③ 在投标过程中，如果没有遵循招标文件所提供的详细的工作量计划，则该投标报价将被视作无效。

④ 在投标报价中，若未按照招标文件规定的价格进行估算，则该投标价格将被视为无效，从而影响最终的竞争结果。

⑤ 在报价时，必须严格遵守相关法律法规，并且保证所有的费用都符合预期。如果没有达到预期的费用，那么这些项目将被视作无效。

⑥ 对招标文件约定的其他投标报价符合性进行审计。

2）投标报价的合理性审计：

① 审核的投标价格是否处于招标控制价之内，超过招标控制价的投标将被视为无效报价。

② 投标人的报价形式与招标文件和技术规范相符。

③ 如果投标报价未能严格遵循招标文件中规定的数量表或对工程量清单作出了任何变动，那么这份报价将被视为无效。

④ 在投标过程中，如果未能严格遵循招标文件规定的最低限度和最高限度，即使采用了暂时的估算或者预先设定的金额，也将被认定为是不合理的。

⑤ 如果投标公司没有遵守相关的法律法规，并且在提交申请时没有提供合理的支出，那么投标公司将被拒绝参加本次投标，并被认为没有达到招标文件的质量要求。

⑥ 审核其他与招标文件有关的投标报价。

3）对投标报价进行合理性审查：

① 在审核的投标报价中，应当确保大写和小写的字母完全一致；若发现总价与单价存在较大差异，应当按照单价的金额进行调整，以确保投标报价的准确性。

② 对分部分项工程量清单中所使用的定额子目进行审核，对其消耗进行了适当的调整，并对其原因进行了分析。

③ 核销清单项中的人工单价与当地劳动力市场价格和工程造价主管部门公布的有关工程成本资料是否都与当地有关的劳动报酬的有关规定相一致。

④ 审核材料和设备的报价与市场的公平价格以及项目成本主管部门公布的项目成本信息有无重大偏差。

⑤ 审核综合单价中的管理和利润是否超过了公司所能承担的范围和地方政府制定的成本限额。

⑥ 审核总单价中的风险成本核算方法是否合理，对超过标准要求的风险比率进行了分析。

⑦ 将其他招标单位的投标价格进行比较，对工程量比重较大的清单工程的综合单价进行比较，并对其合理性进行分析。

⑧ 审核措施费用的计算方式与招标时的施工组织和施工计划是否相符。

⑨ 按照招标文件和合同条款的有关要求，对措施项的列项进行检查，有无必需的措施项，但未进行报价。

⑩ 审核指标的计算比例、综合单价的定价、与市场价的偏差。

⑪ 对措施项目费用的总额进行审核，并将各个招标单位的措施项目费用进行比较，以确定措施项目费用是否较低或较高。

⑫ 对计日工的报价与市价的显著偏差进行审核。

⑬ 按照招标文件中所列的总承包项目，核查在招标文件中所列的各项服务收费是否合理，所提供的服务与招标文件和合同条款是否相符合。

⑭ 审核总表中的价格范围应当严格遵守投标文件的规定，材料和设备的选择也应当符合投标文件的要求，对于总说明中提出的问题，应当进行详尽的分析，以确保投标文件的有效性，避免因为投标文件的有效性不足而产生争议。

⑮ 对投标文件进行审核，并对其进行全面的报价。

⑯ 需要审计的其他内容。

4）投标报价审计成果文件：

① 报价符合性审查分析表；

② 报价合理性审查分析表；

③ 报价审计汇总表。

（3）投标报价审计技巧

招标投标技术是指在招标过程中，为了达到一定的目的，招标人在招标过程中，为了达到自己的目的所设计的一种特别的报价策略。一般来说，报价的方式包括不对称报价、多种方案报价、突然降价、先亏损后获利、承诺优惠条件以及无利润报价等。

1）常见的不平衡报价：

① 当施工公司考虑更改招标条件并保持合同条件不改时，他们可能会调整初始建设项目的报价，以便更快地完成建设任务，并且可能会获得更多资金来满足日益增长的需求。这样做可能会导致更多资金被使用，并且可能会导致更多的债务，从而降低公司的经营成本。

② 预计在施工中可能变更、减少以及可能不做的项目单价报低，把可能变更增加的项目单价提高而获得比正常报价更多利益的报价方法，其目的是通过调减或撤销项目，在结算时扣除少一些，而调增项目时，提高了增量效益。

③ 设计图纸不明确、清单描述不清楚或与图纸有矛盾的项目，投标报价时可以适当降低综合单价，且应从降低材料单价上进行降幅，费率可适当提高，若在施工过程中明确后可以要求重新调价。

④ 还有一种不规范做法，就是采取“零报价”，即把整个项目在投标时不报，如果在评标时也未发现而中标，在施工过程中，如果招标人又将此部分内容单独分包了，结算时投标人将会不同意扣除此部分费用，理由是这个项目本来就没有报价，从而获得了此部分的利润。

⑤ 在保持总单价不变的前提下，提高工程造价、工程效益、降低工程造价，其目标是：在工程建设中，投标者按照所报的价格向招标人供应样品，但因报价时这一部分的价格偏低，所选用的材料往往达不到招标者和设计者的要求，而当招标者或设计者要求使用优质材料时，竞标者就会以更换材料为由对材料进行调整，以获得更多的利益。

⑥ 在保证综合单价不变的情况下，提高管理费用和利润的比例，降低人工、钢材、电缆单价，其目的在于施工过程中，投标人根据政府部门发布的人工、材料价格调整的指导意见，向招标人提出人工费、材料费由于市场涨价需要给予调整的请求，否则将不能保证工期的顺利进行，如业主同意调整，则投标人便实现了其报价技巧。

⑦ 将计日工中的综合单价报得更高，其目的是将有关工程的价格按计日工中的综合单价来计算，由于计日工的临时人数一般很少，所以对总报价的影响不大。

⑧ 在报价中对某些特定的问题作特别的解释，并在结算时提出调整。如果投标文件中的报价中的降水成本仅包括了结构的正、负，而图纸中的降水量则可以降低到结构的封条。如果在评标阶段没有提出任何异议，并且在施工的时候，要求降水量降低到结构的上限，则招标方将会提出额外的收费要求。

上述的不均衡报价是目前工程造价中常见的一种，因此，在招标过程中，必须对投标价格进行全面的审查和分析，以防止少数单位利用不正当的投标手法谋取额外的利益，并避免因竣工结算而引发的审计风险。经审核，在签订合同或最后一次招标之前，应向投标者进行明确的说明，同时，招标人应就所发现的问题提出解决建议，并向有关单位发出通知，以便采取相应的对策，并在后期工作中对可能发生的问题进行有效的管理。

2）承诺优惠条件。在投标之前，各投标方都会向业主保证在中标后给予业主一定的折扣或在评标之后由业主和中标候选人进行重新谈判。根据最高法院的规定，签订的承诺书和协议通常不会被记录，因此，施工单位应当遵守备案的合同，即使在招标时，施工单位可以获得一定的优惠，但在完成工程后，建筑公司不得以任何形式进行补偿，除非施工单位提出仲裁或诉讼，否则将不予受理。在审核过程中，要注意到这种优惠所产生的不利影响，并建议采取相应的对策，如在首次支付之前就要求其履行承诺。

6. 招投标审计案例

（1）案例背景

在某发电公司电站工程进行的评审中，通过查阅“五通一平”工程招投标、施工合同、结算资料，了解到本次招标采取公开招标方法，接受委托招标，项目招标文本规范的开标日期定为 2018 年 3 月，招标文件的有效期限定为 90 天，但最终的开标日期确定为 2018 年 6 月，且由 5 名专家组成的评标小组，对本次招标活动的成功与否作出最终的判断。该工程项目的三个部分分别是：一个厂房的总监、一个现场的设计师、一个主要的项目经理。三个部分都来自当地的建筑企业，没有提供任何的竞争条件。尽管这个工程项目没有明确的竞争条件，但是项目招标方提出的预期投入金额约为3000万元。当竞争激烈的情况下，三个部分的竞争都很激烈，最后一个以最优惠的价格获得了胜利，获得了2890万元的订金，并完成了整个项目的支付。GC-WT-001委托的“五通一平”项目委任书显示，除了原有的建设，还有其他的附属建设，其中包括清除现有的淤泥、杂草和种植的农作物，而且这些建设都已经严格遵守相关的法律法规。

（2）问题分析

1）投标过程不符合规定，没有向公众发布招标公告，由招标人自己选择，不是专业人士。

2）招标文件规定的开标日期与实际开标时间相差95天，投标有效期90天，开标地点也没有如实载明，均未见相关书面通知与澄清文件。

3）根据本项目的相关条款、投标文件的技术施工组织设计和合同条款，其投标文件中规定的地面障碍清理费用由承包方承担，且招标文件的现场考察、报价原则均未明确表明本次投标报价费用不含此部分费用。此外，根据中标单位的投标文件，其工程施工组织设计、施工过程中包含清表、清淤、拆除地上房屋等工作程序和内容，因此审计人员认为该委托单内容与招标投标及合同内容重复，属重复委托，应扣除此项费用。在审计员再三要求扣除这项费用后，施工单位的招标人承认，此次招标是假招标，招标时地表清理工作已完成，招标前，经招标人、招标代理公司、中标单位协商，由中标单位另找两家进行陪标，走虚假招标形式，招标时其清表、清淤、拆除地上房屋等工程已完成，因此招标文件未明确涉及此项费用，经审查投标方投标报价明细及综合单价组成表，此项费用确实未含在报价中。

该项目的招标投标是一种典型的招标人、招标代理人、投标人相互勾结，以招标的方式进行不实的招标，既损害了国家利益，又存在巨大的行政审计风险。

4.3.3 施工阶段审计

1. 资金使用计划审计

资金使用计划审计包括以下几个要点：

1）按合同价格、进度计划编制总资金计划和现金流图，上报有关部门，如有变动，由有关部门进行审查。

2）按合同规定的支付周期，按项目进度、工程量清单和单价，编制各周期资金使用计划。

3）循环资金使用计划应当按照总体资金使用计划进行，并对其进行详细的分类，其程度要符合规定。

4）资金使用计划若有变动，须在项目完成之前向有关部门、人员进行审核，以保证资金的筹集和及时的完成。

5）资金的使用计划应当精确，并尽可能地与所支付的款项保持一致。

2. 工程预付款与进度款审计

（1）工程预付款的审计

1）在签订施工合同后，按照合同约定的时间向甲方支付预付款；

2）预支款项的支付比例必须与合同及相关文件相一致，并按合同约定的金额计算，并在合同约定的范围内扣除暂定金额、待估项目金额；

3）在发包人付款时，是否向承包人提交一张保证担保书，保证金额应与预付款金额相符；

4）预付款必须按时从进度款中扣除，保证金额的递增和扣款的数额是否相符；

5）是否发生了拖欠的工程价款，但未结算的款项将被视为承包人的应付款。

（2）工程进度款的审计

1）根据“累计完工工程价款”“累计已支付的工程价款”的要求，承包方必须在指定的期限（或节点）内，按照“累计完工工程价款”“累计已支付的工程价款”的要求，及时、准确地完成工程的工程进度，并根据“累计完工工程价款”“累计已支付的工程价款”的要求，准确地填写工程量的完工统计报告、月度工程价款的支付单及其相关的变动、理赔、预收款抵扣、工程质量保障的记录。

2）由监理工程师（或甲方代表）对完成的工程量进行审核。对合同中的数量、数量的变化进行签证，确认有关的价值。上报基本建设部门，经审计或咨询公司审核。

3）每月工程造价结算单的审查工作包括以下几个方面。

① 根据实际完成的形象进度，结合图纸的量，精确计算出各个分项工程的数量，如果出现少算或漏算的情况，则应根据合同规定的条款进行调整；最终的综合单价应当按照合同价格执行。

② 通用措施项目费用不需要计算数量，而是按照合同规定、进度分配或当前的实际产值与总产值的百分比，计算出通用措施项目费用。

③ 工程技术措施费用按照已完工的数量计算，综合费用按照合同价格计算。

④ 在工程建设过程中，任何形式的变动和谈判都需要遵循相关的流程，并且需要以实际的完成数量为基础，通过严密的审查和检验，才能够得到准确的结果。如果由于谈判引起的总体单位价格发生了改动，应当根据改动之前的单位价格来计算，并且相关的费用也应当单独记录；如果由于谈判引起的特殊措施的成本会受到影响，那么应当根据相关的协议来决策。

⑤ 按合同规定，在处理期间发生的索赔，可以按合同规定的时间按进度付款。

⑥ 按照项目进度，暂估价格应与实际报价相比较，以确定最终的调整单价，并将其与实际完工数量相结合，以此来计算调整金额，最终的税金也将随着工程进度款一起支付。

⑦ 按实际完成产值计算规费、税金。

⑧ 按合同规定的比率和本期的实际完工价格，计算当期的实际付款；如果合同规定的实际款项需要从预付款或质量保证金中扣除，则应当予以扣除。

⑨ 按审计的要求，财务部按时向项目付款。

3. 工程变更及现场签证审计

（1）工程变更审计

在建筑项目的过程中，可能会发生的各种改动，其中最重要的是项目设计变动，这些改动可能会影响到项目的整体实现，比如说项目的进度、施工条件、项目的招标要求等。因此，在建筑项目的过程中，无论是哪个部门，都必须认真对待这些改动，而且要确保它们的合理性，避免因此而导致的损失。工作的主要任务和要点是：

1）对施工期间发生的工程变更，要及时进行书面记录并收集有关的变更数据，以便进行成本控制。

2）对施工单位所提的变更要认真审核，避免因变更而造成成本上升，从而降低自身的风险与责任。区别施工单位的变更是否属于技术上的或经济上的变化，并对它们所提出的合理地减少项目成本进行确认。

3）经过全面的调查和分析，如果发现设计变更是由于不符合规范或者出现错误等原因造成的，应当依照合同约定承担相应的设计责任。

4）对施工单位所提的设计变更方案进行测算、比较，并将比选结果提交施工单位领导，供施工企业决策参考。

5）对于已经确定的项目，在项目成本发生变动时，承包人应将其提交给发包人，并在发包人审批后，对其进行调整。

6）如果承包人未能按照规定的时间提交变更价格报告，发包人将无法根据现有的信息来决定是否对合同价格进行调整，除非项目设计发生重大变化。重大项目变更所涉及的项目价格变更报告及确认期限，应由发包人和承包人共同商定。

7）一方接受了变更工程价格的通知，并有义务按照指示的日期进行审核和讨论。若一方没有按照要求及时审核并讨论，那么该项目的变更就不再成立。

8）在进行工程变更时，应当仔细审查其所需的流程，以确保其满足合同规范，并且确保其所提出的原因没有违反原有协议，也没有导致额外的财务开支。

工程变更程序如图 4-12 所示：

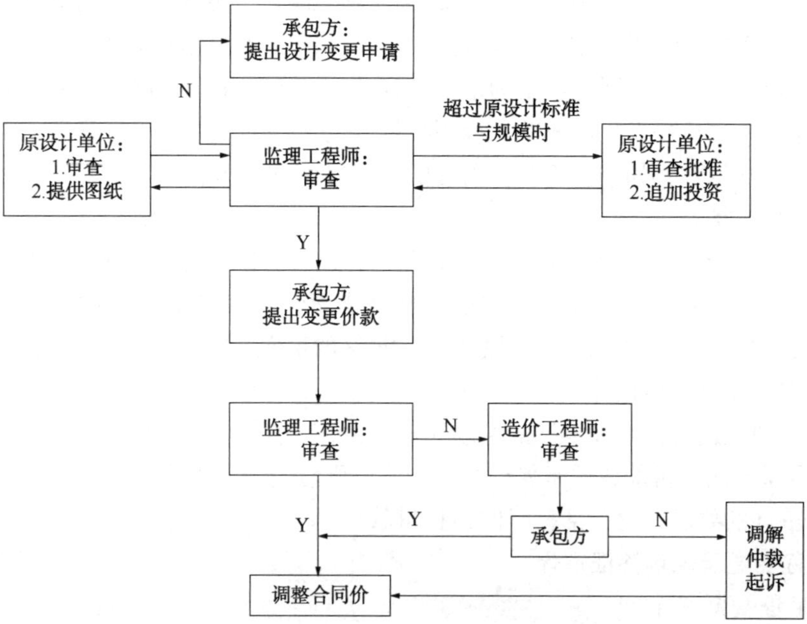

图 4-12　工程变更程序

（2）现场签证审计

承包人在原始设计图之外，可以向承包人发出的零星工程，一般采取现场签证形式，在现场审核中，重点是：

1）现场签证所涉费用的增加，按照规定的程序进行，费用调整是否符合合同约定，不应当在合同中增加的签证；

2）现场签证中涉及的隐蔽工程，应由发包人、承包人、监理、设计、审计单位现场确认，并按合同规定结算费用；

3）除原设计图以外的工作内容仅限于与该工程有直接关系并为该工程提供服务的工作，不涉及该工程的项目，不得采用现场签证的形式，以确保该项目的投资用于该项目；

4）现场签证所涉及的费用，按照“计日工”表格中所列的单价，如果不在“计日工”表格内，则需填写报价单；如需投标，则按投标程序进行。

4. 材料与设备审计

（1）发包人独立供应的材料设备

在施工管理中，业主按有关规定自行采购材料和设备，以达到控制质量和节约投资的目的。

1）设置单独供给的物料和器材要合理，并与有关法规相符；

2）依法须自行采购的物资和设备，必须按照招标程序进行，所提供的材料和设备的质量必须符合设计要求，以防止因甲方提供的材料和设备不合格而造成的损失；

3）采购自备物料的数量要合理，不得超过定额的正常消耗；

4）对自备材料和设备的供货，要严格按照承包人的时间安排，不能耽误工程进度；

5)所有的物料和设备都必须在指定的地方提供，在交付时，承包人必须核对质量和数量，并签署交接单。供应商必须提供相关的产品证明，否则承包人有权拒绝。交付完成后，承包人将承担所有责任；

6）在承包人的权限内，如果材料和设备由承包人自行提供，须经承包人批准，并进行相应的变更，从合同价格中扣除；

7）现场签证所涉及的费用，按照“计日工”表格中所列的单价，如果不在“计日工”表格内，则需填写报价单；如需投标，则按投标程序进行。

（2）承包人采购材料设备审计

1）对给定参考品牌的材料设备的审计。承包人在施工招标中，应根据自身需求，选择合适的材料设备，以确保其质量、标准和档次达到最佳水平。参考品牌的数量一般不低于三种，且各品牌的档次要尽可能接近，以确保采购的质量达到最佳状态。在使用这部分材料和设备时，应特别注意以下几点：

① 在给定参照品牌的物料设备时，投标文件中确定的品牌不少于三个相同等级的产品，并说明其规格和型号；

② 在施工过程中，承包人应当仔细核查拟采用的品牌，确保其符合招标文件要求的品牌及规格和型号，并且质量符合要求，若发包人、监理单位及审计单位认可，则可以接受该品牌的采购；

③ 若承包人在选取的商品时未达到招标文件中的要求，则无法获得承包人的批准，因此，发包人、监理单位和审计机构都有权拒绝承包人使用该商品，除非他们确信该商品的性能符合预期，否则他们有权对承包人的报价进行适当的调整；

④ 在招标过程中，若承包人的报价低于所提供的参考品牌的市场价格，那么在选定品牌时，承包人应允许发包人根据指定的商标进行进场，不得同意更改商标，从而避免承包人在投标时采用的报价手段；

⑤ 材料、设备进场时，发包人、监理方应在现场签字确认，若材料、设备质量经发包人、监理单位和审核单位确认合格，方可进场，否则应责令承包人退出。

2）对材料和设备的自用采购的审核。承包人在采购物料和器材时，必须严格遵守施工进度，确保采购时间和进场时间的合理性，并且负有保证质量的义务。承包人在采购物资和设备时，要注意下列事项。

① 发包人、监理人不得指定由承包人自己购买的材料和设备；

② 在材料设备进场前，应向监理、发包人发出书面通知，同时向监理人、发包人提供有关产品介绍、质量检验报告等有关资料，以便向监理人和发包人提供合格产品和设备；

③ 若承包人购买的材料和设备不能达到合同要求，则由承包人在指定的期限内将材料和设备运出现场，并重新购买所需要的物资，由此造成的延误不能延期；

④ 承包人实际所用的主要材料、设备，若其价格显著低于合同总金额，应由发包人和监理方检查其实际使用情况，若质量不符合合同规定，不得进入或要求调整合同单价；如品质不符合合约要求，应按合同约定的品质，而不做相应的调整；

⑤ 为了确保投标材料的质量，应当详细说明主要材料和设备的品牌、规格和型号，以便在评标过程中更加准确、客观地反映出实际情况；

⑥ 承包人在未经证实的情况下，自行购买的材料和设备，有权要求进行现场剥离，并对剥离产生的成本进行补偿，按照市场价格中较低的价格处理。

（3）暂估材料设备的审计

1）市场公开招标的材料设备的审计；

2）内部招标的材料设备的审计；

3）比选定价材料设备的审计。

对工程量清单中确定的材料、工程设备不需要招标时，采用比较方法；承包人在进行采购前，应至少提供三家以上的投标人，由监理、发包人等单位审核、询价，并将询价和审核意见递交承包人，承包人根据发包人的建议，与供应商进行竞争性谈判，确定供应商和价格，并将意见反馈给发包人，承包人、监理、发包人办理价格确认单，并确认价格在预算范围内。

5. 价格调整审计

价格调整会因为物价或者法律的变化进行相应的调整，调整方法为价格指数调整法和采用造价信息调整差额。

（1）价格指数调整法

具体公式与说明如表 4-5 所示。

表 4-5　价格指数调整法

公式：$P=P_0\left[A+\left(B_1\times\frac{F_{t_1}}{F_{01}}\right)+\left(B_2\times\frac{F_{t_2}}{F_{02}}\right)+\cdots+\left(B_n\times\frac{F_{t_n}}{F_{0n}}\right)-1\right]$	
符　号	说　明
ΔP	需要调整的价格差额
P_0	付款证书中承包人应得到的已完成工程量的金额
A	不调整部分的权重
B_n	各可调因子的变值权重
F_{t_n}	各可调因子的现行价格指数
F_{0n}	各可调因子的基本价格指数
注意：以上各可调整因子都应该在投标函附录价格中约定	

（2）采用造价信息调整价格差额

价格调整的要点如下：

1）核查价格波动是否超出合同规定的风险区间，以招标截止日前 28 日的信息价格和建设期间的信息价格为基础，对超出的部分进行调整；

2）工程建设期间，利益各方应当适时提出建议；报价变动后，收入方没有及时提交调整申请的，视为不作调整，承包人应当密切注意价格动态，并及时提出变动幅度在安全范围以内的报价，以及相应的调整请求；

3）发包人、监理和稽核单位在报价调整时，要对各期间的实际完工数量进行核查，并编制会签数据；

4）调整后的工程量，按照各阶段调整后的图纸完工数量和损失的乘积计算，不得超出定额所规定的损失，调整后的调整金额不能计入其他费用；

5）因法律变更而发生的调整，亦须按照时间先后进行，在法律变更之前，不作调整，并按照合同和法律规定的方式进行调整。

6. 工程索赔审计

索赔是指因不属于自己的原因而导致的实际损害，并因此要求另一方给予经济和时间上的赔偿。承包人可以向业主提出赔偿，也可以向业主提出反要求，这两种情况都属于工期索赔和费用索赔的范畴。

《民法典》《建筑安装工程承包合同条例》和 FIDIC《土木工程施工合同条件》是我国现行法律规定中的一项重要内容。

索赔审核的重点是：对工程索赔要求的真实性、合理性和合规性进行审核；审核工程索赔的理由；审核工程索赔的程序符合规定；审核工程索赔数额和付款时间。

在审核过程中，如果发现有不法的索偿或利用索偿的名义侵犯了国家的利益，应当按照法律的规定进行处理。

7. 工程进度与质量审计

（1）工程进度审计

1）项目进度目标的审核，项目审核的进度控制措施的制定和责任的确定。

2）施工许可证和临时用地许可证的审核，对项目的按期开工有无影响。对原建筑物进行拆除，场地平整，文物保护，相邻建筑物保护，道路清理等，对项目的正常施工有无影响。

3）审核设计变更、材料、设备等方面的控制措施。

4）编制、批准、执行审核计划、网络动态管理审批是否及时、恰当，网络计划是否能够确保项目的整体进度。

5）审核是否存在因管理不善而导致的返工、窝工。

6）根据网络图表，审核索赔的确认是否排除了对非重要线路延误的索赔。

7）审核项目的监理工作，监督和管理项目的进度，并按照有关法律、法规、规章、技术规范设计文件的规定进行施工。

8）通过动态检查，评估主要里程碑的实际进度，以确保它们与计划的一致性，并对可能的原因进行深入的分析，以确定责任的划分，并采取必要的补救措施。

9）审查工程进度是否符合预期，如果发现不一致，是否采取了补救措施，是否执行了适当的奖励和处罚。

（2）工程质量审计

1）审计工程的质量目标应该清晰可见，质量的控制措施应该建立完善，责任人应该明确，并且应该建立完善的质量保证体系。

2）审计应当认真组织设计交底和图纸会审，并且确保对提出的问题能够得到有效的解决。

3）审计机构应当严格按照规定的标准进行隐蔽工程验收，并且妥善处理不符合要求的项目。

4）审计应当严格检查进入工厂的原材料、设备、产品和半成品，以确保其质量符合标准，并有效控制不合格产品。

5）审查工程数据的一致性和完整性，确保数据的管理符合相关规范的标准。

6）审计结果应当符合施工验收规范，并且确保其符合所有相关标准和程序，以确保审计质量。

7）通过分析和评估，确定中标人是否有转包、分包或重新分包的行为。

8）通过严格的检查，确保工程的监理过程符合相应的法律、法规、规章、技术标准，确保其能够及时、准确地控制、检验并保证项目的完成。

9）通过定期的质量控制检查，确保实际情况与计划一致，并对可能出现的问题进行深入的分析，以确定责任的划分，以及是否需要进行返工或加固修补。

10）审计结果应当符合预期，并且在发生不符合要求的情况下，应当采取有效的补救措施，同时也要确保奖励和处罚措施的有效执行。

8. 施工阶段审计案例

（1）案例背景

某公司拟建设的办公大楼，占地 50000 平方米，地下 2 层，地面 20 层。户外装饰以干挂石材为主，部分为玻璃幕墙。室内装饰以大理石为主，以贴壁纸和刷油漆二者共同装饰墙面，以轻钢龙骨石膏板为造型。2018 年 10 月，项目通过公开招标确定了施工总承包，并与其签订了固定单价合同。2018 年 10 月，该项目在一家监理公司的监督下，由一家工程造价咨询公司全程跟踪审计。

（2）发现问题

1）超出实际工程量申报的工程产值，多提项目进度款。本月建筑工程总承包单位共完成了 2370 平方米的玻璃幕墙工程，其综合单价为 1230 元/平方米，按合同规定，当月申报的工程产值为 291. 51 万元。而在审计中，施工总承包单位申报的项目产值为 3185 平方米，该项目多申报了 100. 25 万元的工程进度款。

2）暂估价的材料价格超过了施工同期市场价，未经审查，多提项目进度款。根据合约条件，安装干挂石材的费用、品牌、尺寸等均需经过双方的审核，以及确保符合要求，方能获得最终的施工批准及相应的施工资金。根据审查结果，当月干挂石材的综合单价高达 1462 元，比预期的价格高出 1180 元/平方米，因此，施工单位需要支付更高的费用，达到 956 元/平方米，这意味着需要支付更高的费用，达 32. 75 万元。

（3）问题分析

1）经审核，由于施工总包方未能遵守(GB 50500—2013)《建设工程工程量清单计价规范》，导致 815 平方米的玻璃幕墙工程项目未能被准确地纳入建设工程量的统一标准，从而影响了支付工程价款的必要性。工程量的正确计算是发包人支付工程价款的先决条件和依据，工程量应当按照承包人在履行合同的过程中实际的工程量来计算。同时，施工工程师和监理在审核项目进度款时没有认真审核。

2）依照合约条文，本月的工程预算将会被用来支付预先设置的预算，然而，因为施工方未能尽快获悉预算的相关信息，导致预算的金额被重新设置，从而增加了对预算的支出。

（4）审计意见及处理结果

跟踪审计人员建议，建筑企业按照合同规定及当月完工工程量，从工程总承包多报的工程进度款中扣除，并就暂估价材料的认价问题提出以下意见：

1）工程总承包方提交的暂定石头价格，由建设单位进行询价和核实。

2）根据协议条款，总承包公司将根据经过确认的石材市场价格，重新确定干挂石材的综合成本，并向监督、审查和施工方提交申请获得批准。

3）按已确认的工程量和单价，对当月应向施工总承包单位支付的项目款项进行审查，并从其所提出的项目中扣除。

施工单位接受了稽核人员的意见，组织监理、追踪稽核人员，及时核实了施工总承包单位所报的暂定价格，并按合同规定的时间支付了当月的工程进度款。

(5)启示

1）严格遵守合同规定，并根据施工进度付款。在工程建设中，要严格按合同规定按时、准确地付清工程价款。

2）加强对工程价款的审核，杜绝出现超支的情况。根据合同规定，对工程项目的付款进行审查。首先，做好工程量的计量审计，根据工程的实际完工数量来支付项目的资金。工程量清单上列出的数量只是工程估算，不能成为承包人履行合同约定的建设责任的计量基础。在每一次付款之前，都需要对已完工的工程量进行测量，并以经审计的计量值为付款基础。其次，要严格按照合同规定，由施工单位、监理、审计人员审核后确定的总价，以支付、调整合同价格。

4.3.4 竣工结算和财务结算审计

1. 竣工验收及结算审计

（1）竣工结算资料审计

1）竣工结算主要资料完备性的审计。

① 结算书。在每项工作的结算中，都需要提交以下材料：完成的图纸、施工图、图纸会审、设计变更、工程洽谈记录、监督人员的通告、业主的施工要求，以及原始的合同价格和调整后的合同价格。第二部分是现场签字以及相应的费用，根据签字顺序来确定，并将相似的条款中的签字编号统一归纳。上述两项不可复制，并按照结算单中的要求，提供相应的光盘。

② 工程量计算书。工程量清单的编制应当包含工程量清单及计算公式，工程量清单的排列序号、工程结算书的排列序号、计算公式的排列序号、工程量计算公式的排列序号。在工程量计算公式中，必须注明图号、轴线位置（土建、市政等专业），要有详细的计算公式、小计和合计，并注明其计算范围；工程图纸、图纸会审记录、设计变更、工程洽商记录、监理工程师通知、业主施工指令等，均在工程量计算公式中一次计算。现场签证必须注明签证号码，对于项目内容相同但签证编号不同的条款，要综合考虑，但要反映出总额是由签证数量组成的。用计算机计算出的工程量，要有相应的光盘。

③ 钢筋抽料表（土建工程）。按电脑抽取的要求，提供对应的光盘，按手工抽取的要求，提供详细的抽料表，并标明钢筋所在构件、部位、钢筋编号等。

④ 在建筑项目中，所有的法律文本都必须经过业主和建筑公司的审核和批准，并且必须符合相关法律规定。这些法律文本可能是由业主和建筑公司之间的承包或者分包，也可能是其他形式的法律文本。

⑤ 竣工图纸。所有的文件和资料都必须经过严格的验收和确认，包括但不限于施工图纸的专用印章和有效的文件备份，以便于监督和检查。此外，还需要对所有的文件进行详细的说明，包括但不限于设计变动、工程洽谈、监督和检查，以及对业主的施工指导。若未能将图纸、设计变动和洽商记录等信息及时传达至最终的施工图，那么无论是对原始成本还是未经审批的费用，都将无法进行调整。

⑥ 竣工资料。完成的工作需要准备许多材料，这些材料均来自工程质量监督机构。这些材料应该包括初始设计图纸、完成图纸、质量审核文件、产品合格证书、业主批准的施工方案、施工进度表、隐藏部分的测试结果以及安装过程中的测试数据。为了确认完成资料（如所使用的物料名称等）与被审核的工程的真实状况相一致，须经监理及业主代表签署。完成资料的整理与装订，要有一份总目，在每页底下面编号，便于查阅。

⑦ 图纸审核。按照图纸审核的时间顺序，将所有的图纸都按照图纸的顺序排列起来，并在每一张纸的下面编号，这样就可以方便查找到施工图纸上的标注。图纸审核时，应由与会人员签名并加盖审核单位印章。

⑧ 改变设计。要求按照设计交更的时间顺序，将其编入一本书中，并在每一页的下面编号，以便于在图纸上进行更多的修改。设计变更必须有设计者签字和设计单位的印章，同时也要有监理公司、咨询公司和项目经理方同意设计变更的有关签字和加盖公章。

⑨ 项目谈判记录。按照项目管理记录的时间顺序，将其编入一本书中，并在每一页的下面编号，以便于在完成后的工作中查询。施工管理记录须由设计者签署并加盖设计单位印章，并由监理公司、咨询公司、施工现场有关人员签字并加盖公章。

⑩ 监理人或业主的通知。按照监理工程师的通知或业主的施工指示，按规定的顺序将其装订成册，并在每一页的下面进行统一编号，监理工程师的通知或业主的施工指示只需在竣工图上注明与工程有关的内容，而同一部位的监理工程师或业主施工指令必须以最后实施且完工的内容作为竣工验收的标注内容。监理工程师的通告或业主的施工指示，须由监理公司、咨询公司、项目部有关人员签署并加盖公章。

⑪ 投标文件应当包含全部的技术要求、经济要求、投标承诺、投标补充函以及最终的中标通知书。

⑫ 其他结算资料。所有以上没有提到但在结算审核中所需的信息，如施工日志、地质调查报告、非常用标准图集、由施工单位负担的工程造价凭证(如由甲方代付的工程水电费发票、淤泥排放费凭证)。

⑬ 资料签收表。根据提交的结算数据清单，进行数据的交接和管理。资料的内容、份数、页数(附有页数)均须在资料签收表格中注明。若项目结算数据数量不多，则可将多项结算数据进行汇总，但应在每一份数据的封皮上标明其内容，便于查阅。

⑭ 其他请求。承包人按规定填写全部完工结算文件，加盖公章，并附上结算主管的授权书后，将全部材料交由工程部签字盖章后，由审计部门进行移交，如不满足以上规定，则视为放弃。为完成全部资料办理移交手续，在审核中，造价工程师有权在审核期间向施工单位提出其他需求的信息。如果审核时发现数据不能满足需求，则审核机构有权不以该数据为基础进行结算。

2）竣工结算资料真实性的审计。

① 在完成项目完成后，方可进行结算，因此，在完成结算时，应将竣工验收报告列入其中，否则无法进行结算。

② 竣工结算数据的完整性与竣工结算的准确性有很大的关系，因此，在完成结算时，除了工程单位提交的竣工结算材料，监理、建设单位也要收集有关资料，以防止工程单位为其提供不利的信息。

③ 对竣工结算数据的真实性进行审核，出具的竣工结算数据必须是原始材料，如果材料是副本，审核时要核对原件，且有关材料须与实际情况一致，如果完工图与实际不符，则以实际情况为准。

④ 核对有关数据的收集是否完整。为了保障项目的质量和安全，所有的设计变更必须得到相关的授权和许可。这些授权包括、设计机构必须提交变更申请，并且必须得到相关的文件和材料的支持。此外，所有的相关部门都必须严格遵守相关的流程，并且必须提供书面的授权文件。所有的项目都必须得到相关的管理和监督，包括项目的质量和安全。在进行项目结算时，必须确保所需的流程完整且数据与预期一致。在选择采购的

物品、设施和项目时，除了需要进行招投标外，也需要向客户提交材料和设施的报价。

⑤ 在审核数据时，如果出现了不一致的情形，应当与施工方沟通，以确定使用何种材料结算，原则上，以最后的时间为准。

⑥ 在实际操作中，为了确保施工的顺利进行，应该先办理变更洽谈，以确保变更洽谈单的有效性。如果变更洽谈单已经办理，但随后又取消或更改，则应根据实际情况，及时完善相关手续，以确保施工的顺利进行。

（2）竣工结算的编制与审计

1）竣工结算审计。

① 竣工结算审计的程序。依据《工程造价咨询机构执业行为准则》和《造价工程师职业道德行为准则》的要求，建设工程的完工结算必须遵循一系列程序，详情见图 4-13。

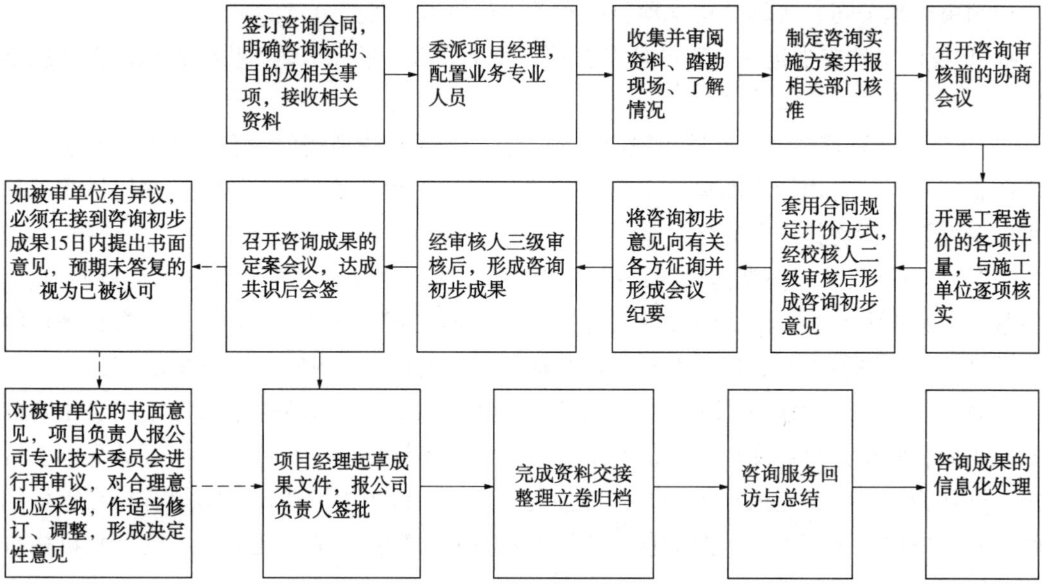

图 4-13　竣工结算审核流程

② 竣工结算审计的主要内容。工程竣工结算审计包括审计合同价款、审计合同外变更谈判费用、审计暂估价调整费用、审计合同内变更协商费用、对暂估价变更进行审计、暂估价价款调整成本进行审计、索赔费用进行审计及价格调整费用的审计、价格调整成本进行稽核及工期奖惩、质量奖惩进行审计。

2）竣工结算争议处理审计。在工程竣工结算审计中，由于合同条款的冲突、管理上的失误、定额的理解和标准的不统一，都不可避免地会引起结算和审计双方的纠纷。而一般的处理方法如表 4-6 所示。

表 4-6　争议问题处理方法

方法名称	具体做法
沟通协调	出现问题的时候，可以把问题提出来，双方重新进行计算和条例的梳理，最终达成共识
会议处理	邀请相关参建单位一起召开协调会议，各方依次发表自己的意见和理由，最后达成统一，解决问题
争议评审	申请人向争议评审组提交详细的评审申请报告，被申请人在收到报告后向争议评审组提交答辩报告，争议评审组据此开展调查会议，最后给予最终评判与回复

续表

方法名称	具体做法
调解	争议双方就需要解决的问题形成书面材料，各自阐述自己的意见和理由，然后统一提交给当地造价主管部门，由造价主管部门给出客观、公正的调解意见
仲裁	争议一方可以根据合同约定，向合同约定仲裁委员会提出仲裁申请，进入仲裁阶段将按照《仲裁法》的相关程序执行
诉讼	根据合同约定，争议一方可以向人民法院提起诉讼，一旦提起诉讼将按照《司法》的相关程序执行

3）竣工结算报告审计。

需要审计的相关表格有：

① 结算审定签署表；

② 工程结算审查汇总对比表；

③ 单项工程结算审查汇总对比表；

④ 单位工程结算审查汇总对比表；

⑤ 分部分项工程结算审查对照表；

⑥ 措施项目结算审查对比表；

⑦ 其他项目结算审核对比表；

⑧ 零星工作项目结算审核对比表；

⑨ 其他相关表格。

（3）最终结清审计

当承包人获得了缺陷责任期的终止凭据时就可以开始处理所有的责任。如果承包人的责任期满，就可以开始处置所有的责任，包括欠费。为了确保责任的履行，承包人必须向监督人员和发包人出具一份最终的偿还申请，其中包括欠费的金额、违约责任以及其他必须解决的问题。其审核的要点为：

1）在缺陷责任期满之前，必须完成最终的解决方案；

2）在提交最终结算申请单时，应当提供必要的证明文件以确保准确性；

3）如果承包人造成了发包人的损失，在最终结算时，应当扣除质量保证金，以弥补损失。但是，如果这笔钱不够用来弥补损失，那么发包人有权要求承包人退还不足的赔偿金。

2. 竣工决算审计

（1）项目建设程序审计

经过严格审查，确保项目立项、可行性研究报告、初步设计等程序性内容均符合有关法律法规的要求。

（2）建筑安装工程投资审计

1）审核建设项目的各项投资项目的结算情况；

2）审核建设项目的各个项目和项目明细账是否满足规定；

3）审核项目中与明细账对应的项目，包括预付工程价款、预付材料款、库存物料、应付工程价款等，并核对各项明细账户的构成内容是否真实、准确、完整；

4）审核项目结算是否有合法发票，并根据合同要求保留质量保证金；

5）重新审查每个施工单位的工作进度，确保遵守合同规定；

6)审核预付款和预付款的扣除情况；

7）审核甲级物资的结算是否正确，核准的建安项目总投资中是否包括了甲级材料；

8）审核施工单位的代垫资金是否在结算时被扣。

（3）审计项目的财务管理和会计核算情况，以确保其有效性和准确性。

1）工程项目的财务和会计核算是否按照基本建设的财务和会计制度进行；

2）会计账簿、账号的设定是否符合要求，在工程施工中采购材料、设备等的程序和记录是否完备；

3）审查资金的使用、费用的列支情况。

（4）竣工财务决算报表审计

1）对于大型和中型建设项目，竣工决算报告应当涵盖其总体情况、概述、财务状况以及综合情况，而对于小型建设项目，则需要提供其财务状况、竣工财务决算以及已经交付的资产等信息。

2）决算报告的编制依据与方法是否与国家基本建设财政相关法规相一致。

3)在财务决算报告中，必须确保所有数据都完整、准确、真实，并且符合相关规定。

4）编制竣工决算报告是否真实、客观、全面。

（5）项目概预算执行情况审计

1）审查投资规模、生产能力、设计标准、建设用地、建筑面积、主要设备、配套工程、设计定员等是否与批准概算相一致。

2）评估支出的合理性，并确定分项工程的扩展范围、建设标准和计划外的建设。

3）审计工程项目追加概算的过程、原因、合规性和真实性。

（6）竣工决算报告审计

1）竣工决算报告由四部分组成：

① 竣工决算报告的封面、目录；

② 竣工工程平面示意图；

③ 竣工决算报告说明书；

④ 竣工决算表格。

2）审查报告书封面。该工程的名称、建造单位、审核人员、校验人员的姓名和执业证书、委托人和受托人的公司印章以及日期等信息都将被记录。

3）竣工决算报告说明书。本文的主要内容涵盖了工程项目的概述、重大事件的发生、经验教训的总结、投资支出的分析、财务管理的实施情况，以及存在的遗留问题，并提出了相应的解决方案。

4）竣工决算报告表：

① 工程概况表；

② 财务决算总表；

③ 财务决算明细表；

④ 资金来源情况表；

⑤ 应核销投资及转出投资明细表；

⑥ 建设成本和概算执行情况表；

⑦ 外资使用情况表；

⑧ 交付使用财产总表；

⑨ 交付使用财产明细表。

3. 竣工结算与财务决算审计案例

（1）案例背景

某公司新建的综合办公大楼，占地 39000 平方米，地面 2 层，地面 16 层。从 2019 年 9 月起，项目开始施工，到 2020 年 2 月，建筑设计单位负责工程设计，而在 2020 年 3 月，工程招标代理机构则负责编写清单和投标控制价；最终，在 2020 年 5 月，某建设工程股份公司中标，中标金额为 23200 万元。在 2020 年 6 月，双方签订了一份涵盖 2020 年 6 月至 2021 年 12 月的施工合同，经过精心挑选，最终确定了一家专业的项目监理机构和一家专业的项目投资顾问机构，负责整个施工过程的审计工作。

（2）发现问题

该项目于 2022 年 1 月完成。2022 年 3 月，施工方提交了竣工验收报告。后续审计团队组织专业造价工程师对项目的结算进行了审查，在审核时，发现项目的结算金额中，将会议室墙壁改为柚木装饰面板的设计变更，但并未取消原来的建筑图纸。此外，按照施工单位的要求，在工程中取消了 U 形轻钢龙骨吊顶，但此项招标费用并没有从结算价中扣除。

（3）问题分析

根据《建设工程工程量清单计价规范》（GB 50500—2013）的有关规定，一旦发生工作量列表中存在漏项、计量误差或者变动，应当根据承包商在履行合同义务期间切实达到的工作量来予以计量。如果项目尚未完工，应将其计入结算额的减项，具体包括：

1）将会议室墙壁的设计改为柚木装饰面板，而不是原来的建筑图纸中的墙壁粘贴。

2）公用廊道 U 形轻钢龙骨吊顶在设计更改中被删除。

上述未执行的款项，其投标报价应从项目的结算金额中扣除。

（4）审计意见及处理结果

经过审核，《建设工程工程量清单计价规范》（GB 50500—2013）中明确规定了计算结果，因此，在设计招投标项目文本、建筑施工协议、竣工结算资料以及其他相关建设项目的计价规则中，必须将未经处理的工程量清单报价剔除。经过后续审计团队的造价工程师和施工方的检查，最终确定了最终的结算金额。

1）会议室原来的工程量清单中包含的内容被核销，但墙上贴墙纸的实际成本已经被取消 178536 元。

2）对本工程变更中未完成的 U 形轻钢龙骨吊顶工程取消的工程造价 963. 251 元。

两项合计减少 1141787 元。

（5）启示

1）在审计竣工结算时，不但要对因工程变更导致成本上升的项目进行核算，还要对已列入工程量清单但尚未完成的项目进行减项，使其准确、客观地反映出工程结算的真实成本。

2）在核算价格明细时，应当严格遵守《建设工程工程量清单计价规范》（GB 50500—2013）的要求，并且按照企业招标文本、建筑施工协议等有关材料，确保减项扣除的准确性，以确保最终的总单价。

4.3.5 建设项目合同审计

在建筑项目中，通常会签订多份协议，其中涵盖了勘察、设计、招标、承包、管理、财务、物资供应、质量控制、QoS、质量保证、安全保修、质量检验、质量保证、费用核算等。

1. 勘察设计合同审计

《建设工程勘察合同（示范文本）》（GF-2000—0203）、《建设工程设计合同（示范文本）》（GF-2000—0209），由建设部、国家工商行政管理局联合印发。其审计的主要内容如下：

1）审核各方是否有合法的权利和行为能力，是否接受委托、委托的权限等；

2）勘察设计成本是否超过有关的收费标准，与招标价格是否相符，服务内容与收费标准是否相符；

3）对勘察设计的基本资料、设计文件和提供时限有无明确的规定；

4）勘察设计费用的付款期限和数额是否超过有关文件的规定，对勘察、设计部门的配合是否有利；

5）在合同中，应当明确规定设计变更的控制要求，并且对任何疏忽造成的设计变更进行严格的问责，同时给予设计单位适当的奖励，以及对任何由于设计原因造成的项目投资超出限额的予以处罚措施；

6）对勘察设计成果文件的递交时间及项目进度进行调查，对因成果文件迟交而造成的进度风险予以惩罚。

2. 招投标代理机构合同审计

建设部、国家工商行政管理局发布的《建设工程招标代理合同（示范文本）》（GF-2005—0215）包括《工程建设项目招标代理协议书》《通用条款》《专用条款》三部分，其审计的主要内容如下：

1）审查双方是否拥有签署此合同的法律资格、是否承担了委托或代理的义务，以及其承担的责任和权限；

2）招标代理费用必须符合有效的标准，包括但不限于：符合招标要求、符合合同约定、符合市场行情、符合招标标准、符合竞争对手要求等；

3）在合同中，双方应明确规定，专家评审费用不得被视为代理费，而且双方还应就重新招标后的费用是否应纳入合同价款，以及如何计算等问题达成一致；

4）在合同条款中，双方必须明确规定招标代理的职能，以便在标底和工程量清单的编写上作出明智的决策，并对由于代理公司的疏忽导致的后果负有相应的法律责任。这样，才能够有效地维护标底和工程量清单的正确性。

3. 施工合同审计

（1）施工合同中约定的主要内容

《建设工程施工合同(示范文本)》(GF-2017—0201)由建设部和国家工商行政管理总局颁布，其中包括《协议书》《通用条款》和《专用条款》三大部分。

1）工程预付款金额、付款时间和扣除方法；

2）项目的计量和付款方式、金额和时间；

3）调整施工费用的因素、方法、程序、付款和时间；

4）现场签证申请的程序，金额的确认和付款的时机；

5）工程造价纠纷的处理方式和时间；

6）风险的类型和程度，以及如果超出预先规定的范围，应采取何种措施来调整；

7）工程造价的编制、核对、支付和时间；

8）工程质量保修金的金额、预扣方式和期限；

9）对工期的优劣奖励和惩罚措施；

10）与合同履行和支付价格有关的其他事宜。

（2）工程承包工程审计要点

1）审核各方是否有合法的权利和行为能力，是否接受了委托所代理的事项、权限等；

2）合同的内容及其所认定的经济行为是否具有法律效力，是否对国家、社会公众的利益造成损害；

3）合同中的质量标准和时间安排是否明确、质量标准与相关法规是否相符、工期指标是否达到；

4）审查合同的范围和要求，以确保其符合招标要求，并且已经完成了隐蔽工程的验收，程序也要求完善，工程变更条款要求清楚、完整，程序也要求合理，材料价格的条款也要求明确；

5）审核项目进度款支付条款、支付方式和时间的合理性，并对不合理的项目提出改进建议；

6）对索赔条款进行审核，要求的时间和过程与项目的要求是否一致；

7）工程结算方法与投标文件规定的方法是否相符；

8）对合同价格和中标价格进行审核，且投标人和中标人之间不能再签订任何与合同实质不符的协议；

9）质量保证期间是否与相关施工项目的质量控制相关法规相一致；

10）对以工程量清单计价的合同进行审核，其是否与《建设工程工程量清单计价规范》(GB 50500—2013)相关条款相一致。

4. 专业分包合同审计

由建设部、国家市场监督总局颁布的《建设工程专业分包合同(示范文本)》(GF-2003—0213)，由《协议书》《通用条款》和《专用条款》三大部分组成，其中所涉及的内容有：

1）审核人员资格与受聘的专业项目是否一致，签约主体是否与有关法规相一致；

2）合同的内容及其所认定的经济行为是否具有法律效力，是否对国家、社会公众的利益造成损害；

3）在合同中，是否有明确的质量标准和时间，保证工程的质量和质量标准；

4）承包人在管理、服务、协作、协调等方面的职责和义务与总承包合同是否相符；

5）专业承包单位所缴纳的销售税和其他附加费用应当在合同中明确是否由总承包公司代扣或转包给总包；

6）在专业分包合同中，承包人必须按照约定的方式支付工程价款，除非另有合理原因，否则不得拖延或拒绝支付，而且必须获得监理单位和发包人的批准；

7）承包人在与专业分包人订立专业承包合同时，其与总承包合同的内容不能有任何实质的冲突或矛盾；

8）对合同价格和中标价格进行审核，并且投标人和中标人之间不得再签订任何超出本合同实质性内容的协议。

5. 监理合同审计

建设部、国家工商行政管理总局发布的《建设工程委托监理合同（示范文本）》（GF-2000—0202）包括《建设工程委托监理合同》《建设工程委托监理标准条件》《建设工程委托监理专用条件》三部分，其审计的主要内容如下：

1）审查双方是否拥有签署此合同的法律资格，是否承担了委托或代理的义务，以及其承担的责任和权限；

2）审计监理公司的专业技能和施工规模应当符合要求，以确保项目的顺利完成；

3）在进行监督时，应确保所有的费用都遵守有关的法律法规，并且能够满足招标人的需求。同时，应确保所提供的服务和产品的质量，以及所有的计费依据都能够得到认可，并且能够满足项目的总体预算和施工质量；

4）监理的职责范围和权限应当明确，违反规定的责任也应当进行量化；

5）在合同中，应该明确规定工程延期会对监理费用产生哪些影响，并且要求延期费用的计算必须科学合理；

6）在合同中，应当明确规定有关激励措施和责任追究机制，以激发监理单位的积极性，并有效地推动其管理工作的实施。

6. 造价咨询合同审计

建设部、国家工商行政管理总局发布的《建设工程造价咨询合同（示范文本）》（GF-2002—0212）包括《建设工程造价咨询合同》《建设工程造价咨询合同标准条件》《建设工程造价咨询合同专用条件》三部分，其审计的主要内容如下。

1）审查双方是否拥有签署此合同的法律资格，是否承担了委托或代理的义务，以及其承担的责任范围。

2）咨询的费用有没有按照相关的规定计取，是否合理。

3）在进行造价咨询时，应该清楚地界定工作范围、内容和权限，并且要考虑到责任人的情况。如果采用了全过程咨询，则应该考虑延期费用的合理性。

7. 材料、设备采购合同审计

1）合同各方在履行合同时，是否具备合法的权利和能力；

2）根据工程量清单及实际需求，确定采购物品的类别、型号、数量、报价、付款方式、付款地址、付款日期、付款时限以及总承包人的完成情况，若出现超出预定的物品，则需要承担相应的赔偿责任；

3）在发包人收到材料和设备之前，应当及时通知承包人和监理人，以便他们能够亲自前往现场进行验收，同时，材料和设备供应商也必须提供有效的证明文件，以确保质量；

4）在经过严格的验收之后，承包人负责将所有材料和设备安全地运送到指定的地点，并妥善保管；

5）如果供应商未能按照合同规定的要求提供所需的材料和设备或由于供应商的疏忽导致的交货延迟，则应当承担相应的责任。

8. 建设项目合同审计案例

（1）案例背景

2007年5月，国家发改委批复了一座燃煤电厂项目。这座燃煤电厂计划安装两台660兆瓦的国产超临界发动机，两台发动机都将安装完整的烟气脱硫装置。4号发动机将安装一套烟气脱硫装置，还将安装一台用于扩建的1000兆瓦超临界发动机。

2008年1月，工程公司与××科技开发有限公司签署了360000元的《××发电厂排水口临时围堰施工合同》。

（2）发现问题

将工程分包给没有资质的单位，违反有关法律和法规。

不符合《中华人民共和国建筑法》第十三条的规定。因此，×××科技有限公司不符合划定为不同类别的资格级别，经资历审核符合，获得对应级别的资格合格证书后的要求，必须按照规定划定为不同类别的资格级别，以及公司的注册资金、技术能力、技术水平和已经实现的建筑项目的业绩，才能够正式开展施工活动。

（3）问题分析

有关部门没有按照合同管理规定对合同当事人的基本信息和信用状况进行有效的调查。

（4）审计意见

因此，有关方面应加强对合同签订前的基础资料的调查，增强法律意识，以防范合同履行中可能出现的风险。

4.4 工程审计的成果及工程后评价

4.4.1 审计成果评价与考核

项目后评估是指项目实施后，对项目的目标、实施过程、效益和影响进行综合、系统的分析，以总结经验、提供解决方案、改善管理和改善效益。项目实施后评估，首先要明确评估目标，然后进行策划、筹备、搜集数据、开展深度调研，对调研结果进行分析和研究，并提出评价报告。工程后评估应该是定量与定性的，比较分析、逻辑框架分析、成功性分析等是比较常见的。

1. 建设项目进度评价

项目进度是从项目开始到验收合格的期间。通过全面的审查，核实实际的开始、结束时间，并将其与预定的时间相比，以确定最终的完成时间；同时，结合项目的具体状态，仔细检查每一步的实际发展，以及可能存在的时间上的偏离，以便找出导致时间上不一致的可能性。在评估中，还要比较和分析计划工期和定额工期，以确定计划工期是否在定额期限之内。

2. 建设项目质量和安全情况评价

工程质量与安全状况的分析与评估，主要是对实际工程质量合格率的计算，并与合同中所述、设计中所要求的或类似的工程质量条件相比较。对设备的质量状况、设备和安装工程的质量是否能够保障从投产以来的正常生产所需，是否存在重大质量事故，以及对工程质量事故造成的经济损失进行计算与分析。如果计算出返工损失率，则可以计算出由于工程进度延误而导致的实际损失。

3. 建设项目勘察设计评价

勘察设计评估的主要内容有：勘察设计机构的选取与招标文件相一致；勘察设计机构是否按照合同规定的时限向勘察设计机构递交了勘察设计文件，是否因为勘察设计文件延迟而影响了整个项目的进度；对勘察设计成果文件的深度进行分析，并对其原因进行分析，以确定是否存在因设计深度不足而导致的投资增长以及对项目总投资的影响；通过对勘察设计人员服务意识的分析，了解其对项目的需求，以及对勘察设计人员不合作的情况。

4. 建设项目管理评价

工程造价管理评估是指工程造价、质量、进度三方面的管理水平和效果的分析。其主要内容有：针对项目的具体情况，采用监理制度、项目管理、代建制等管理方法；对项目的实际进展情况进行分析；分析项目的质量是否符合要求，有没有发生安全事故；对项目投资的控制是否在预定的限度之内进行分析；是否建立相应的管理体系及决策机制。

5. 建设项目合同评价

合同法是一种重要的协议，它规范了建筑公司和其他参与方在建筑项目中的经济和社会行为。合同法通常涉及建筑公司和其他参与方在建筑项目中的合同条款，如监管合约、勘测工程设计合约、咨询服务合同、物资采购合同、建筑施工合约等。重点考察的方面包括：双方当事人的资格、履行能力、遵守法律法规、保护双方的正当权益、避免可能出现的争议、确保双方的利益得到充分保障、避免可能出现的争议、解决可能出现争议的问题。

6. 建设项目运营评价

合同法是一种重要的协议，它涉及双方的经济和社会义务，它可以在约定期限内、时间届满后开始生效，也可以在约定时间届满后中止。协议通常涉及各种服务项目，如监理、勘察设计、咨询、物资采购、施工合同，它们都受到法律的约束。重新审视这份协议的核心目标应该是：双方当事人必须遵守相应的法律法规；双方必须确保协议中没有任何不公正的条款，以保护双方的利益；双方必须按照协议中的各项权限与责任执行；是否履行了合同所规定的权利和义务；是否发生了违约和争议，是否对发生的原因进行了分析。

7. 建设项目可持续发展评价

项目的持续性是指在投资完成后，该计划能否持续、该项目能否持续、该项目的承受方能否凭借其自身的能力来继续达到该目标。项目能否重复，也就是将来是否可以以相同的方法进行类似的工程。持续性评估是对项目可持续发展的各种因素进行评估；影响工程持续发展的主要因素有：政策、管理、组织、地方的参与、资金、技术、社会、文化、环境、生态、外因等。

4.4.2 审计评估指标体系优化

1. 建设项目绩效审计的评价内容

在工程项目绩效审计中，要注重经济性审计和效益审计。经济性审计的目的在于确定工程造价，对工程造价进行经济性审计，可以防止工程造价的出现，能在前期进行纠正和排除各种不良因素，从而达到事前控制的目的。通过对工程项目进行经济性审计，可以预防工程建设中出现的不合理成本和其他不利因素，并能在前期及时地进行纠正和排除。效益审计旨在评估投入与回报之间的关联性，重点关注项目支出的管理，以实现有效的财务管理。

2. 在进行建设项目绩效审计时，应该选择合适的评估指标

绩效审计评价指标是审计工作的基础和具体表现形式，通过对被审计项目在一定时间内的某个领域的效益进行分析和评估，但单一的指标难以全面地评估被审计项目的效益，需要一套完整的评价指标体系。

建设项目绩效审计评价指标可以从定性和定量两方面分析，定性指标逐渐在被量化寻找评判标准，定量指标则更具有说服力。在设计定量指标时，考虑到建设项目绩效审计对经济性、效率性和效果性的要求，选取三大效率指标为一级指标，对建设项目绩效进行评审，具体指标如表 4-7 所示。

表 4-7 建设项目绩效审计评价指标层

一级指标	指标层
经济性指标	经费自给率
	贷款比例
	工程造价指标
	决算超计划比率
	项目净现值指标
	实际投资比率
效率性指标	资金到位率
	资金利用率
	投资利润率
	投资回收期

一级指标		指标层
效率性指标		工期计划完成率
		建设质量评价
效果性指标	社会效果性指标	社会适应性
		就业效果性
		收入分配效益
	环境效果性指标	自然环境的污染破坏
		野生动植物的影响
		人群健康影响
		工程对矿藏的影响

3. 建设项目绩效审计评价指标体系的建立

依据上述对建设项目经济性、效率性和效果性评价指标的列举，构建建设项目绩效审计具体指标体系。

（1）经济性指标

经费自给率指标：反映建设项目工程全部投资额中自筹经费所占的比重。比例越大，说明在工程投资中需要单位自筹资金额度越大。

经费自给率=自筹经费额/项目总投资额×100%

贷款比例指标：反映建设项目投资中贷款占工程总投资额的比例，表明该工程项目的偿还贷款的能力。

贷款比例=工程项目贷款额/工程总投资额×100%

工程造价指标：反映工程造价(工程量、工程定额、材料价格)是否合理，反映潜在的损失、浪费、管理不善等问题，与该地区同等级的建设项目平均造价水平比较，越低越好。

平均每公里造价=工程总造价/工程总里程数

决算超计划比率：反映建设项目决算是否按照前期计划执行，考虑其与计划偏离程度的指标。负数表示工程实际发生的成本低于工程计划成本，投资成本控制较好，节约了资金，说明经济性好，反之亦然。

决算超计划比率=(决算成本-计划成本)/计划成本

项目净现值(NPV)指标：反映项目净贡献的一项绝对效果指标(净现值=项目未来报酬总现值-项目原投资额)，它是按指定的折现率，将项目建设和生产服务年限内各年的净收益流量折算到基准年的现值之和。当净现值大于零时，表示项目除得到符合折现率的经济效益外，还可以得到以现值计算的超额盈余。

$$NPV=\sum_{t=1}^{n}(B-C-k)(1+i_s)^{-t}$$

式中 B——第 t 年的效率流入量；

C——第 t 年的费用流出量；

k——第 t 年的投资支出；

n——项目的运行年限；

$(B-C-k)$——第 t 年的净效益流入量；

i_s——折现率。

实际投资比率是衡量建设项目投入与预期收益之间关系的重要指标，它由实际完成的决算额/预期收益组成。

其中，竣工决算额来源于工程竣工决算审计报告，批复概算来源于工程项目的概算批复文件中批复的概算数。评价标准为实际投资比率≤1 为好，说明决算没有超概算，投资计划控制较好。

（2）效率性指标

资金到位率是衡量工程建设资金筹措效率的重要指标。

资金到位率可以通过计算已投入资金/工程计划总投入×100%来衡量。

财务报表可以反映出财政收入的情况，包括财政收入的分配、拨付、调整和节约，以及财政收入的运行情况。

资金利用率可以通过计算项目实际投入的金额/实际收益的比例来衡量。

投资利润率是衡量一个项目的经济效益的重要指标，它反映了一个企业的 ROI，只有当它高于行业平均水平时，这个项目才具有可行性。

通过计算每年的收益/项目的收益×100%，可以得出投资的收益比例。

投入=固定资产投入+工程期收益+流动资本，这是一个反映投资成本的公式。

当投资回收期超过行业平均投资回收期时，这个项目就具备了可行性，因为它可以反映出投资回收的效率。

回收期可以通过计算项目的投资额/平均现金流量来确定。

如果一个建设项目的工期计划完成率低于 1，这意味着它的建设质量得不到保证，但是它的经济效益却会大大提高。因此，应该加强对工期计划完成率的监督，以确保项目的顺利实施。

完成率可以通过计算某个项目的实际验收时间/预定的工期×100%来衡量。

建设质量评估是衡量建筑物安装工程质量的重要指标，它能够反映出项目的技术水平和质量，并且能够直接影响投资的回报率。

当工程质量达到优良水平并且符合标准时，它的效益就会更好。相反，工程返工损失率越高，那么它的投资效果就会越差。审计人员应该在现场进行考察，了解生产经营人员的情况，并结合相关的技术资料来评估建设的质量。

(3) 效果性指标

建设项目的成功与否取决于它们如何改善经济社会环境。因此，绩效审计应该重点关注建设项目的经济社会绩效，涉及它们的适应性、就业机会效应和收入分配效应 3 项。在当今复杂多变的经济社会环境中，建设项目必须具备良好的社会适应性，以保证其符合国家和地方的经济政策方向，并且能够实现可持续性经济发展。为此，建设项目的经济社会持续经济效益(PR)公式应当得到充分考虑，以保证建设项目的有效实施。

$$PR=\frac{\sum_{T=0}^{T} W_{\mathrm{h}} \times X_{\mathrm{h}}\ (1+I)^{T+1}}{T}$$

式中 T——在项目实施期间，其年度收益显著高于其预期收益；

I——项目社会折现率；

X_{h}——项目在 h 部门的年度效益值；

W_{h}——衡量项目在 h 部门的年度收益与总收益之间的比例关系。

就业效果性指标，中国人口众多，就业问题比较突出，此指标反映建设项目的新增就业情况。

就业效益=本项目新增就业人数/项目总投资

收入分配效益指标，工程建设也是国民经济再分配的手段之一，应调整好国家、地方、企业以及个人的收益分配关系。

国家收入分配比重=项目上缴国家的收益/项目的总收益，该指标反映的是项目总收益中上缴国家的比例。

收入分配效益指标，要注意结合各地区实际情况和项目建设目标来确定各分配比重的大小。发达地区项目的收入分配应偏重国家收益，贫困地区的发展建设应偏重地区和人民收益。

资源利用指数，项目建设也要充分考虑节约能源情况，主要包括：

单位净产值综合能耗=项目年综合能耗/项目净产值

单位投资占用耕地=项目耕地占用面积/项目总投资

环境效益指标：资源环境关系着经济和社会未来的持续发展，建设项目实施对生态环境的影响常用的评价指标有以下几种。

环境污染损害包括水质污染、大气污染、噪声污染、植被污染、水土污染等；基础污染指数包括水体污染综合指数、区域环境噪声平均值、人均废物排放量、绿化地森林破坏面积等。

对野生动物的影响，其基本指标为：动植物种类减少、濒危物种增加、被保护物种数量变化。

人口健康影响的经济评价指标，以项目对人群的健康影响为基础，确定项目对人群的危害程度，甚至导致其死亡。

工程对矿区的影响主要体现在两个方面：一是由于工程对周边采矿造成的影响，二是受工程影响的区域内有矿床，但还没有被开发。这两种方法的效果是不一样的。

建设项目业绩审计是一个系统工程，要对各层次所选择的各项指标进行系统的评估与测量，使其成为审计的目的，从而提高对工程项目的全面、准确的评估。在实践中，要做到既实用又科学的作用，又要根据建设项目的具体情况适时地调整指标体系，并将其与指标的评估相结合，以实现对工程项目的经济性、效率性、效果性的客观评价。

4.4.3 项目管理建议书编制

1. 决策阶段

（1）决策程序审核

1）在作出决定时，应当遵循科学、公正和系统化的准则；

2）能否有效地实施国家的宏观政策和组织的发展战略；

3）推荐的方案是否经过分析、选择、评价、优化等环节，有无违反程序导致决策失误。

（2）项目建议书审核

1）编制范围的审核

① 独立进行的综合或初始设计经济统一核算方案可以提供更加精确的结果；

② 总体设计范围的分期项目应分别编制。

2）编制内容

① 项目提出必要性和依据；

② 产品方案拟建规模与地点设想；

③ 资源与条件；

④ 投资估算及资金筹措；

⑤ 项目进度及安排；

⑥ 效益的预测及评价。

3）编制要求

① 可参照类似项目估算；

② 通过进行技术经济分析和论证，可以为初步决策提供有效的支持；

③ 是否值得可行性研究；

④ 估算与概算误差不超过±20%。

（3）可行性研究报告审核

1）可行性研究编制单位是否具备编制资格和能力；

2）可行性研究的重点在于进行计划准备、调查研究、方案选择与优化、财务分析与经济评估，并编写相关报告，以便获得审批；

3）拟建项目是否重复，产品有无销路；

4）确认该项目的工艺流程、技术手段以及成本效益都符合要求；

5）是否存在可信的原材料供应，以保证该项目的顺利实施；

6）地形、地质、水文、环境及交通是否符合本工程的建设条件；

7）通过合法渠道获取资金，并对贷款偿还能力、ROI以及效益进行准确评估；

8）可行性研究报告是否充分反映项目可行性研究工作成果，内容是否齐全，数据是否准确，论据是否充分，结论是否正确，是否满足决策者确定方案项目要求；

9）研究报告应包含评估、决策支持、合同条款、意向书和政府文件等内容；

10）本次调查的结果表明，该公司的研究方案具有良好的可操作性、充分的准确度、高效的技术和先进的设施、对外部环境的灵活反应、合理的财务管理以及对未来发展的预测能力。

（4）投资估算审核

1）估算资料、数据、指标等依据是否合理并符合相关文件要求；

2）估算的项目范围应该涵盖建筑、安装、设备制造以及其他相关的费用，以确保项目的有效实施；

3）估算方法是否得当，是否达到规定深度要求；

4）估算是否经过评审优化并且已批复。

2. 勘察设计阶段

（1）勘察设计审计

1）工程勘察设计单位资质和能力审查；

2）在勘查和设计过程中，应该牢记以科学、高效、优良的产品为准则，并兼顾经济效益；

3）在勘察过程中，应当进行多种实验，包括对自然环境的调查、资源的研究、地质安全性的评估、环境影响的分析以及岩土工程的检测；

4）在进行勘察之前，应当通过严格的评审程序，以确保所得结果的准确性和可靠性。在解决重大问题时，应当提供充分的理论支持、实验数据、实测场地等。

(2) 对勘测设计投标文件的审核

1) 勘察设计投标方法与国家有关法规的要求;

2) 在进行勘查和设计时，应确保招标文件的内容全面、符合相应的政策和法律要求，并且包括总建筑面积和总估算，同时应遵守相应的限额要求;

3) 勘察设计投标文件中的打分方法是否合理，有没有在技术和经济方面体现出竞争性;

4) 对勘察设计工作的要求是否明确。

(3) 对勘测设计投标文件的审核

1) 勘察设计投标文件的编制;

2) 在设计投标文件中，项目投资概算是否纳入了核准投资的范畴，项目评估是否详尽，项目成本划分是否合理;

3) 本项目的设计是否符合招标文件和有关技术规范的要求，是否合理、新颖是否满足功能需求。

(4) 建设方案设计的审计

1) 是否通过设计招标和设计方案竞选;

2) 在进行工程项目方案设计时，应当严格遵守《建设工程方案设计招标投标管理办法》;

3) 方案设计的收费是否合理;

4) 评审团应当由来自建筑、规划、结构、经济、设备、环境、节能、消防等领域的资深专家组成;

5) 设计方案是否考虑全寿命费用;

6) 该建筑的外观、工艺和功用划分应当符合项目设计任务书的规定;

7) 设计方案造价估算是否控制在投资估算内;

8) 方案是否优化，技术是否先进，经济是否合理。

(5) 施工图纸审查

1) 确保建筑图样完好无损，并确保工程施工规划总布局图和总名录完整无缺。同时，确保其他项目齐备，并检查总图在水平和空间的布局中是否存在交错或冲突。

2) 确保所使用的设计方案和参数符合质量标准，并且采用了合理的工艺流程，所使用的设备、仪器和材料都是可靠的。

3) 施工图必须符合所有相关规范和标准，并且设计深度必须符合招标、施工和验收的要求。

4) 确保所有建设条件都符合勘察、观测、试验的要求，并且确保水、电、通信、环境保护等方面都符合当地政府的规定和施工标准。

5) 在设计过程中，应当充分考虑价值工程、可施工性、可持续性等因素，以确保产品的功能达到最高的质量要求和水准。

(6) 设计概算审计

1) 建筑工程概算的审计

① 审查工程量是否计算准确;

② 对所使用的概算定额、概算指标、经费额度实行严格检验，确保其完全遵守有关法律法规；

③ 检查使用的人力和物力预算是否合理；

④ 确认所有收费方式是否合理，并确保后续调整的系数是正确的。

2）设备及安装工程概算的审计

① 审查工程量是否计算准确；

② 检查所使用的定额和缺项估价是否精确；

③ 检查使用的人力和设备的预算单价是否合理；

④ 审查各项取费是否合理，后续调整系数是否计取得当；

⑤ 审查进口设备价格的计算是否合理。

3）审计项目其他成本的估算

① 审查项目中所列的其他项目是否完整；

② 审查项目其他成本的基础计算是否准确；

③ 审查项目其他成本的基础比率是否与文件要求相符。

4）预备费、贷款利息概算的审核

① 审查工程预备费的计算比率和工程预备费的基础是否精确；

② 检查是否精确地计算了贷款利率。

5）审计总体设计预算

① 审查总体设计预算是否属于投资估算的范畴；

② 审核总体设计预算的内容与设计预算的内容是否相符，以及是否存在与图纸不相符的情况；

③ 结合项目规模、标准等基本条件，比较同类项目的技术经济指标，并对项目的估算进行合理性分析；

④ 审查与市场情况相联系的总体估计数中，确定的涨价因素是否需要被纳入。

6）审计调查估计数

① 审议合理理由调整估计数；

② 审查调整估计数的编制深度是否符合规定，与原始估计数作了比较，是否作了详细的分析；

③ 审查项目中的估计数是否发生了多次调整。

3. 工程交易

（1）投标人资格预审

1）投标人必须经过正规注册，并且已经被暂停参与投标，以确保公平竞争；

2）评估投标人的财务状况、人员配备、设备配置、技术水平和经验，以确定其是否符合要求；

3）确保资格预审文件的完整性和合理性，以确保其符合相关要求；

4）经过严谨的审核，确保了申请者的资质、能力和行为符合相关的规范、要求和规范。

（2）招标文件的审计

1）检查施工招标流程是否顺利进行，并确保资金得到充分使用。

2）审查招标文件内容是否包括：

① 投标人资格要求；

② 投标文件内容和语种；

③ 投标标价的范围和币种；

④ 投标的程序；

⑤ 投标截止日期和有效期；

⑥ 废标处理规定；

⑦ 开标的时间、地点和标准；

⑧ 投标书修改与撤回的规定；

⑨ 评标规则、程序和标准；

⑩ 招标文件澄清和修改规定；

⑪ 投标保证金和履约保证金规定。

3）“示范文本”规定的主要条款应当仔细审查，以确保其内容尽可能详尽、准确。

4）在建设项目的招标文件中，应当包含有关工程技术的详细说明、设计图纸、技术资料、数量清单、招标控制价、合同计价方式以及工程技术内容的特征和要求等信息。

5）在招标文件中，应当清楚地指出哪些标段需要被划分，以及如何安排多个标段的工期。

6）重新审视评标方式的选择是否合理，评委的组成是否符合相关规范。

7）重新审视招标流程，确保它合理、合法，并保证评标和定标过程公正公平。

（3）工程量清单的审计

1）清单的格式及盖章是否符合要求。

2）总说明是否包括工程概况、工程招标和分包范围、清单编制依据、工程质量、材料、施工等特殊要求，以及招标人自行实施的名称、规格型号、数量、暂列金额、自行索赔材料的金额数量。

3）分部分项是否按附录 A～F 规定统一项目编码、统一项目名称、统一项目特征、统一计量单位和统一工程量计算规则，“五个统一”进行编制。

4）确保工程量清单符合招标文件和图纸的要求，并避免出现遗漏、错误或计算错误的情况。

5）审计结果应当符合相关法律法规的规定。

6）采用“项”作为单位，并将其划分为不同的部分，采用“措施项目清单”和“计价表（一）”和“计价表”的方式进行计价。

7）根据“项目编码”栏的“＊B00＊”字，可以计算出未被规范所涵盖的措施项目，并将其列入“计价表(一)”中。

8）“暂列定额”和“暂估价”的设定是否合理，“计日工”的类别是否完整，以及给出的暂时数量是否适当。此外，总承包文件中的工作内容也应该完整无缺。

9）根据国家有关规定，应当对规费和税金的清单进行详细列举。

（4）招标控制价的审计

1）招标控制价编制人是否具备资质和允许的咨询规模。

2）审核综合单价是否参考目前的消耗量定额，是否按照国家、省、市有关部门公布的收费标准，以及综合单价中是否包含了招标人所承担的风险成本。

3）在审核工程量的准确性时，如果发现人工、材料、机械消耗与定额存在差异，应当依据定额进行相应的调整。

4）审查人工、材料、设备单价是否按照工程成本管理部门公布的项目成本和市场信息价格作为总单价。当信息价格与市场价格有重大偏差时，是否有相应的调整。

5）投标文件中的暂估价材料是否按照暂估价单位进行综合单价，是否在计价表中单独列出并进行了合计。

6）审核数量是否按照所提供的清单数量进行计算。

7）审查以清单计价规范所列的表格格式对总单价的分析。

8）重新评估总单价和数量的比值，以确保它们与最终的价格一致。

9）审核各个项目的总额是否与总金额相符。

10）审查一般措施项清单成本是否根据工程的特殊性和公司的能力计算和补充，是否有完整的措施项目、计算基础，费率是否清晰。

11）审查专业措施的总费用，以确保其符合分部分项工程量清单的组价标准，以确保其合理性和可靠性。

12）检查临时款项是否按照招标的工程量清单所确定的数额，以及是否按照规定的费用和税费的计算。

13）审核专业临时评估是否按照招标工程量清单所列的价格进行核算，并根据有关规定的费用和税费。

14）审核计日工的价格是否与工程量清单中所提供的数量有关，以及计日工的单位是否为总单位。

15）审核总承包服务费是否符合投标文件和工程量清单的要求，计算基数是否精确，费率是否违反有关规定。

16）检查是否严格按照规定的税率计算规费和税款，并对其进行了精确的计算。

17）审查合并后的投标控制价格是否在核准的预算之内，如果超过，应报经原设计审批机关核验。

18）在投标文件的封底，必须加入投标人、项目造价师、法律代表人或其授权的证明文件，以及必要的文件认证，以确保文件的真实性，同时还需要经过严格的文件认证，以确保文件的合格性。

19）对编制的投标控制价格是否使用类比方法进行分析和比较，如果差异太大，要查找原因直至差异合理。

（5）投标文件的审计

1）在招投标过程中，应当仔细审查工程量清单，确保其符合"低报工程量待结算时再据实调整"规定，并且确保量价之间的平衡性。

2）检查综合单价中的费率是否符合竞争原则，并确保使用的材料价格符合计价文件的规定。如发现有人在施工中降低了材料的质量或通过变更来获得不合理的利润。

3）确认在综合单价中，暂时估算的材料价格是否符合招标文件规定的最低价格。

4）确认专业工程的估算价格是否符合招标文件中的要求。

5）确认所有的费用计算都符合施工组织的预期方案。

6）审查总承包服务费的计算基数及服务内容是否与招标文件要求一致。

7）仔细检查投标人提交的材料，确保其规格、型号和品牌都符合招标文件的要求。

8）确保工期和质量符合招标文件的要求。确认工期和质量承诺是否明确，并且没有违约责任。

9）检查施工组织设计中的方案，看它们是否合理，并考虑可能出现的费用变动。

10）检查计算和汇总是否存在明显的错误，并确保整体和分项的价格相匹配。

（6）施工合同的审计

1）对当事人是否有合法的权利和行为能力进行审查，并对其是否有接受和代理的事项、权限等进行考察。

2）对合同的内容进行审查，确认其经济行为的合法性，对国家和社会公众的利益有没有损害。

3）审核合同中的承包内容，是否符合招标范围。

4）对合同中的质量标准进行审核，并按相关法规进行检验。

5）审核合同的期限，以及项目的总时间和项目的实际工期。

6）检查隐蔽工程验收的内容与程序，以及有关的内部控制体系。

7）确保施工变更和现场签证条款的内容明确、完整，并且遵循合理的流程。

8）审核有关物料和设备价格的条款内容，以及确定其价格的依据。

9）审核支付项目的条款，支付比例、方式和时间。

10）对索赔条款的内容进行审核，并对索赔时间、程序和索赔的计算方法进行审核。

11）项目结算方法与投标文件规定的方法是否相符。

12）检查合同价格和中标价格的一致性，以及招标人和中标人之间是否有任何偏离本合同实质性内容的协议。

13）质量保证期间是否与相关施工项目的质量控制相关条款相一致。

14）根据《建设工程工程量清单计价规范》(GB 50500—2013)的相关规定，对使用工程量清单计价的合同进行审查。

15）对合同双方履行的义务和责任的范围进行检查，检查其内容是否清楚，责任是否明确，违约的责任有无惩罚和赔偿条款。

16）审核合约中是否有关于争议、仲裁和终止条款的条款。

17）合同签署后，是否向建设项目所在地的相关主管部门办理备案。

4. 施工阶段

（1）工程预付款的审计

1）审核在签订施工合同后，是否按合同规定的期限付款。

2）审核预付款是否符合合同、文件规定，是否按照合同规定付款，合同中暂列金额、暂估项目金额是否已扣除。

3）审核发包人支付款项时，是否应该向承包人提出一份预付款保证书保证数额与所支付的款项相符。

4）审核预付款是否按时从进度款中扣除，保证金额的递减与所扣款项的数额是否相符。

5）检查是否发生了拖欠的工程价款和未结清的款项。

（2）审计项目的进度款

1）在审核各分项工程量清单时，必须确保它们的数量与图纸上的实际完成进度一致；如果发现有少算或漏算的情况，则必须按照合同规定进行调整和支付，并且要确保总单价与合同总价一致。

2）在审核通用措施项目费用的支付时，应当严格遵守合同条款，并以当前实际完成的产值与总产值的比例为依据，确定最终的支付金额。

3）审核专业措施的费用，是否按照已完工的工程量，以及是否按照合同的单价来计算。

4）审核工程期间发生的变更、洽商程序，以及是否经核准后方可进行计量；变更导致的措施成本是否按照合同规定支付。

5）施工期间发生的索赔，是否按照合同规定按进度付款。

6）审核暂定价格与实际价格之间的调整数额，是否按照已完成的数量和已调整的单价进行计算。

7）是否按照实际完成产值核算规费、税金。

8）审核时，按合同规定的比率和当前实际完工价格，计算当期的实际付款；预付款或品质保证金是否按照合约规定扣减。

（3）项目变更审核

1）在进行项目变更时，应当严格遵守相应的法律法规，并且要求发包方、承担方、监督方和设计方都必须签字确认。

2）对工程变更进行审核，其原因是否合理，是否属于经济上的变动。

3）经过仔细检验，确定项目的改动原因，比如，改动的范围、内容、质量和使用的招标方式，以及零报价的方式，以此来减少可能出现的风险。

4）经过严格的检查，确保在进行工程改动时，所涉及的数据、成本、补偿金额均符合合同条款及有效的法律、法规要求。

（4）审核实地签证

1）审核签证问题的原因，签字时是否有详细的计算公式和图表。

2）检查现场签证所涉费用的增长，是否按照所述程序进行，费用调整应符合合同约定的条件。

3）在现场检查过程中，仔细检查所有涉及的隐藏的工作，并确保所有相关方都在现场参与检查。

4）对原设计图纸以外的、与本工程有直接关系的工作内容进行审核，对与该工程无关的工作不实行现场签证。

5）审核施工签证所涉价格是否符合协议要求。

（5）审计物料和装备

1）物资及装备购置进度审核。

① 审核按施工单位的采购计划所订的各种设备、材料是否符合已通过的设计和基建方案；

② 对拟议的采购地点的合理性进行审查；

③ 对采购过程的标准进行审查；

④ 确保所有采购项目都符合相关规定，并且内部控制措施完善有效。

2）采购物资、设备的合同审核。

① 审查采购是否根据公平竞争、择优的原则来决定供应商；

② 确认所需的所有物品的尺寸、品牌、重量、数量、售价、包装形态、支付手段、运送途径、到达时间、合同条款以及可能存在的违反条款；

③ 审查新设备和新材料的购买情况，审查其资质，分析价格合理性和专利的真实性；

④ 重新评估采购协议和财务报表，确保项目的规划、建筑、安装和成本控制，并防止因缺陷而引发的损失。

（6）对调价进行审核

1）审核价格变动是否超出了合同约定的风险限度，其他情况下，除非相关文件规定，否则不作调整。

2）审核调整后的工程量，如果按照不同时期的调价，则按照实际完工数量和损失的乘积计算，不得超出定额所规定的损失，调整后的数额不能计入税金之外的其他费用。

3）涉及法律变更的价格调整，是否按照不同时期分别核算，在法律变更之前，对已经建设的部分不予调整，调整方式按照合同和法律法规的规定进行。

4）审核调价有无依据、发包人有无调价请求并核准，做到先批后调。

（7）审计项目索赔

1）在建筑项目的合同条款中，索偿的权利义务通常是平等的。无论是由于建筑方的原因还是其他因素，建筑方都有权向对方进行索偿。此外，建筑方还有权要求对方支付违约金，以维护自己的权益。

2）如果一方确实发生了，但不是他本人的原因，他方可以要求另一方赔偿。

3）索赔仅是一项未获当事人证实的单方面行为，其请求最终能否得以实现，需经过一系列的程序，并经过协商、调解、仲裁、诉讼等形式的诉讼。

5. 竣工阶段

竣工阶段的审计主要分为结算与决算两个部分，具体方式和要求如表 4-8 所示。

表 4-8　竣工阶段审计

阶段	具体要求	阶段	具体要求
竣工结算	建设项目施工合同的内容及结算资料的真实性与有效性	竣工决算	各个阶段的投资及资金使用情况是否符合规范，是否真实有效
	计价依据是否合理		报告文件的构成是否符合规范
	签证记录是否有效、真实		报告各个地方的日期、署名及签章是否真实有效
	工程的计价方式和价格调整是否按照合同规定进行计算		报告说明是否包括工程项目的概况及一些需要补充说明的问题
	竣工结算的报告和相关文件是否符合规定		报表依据和来源是否清晰明了

4.4.4 审计程序规范执行

1. 审计监督

1）在工程项目结算审计之前，各级审计机关应当设立一个审计小组，该小组由受聘的中介机构或具备资格的内审人员构成，并负责编制工程项目结算审计的实施方案。

结算审计的实施方案要针对性强、内容具体、重点突出；项目实施前，必须由审核小组委派的审核机关进行审核。

2）在项目完成后的5天内，审核机关应当将审计通知书(格式参见附件1)发送给被审计单位，并在收到通知后方可进行工程结算审计；如有特殊情况，可于执行审计现场时发出审核通知。

审核通知应当包含：被审核单位和被审核项目名称，审核目标和范围，审核时限；被稽核机构所需之特定资讯及其他协助；稽核联络人与方法；必需的文件，如派遣单位和主管的签字和签发日期。

3）移交审查文件

审核组收到被审核单位的结算审核资料时，须出具《工程结算报告》，填写《申报材料交接表》并书面保证材料的完整性、真实性和合法性。审核小组将会核实所收到的材料，并保存可追踪的流程记录。

4）在准备阶段提交的电子信息审查

审核小组在收到提交的电子信息后，将于5~10天内完成前期准备。审核材料未达到审核标准，需提供《工程结算审计资料补正通知单》，并限期补正；如果被稽核单位未能在规定的期限内及时提供补充材料，则稽核小组可以将所提交的材料退回给受审单位，并将其上报给受审单位，而不进入执行审核阶段。

施工单位在补充和完善提交的材料后，可以重新提交审核小组进行审核，审核的时间以上次受理的时间为准。稽核小组只接受工程单位提交的工程结算信息，而不能直接从工程单位或承包商那里获取或搜集材料。

5）审核小组在审核准备阶段的信息后，经受聘审计机关批准，举行项目结算审核进场会。

审核进场会的是：建设单位、监理单位、承包单位、造价咨询单位、监理单位等。

6）在工程项目结算审计进场会后，应将审核小组与受审单位的工程结算审核文件进行纸质移交。交接双方应现场清点，并在施工单位提交的工程材料移交清单上签名，并分别保存。

如果提交的材料中有《工程变更实施报告》等需要编号的材料没有编号，则现场编号，并按照规定填写《工程变更实施报告》的目录表，由移交单位签名。

7）实地考察

① 稽核组应按照工程完成图纸和其他已交的验收材料，安排有关人员到工地实地踏勘和检查已完工项目的数量、规格、质地、品牌。现场评审通常需要5~10天的时间。

② 稽查队在实地考察之前，应当审查有关材料，了解项目的状况，并做好实地踏勘

前的各项准备。

③ 施工现场踏勘，由施工单位、承包单位及其他有关人员共同参与，不得进行。

④ 在实地考察过程中，稽查人员应当仔细记录所有调查和检查的内容，并且要求对于与实际情况不符的，要采取拍照、测量、记录等方式，以获取充足的证据。

对隐蔽工程，应采取先进的技术和方法进行现场检查。如有必要进行破坏性检查，须经授权审核机关批准后方可进行。

8）在执行审计程序时，要有记录，特别是在谈判、变更、土方工程、地基工程、隐蔽工程、混凝土工程等方面。

9）对实地踏勘和检查的成果进行整理、汇总，审核小组应当制作实地踏勘记录，由施工单位和承包单位签章后予以确认。实地踏勘记录和其他审计证据材料应当连同第一份审计报告的初稿一起呈交所委托的审计单位进行审查。

10）在实地勘察和核实工程量后，审核小组与有关结算机构进行结算价格的对比，并着重检查未实地审核的初审和实地审核后的结果。在审核程序上出现重大分歧、严重影响到审核结果的问题，或者发现有重大违法违规行为时，必须将情况报告给被委派的审计机关，并提出相应的解决办法。

审核小组应将有关争议的内容和双方的观点以书面形式提交给受聘审计单位，并附上相应的证明材料。审计纠纷应通过委托审计单位召集审计组、施工单位、同级工程管理单位和其他有关单位开会讨论决定。有争议的，应当向公司主管审计工作的主管部门和上级审计机关汇报。

对工程项目结算审计中的争议部分，进行了分类。重大争议是指单项结算争议金额50万元以上，大争议指单项结算争议金额20万~50万元，一般争议指单项结算争议金额20万元以下。

对纠纷的协调处理应以书面形式提出，由审核小组进行协调后，由审核小组进行审核。

11）在实地检查后，审计小组将初步审查结果，如工程结算审计报告的初稿，在指定的期限内向委托的审计机构提出建议；在审核小组提出的工程结算审计报告初稿等初步结算审计结果时，应当按照工程核算审计的中介程序进行。

委托审计机构可以同时向施工单位和其他有关部门提交审核报告的初稿，有关部门在收到初步报告后5天内，向有关部门提交书面答复；5天之内没有书面答复的，视为没有异议。

12）受托人可以通过审查报告、听取汇报等形式对工程结算审计报告进行审查，如有需要，还可以采取现场实地复查。

13）审计小组对工程结算审计报告进行核查和完善，并将其提交所需审计单位审查的《工程项目结算审计定案表》。审计机关对后发施工单位进行审查，并组织签字。项目审批表由承包单位、建设单位、审核单位依次签字（项目结算审计中介单位需加盖单位执业章）。由非法人代表签字时，须附上有效的授权证明。

审核小组将对超过10%的审核结果进行详细分析，并对项目管理中的潜在挑战进行深入探讨，最终提出有效的解决方案。

14）由各级审计机关确定审核结果的期限，由有关部门负责的工程结算单位在收到《工程项目结算审计定案表》后，未在规定时间内签字或书面答复，由审计小组根据《建设项目工程结算编审规程》独立出具，并由有关各方负责。

15）审计小组在收到《工程项目结算审计定案表》后，在5天之内，将正式的工程结算和管理建议提交给受聘的审计单位，并根据工程审计文件的有关规定提交审核程序。

16）在审核结果文件后，将《工程项目结算审计结果通知书》、工程结算审计报告等相关资料发送至施工单位，并在10个工作日内完成审核。

17）施工单位按《工程项目结算审计结果通知书》及合同规定办理工程结算款，并向有关部门通报有关情况，并组织实施竣工财务决算。

在完成竣工验收审计报告后，审核小组将按照要求返还施工单位所提供的纸质材料，填写审核材料交接表格，并对工程结算审计档案进行管理，将工程结算审计成果和相关的电子资料转交给委托审计机构。

18）受委托的稽核机构应当追踪施工单位对工程管理方案的整改情况，并按要求将其归档。

19）集团公司审计部门负责对集团公司全局性工程结算审计工作的审计工作。有关部门对验收中发现的问题，要及时进行整改。

20）因发生以下情形而无法进行结算审计时，审计机关应当以书面形式通知被审计单位终止其审计。

① 有关部门如施工、承包等不配合审核；

② 合同条款不明确，影响项目成本的确定，协商不成的；

③ 因合同发生争议而诉诸法律诉讼的；

④ 其他情况，如有必要暂停审核的。

21）暂停审计所造成的后果，将由导致审计暂停的责任部门负责。

22）暂停审核的项目符合审核条件后，由施工单位向审核机关提出复审请求，暂停的时限不在审核工作时限内；在审计暂停期间，审计机关应当将暂停审计的通知抄送上级主管机关。

2. 有效发挥建设项目审计服务职能

（1）实现三个转变

1）转变审计理念。如图4-14所示的转变，同时，要加强对审计工作的宏观认识，从全局和战略的角度，对审计工作中出现的各种问题进行观察、分析和解决，充分发挥其“免疫系统”的功能和作用，使审计工作的质量和水平得到不断的提升。

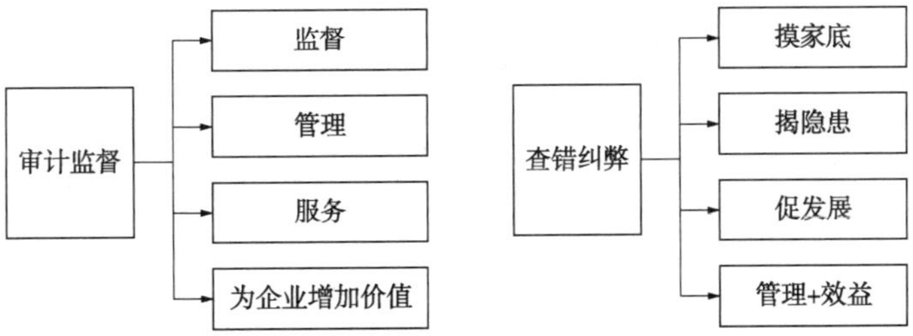

图4-14　审计理念的转变

2）对审计的重点进行重新定位。坚持以企业工作为核心，以服务大局为核心，把握经营发展的关键点内部审计应积极参与公司的管理，将“真实性”原则贯穿始终，着力加强内部控制，提升财务报表的有效性，并且从多个角度，如财务报表、投融资、领导人员的职务履职、财务报表的执行情况等，实施综合性的审查，提高审查的有效性。

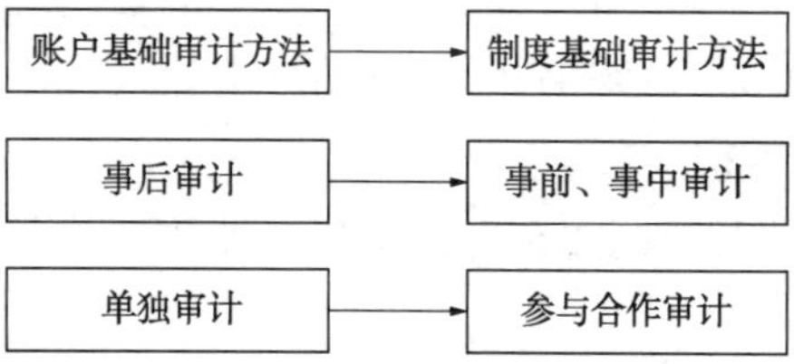

图 4-15　审计方法的改进

3）改进审计方式。随着审计的领域和范围的扩大，我国的审计手段也要有所创新和突破，进而达到更好的效果，从而促进审计工作的科学化，具体的改革路径见图 4-15，尤其是在加强管理和内部控制审计的过程中，通过整合、吸纳有关的管理机构、业界专家，探讨新的审计方法，从而实现“大监督”。

（2）注重三个环节

1）审计计划。根据公司发展战略目标和经济工作的重心，制定审计方案。规划的制定要以中心为核心，努力解决企业发展的热点难点问题，服务于发展全局。选择与当前环境密切相关、与当前环境密切相关的项目，并根据实际情况选择合适的项目，从而使审计方案更好地反映公司的发展战略。应当加强对关键行政区、关键职能单位以及关键项目的审查与管理，以期使审计结果能够有效地服务于公司发展。

2）审计程序。坚持“初审、两帮、三促进”的原则，坚持以“为企业服务”的理念贯穿整个审计工作。一是在审核过程中，要重视与被审核单位的沟通，及时宣传公司的文件和规章，为基层在执行公司文件的过程中遇到的问题提供具体的指导。二是要做到既能发现问题，又要帮助企业分析问题的成因，采取切实有效的措施，使企业的财务、业务活动得到规范，从而提高企业的经济效益。三是要重视对审计结果、审计意见的贯彻，从两个方面进行：一方面要加强与被审计单位的沟通，督促其进行整改；另一方面，跟踪审计结果，明确整改责任，督促被审计单位及时进行整改，以监督反映服务，促进单位的增收节支，提高经济效益。

3）审计分析。在实践中，内部审计可能会牵涉到资金、业务、工程，而这些都会反映出一些地方的信息。内部审计应该积极深入地分析和反馈审计状况，以广泛的微观数据为基础，充分利用各部门、各领域、各行业的丰富的经济信息，进行横向和纵向的比较，以便及时发现和解决企业经营中的普遍性和潜在的问题。通过深入探究发现的问题和缺陷，可以从制度等多个层面，积极推进发展，完善制度，规范管理，并且及时发现、分析和解决问题，提出有效的建议，以期为公司管理部门的决策提供有力的支撑。

（3）把好“四个关口”

1）审计质量关。质量是内审工作的生命线。内部审计工作必须严格遵守相关法规。强化审计工程管理，强化内部审计质量管理，突出审前调查、取证、现场管理和报告四个方面；通过对工程项目进行分级管理，以保证工程质量，从而提高工程建设的效益；持续改进审计质量管理，健全“三级复核”，强化工程质量管理；要健全审计问责制，健全审计自我监督制约机制。

2）审计处理关。在处理违纪违法问题时，要注意从维护公司正常经营和整体利益的角度出发，正确处理原则与弹性之间的关系，认真研究，谨慎对待。对审计中出现的问题进行定性、处理，不仅要有法律根据，而且要对其性质和尺度有正确的把握。对于一般的违法，注重规范；对于重要的问题，要一查到底，严肃对待。要重视对审计决策实施的追踪审计，坚持加强监管和服务企业，将审计结果转化为有效的运用，使各单位的经营管理更加规范，从而使各部门的管理水平得到全面提升。

3）审计信息关。内部审计旨在提高公司的风险控制能力，并有助于提高公司的经营效率。因此，应该努力提高“审计要情”的实施水平，并定期向领导汇报发现的重大风险。“审计信息”每月都会发布一份详尽的信息，以便及时发现和解决可能引发社会关注的重大问题，同时也会根据实际情况，给予有效的审计建议，以支持政府的重大决策。利用联审机制，及时通报有关的审计工作，让公司领导对基层的经营状况有一个全面的认识和掌握。通过与有关部门的沟通、交流，共同推进审计结果的应用与转化，提高审计效果。

4）人员素质关。由于公司的运营模式变得越来越丰富，其运营规模也在逐渐增长。因此，审计人员的任务也变得越来越重。他们需要在学习、实践、交流、遵循公司规章制度的同时，还需要精通公司的运营、财务、物流、税收等相关领域的专业知识。要加强专业技能的训练，把训练和训练结合起来，采取“送出去、请进来”的方式，不断提升审计人才的专业素质；要加强专业技术交流，及时总结，促进审计技能提升，改进审计方法。只有提升了审计质量，才能发现问题的深层原因，提出的意见才能更有针对性、可操作性，更有价值，才能真正发挥内部审计的服务功能。

4.5 基于BIM智造工程全生命期审计

4.5.1 BIM智造工程全生命审计现状

1. 中国经济步入新常态、新阶段

随着时代的变迁，中国的经济正进入更加开放的阶段。从传统的计划经济到现代的市场经济，中国的经验、资源和环境的优势正逐步得到释放，这一切离不开从上到下的不断推动。因此，要对中国今后的发展和发展趋势进行分析，就必须对中国目前的经济发展状况进行全面的总结。当前中国经济正处于一个新的发展阶段。2020年，中国的GDP达到了100万亿元，而其人均GDP更是持续两年达到10美元，这使得中国不仅跃升为中等收入国家，而且还有望进一步迈向更加富裕的国度。中国的增长速度在全球范围内是比较合理的。中国经济在2010—2019年间对世界经济的贡献达到了29%，而中国GDP在世界上的份额已经达到17%以上。中国经济在全球经济中所占的比重持续增长，已经成为全球经济增长的主要动力。

2. 工程建设和审计的行业现状

从相关的审计规范中可以看出，审计机构要对以政府和国有投资为主的工程项目进行预算和决算的审计监督。要加强工程建设项目的审计和控制，必须加强源头的审计。建设单位要加强自身的工作素质，全面分析当前审计工作的状况，掌握审计工作中存在的问题。

（1）缺乏必要的法律法规

工程建设项目审计工作能否顺利进行，必须建立健全的法律、法规、配套制度，从而有效地制约和规范施工项目的审计工作。然而，从当前工程建设项目审计工作的现状来看，由于法律法规不够完善，对政府采购相关的法律法规体系的界定还不够明确，这就要求审计工作在现实生活中不断修订和完善。其次，现行的法律、法规对施工项目违法行为的定义不尽相同，法律法规也很难与建设项目的不断更新和变革相适应，从而制约和规范工程建设的发展。

（2）审计工作缺乏必要的专业性人才

审计工作要想顺利进行，就必须要有专门的人才来控制工作的过程和内容，而审计工作的实施则要求各部门的专业人士来完成，他们的专业知识和能力将会影响到整个项目的实施，从而影响到整个项目的工作质量和效率。尽管审计人员的甄选机制已经采取了一些改革措施，但是由于缺乏专业性的培训，大多数审计人员只拥有财务专业的知识，而缺乏建筑工程招投标审计的技能，使得审计工作的深度不足，无法准确地评估项目的工程计价和质量，从而影响了审计工作的质量。

（3）审计技术手段的科学性较差

在知识经济飞速发展的今天，如何有效地运用信息技术分析和解读信息，对企业整体竞争能力的提升起着至关重要的作用。对于施工单位来说，运用和分析的信息技术，可以直观地反映出施工单位在招投标过程中存在的问题。随着科技的进步，招标投标工作已经从传统的"线下"面向网络化，如专家抽取、标书投递等，转向了更先进的网络系统，使得建设单位可以轻松获取开标和评标信息，并且可以通过网络签署电子合同，从而提高效率和质量。随着网络技术的发展，许多非法行为变得越来越隐蔽，这使得审计工作变得极其困难，而传统的审计法律规范也无法有效地阻止和惩治这些违法行为。

3. 审计事业发展的机遇期和瓶颈期

1）新的发展阶段反映了我国处于一个新的历史方位。随着中国步入中国特色社会主义道路，中国正在以前所未有的速度实施改革，不断提升国家的综合实力，为促进中华民族的辉煌而努力奋斗。这一重大转折点，为中国走上第二个百年奋斗目标提供了扎实的基石，也为促进中华民族的灿烂未来打下了扎实的基础。随着经济的快速增长，现在仍存在着发展的不平等和不完善的状况。因此，必须秉承战略思想，抓住机遇，增强风险意识，勇于挑战，努力实现目标。

2）新的发展和变革带来了历史性的机会。当前和未来，我国仍处在发展的重大战略机遇期，但也面临着新的机遇与挑战。由于国际环境变得越来越动荡，以及反对国际化、单边主义、保护主义的不断泛滥，国内外的不安定性和变数也在急速上升，美国主宰的"碎片化"国际秩序及其相关的国家管控机构正在被迫进行大规模的改革，以应对当今国际社会的变革。随着我国步入高质量发展的新阶段，发展会面临很多新问题，而且需要应付的挑战越来越丰富。从实际出发旨在通过研究、实践、总结，提升理论水平，以及把握机遇、应对挑战，以此来应对当前的困境，为未来打下坚实的基础。

3）“双循环”的改革重心在新的发展模式中得到了清晰的体现。在目前国际市场收缩的大背景下，国内市场主导经济周期的特点将更加突出，需要充分发挥国内市场的优势，不断释放内需潜能，繁荣国内经济、畅通国内大循环为我国经济发展增添动力，适应我国发展阶段新要求、塑造国际合作和竞争新优势，构建新发展格局、塑造新竞争优势，使国内市场和国际市场更好地联通，更好地利用国际国内两个市场、两种资源，实现更强劲可持续的发展。

4. BIM 技术为全生命期审计提供了有效的信息平台

（1）BIM 技术的内涵

2017 年 5 月，住建部颁布的《建筑信息模型施工应用标准》，标志着 BIM 技术正式被引入，这一新兴的信息处理方式，不仅使得建筑物的结构、材料、安装、管理等信息得到有效的展现，而且还使得建筑物的使用寿命大幅缩短，从而更好地满足建筑行业的需求。BIM 技术是继 CAD 技术后建筑领域的又一次革新，它涵盖了工程项目设计、施工等各个阶段的工程信息参数化和建模。

（2）BIM 技术的特点

BIM 技术可以有效地整合多种不同的信息、流程以及资源，从而使得不同类型的工程数据能够得到有效的整体化，同时也可以有效地保证其可持续发展，从而使得整个工程的运行更加高效、可靠。表 4-9 显示了该技术的显著特征。

表 4-9　BIM 技术的特点

特点	具体内容
信息的完备性	BIM 技术中模型的构建除包括对工程项目几何信息的描述，还包括完整的工程建设信息的描述
信息的实时关联性	BIM 技术中通过参数化构建模型对象，所包含的信息可识别且相互关联，若模型中某个对象发生变化，与之关联的所有对象随之更新，以保持模型的动态完整性。系统通过对模型信息的统计和分析，生成相应的图形和文档
信息的一致性	BIM 技术中的模型构建是通过信息的不断输入对模型进行定义、修改和扩展，保证模型在不同阶段信息的一致性

4.5.2　基于 BIM 智造工程全生命期审计的概述

1. 基于 BIM 智造工程全生命期审计的含义

目前我国主要的生命周期审计方式是跟踪审计，跟踪审计是一种有利于规范市场和提高建设单位管理水平的方法。尽管 BIM 技术可以覆盖项目的整个生产环节，但是它仍然受制于审计人员的数量、精确的审核标准、复杂的审核内容、多样的审核要求。因此，它无法满足当前的审核需求，并且无法确保审核的准确性。因此，BIM 技术可以更加精准地掌控项目的整个运行状态，并且可以更加清晰地展示项目的各个环节，使得项目的执行更加顺利，同时可以更加准确地记录项目的所有细节。通过采用先进的技术手段，确保信息的实时传输、数据的安全可靠，同时为项目管理者和审核者提供更加便捷的检索与存档。

2. 基于 BIM 智造工程全生命期审计范围

基于 BIM 的智造工程全生命期审计范围包括从项目概念阶段到运营阶段，具体范围如图 4-16 所示，其中项目概念阶段主要是通过 BIM 实现项目的可视化展示与模拟分析；项目设计阶段主要从项目的要求出发，审计项目设计是否合理；招投标阶段主要审计程序是否符合规范，在 BIM 的基础上可以实现程序透明化；施工建设阶段主要是通过 BIM 实现现场模拟，审计施工方式是否规范，材料用量是否符合要求等；项目运营阶段主要是审计项目的各项指标是否在规定范围内，运营效果是否达到预期。

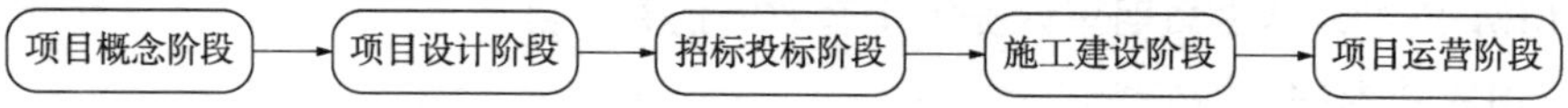

图 4-16　BIM 智造工程全生命期审计范围

3. 基于 BIM 智造工程全生命期审计特点

（1）通过实时监控工程造价信息，更快地协调和共享审计数据。

通过应用 BIM 技术，可以将成本管理细分为多个维度，包括时间、构件、工序等，从而提升综合分析能力，及时补充与成本相关的信息，并且可以根据变化情况对成本进行分析，从而更好地控制成本，并且可以更加准确地收集审计原始资料。同时，利用 BIM 信息模型的实时共享，实现对整个项目成本的追踪，保证项目数据的真实性和可靠性，从而缩短项目评审和交流的时间，减少由于信息不对称造成的不能交流和分歧，从而有效地提升了项目的工作效率。

（2）通过将工程造价信息资料进行集中存储，可以有效地提高审计效率。

通过使用 BIM 技术，能够创造出一个可以收集和管理各种重要数据的成本信息模型，这些数据涵盖了许多有关项目的重要内容，例如：施工合同、招投标文件、图纸审核、设备调整、会议记录、施工安排、实地拍摄的照片、测量数据、协调函和竣工决算表。利用技术手段，如将工程施工数据、模拟结果等紧密结合，可以让审核人员快速、准确地查阅相应的数据，以便进行准确的造价评估。此外，还可以为中小企业提供便捷的数据收集服务，以及科学的分析，以此提升中小企业的效率。

（3）通过降低审计人员的专业技能要求，大大提升了工程造价的审计效率。

BIM 算量软件是一种集成了当前工程量计算规则、标准和规范的专业工具，它可以帮助审核人员更好地进行项目成本审核。通过使用这款软件，审核人员不仅可以掌握基本的计算机操作技能，还可以熟练掌握图纸查看和 BIM 算量软件的使用方法。利用 BIM 技术进行项目成本稽核，利用直观、清晰的三维信息模型，可以全面掌握项目施工各个阶段的成本数据，从而有效地防止审计过程中人员和数据的零散。

4. 建设工程 BIM 应用的特点和作用

（1）可视性

BIM 技术的最大魅力之一便是它的可视性，它能够让使用者直观地察看出建筑物的每一个部分，包括结构、原材料、零部件的位置、大小，并且能够通过这些信息进行任何必需的改动或者优化。这样，使得使用者能够更加准确地掌握施工过程中的细微差别，从而更好地进行预算、质量、安全、效率的把握。随着技术的发展，不仅能够让不同的专家之间能够直观地互动，而且还能够让他们深入了解并有效地运用所学知识。

（2）协同性

BIM 技术的独特之处在于，它可以构筑出一个跨部门的、跨地域的、跨时空的协作系统，以实现多方的资源配置和资源利用，从而极大地改善工程的整体运作。此外，BIM 还可以实现多方的数据交换，从而极大地提升工程的整体运营效果。

（3）模拟性

BIM 技术能够帮助施工人员更好地掌握施工流程，并能够通过虚拟现场的方式更好地控制项目的整个运作。这样，他们就能够更准确地评估项目的整个设计，并且能够更好地控制项目的质量。BIM 技术的出色表现力使其成为一个完美的虚拟环境，可以让不同的参与者轻松地完成任务，而且可以有效地组织和管控所需的原始材料、设备、机械以及其他相关的资源。

（4）优化性

通过应用 BIM 技术，能够更有效地管理施工进度、方案和材料资源，从而确保项目能够达到预期的建设目标。

（5）关联性

BIM 模型的构建与其他构建之间存在密切的联系，一旦某个构件的参数发生变化，就会导致其他构建参数的相应调整，从而使得整个模型的参数信息也受到影响。

（6）可出图

BIM 技术是一种重要的信息处理技术，它能够更好地理解建筑物的结构特征，并且能够为施工提供更精确的建筑信息。通过使用 BIM 技术，能够更好地为施工提供有效的支持。

4.5.3 基于 BIM 智造工程全生命期审计的审计战略转型

1. 新时代下企业内部审计的外部环境分析

在这个数据驱动的时代，企业的数据收集方式已经从传统的内部信息收集渠道扩展到了更多的数据收集方式，如通过数据挖掘技术和数据分析工具，从而更好地收集和处理各种数据。这样，在这个数据丰富的世界里，审计工作者就可以更加轻松地进行数据收集和核实。鉴于内部审计的特殊地位，它不仅是一种检查，它还能够发现和纠正公司的违法行为，确保公司的正当运作，并且能够实现公司的长远发展。此外，随着科技的发展，越来越多的传感器和数据分析技术也被广泛应用，从而满足内部审计的各种需求。利用先进的文字处理技术，能够更好地识别出用户的不当行为，以及发现系统运维中的漏洞；此外，利用网络爬虫算法，还能够大规模地收集大量的应收账款，以及收集企业的工商登记信息；此外，还能够利用新闻、论坛、社交媒体等多种传播途径，来收集和传播舆论，从而更好地识别出借款者的信用风险。总之，大数据时代中的数据来源已得到极大拓展，数据的可得性大幅提升，内部审计取证工作可考虑借助各类采集技术方法，采取极度开放的数据采集方式，广泛获取与审计相关的数据。

随着科学技术的发展，在大数据时代，为了更好地实施内部审计的数据式取证，应该重点关注两点：第一，通过使用各种方法，如数据接口、传感器、网络爬虫，扩充数据收集的范围，从而更加精准、可信；第二，通过运用各种技术，如数据分析、模型分析、流程分析、统一分析、智能分析，从而更好地实现审计的目的，并且极大地提升审计的效率。根据图 4-17 可以看出，采用数字化方法进行内部审计的核心思想。

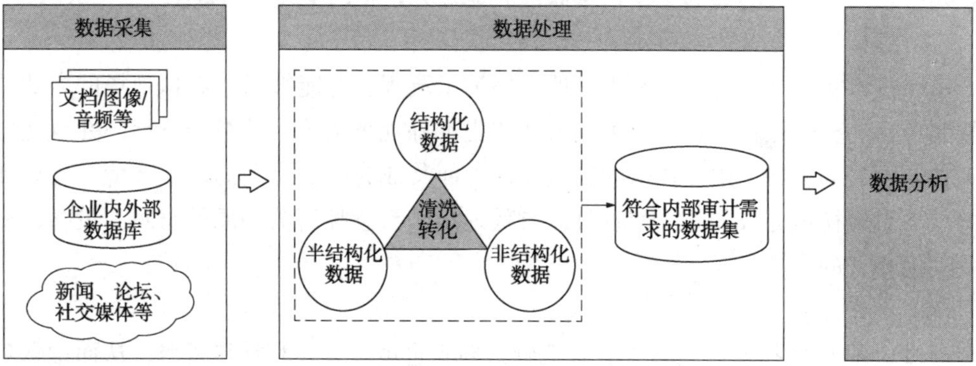

图 4-17　审计数据式取证思路框架

2. 新时代下企业内部审计的内部资源和能力分析

“十四五”的重点在子“深化国资国企改革”，因此，“十四五”的重点在于，将内部审计的重点放在提升企业价值、帮助其达到发展目标上，以及充分发挥其在“十四五”中的重要角色，以此来满足“十四五”的需求，并且完善其在“十四五”中的任务。为了确保“十四五”时代的内部审计能够顺利进行，需要确保所需的资源得以充分利用，包括但不限于：人员、设备、经费以及技术手段。在盘活用好内部审计资源上下功夫、挖潜力、寻创新。但目前国有企业内部审计资源存在一定的问题。

1）内审人员配备不到位。多数国有企业存在内审人员编制不足，到岗率不高，人员身兼数职等情况，造成内审人力资源不足，无法确保有足够的人员力量规范履行内部审计职责。首先是国有企业内审人力资源不足以实现审计全覆盖。近年来，为了更好地实现党中央的重大政策措施，国家不断出台一系列政策性文件，加强对公共资金、公权力的监管，形成全面覆盖的审计工作格局，以确保各项政策措施的落实、国家利益的维护、公共资金的有效使用和公权力的有效行使。其次随着国有企业改革的不断深化推进，对内部审计寄予了较高的期望，要求应审尽审，努力建立内部审计监督全覆盖。内审工作最关键的资源是人，但目前大多数国有企业存在如下问题。

2）内审人员知识结构不全面。内审人员多数以财务专业及审计专业为主，其他专业人员投身内审意愿低，且流动性大。知识结构短板造成内部审计业务面单一，以传统的财务审计、内控审计为主，无法对专业领域业务开展审计或实施审计效果不佳。

3）内审人员专业技能不能满足企业需求。部分内部审计人员无技术职称或仅为初级职称，发现问题并提出可行性建议的能力有限。同时，新时代的国有企业面临的内外部环境越来越复杂，对内部审计人员的技能要求也越来越高，然而多数国有企业未予以重视，培训资源投入不足，以致内审人员技能增长速度滞后于内外部环境变化的速度。

4）国有企业内部审计信息化水平有待进一步提高，随着互联网技术的高速发展，国有企业各项业务活动已广泛使用信息系统，但内部审计信息化水平相对滞后。由于信息化建设投资费用高，多数国有企业搭建内部审计信息化系统的意愿不强，内审人员主要通过购买市场上通用的审计软件或在业务信息系统中设置权限查阅的方式实施审计。但市场上相对成熟的审计软件主要针对财务信息化数据的查询、分析等；多数国有企业业务系统相对独立，未有效整合，内审人员抽取和挖掘有效信息费时长，若信息质量不满足审计需求，还需要重新收集确认。内部审计信息化水平不高，制约了审计技术与方法的运用。内审人员多依靠职业判断及工作经验，采用传统的抽查、内部控制测试等审计方法查找问题，难以全面识别企业风险，容易产生审计风险。

3. 基于 SWOT 模型内部审计战略分析

在企业战略分析中，SWOT 分析法是最常见的一种策略，S 表示优势，W 表示弱势，O 表示机遇，T 表示威胁。它针对企业内外的竞争环境与条件，对企业的优缺点、机遇与威胁进行了详细的调查、研究，并用科学的、理性的思路，结合企业的实际情况，结合企业的实际情况，对企业进行综合分析，得出对企业管理者有很大参考价值的建议和结论。

4. 基于新业态的企业内审战略转型

（1）政府部门

要加强内部审计的规范化、定位化和保障，政府部门应该进行顶层设计。同时，借助外部审计来监管国有资产，对企业内部进行“合规性审计”。

1）完善内部审计制度和职业培训体系。为了提高内审职业的质量，应该完善职业体系，涵盖职业准入、资质审核、职业职称晋升、职业培养及持续教育，使内审人员既掌握基本的理论知识，又拥有较高的实际操作水平。同时，也应该加强内审从业者的素质，使他们的专业素养更加符合国家的相关法律法规，为内审的有效运转提供有力的支撑。为此，中央审计委员会和政府有关部门应着力进行顶层设计，同时通过外部审计对国有资产进行监管，并对企业内部进行“合规性审计”。

2）完善审计分工体系。“统一领导、分级管理”旨在实现国家财富的完整监督，并且维护其内部的独立性。因此，“统一领导、分级管理”的具体实施必须清晰界定，以便于政府、企业以及基层单位都可以清楚地认识到其所承担的责任。第一个要求，政府必须通过实施全面的、系统的、全面的审计，以确保国有企业按照规定的标准和要求，全面、准确地完成其职责，并且符合我国的政策、法律法规和社会的要求。如果发现某些事件没有取得预期的结果，那么就必须仔细检验相关人员的责任心、能力、技能、经验、知识水平，并且严格按照“合规性审计”的原则，加强对国有企业或企业集团的“合规性审计”的执行，确保所涉及的事务都能得到全面、准确的审核，并且确保采用的抽样方式、抽样比例都可以符合相关的质量标准。

（2）固有企业集团

国有企业集团应该重点关注基层企业的合规性，并且采取直接审计的方式来审查这些企业的财务状况。具体来说，应该审查这些企业的内部控制制度、资产负债表、收入覆盖率、经济责任审计的对象等，以确保它们符合法律法规，并且审计程序也要符合相关规定。在专项审计中，应当全面覆盖固有企业集团所规定的关键领域和重大事项，并且对基层企业的内部审计工作进行全面评估。对于那些内部审计无法覆盖的关键领域，国有企业集团应当采取直接审计的方式，以确保企业领导的权威性，尤其是那些薄弱环节。

（3）基层企业

基层企业应当积极遵守“董事长是内部审计工作第一责任人”的规定，努力提升内部审计的独立性，并不断探索新的审计理念和方法，以满足市场的需求。

1）理顺内部审计的汇报体系。采取由企业最高负责人直接掌控内部审计部门的模式，不仅可以确保其独立性，而且还可以为其提供更多的发言权。

2）树立正确的工作理念。

① 增强风险意识：企业要对各类风险有清晰的认识和了解，建立风险管理体系，及时预警和防范潜在风险。内审人员要了解企业的业务、战略、风险状况等情况，运用新技术提高风险识别和预测能力，做到早预警、早预防、早化解。

② 在进行审计时，应该将监督和服务结合起来，这样才能更好地满足公司的管理和发展需求。应该致力帮助公司查明问题，寻求解决办法，从而提升公司的经济效益。审计工作者应该以公正的态度和客观的观点来对待受检查的企业，并积极地整合各方的资源，以促进各个部门之间的合作。

③ 审计工作不仅要确保遵守法律法规，还应重视提升企业经营管理的效率和效益，以提升企业的运营水平和竞争力，并充分发挥审计在企业管理和决策中的重要作用。

④ 企业应当积极推动审计文化的发展，加强对内部审计的认知，把它看作是改善工作的重要机遇，促进审计与管理的有效结合，以提升企业的治理能力。

3）构建审计标准化体系。审计流程标准化和审计项目质量标准化是内审部门提高工作效率和质量的关键手段。流程标准化包括完善内部审计工作的各类标准程序和规范操作，建立标准化的工作流程和文件管理制度，确保审计工作的全面性、客观性和公正性。在此基础上，审计项目质量标准化则是指总结和制定固化的审计方法和工作标准，明确内审工作的要求和标准，对审计成果的呈现方式、文档编写、修订等各方面进行统一规范，提高审计报告的质量和可读性，同时保证审计工作的科学性和有效性。

4）加强自身能力建设。为了提升内部审计人员的专业能力，应该采取多种方法，包括系统化学习、自主学习、交流学习、实践学习等。此外，还应该坚持对事不对人、治病救人的原则，努力提升审计技能和水平。当发现严重的渎职行为时，应立即采取措施惩戒，而平时则应将加强沟通和改善内部管理作为重点工作。

5）促进审计成果的有效运用。可以采取以下措施强调“一把手”应当严格落实可以采取措施的规定，设置有力的监督措施，加强对“一把手”的执行，完善相关的考核体系，以便更好地实现可以采取以下措施的目的。此外，定期检查“一把手”的执行情况，以便更好地把握整改的过程，实现及时、彻底的目的。为了提高工作效率，应该更严格地进行干部的内部审查，以便更好地了解他们的工作态度和能力。这些措施有助于确保内审工作的效果和干部的职业道德。

6）创新内审技术方法。为了更有效地实施大规模的审计，应该充分利用非现场分析技术，并且把它们融合在一起，使得审计的效率更高、范围更广。同时还应该把审计模型融合在实际的工作流程和环境当中，从而更好地检测出潜在的、有害的风险。

(4) 行业协会

行业协会应充分利用自身优势，发挥企业和高校之间的桥梁作用，提升专业影响力。为了推动审计行业的发展，建议建立一个跨学科的学术交流平台，不断深入探索审计学的最新发展，不断推动审计学的创新，为企业的审计工作带来新的思路，并为审计行业的发展作出积极贡献。此外，还建议建立一个专业的审计职业教育体系，不断培养审计专业的技术人才。

4.5.4 基于BIM智造工程全生命周期审计的实施技术路径

1. 基于BIM智造工程全生命周期审计的技术要求

基于BIM的全生命期审计主要就是信息化平台的搭建和数据实时共享和更新的应用。在建筑施工的勘察、设计、生产、施工等各个建筑施工环节，信息化以大数据为基础，实现施工现场的数据采集、计算、共享，智能化能够大幅减少对人的依赖，对提升建筑工程的质量、安全、效率具有重要意义。尤其是智能建造中BIM技术、大数据、物联网等各种先进的信息化、智能化技术的应用，使全生命期审计得到快速发展，与传统的审计相比，具有突出优势。而要实现全生命期审计，则需要以下技术的支撑：

(1) BIM技术

BIM通过应用先进的数字技术，将各种建筑相关的信息融合到一起，构建出一个完备的、覆盖所有施工阶段的BIM系统，从而使得施工管理更加高效、精准。BIM技术可以有效地实现从规划到实施、从施工到监督的全过程，它可以实现对建筑物的全过程的信息采集、分析、处置，并且可以实现对相关资料的实时交换、分析。

(2) 物联网技术

物联网技术能在动态变化的施工过程中，随时随地进行数据采集与管理，通过与人工智能的协作，进行数据的分析，对存在隐患的信息作出反应、提出警告。物联网技术的应用，确保了施工现场信息化网络能够得到有效的控制，有助于建筑施工的质量、安全控制，极大地提高了在施工过程审计的效率。

(3) 云计算和大数据技术

随着数据驱动的智能化建设的推进，大数据技术已经成为一种重要的支撑手段。它涵盖了数据的收集、处理、存储和管理，为企业提供了一种动态的物料管理系统，可以实现财务、业务、人力资源等数据的采集、集成和管理，并且可以实时记录和更新，从而极大地提高了审计的效率，而且采用的加密技术也使得审计工作更加安全，不容易被篡改。

(4) 增强现实、虚拟现实技术

通过增强现实技术，能够在真实环境中更好地展示虚拟内容。例如，AR可以模拟潜在的安全风险，为安全教育和培训提供支持。此外，它还可以与其他技术相结合，为施工人员提供指导，协助安装机电设备，并进行工程验收。除BIM技术，还可以利用AR技术来提升施工管理的效率，它们的视觉特性可以将多种信息融合在一起，从而极大地提升施工管理的效率。

2. 基于 BIM 智造工程全生命期审计的核心资源和能力支撑

（1）丰富 BIM 学习资源，培养专业人才

BIM 技术的使用意愿是决定审计项目收益的重要因素。为了提升这一点，需要加强宣传和培养专业人才。为了满足这一需求，建议在高校开设与 BIM 相关的学习和培训课程，并定期举办培训活动，以提升员工的理论知识和实际应用能力。这样，就能够更好地帮助审计人员提升综合素质。

（2）制定 BIM 相关政策，响应发展需求

审计委托方的要求和 BIM 相关的激励政策对于审计项目的收益起着至关重要的作用，这两个因素的引入可以极大地促进审计的发展，而审计的内在需求也是推动 BIM 技术发展的重要驱动力。为了促进工程审计 BIM 的发展，制定一套符合市场需求的政策，以及相应的支持措施，显得尤为重要。

（3）完善 BIM 实施标准，加大技术研发

BIM 应用的兼容性和标准指南是影响因素中最为紧密相关的两个。BIM 软件的兼容性取决于如何确保它们能够在不同的环境中运行，并且能够适应不同的标准。这些因素都会对 BIM 应用的开发成本产生重要影响。因此，制定符合国内工程行业特点的 BIM 标准，并提高 BIM 软件的兼容性和性能是解决当前 BIM 应用障碍的关键因素。为了确保 BIM 的顺利推广，有关部门应该认真考虑它的适用性和兼容性。此外，R&D 机构也应该加大对技术的投入，提升 BIM 软件的性能和兼容性。

3. 基于 BIM 智造工程全生命期审计的 BIM 信息平台支撑 BIM

工程审计平台的结构由四个部分组成：基础设施、信息资源、平台支撑和应用。

（1）基础设施层

在构建审计平台时，基础架构至关重要，它提供了必需的软硬件资源，并为应用程序提供了稳定的环境。

（2）信息资源层

信息资源层提供存储各类信息资源的功能，包括结构化和非结构化数据存储。在工程审计平台中，信息资源层的大型数据库是 BIM 工程审计平台大数据建设的基础，所有平台功能均以数据为基础资源进行开发。数据库的建设主要用于存储平台基础架构所需的数据资源和相关业务应用所需的数据资源，以及对数据进行统计、对比、分析等处理后形成的二次数据资源进行统一的管理。本层建设包括平台架构数据库、项目库、BIM 标准库和业务资源数据库。

（3）基础支撑层

BIM 工程审计服务平台按照 J2EE 技术规范、SOA 体系结构和 B/S 多层架构标准进行建设。基础功能的搭建确保了各部门、系统、功能之间的信息互联和网络资源的有效利用，同时也满足了不断变化的审计业务要求，提供了高性能、安全、可持续扩展和具有强大伸缩性的服务能力。基础支撑层包括安全管理和平台服务两个部分，前者包括系统登录、安全保护和行为审核管理，后者包括系统服务、统一消息管理和工作流管理等。基础支撑层的建设旨在提供应用层所需的各种工具、组件和服务支持。

(4) 应用层

应用层包含了平台的主要功能，所有功能共分为四大类二十二小类。四大类功能包括：数据联网采集、平台接口、审计管理、BIM 审计。

4.5.5 基于 BIM 智造工程全生命周期审计的组织构架改造

1. 企业审计监督平台化的组织管理思想

互联审计管理平台有两个主要作用：一方面为审计管理职能的领导或主管提供综合的审计业务管理平台；另一方面为审计人员提供知识共享平台。综合管理平台可以实现多组织、多层级审计工作管理，统一管理审计资源、方法、法规、案例等信息，达到资源共享和及时更新的目的。同时，该平台还能实现集中审计、远程在线审计，掌握公司全部审计工作计划、项目进度和报告成果。此外，审计项目全过程的电子化管理也是平台的重点之一，包括计划管理、项目管理、档案管理和整改跟踪等环节。通过全面管理审计资源、对象、标准和知识，平台为审计人员提供自我能力提升的支持。

2. 企业内部审计扁平化的组织管理构架

企业内部审计扁平化的组织管理主要从单位信息、部门、角色、职位以及模板等方面进行配置，具体组织管理架构如图 4-18 所示。

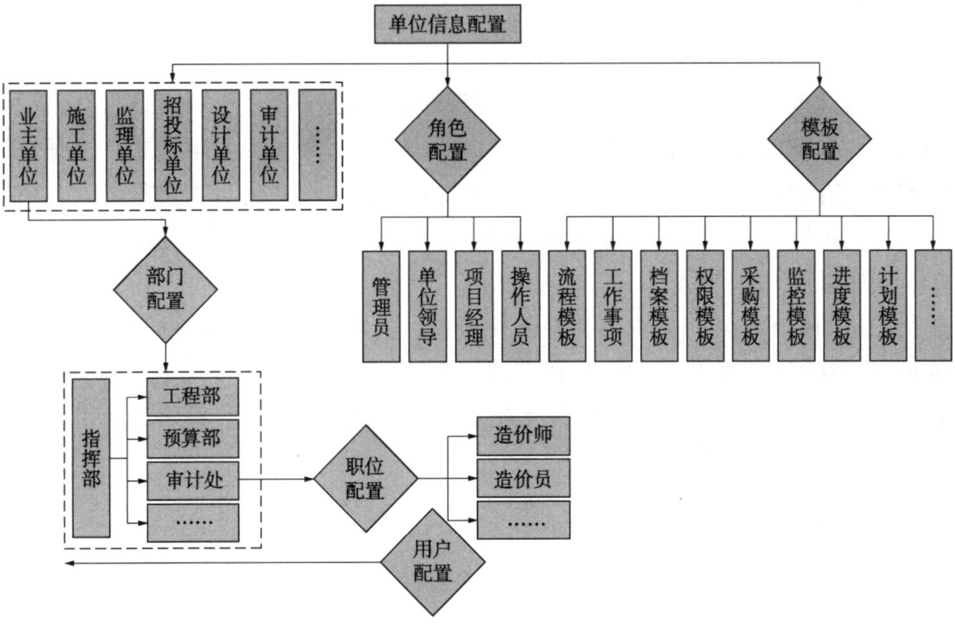

图 4-18 组织管理构架

3. "互联网+BIM 智造+全生命期审计"移动办公时代

(1) 开发和应用现场勘查 App

为了提高审计质量，可以通过开发一款 App，它包含五个主要的功能模块，使得审计中介机构的勘察活动更容易被监管。这款 App 具备了实时、可见的远程监测，还能够将勘察记录与审计现场的证据一起收集。以下是该产品的特定使用情况：

1）通过建立项目审计系统，可以有效地制定和审核现场勘查工作计划，并将勘查任务发布到手机 App 中，以实现有效的管理。

2）App 可以让中介机构的勘察人员轻松地进行现场调研，并且可以通过 GPS 定位、自动捕捉现场景象、及时进行签名，以及根据提前制定的调研方案，将调研结果及相关资料及时准确地发布出去。

3）App 勘查完成后，会自动将收集到的数据和图片上传至建设项目审计系统，以便进行审核。

（2）建立造价指标库体系

通过引入审计风险智能化预警模块，可以有效地改善系统的数据处理能力，从而实现更高的审计效率，并且有效地维护审计的质量。这一模块的目的是构筑一套完善的指标库，以及一套完善的自动预警机制，从而实现对同类项目造价的合理区间及其占比的准确评估。采用驻地网络作为基础，从中抽取有价值的样本信息，构建相应的数学模型，并将其转化为可供参考的指标库结果。该模块的具体操作流程如下：

1）通过对历史项目的数据进行统计分析，建立一套完善的标准化造价指标体系，以便更加精准地衡量建设项目的成本，并将其作为造价质量评估的重要依据。

2）为了提高效率，制定严格的计算流程和准则。可以引进市场价格、施工技术和原材料变量，以便进行数据分析和评估。此外，还可以构建一个可以定期更新的造价指标体系，以便发现和处理各种不合理的情况。

（3）建立时效预警机制

为了更有效地实施审计，需要采用一种新型的审计告警模块，它可以根据不同阶段的滞留时间，实施定期监测，并及时发出相应的通知，以便及早采取措施，加强审计过程中的监督，有效地实现审计任务的及时完成。此外，该模块还可以进行痛点分析指标建模，以更好地发现并解决审计流程中的问题，从而提高审计效率和准确性。

（4）建审系统一体贯通

采用先进的技术，可以在内置的外部接口中，实现与 PMIS 系统的双向连接，使得审计人员可以在审计过程中，无论是在申请、填写、反馈、整改、评估、结果评估，都可以得到有效的支持，大大提升了审计的精度，也有助于更好地反馈审计意见，以达到更好的审计结果。

第 5 章

建设项目投资后评价实施及成果应用

PART 5

本章划分为三小节进行对建设项目投资后评价实施及成果应用的介绍。

第5.1节主要介绍项目生命周期的定义、项目后评价的定义、项目后评价的目的和原则和项目后评价的作用。

第5.2节围绕建设项目投资后评价实施要点，主要介绍工程质量自评价、工程质量第三方评价、建设项目后评价阶段常见风险点固定资产投资项目后评价制度，最后以某机场供油工程作为案例开展具体研究分析。

第5.3节主要介绍建设项目投资后评价报告和建设项目投资后评价意见反馈与扩散。

5.1 建设项目投资后评价基本概述

5.1.1 建设项目生命周期

1. 项目管理生命周期

项目管理生命周期是指项目管理从概念阶段开始、方案设计、工程实施直至验收和运行的全过程。该过程一般可分为四个时期。

1）项目管理准备阶段，即从产品设计、工程技术可行性的探讨阶段到工程初始产品设计完成阶段；

2）项目管理执行阶段，即项目执行阶段、从计划开始至工程验收过程，整个阶段伴随着对项目管理承诺的履行；

3）工程总结阶段，即从工程验收到完成工程后评价为止的阶段；

4）投产运行阶段，即从工程正式移交投产运行后到工程寿命终止期间。

项目生命周期的定义众多，美国项目管理协会将项目生命周期定义为“项目是分阶段完成的一项独特性任务，一个组织机构在完成一个项目时通常会将项目划分成一系列的阶段，以便于对项目更好的管理和控制。项目的各个阶段的集合就构成了一个项目的生命周期”。典型的项目阶段可分为项目可行性研究阶段和项目获得阶段，其中前者又可以分为概念和开发/规划。对项目生命周期的关键要素、项目生命周期的性质具体阐述如下。

（1）项目生命周期的关键要素

1）项目的阶段：对项目管理主要阶段的界定，以及各个主要阶段间的接续关系；

2）项目的时限：项目各阶段的始末点；

3）项目的任务：项目各个阶段的主要任务和项目的总任务；

4）项目的成果：项目各阶段的成果和项目的总体成果。

（2）项目生命周期的性质

1）成本和人员的配置在项目开始时最低，随着建设项目的实施进展逐步上升，在项目临近完成时又迅速下降；

2）在项目生命周期最开始时，成功完成项目的概率最低，而此时的风险和不确定性最高。

2. 我国建设项目的基本程序

我国建设项目的基本程序是在参考国外先进的工程管理经验和总结中国工程建设项目管理实际情况的基础上，根据当时中国的社会主义市场经济体制和法律法规环境而制定的。我国的项目建设程序可划分为立项、可行性研究、设计、实施准备、施工、竣工验收、项目后评价阶段。

1）规划和工程项目建议书阶段。本阶段的工作内容包括融资机会调研、工程项目建议书设计及其评审工作等，重点任务是完成项目建议书设计，并提交给建设的主管进行审批。经主管同意后，该工程项目立项。同时项目建议书还要提供拟建项目的基本轮廓设计，以阐明工程项目建立的必要性、主要建设条件、盈利潜力和可行性等，并判断工程建设是否必须进一步实施下去可行性研究。

2）可行性研究阶段。本阶段的工作内容包括撰写工程项目的可行性报告和工程环境影响报告等。经项目评估，由主管部门批准项目可行性研究。项目可行性研究汇报中应就工程项目在技术上是不是可行、在投资上是不是合理、在社会与环境上是不是合适作出深刻的研究与阐述，并在最后决定工程项目建设能否进入启动程序。

3）设计阶段。本阶段的工作内容包括工程项目的初始设计和施工图设计等。对大型工程项目和科技复杂性工程项目，在初始工程设计以后必须完成全部技术设计。工程设计人员以已批复的工程项目可行性研究报告为基础，对拟建工程项目从技术和经济效益两个方面提供了详细具体的设计方案，以说明工程项目在给定时期、场所和资金情况下，工程技术的可能性和经济效益的合理化，为工程项目的组织与进行提供基础。

4）项目实施准备及开工阶段。本阶段的工作内容包括资金筹措与落实（贷款承诺）、对外谈判、招标投标、开工备案、开工申报以及审批报告等。

5）施工阶段。本阶段的工作内容包括施工、器材购买与配置和其他施工准备等项目。本阶段的重点工作是根据设计需要，保质保量地完成工作。同时还要做好技术人员的招聘与培养、做好生产组织和技术与物质准备等工作。

6）竣工验收阶段。本阶段的工作内容包括指标考核、竣工汇报与验收等及其批准文件。项目竣工验收要根据设计的规定和有关的管理规范，检查项目能否符合技术标准、是否能够移交生产经营。

7）项目后评价阶段。本阶段的工作内容是撰写工程后评价文件。此阶段是对项目管理进行综合评价，一般是企业完成投资运作后，把投资建设的具体技术指标与计划立项、可研和实际中提供的技术指标进行比较，评价投资的价值、意义和效果，研究计划任务的完成情况。工程后评价指对工程从立项至工程投资建设全过程的管理与评价，并总结经验教训。

5.1.2 项目后评价的定义

1. 项目后评价含义

从本质上来说，评价是人类的意识活动，在其中包含了人类价值的评判，对相关事务的价值以及意义加以评价，优化人类活动。从某种意义上来讲，通常所提到的价值是在评判主体和客体相互关系的过程中，主体对客体功效、涵盖以及和主体客观需求相互吻合程度的相关认知。

（1）建设项目后评价定义

传统项目管理理论认为，项目管理的工作范围只包含从项目提出到项目验收投产全过程中的管理，并往往将建设项目后评价工作排除在整个项目的生命周期以外。其实，项目管理后评价是项目管理工作的自我拓展，是整个项目管理周期中不可或缺的一部分。

建设项目后评价是指政府在建设项目完工之后，对工程的目的、实施阶段、成本、社会影响及效果等所作出的全面、系统、真实的分析评价。经过对项目建设过程实施的检验汇总，工作人员考察建设的目的是不是正确有效、是不是可以实现，以及建设项目的经济效益有没有按期达到。

（2）项目后评价的时点

时间的选取是项目管理后评价中一项关键工作，是整个项目的一个主要部分。在进行后评价的时候一般称为项目管理后评价的时点，而项目管理后评价的时点则通常是在所建工程项目的时间，或将工程项目的直接效益发挥出来的时间。后评价时点在基本建设计划阶段中的位置如图 5-1 所示。

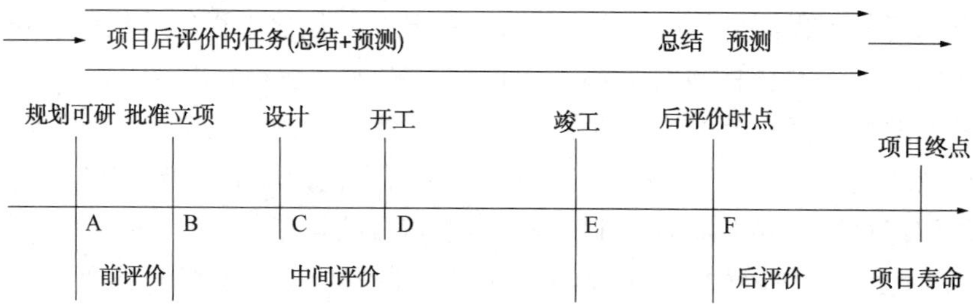

图 5-1　后评价时点示意图

在此时点进行项目后评价，能够更全面系统地归纳分析投资建设项目在实践过程中的落实，分析投资项目在运转过程中是否偏离了预期目标，精准的估测投资建设在项目中所形成的积极成效；有助于获取教训，为之后其他项目的宏观经济指导、政策方针以及管理手段供给信息，健全已建项目，调整在建项目，指引待建项目。一般而言，建设项目开始后（项目建设工程开始）一直到投资建设项目生命周期结束的任一时点上开展，都是有可能的。但根据中国的实际情况，一般是在项目建成投产后一两年开展后评价。此时项目已完工验收结束，并进入了生产经营环节，获取了一定的效益，形成了影响，拥有后评价的基本条件。如果时点选得过早，项目所产生的影响很难分析清楚；时间时点选得过晚，项目相关人员可能已经有所调动，导致后评价工作的开展难度递增，获取的效果也难以有效发挥。

在现实工作中，受到各种要素的影响，项目后评价的时间节点并不是固定的，需要结合项目的特殊状况详细分析。部分项目的效益以及影响需要的时间并不是固定的，可以提前评价，也可以延后评价。

（3）项目后评价的分类

项目后评价一般包括两类情形：一类是在建设项目完成阶段，对建设项目实施验收评价或对建设项目整体实施全面评价，即项目后评价；二是在项目结束之后继续对项目进行追踪，统计、调查、分析项目的社会反响，后一种情况就是项目跟踪评价，见图5-2。

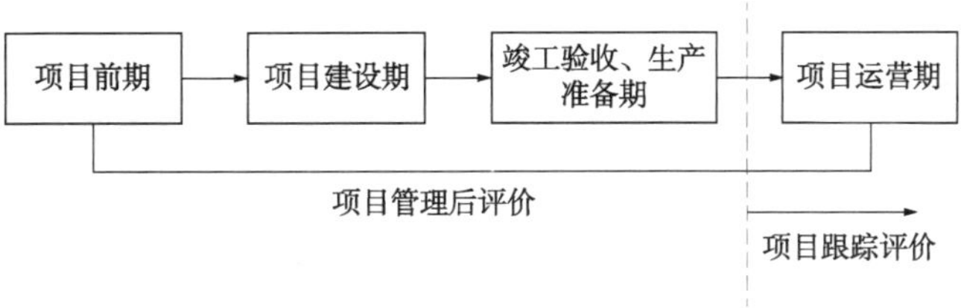

图5-2　项目后评价的分类

2. 项目后评价与前评价、中评价的联系与区别

（1）工程项目评价体系

项目评价体系的组成指的是项目各个环节的评价状况，一般来说，项目评价主要分为前期评价、中期评价和后期评价三个环节。三者共同形成了完备的项目评价体系。后评价的概念在本书前面已经给出，以下表述项目前期评价和中期评价的内涵：

1）项目前评价。项目前评价，也就是项目前期的可行性研究，通常来说是在决定建设项目以前，对与建设项目相关的科技、社会等各领域状况开展深入细致的调查，对工程项目建立的必要性、可行性加以论证，对所有可能的建设方法与工程技术方案作出认真仔细的比较选择，并对工程项目建成后的社会经济效益作出科学合理的预测与分析，在这一前提下整体评判项目的经济性以及适用性，有助于建设工程项目的立项以及决策。也是工程项目前期工作中的关键构成部分。

2）项目中评价。项目中期评价指的是项目在落实过程中组织的评价。受到各个要素的影响，项目前期评价的外部环境出现变化，所以项目获取的结论也需要不断优化，由于前期评价过程中考虑不到位，所以存在遗漏，在构建项目的过程中评价建设项目意义重大。中期评价是为了检测并调研正在进行的建设项目的各个环节，方便更好地促进建设项目开展。或者通过中期评价也能够判断项目原决策是否有调整的必要，是需要全面调整或是局部调整，方便更好地达到建设项目的预期目标。同时，在决策过程中也要注意信息反馈渠道的设置，方便及时发现重大问题、找出原因，并采取适当措施进行管理，以确保方案的成功执行。

（2）项目后评价与前评价的区别和联系

项目后期评价和项目前期评价密切关联，后期评价的基础是前期评价，两者在评价原则和基本方法上没有太大的区别。不过，项目后评价和前期评价在项目管理中所处的阶段存在差别，两者存在着明显的区别，主要表现为以下几个方面：

1）评价的时点不同。前评价的时间节点是在项目决策前期，后评价的时点是在项目结束之后，也就是项目在进入生产运营以后，项目运转步入正常年份之后。

2）评价的目的不同。前评价的目的在于评价项目技术和经济上的可行性，为项目决策提供重要依据，进而评估项目能否立项，建设项目的出发点，是运用预测技术来研究判断建设项目自身的状况对建设项目未来的长期发展的意义和作用，可以通过预测来研究。后评价指的是在项目建设结束以后，归纳项目的计划、开展、完工以及运营，借助评估调研工程日后的发展状况，侧重于项目的影响性和可持续性，是项目管理的延伸与拓展，主要是为了归纳经验、教训，优化管理服务。因此，后评价必须要对项目做好概括，估测日后的发展潜力。

3）选取的数据参数不同。一般来说，前期评价选取的数据为历史数据以及类似项目数据，后期评价选用的是项目现实获取的数据以及组织后期评价时公开的数据和后评价过程中预测的数据。

4）对比的对象不同。前评价强调的是对比分析设计方案，后评价强调的是项目现实状况和前评价预期成效的对比，寻找不足，做好概括。

5）评价的内容不同。项目前期评价主要针对的是工程项目的建设标准、方针，施工部署以及最大化的经济效益，评价的是项目建设的意义以及可行性，为日后获取的经济效益奠定基础。后评价主要面向的是前期评价的内容，组织两次评价，除此之外，还需要评判建设工程的投资决策以及落实成效，深层次探究项目的运转状况。

6）评价的性质以及结论不同。项目前期评价主要运用的是数量指标和质量指标，经济评价主要采用的是定量评价，探究的是项目的可行性以及项目面对的风险。项目后评价将管理、法律以及经济等密切关联在一起，评价相对全面，结合实际状况组织评判，主要是为了提升经济效益，判断建设项目是否符合法律规范，针对的是建设项目实现的可能性，并研究前评价的预期值和现实之间的差距，提供更完善的方法和建议以及对未来发展的预期(表 5-1)。

表 5-1　项目后评价与前评价的联系与区别

	后评价	前评价
评价的时点	竣工后一段时间	批准立项前
评价的目的	总结经验、改进决策和管理理论	确定项目是不是可行
选用的数据	已有实际数据	历史资料和有关文件、预测数据
比较的对象	项目实际执行结果与前评价预期	不同设计方案
评价的内容	前评价内容再评价、实施效率、运营状况等	项目建设的意义、可能性
评价的性质和结论	综合性评估：项目是否成功、对未来预测	经济评价行为；项目是不是可行

（3）项目后评价与中评价的区别

项目中期评价在内部管理中属于关键构成部分，一般来说是由项目负责人以及工程管理者负责的，项目后评价和项目中评价存在很大的差别，主要区别在于：

1）评价的时点不同。项目中评价的时点是在项目落实进程中，在项目启动施工之后，完成之前，项目后评价的时点是在项目完工之后。

2）评价目的和作用不同。项目中评价是为了对项目进度和预计目标的偏离状况加以检测，探究原因，及时告知项目管理机构，编制有效举措，优化项目管理。后评价是为了对前期的工作、项目建设以及项目运转之后的各个环节现实状况和预计目标的偏离状况组织检测，探究原因，编制优化举措，告知投资决策部门相关资讯，为编制投资工程部署，优化项目管理奠定基础。后评价不能弥补项目建设过程中遭受的损失，只能积累经验，为日后的工程建设提供指导，提升日后工程建设的效益。

3）组织实施不同。建设项目中评价的组织机构可置于项目组织内，评价工作人员也可以由项目技术人员担当，不需要一个比较单独的组织来组织进行。而后评价则不然，由于其包括对建设项目进行全过程的评价，由项目技术人员开展后评价显得不恰当，需要单独的评价组织来承担。

4）选用的数据参数不同。中期评价数据的收集相对简单，一般来说主要收集的是和项目相关的信息，参照日常信息管理系统的资料，但是后评价的数据参数有很大要求，不单单要结合中期评价运用的信息数据，还需要结合前期评价和项目运营过程中收集的数据。

5）评价的内容不同。项目中评价的内容必须限制在项目建设的落实环节，对项目建设实施的进度和目标的偏离状况加以评判，探究原因，关键在于探究并应对项目建设过程中存在的不足，保障项目的有效开展，与此同时，为后评价的开展奠定基础；后评价的内容更为宽泛，是涉及各个环节的全方位评判。

3. 项目后评价与审计、监理的关系

建设项目后评价和项目审计、监理等都密切相关，但是彼此也有很大的差别。

（1）后评价与审计的关系

审计是对财务的监督和评判，这一活动是独立的、间接的，必须依法落实，参照财务业务审核项目的货币支出效益，分析项目的落实状况。建设工程项目审计通常来说包含了三点，分别是开工前审计、在建工程审计以及完工审计。审计侧重于实际情况和原计划的比较，尤其是在财务的合法性方面，通常无须归纳项目获取的经验和教训；而后评价则侧重于评价工程项目的实际执行情况，对项目的全过程作出整体评价，总结出项目的经验和教训。

（2）后评价与监理的关系

监理是项目管理的一项基础性工作，其主要目标就是在施工执行过程中管理工程资金的有效运用和保证工程项目执行的效率。项目监理参与项目的整个建设阶段，在这一过程中，项目监理将坚定遵循预计的进展和设计规范监督项目建设。项目监理和后评价的差别主要是目的和时点的差别。尽管如此，两者收集的信息以及调研评价系统在绝大多数情形下是统一的。一般而言，监理的数据也是项目后评价的关键资料，后评价选取的资料以及信息更为宽泛。

5.1.3 项目后评价的目的和原则

1. 项目后评价的目的

项目后评价的主要目的，就是通过全面总结工程项目的实际执行情况，综合分析工程项目的实际运作状况和实际效益，检查预期的投资收益与效果能否实现，比较项目的实际执行结果与工程项目的预期效果之间的偏离程度，并剖析其成因，总结工程项目建设成功的经验与失败的教训，为提高工程项目建设效果提供切实可行的指导意见，从而有效提升项目投资决策、建设、实施、管理。为科学合理使用建设经费、改进和优化管理工作、出台相应措施等提供依据，从而实现了各利益群体权益最大化。

2. 项目后评价的原则

工程项目后评价工作应当服从国家有关宏观政策法规和我国的社会、经济、技术协调发展中长期计划的指导原则，与国家有关的重大产业政策、城市建设方针和法律规章制度相适应。一般来说，建设项目后评价工作应当符合下列原则。

（1）独立客观性原则

独立客观性是后评价的第一原则。独立性是指后评价项目应不受外部和上级部门的干涉，由项目的主要施工设计单位和除项目业主之外的第三方组织自主完成，尤其应防止由项目决策人员和组织者自行判断现象的出现。后评价工作的实施既要具有自主性，又要注重客观性，即后评价的结果应当真实地反应政策、制度以及工程执行的实际情况，不然很难起到识别问题、提升项目风险水平以及改善项目执行的目的，有时甚至可能掩盖缺陷，造成负面影响。

（2）可信性原则

后评价的可信度必须要参照实践经验以及评价者的独立性，必须确保获取的资料以及信息的真实性，运用合适的评价手段。在分析可信性方面可以观察其是否可以彰显出风险管理的经验以及教训，所以评价者必须具备工作经验，在评价过程中标注自己的姓名提高自己的责任感。另外，资料的来源与引用需要在报告中特别注明以此体现报告的严谨性和可信性。

（3）可操作性原则

为确保后评价成果能够有效地指导决策，后评价报告必须要确保其实用性，编制的报告必须及时，合理，要强调工作重点，紧紧围绕当前研究中面临的主要困难进行，报告语言力求简洁、针对性强，规避运用过多的专业语言。另外，对后评价报告的内容表述必须和其他信息相互分离，并尽量提供具体的方法和建议。

（4）现实性原则

后评价是根据建设项目的实际状况，收集建设项目执行过程中实际出现的真实信息，将工程建设执行的成果和设计的目标相对比，与国内同期、同类工程相对比较，研究存在的经验与教训。如此，可以找到问题与不足，确定政策执行是否合理，评价工程成败得失，以便于制定政策方案，改善工程项目建设与管理工作。

（5）全面性原则

建设项目后评价的全面性通常来说是测评机构对项目的各个环节组织综合性的评判，如立项决策环节、设计建造环节、生产经营管理环节等，即对工程建设要进行的全方位评判。这种评价方法不但要涵盖项目生命周期的所有阶段，而且还要包含方方面面的内容，包含工程项目经济性、社会影响、环境影响以及工程项目管理。因此项目后评价带有系统性和全面性的特点。

(6) 反馈性原则

反馈性原则是后评价的一项主要准则。后评价的主要目的就是检查和总结对项目前期所进行的预测与评价结果是否正确，并研究项目在不同时期的真实状况和预测结果的偏差程度，从而归纳专案的各个环节、各个层次、各个方面的经验与教训，向相关单位反映实际情况，为今后完善项目经理、制定合理的投资计划与经营规划提供借鉴和依据，从而提升企业投资决策能力与经营管理水平。

(7) 合作性原则

项目后评价工作覆盖的范畴相对宽泛，涉及许多人员，所以有关管理部门以及相关人员必须相互合作，共同努力。后评价过程中需要践行的一大原则就是合作性。

5.1.4 项目后评价的作用

目前，我国基本建设程序对建设项目投资决策与执行效益的反映环节尚不健全，建设项目后评价的实施恰恰克服了这一缺陷。建设项目后评价工作对于完善已建工程项目、改进在建工程项目，以及指导待建工程等项目均有着意义。而随着中国建设项目后评价工作的深入开展，对于中国基建程序的完善以及投资决策过程的改进将会发挥着更加关键的影响作用。主要体现在如下几方面。

1. 总结项目的管理经验教训，提高项目管理水平

投资项目是一个规模巨大的工程。它关系到了商业银行、地方政府、生产企业、建筑施工企业等多个部门，内容包括了从建设项目选择、评价论证、工程方案、施工组织、竣工验收、生产经营和监督管理等多个阶段，需要与各个部门紧密协作，各个环节紧密相连，才能确保工作的圆满完成。怎样统筹各方面之间的联系，各方面该采用怎样的具体协作形式还在进一步探讨过程中。建设项目后评价通过对已投资或运营建设项目实际状况和各项预期目标的比较性分析，总结管理经验教训，以引导对未来同类建设项目的投入和管理，从而可以降低资源浪费，最大限度地增加建设项目的投资收益，促进管理水平的进一步提升。

2. 提高项目决策科学化水平

项目前评价是投资决策的重要依据，但因为受各种的宏观政策、科技原因和社会环境因素的交叉作用，尤其是社会条件的复杂化和多变性的作用，前期评价项目的预期常常会具有相当的不确定性，给项目的实施操作增加相当的风险，这就要求后评价来加以检查和管控。如此一来有助于提高前期评价工作者的责任感，促使评价工作者去进行项目前期管理工作，项目预测也将更加精准；除此之外，对项目的决策、设计、施工和投资管理等过程实施后评价，并做好合适的反馈，可以对建设项目投资决策过程出现的问题加以有效修正，方便提升建设项目投资决策的水平，促使其趋于科学化。

3. 为国家工程项目计划和政策的优化提供依据

现如今，我国居于经济转型的重要阶段，宏观经济结构性变革至关重要。资本市场扩张带有盲目性，泡沫经济出现的概率较大。通过进行投资建设项目后评价，并概括投资专项工程获取的经验，对寻找投资项目管理过程中的不足有积极意义，有助于优化和市场经济发展态势不符的经济政策以及落后的技术指标和参数。同时，政府还可以通过对后评价结果的反馈信息，调节工程投资规模和资金流动，从而对各行业、各部门间以及企业内部的各种比例关系加以协调，而后评价的反馈信息也是政府制定工程管理方面的规章、条例、制度的主要依据。

4. 为银行等金融机构调整信贷政策提供依据

国家项目工程的融资主体也日益市场化和多元化，但国家工程资金的大部分还是来自几家商业银行。银行机构同时还担负着国家工程投资基金的供应与对资金的监管任务，还承担着对国家工程项目投资基金管理的任务。项目后评价的实施可以及时发现项目的资金运用过程中出现的困难，可以对信贷建设项目成功或失败作出分析，尽量对经济效益低下甚至负经济效益的建设项目予以排除，以便减少项目经营风险，为信贷项目决策的制定提供重要依据。

5. 对项目开展进行监督，督促项目运营状态的正常化

建设项目后评价的监察效果和对建设项目的前期评价、建设项目执行阶段的监督紧密结合在一起，从而形成了对建设项目完整、有效的监督机制。建设项目后评价落实面向的是建设项目运行过程，相对公开、透明，在基本建设流程中引进建设项目后评价，积累经验教训，做好分析调研，能够真实有效地发现项目执行者、管理者和建设者面对的难题。后评价也是提高决策层和项目执行者责任感的主要方法。一旦决策者和执行机构知道自身的行为和结果将要接受事后的评价、检验，可以督促其从主体上认真努力的履行职责、完成目标，减少投资决策和实施损失。从这一点上讲，后评价对工程实施有着督促和检验的意义。

5.2 建设项目投资后评价实施要点

建设项目的质量能够体现工程能否达到有关标准或合同合约的要求，而建设项目后评价就是指对已经完成的工程项目所进行的质量分析及评定。通过全方位总结项目，确定建设项目的质量目标是否达到，实施是否合理有效，主要技术指标是否实现，分析工程项目有待改进之处，并通过及时有效的信息反馈，为未来工程项目的决策和技术管理方法提出科学的建议，从而达到提高工程项目总体质量的目的。

建设项目后评价一般分为建设质量自评价和第三方评价两类。

建设项目自评价一般由建设单位执行组织进行，对已完成的建设项目进行质量评价，为项目结算提供依据，为潜在的纠纷提供技术分析。

建设项目质量第三方评价一般由建设单位委托监理单位或者第三方检测鉴定机构进行，主要是对建设项目施工质量进行客观评价。当各方对于工程质量有纠纷时，第三方评价机构一般应具有法定资质，应由建筑工程质量司法鉴定机构来担任。

5.2.1 工程质量自评价

工程质量自评价一般由现场质保条件，检测，质量记录，实测及广安功能等内容构成。评价一般分为三档，即 A、B、C 三级。A 代表 100%的标准值；B 代表 80%的标准值；C 代表 60%的标准值。

1. 现场质保条件检查项目基本评价标准

有相关法规，预案，对策等的文件，有严格审核程序且方案符合实际具有可操作性，能够严格执行的为 A；有相关文件和审批方针，切合现实，落实一般的为 B；有相关文件，内容、针对性和执行一般化的为 C。

2. 检测检查项目基本评价标准

项目的检验满足设计和标准条件，其均值性指标的均差值得到优的为 A；经补救后发现的增加了二次检查的条件，其均值性指数的均差值满足规定值的为 C。

3. 质量记录检查项目基本评价标准

有正式的、完备的、有效的资料，如设备，材料，构配件合格证，进场验收记录，施工记录，试验报告，施工试验资料，质量验收记录表，质量实验报告，等等，内容编制合理，分类梳理标准，审签手续完备的是 A；资料合理、真实、完备，梳理了基本规范，审签手续完备的是 B；资料有效、真实，内容深浅基本完备的是 C。

4. 实测检查项目基本评价标准

检查项目实测值都符合标准数值，并且 80%的实测值平均数额低于标准值 80%是 A；所有项目的实测值都符合标准的是 B；当 80%项目实测值符合标准，剩余 20%都小于或等于标准值的 1.5 倍(钢结构工程是 1.2 倍)的是 C。

5. 观感功能检查项目基本评价标准

把观感功能项目各项评价细分成好、一般、差。所有项目都符合好的是 A；80%及以上项目符合好，其他项目一般的是 B；50%及以上项目符合好的标准，其他项目为一般或个别项目在调整之后符合一般的是 C。

6. 工程质量自评价实施要点

工程质量自评价在实施过程中需要组织机构之间的有效协作、良好的评价制度和编制相关的工作总结，具体包括：

1）明确自评价组织机构的设立。如投资管理部门、审计或财务等部门。

2）建立并完善后评价规章制度。如自我评价制度、评价管理方法、评价操作规程、评价工作考核制度、评价结论反馈机制等。

3）总结自评价工作经验并整改落实相关意见。如自评价工作培训、竣工总结报告编制要求、可研报告编制提纲等。

5.2.2 工程质量第三方评价

建设项目质量第三方评价应由独立的业主，监理以及参建方主体的机构，并具备法人资格的专业化检验机构坚定组织实施，采用科学规范的工作方法，本着公正、公开，平等的原则，对工厂建设项目进行有效的收集资料，合理的评估检验成果。第三方机构和参建单位之间并没有经济法律联系，因此不存在“既当运动员，又当裁判员”的情况出现。因此，第三方质量检测机构在建设工程质量监督和检查中能够发挥积极的作用，目前已经成为国际上通用的工程质量评定惯例。

最近几年，因为国家基础工程建设投资的规模不断递增，地方行政主管部门在监督工程质量方面愈加复杂。2005 年 11 月，建设部门颁布了《建设工程质量检测管理办法》，从监督工作中分离出了检测工作，在检测工程质量方面运用第三方检测机构。尽管在部分省市中运用了第三方检测制度，但是整体上还在尝试。通常情况下，第三方检测鉴定机构必须获得国家的认可，得到监督管理委员会办法的 CNAS 认可，从行政角度出发，必须得到国家市场监督管理总局 CMA 认证，在组织行业检测的过程中，还需要有行业主管部门授予的权限。

5.2.3 建设项目后评价阶段常见风险点

1. 不重视工程质量验收自评价工作

结合之前我国工程质量检查的状况，各方落实工程建设的强制性标准还有很大问题，普遍存在违反国家强制性标准的现象。因此，工程质量自评价是工程竣工验收备案的重要前提。

工程质量自评价应按照国家工程建设强制性标准和规范中关于工程质量的基本规定明确勘察，设计，施工质量必须满足的基本要求；要在工程质量评价中获取较高的分数，就必须切实贯彻工程建设强制性标准的要求，从这一点出发，建设工程质量评价的实施有助于工程建设强制性标准的执行和落实。反过来看，实施质量评价过程中也可对现行的国家工程建设强制性标准条文的合理性进行检验，可以发现标准存在的问题并及时予以修订。因此，与工程建设强制性标准的紧密结合使建设工程质量评价的实施更具有现实意义。其次，落实质量评价对确定参与方的质量责任有积极意义。目前，我国法律，行政法规在判定工程建设参与方质量方面不够清晰，由于建设过程的动态性，有关主体的多元化以及法律法规修订的滞后性等原因，无法依据现行法律法规来对各方质量责任进行明确界定。此外，由于勘察，设计，施工队质量水平不可估计，也无法在合同中约定明确的质量目标和质量责任划分。而根据新加坡的经验，推行建设工程质量评价将有利于质量责任的明确：一方面，业主或建设方根据工程建设特点提出一定的质量评价分数作为期望的质量水平；另一方面，有关承建商也可根据业主设定的质量目标提出合理的报酬和自愿要求，这样工程质量就作为一个重要的目标和衡量因素被纳入合同体系中来，各方的工程质量管理和保证工作可以“有的放矢”，对于工程质量的投入也可以得到认可并且获得回报。

防控建议：在街道施工总承包单位完工出具报告之后，建设单位必须和监理单位相互合作，全方位预先验收工程项目，之后有关部门组织正式验收。预验收主要针对的是工程观感质量，在这一过程中运用的方法是目测、简单测量以及触摸等，因为观感质量验收更为直观、方便、快捷，更为迅速，所以全面的检查工程质量的外观是建设单位管控工程质量不能忽略的关键。因此，工程质量验收自评价工作对于工程质量后评价阶段来说是非常重要的。

2. 委托不具备相应资质的检测机构进行检测

参照《计量法》和相关落实细则，《认证认可条例》等相关条例以及法律规定，向社会公开具备证明功效的数据以及结果的检验检测机构，必须得到国家认证，得到监督管理部门、质量技术监督部门资质的认可。

《建设工程质量检测管理办法》第三十一条明确指出，“违反本办法规定，委托方有下列行为之一的，由县级以上地方人民政府建设主管部门责令改正，处1万元以上3万元以下的罚款：(一)委托未取得相应资质的检测机构进行检测的……”

因此如果检验检测机构不具备相应的法定资质，其编制的检验检测报告不存在法律效力。

防控建议：在选择检测机构时，应该仔细考察该检测机构的资质和能力，以避免委托不具备检测资质的机构进行检测。

3. 委托时不签订书面合同，只是口头委托

由于相应单位或项目负责人的法律意识薄弱，在委托检测时，建设单位往往会出现不签订书面合同，只是口头委托的情形。在实际工程中，极有可能导致建设单位委托的内容与检验检测机构出具的报告内容背道而驰，即“答非所问”。而最后如果再涉及争议而产生诉讼，就会导致陷入被动局面。

防控建议：建设单位必须严谨地参照《建设工程质量检测管理办法》第十二条做好相关落实工作。

4. 不参与检测过程，不监督检测单位现场取样

建设单位在委托检测过程中，应全面，积极地参与检验检测机构的检测全过程，对检验检测机构进行有效的监督。除检验检测技术要求以外，更重要的是检验检测的程序。因此，建设单位对于检测过程应当全程参与，其法律意义在于程序的公正与合法。

防控建议：建设单位对专业技术和能力的了解并不多，不能承担主要技术责任，只负责组织实施责任，不对结果负责，但同时也应当以委托人的身份积极参与检测的全过程。具体检测事项应该由委托人提出，检测方案由检测单位提出但是应由委托人确认。对于国家相关标准没有具体规定的检测事项，委托人有权与检测机构协商确定具体的现场抽样方案，检测标准，试验方法及分析论证技术等。

5. 要求检测机构编制虚假检测报告或者修改、造假检测报告

部分建设单位为了得到合格报告，或以经济违约，舆论导向甚至更好服务机构为胁迫手段向检测机构施加压力，要求检测机构编制虚假检测报告或者修改、造假检测报告。

目前，我国已出台多部法律法规以及各种条例，明令禁止篡改或伪造检测报告。

《北京市建设工程质量条例》明确指出，各个单位不准许调整或造假检测报告。

《司法鉴定程序通则》第十三条明确指出：委托人需要向司法鉴定机构出具完备、真实的鉴定材料，确保材料的合法性以及真实性，委托人不能要求司法鉴定机构以及司法鉴定人参照其个人意志或特殊目的编制鉴定意见。

《建设工程质量检测管理办法》第三十一条也对此作出了清晰的规范：明示或者暗示检测机构不得出具虚假检测报告，不得篡改或者伪造检测报告。

防控建议：对于建设单位来说，应加强员工的内部培训，严禁建设单位要求检测机构编制不真实的检测报告，严禁调整或造假检测报告。在选择检测机构时，应该选择优质的检测机构，考察检测机构对于检测人员的教育和管理。在价格方面，应杜绝建设单位的检测最低价竞标，加大监管的力度，促使检测市场有序、健康的发展。

6. 动机不纯，以合法形式掩盖非法目的

有部分建设单位动机不纯，借检测机构达到非法目的。例如，故意通过委托检测机构对工程质量进行检测，以检测不合格需要修复为结构克扣施工单位尾款。

防控建议：建立有效监督机制，创造公平公正的外部环境，保证检测结果客观真实。

5.2.4 固定资产投资项目后评价制度

1. 工作组织机构及职责

1）所属公司设置总裁办公会，作为项目后评价工作的决策机构。

2）所属公司成立项目后评价工作领导小组，下设项目后评价办公室，由 A 部门、B 部门、C 部门、D 部门、E 部门等部门成员组成，主要负责组织项目后评价的日常工作，组织架构图参见图 5-3。

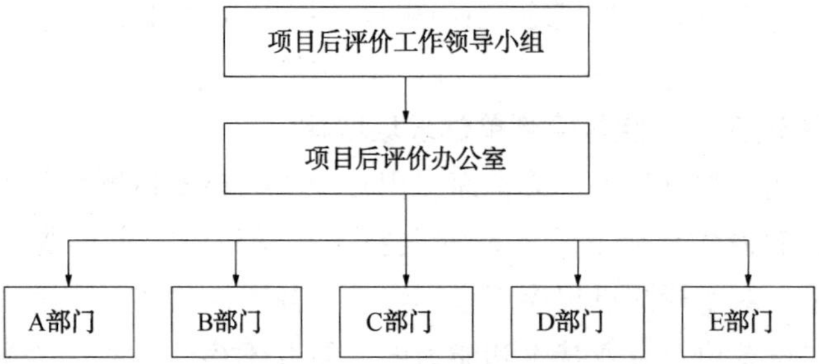

图 5-3　工作组织架构

3）A 部门负责项目的后期评价，编制并健全公司项目后期评价规章条例；管控项目后期评价；引导检查公司所在单位组织项目后期评价；调研项目后评价业务培训以及相关成效，做好沟通和运用。

4）所属公司审计与 A 部门或和联系负责审计与风险管控工作的部门做好后评价的管理工作；处理好本单位项目自评价工作，和公司相互合作开展项目后评价。

5）项目实施及生产运营单位或者项目管理单位为项目后评价协助单位，负责配合开展项目自评价及项目后评价工作；提供相关资料；协助其他相关工作。

2. 范围和条件

1）原则上所有固定资产投资项目在项目完工正式运营后 1—2 年即可由项目所在单位开展项目自评价，6 个月内向公司上报自评价报告。自评价报告的编制可参照公司规定的自评价报告规范。

2）每年应开展自评价的项目由公司通过年度计划下达明确。

3）公司项目后评价领导小组对项目自评价报告进行评价，在此基础上选择典型项目开展项目后评价。

3. 项目后评价内容

1）简单后评价，主要面向的是建设前期评价、建设过程评价以及经济效益评价。

2）详细后评价，主要涉及项目过程后评价、影响评价、经济评价、持续性评价、总结分析和对策建议等内容。过程后评价，主要对投资项目前期决策、工程准备、建设实施、生产运营以及程序合法合规性进行全过程的总结和评价。

3）过程后评价，包括对项目前期决策、工程准备、建设落实、生产运营以及程序合法合规性进行全过程的总结和评价。

4）经济效益评价，囊括了项目投资落实状况以及经济效益。投资落实状况是比较项目实际完成投资和项目批复的投资，分析投资变动的缘由。经济效益评价需要比较后评价时点前现实和预测的经济效益指标以及立项时预测的经济效益指标，调研评价出现变动的缘由。

5）影响评价，预测项目结束之后对社会、环境、所在单位自身影响的评价以及对日后影响的估测。

6）持续性评价，对项目在投资结束后持续发展以及在未来以同样的方式重复建设同类项目的可能性评价。调研对项目持续发展造成影响的要素，寻找重点要素，对项目的竞争力、可持续性以及可重复性组织评价。

4. 工作程序

1）项目后评价工作程序有自评价年度部署的编制和落实，后评价年度部署的编制，后评价具体项目实施工作等。

2）项目自评价年度计划制定及实施程序如下：

每年年底，公司统筹下达年度固定资产投资项目自评价部署，项目建设单位在获取工作任务之后，依照公司出台的自评价工作规范及时落实，并编制自评价报告。

3）项目后评价年度计划制定程序如下：

在项目自评价报告的基础上，根据董事会要求，按照公司管理层的部署，由公司审计与风险管控部编制公司年度固定资产投资项目后评价计划，提报公司项目后评价工作领导小组，审批之后，融合到年度后评价工作部署中，做好落实工作。

4）项目后评价实施具体项目实施工作程序如下：

① 选聘(委托)中介机构，成立后评价项目组。

② 拟定工作实施方案，报批领导小组。

③ 根据需要召开由公司相关职能部门、评价项目组成员、投资建设项目管理单位负责人及其相关人员参加的会议，安排后评价有关事项。

④ 组织实施项目后评价。聘用的中介机构应在合同约定时间内完成项目。

⑤ 编制后评价报告。

⑥ 审计与风险管控部组织相关职能部门审核、验收后评价报告后，上报后评价领导小组审批。

⑦ 中介机构出具正式报告。

⑧ 审计与风险管控部结合自评价报告和后评价报告，号召相关单位组织评判，编制《项目后评价意见书》，传达到建设单位，同时抄送相关领导、部门和单位。

⑨ 涉及整改的事项，项目建设单位要依据后评价意见对问题进行整改，并在要求的时限内将整改情况以书面形式上报公司审计与风险管控部。

5）费用支付：项目自评价经费由项目所在公司编制预算、列支；项目后评价经费由公司统一编制预算、列支。费用标准参照可行性研究报告费用水平。

5. 后评价成果运用

1）审计与风险管控部需要构建统一的后评价信息库，在组织新项目前期调研时，借助信息库对相似项目的有关资料组织调研、总结形成专项报告。

2）项目后评价应建立相应的反馈机制，概括对类似项目具备借鉴功效的经验，运用到新项目的前期论证以及落实过程中，或应用于指导项目调整投资计划和在建项目工作质量与绩效的检验、监督和评价。

3）需要定期召开后评价工作沟通，分享经验，概括后评价成效。

4）公司总部机关各部门、所属各公司根据各自职责分工，可将项目后评价成果作为对所评价单位相关人员工作奖惩的重要参考依据。

5.2.5 案例研究——某机场供油工程

1. 项目概况

项目名称：××机场供油配送网络中心

建设地点：×市

建设类型：新建

项目运营单位：A 公司

2. 前期工作评价

（1）项目立项依据评价

×市是全国优秀旅游城市之一，是交通枢纽，旅游资源十分丰富。随着州委、州政府旅游发展战略的实施，该机场新增航线快速增长，航油补给保障成为亟须解决的问题之一。

随着该机场改扩建的逐步完成，该机场将成为 Y 省重要的支线旅游机场和某机场的主要备降机场。×市因其特殊的地理位置使其旅游、交通战略地位不断提升，使在此建设该航油配送网络中心成为可能。在此建成航油基地，将直接辐射供应周边 6 个支线机场。旅游业已成为 Y 省的支柱产业之一，航空运输随之快速增长，航空燃料供应保障日益重要。

（2）市场分析预测评价

《可研报告》中明确，该航油配送网络中心将保障周边 6 个支线机场的航空燃料供应。未来还将考虑为周边 6 个机场供油。供应范围超出《可研报告》范围。

《可研报告》以 2000 年各支线机场航空量为基准，取用年均 10%增速，分别预测了 2005 年、2010 年及 2015 年 6 个支线机场的航空量及航油销售量。该配送中心于 2016 年 8 月正式重启运营，在此之前上述支线机场由××机场供油工程供应航油，实际航空燃料与可研预测存在较大差异。

(3) 场址选择评价

根据项目前期选址意见，A 公司申请在该机场航站楼与停机坪东南侧之间的浅丘上建设机场油库油罐，在×市建设航油配送网络中心。这与《可研报告》中对场址的描述是一致的。因航油配送网络中心设计的铁路专用线需要与××铁路××东站接轨，所以在选址上充分考虑了与铁路主线的衔接问题，同时与当地政府的市政规划相融合。配送中心场址的主要问题是地势较低，雨天容易积水。

该机场供油工程原建设用地，因机场属地化管理后由政府移交给 A 公司，A 公司对当地政府的原机场规划进行了调整，故要求重新规划油库位置，以致完成施工图设计后又发生改址，增加了一定的投资。改址后该机场供油工程的建设用地为 A 公司。该机场远期规划用地。该机场油库地基沉降不均匀，致使地面区局部出现裂纹。

后评价认为，该机场供油工程暨××机场供油配送网络中心项目前期均进行了认真选址工作，但受当时外界条件限制，实际场址均存在一定问题。

3. 建设实施评价

(1) 施工图设计评价

本项目施工图设计进度满足工程进度需要，2004 年 9 月完成了施工图设计方案，并提交该机场供油工程建设指挥部，指挥部委托 C 建设集团审查施工图，编制相关意见。随后，指挥部于 2004 年 10 月向 A 公司提交了开工报告，并于 2004 年 11 月获得了总公司关于同意开工建设的批复文件。

后评价认为，该项目设计进度满足施工进度整体需求。

(2) 设计质量评价

本项目施工图设计符合国家、行业和地方的有关标准、规范。2005 年 1 月，本项目的建设单位、设计单位、监理单位及施工单位四方共同形成了《××机场供油配送网络中心工程图纸会审纪要》，对本项目的施工图分专业提出了详细修改意见。

2006 年 12 月，C 集团公司对本项目形成了《民航专业工程施工图设计审查单位意见表》，审查意见认为该项目的施工图设计文件达到国家和民航要求的编制深度，地基基础和主体结构设计值得信赖，和消防、抗震、人防、节能、卫生以及环保等法律条例以及硬性标准相符，不会对公共安全利益造成损伤。

(3) 工程管理评价

在 A 公司的引领之下，构建了该机场供油配送网络中心工程建设指挥部，具体负责工程建设管理。指挥部由公司总经理任指挥长、公司总工程师任常务副指挥长，围绕基建工程部这一精髓，由专业技术人员构建工程技术部。

后评价认为，项目指挥部的管理形式比较符合供油工程的特点，能够高效组织有经验的人员快速投入本项目的建设过程中，积极推进项目进度并及时处理相关问题，高效、高质量地完成本项目的建设任务。

4. 投资与经济效益评价

(1) 投资和执行情况评价

根据 2006 年 B 工程造价咨询有限公司的审核报告，该项目共完成投资 X 万元，建筑安装工程投资、设备投资和待摊投资分别是 a 万元、b 万元、c 万元，其他投资 u 万元。

(2) 投资水平分析

项目竣工决算的主要单位工程投资水平格式见表 5-2。

表 5-2　竣工决算主要单位工程投资水平表

序　号	项　目	单　位	数　值	单位成本
一	配送中心工程			
1	立式储罐	m^3	××	××元/m^3
2	综合办公用房	m^2	××	××元/m^2
3	卧式油罐	m^3	××	××元/m^3
二	使用油库			
1	输油管网	m	××	××元/m
2	卧式油罐	m^3	××	××元/m^3
3	综合办公用房	m^2	××	××元/m^2
三	铁路专用线	m	××	××万元/m

与同类项目相比，本项目的储油罐单位工程造价属较低水平，航空加油站的综合楼单位工程造价属合理水平。

5. 影响评价与持续性评价

(1) 环境影响评价

本项目建设需要配套建设的环保设施和主体工程同步设计、施工、投入使用，和国家环保的条例以及标准相符。

该项目在运营过程中企业严格执行各项环保制度，截至后评价时点未出现环境影响问题。环保方面符合国家和地方的相关要求。

(2) 社会影响评价

近年来，随着×市周边机场建成通航，Y 省机场业务量快速增长，该航油配送网络中心将更好地为周边机场的发展做好保障工作，助力各机场的快速发展，保障了机场开通长航线，为当地经济社会的发展提供了有力保障。

(3) 持续性评价

本项目配送中心未来油源主要来自 D 厂，D 厂航油生产能力 120 万吨/年，能够保障该配送中心及周边区域 2025 年之后航空煤油需求预测量。因此，该配送中心油源供应长期稳定可靠。

从目前该机场油库来看，已不能保障该机场 7 天航油需求。配送中心距离该机场 12 公里，机场不足库容暂由配送中心库容补充。限于该机场油库场址地理条件限制，未来较难在原址扩建，需及早开展该机场供油工程扩容前期工作。

后评价认为，结合国家储备油库项目扩大航油储备量，将有效解决航油×市配送中心发展土地空间受限的矛盾，有利于更好地发挥配送中心的铁路接卸能力，并提升中国航油在该地区的航油供应配送能力。

后评价建议，首先，应结合该配送中心铁路接卸能力及周边地区各机场航油需求量预测情况，明确提出国家储备油库项目的航油库容规模；其次，应与国家储备油库项目的相关单位沟通协商，就双方合作方式等关键问题尽早达成协议。此外，还需关注国家储备油库项目的建设进度，尽早开展配送中心至国家储备油库项目场址的输油管线相关工作等。

5.3 建设项目投资后评价成果应用

5.3.1 建设项目投资后评价报告

1. 建设项目投资后评价报告的内容要点

建设项目投资后评价报告，是对项目投资后评价过程和结果的书面总结，是以文件形式反映的建设项目投资后评价的工作结果，是后评价工作的重要组成部分。作为反映后评价结果的重要报告方式，后评价报告对项目执行过程中阶段性或整体的经验教训做了总结。

编写建设项目投资后评价报告时要注意以下两个方面：

(1) 编写要客观真实。这就需要最后评价报告中要体现项目的真实情况，分析客观存在的问题并对经验教训进行认真总结。后评价报告在文字上要准确、清晰、精练，少用或不用太口语化或过分专业化的词汇，以使更多的单位和个人能够从建设项目投资后评价中获益。后评价结论既要全面总结建设项目的经验教训，又要与未来的规划和国家政策的制定紧密联系。为更好地实现项目投资后评价的反馈功能，并提升信息反馈速度与质量，在编制后评价报告的同时，要密切注意后评价报告内容的编制与分送，这样才能让建设项目的经验教训发挥出更大的作用和影响。

(2) 格式内容相对固定，形式种类并不固定。为了提高信息反馈速度与质量，便于对后评价结论进行信息化手段的处理，报告的编写需要有相对固定的内容与格式。但是，后评价报告中所需要书写的内容与格式并非完全一致，需要根据建设项目的类型灵活调整。

(1) 建设项目投资后评价报告的总体任务

1) 对建设项目投资后评价项目结果的分析。

有关建设项目结果或成效的后评价需要从三个角度出发组织分析：

① 宏观分析。评价者要从建设工程目标所涉及的各个领域加以分析，尤其在符合国家战略和行业产业政策、社会发展方针等方面评价建设工程的总体目标是否满足了这些国家战略方针，对其有哪些贡献和影响。

② 效应分析。评价者要对照建设项目标准，从项目信息、工程财务、企业管理及其他有关措施等角度研究项目的实际影响。

③ 效益分析。评价者要结合建设项目的投入、建设项目的成本、实施内容和建设项目的财务经济结果分析评价建设项目的实际成果。

2）总体评价的主要指标。

① 总体结果(成功度)。用“优”“良”“中”和“差”来表示，以此来评价是否实现建设项目的预定目标。

② 可持续性。用“可持续”“不可持续”和“待定”来表示，以此来评价已经或可能沿着建设项目既定目标运营下去的持续性。

③ 机构和体制评价。大多数建设项目的成果、效益和可持续性与体制形式、机构设置和管理者能力紧密相关，包括政策制度的改革完善，法制的加强，人员的培训，以及机构能力的增强等。

3）对建设项目实施管理的评价。工程实施成果与各个方面工作人员的管理能力和管理水平有关，评价者需要对工程整个生命周期中不同阶段的管理工作作出分析评价。项目执行管理的评价分为如下几个方面：

① 投资者的表现。评价者要从工程立项、准备、评审、投资决策和监管等方面来评价投资者在项目执行过程中的表现。

② 借款方的行为。评价人要分别评价出借企业的经营能力和状况，如履行合同能力、资格和信用及其机构设置、管理程序和管理效率等。

③ 建设项目执行机构的表现。评价者要分析并评价项目中执行机构的管理力量和管理人员的水平，包括项目合同管理、员工管理和技术培训以及与项目受益者之间的协作等。

④ 外部影响的因素。影响工程项目的进展还有很多外部的影响因素，比如物价的变动、全球国内贸易环境的变动、天气灾害等。评价员应根据上述影响作出必要的分析判断。

（2）建设项目投资后评价报告的内容

由于项目的投资后评价报告从内容上来说，在时间、空间等方面都相对完整，为了说明项目后评价报告的具体内容、格式和表格，请看以下内容。一般项目建设后评价文件主要分为项目背景、实施评价、效益评定和论证意见等多个方面。

1）项目背景。

① 建设项目的目标。简要说明项目对社会效益与国民经济发展的作用，工程的宏观层面要求与国家、单位及区域产业政策、计划布局与开发战略的关系、工程的具体任务与目的、市场预测等。

② 建设项目工期。介绍建设项目预计开工日期、竣工日期、总工期时长等。

③ 资金来源与安排。介绍建设项目批复时所安排的主要资金来源、融资渠道、贷款利率、资金回笼方式等。

④ 建设项目评价。介绍项目评价的内容来源与特点，项目的评价报告完成日期、评价的流程、评价执行者、评价的标准、方式以及时间节点等。

2）建设项目实施评价。项目进行评价时简要阐述项目实施的一般特点。对照于可研和评价中找出的变动，研究变化的根源，并探讨和评价上述要素变动对建设项目价值的影响。

① 建设项目设计。评价建设项目设计的水平、技术的合理性和先进性。必要时可以对照可行性研究，分析找出项目发生重大设计变更的原因，为其他项目提供借鉴。

② 建设项目实施期间的合同。评价工程的招投标、协议签订、合约履行以及履约情况等的执行状况，以及工程承包人、技术物资供应商、工程服务顾问以及监理工程师的聘用情况。根据履约保证条件，研究并判断项目执行中的变化和违约及其对项目的影响。

③ 组织管理。对组织管理能力的评价，包括了对项目机构、借款单位和投资人三者在项目执行过程中的表现与效果的综合评价。假如项目实施得不好，评价人员必须仔细分析项目相关的组织机构、运营制度、信息系统、决策程序、管理能力、监督检查方法和制度等各种因素，找出导致影响建设项目实施效果的因素，并提出相应解决措施。

④ 投资和融资。研究项目总投入的变动，要查明变动的来源，明确其是内在因素还是外部原因，是汇率变动、通货膨胀的政策性影响，还是项目管理的影响，同时也要研究项目变动对建设项目经济效益的影响情况。同时要仔细研究项目的资金来源与投资成本的变动，探讨决定性的因素和作用，重新计算项目的总资本加权的收益，作为项目的财务利润的比较分析。

⑤ 项目进度。对照计划当中的进度时间表，分析实际进度提前或延后的原因，分析其对项目投资、项目效益的影响，编制优化举措，为之后相似项目的落实奠定基础。

⑥ 效益评价。建设项目效果评价必须要对项目能够实现的结果组织探究，结合项目运转以及日后发展和未来的效益、功效等状况对建设项目的意义以及成效组织评价。

3）建设项目运营和管理评价。根据项目评价时的经营状况，预测出未来项目的发展趋势，包括生产与销售、运营情况等。根据可研和发展的方向，寻找差异和研究原因。研究评价项目内部和外部环境的变动和影响情况，包括技术变动、政策变更、政策变动、装置的维修保养、规章制度、管理者情况、人员和熟练工的情况、原材料供给、商品使用情况。

① 财务状况分析。根据上述项目建设和预测现状，按照财务管理流程和财务管理准则，研究项目的财务管理问题，重点要评价项目欠款的清偿情况以及支持企业经营的财政情况。在可以的前提下，要研究项目的资产结构、债务比率、需要各方提出的措施和资金，包括资产整合、税费优惠、使用资金等。

② 财务效益和经济效益的重新评价。一般项目的再评估主要针对的是项目的财务管理价值以及效益，借助重新获取的财务内部收益率和经济内部收益率以及项目可研以及评价时的指标组织比较调研，寻找差异和缘由。如果有需要，结合价格以及未来市场等条件，组织风险分析以及敏感性分析。

③ 环境和社会效果评价。环境和社会效果及影响评价的重点在于项目的受益者，也就是建设项目对受益者造成的影响，通常来说是对建设项目社会文化、经济、环境影响

以及污染防治的评判。

④ 可持续性评价。主要是项目固定资产、组织机构以及人力资源等在外部投入完成以后，依旧持续发展的概率，各方需要强化监测，组织评价。

4）论证意见。建设项目评价报告的最后一部分内容，涵盖了综合评价、经验教训、结论、建议方针等。

项目管理的总体评价与评价结果。总体评价可概括以上反馈信息，从而确定项目执行结果的确定结果。综合评价必须提供项目管理的逻辑框架图，用以判断建设的计划正确性、实际完成情况以及外部环境。另外，它还必须给出项目管理的经济效益数据，以衡量项目管理的投资、产出等成果。在这个判断的基础上，综合评价可以采用分项打分的方式，一般项目评价的定性评价都是“优”“良”“中”和“差”四个级别。

主要经验教训。经验教训主要包括两个方面：一方面是建设项目本身可以吸取的教训；另一方面是可供其他项目借鉴的经验。

建议和措施。根据建设项目评价的结论、问题与经验教训，提出相对应的建议和措施。

2. 建设项目投资后评价报告的格式

依据委托条件以及项目投资后评价报告，项目投资后评价报告的格式也有很大差别，一般来说其格式如下：

报告封面；

封面内页；

项目基础数据；

报告摘要；

报告正文。

（1）总论

1）项目概况。简单介绍工程项目的兴建位置，管理归属以及工程项目的投资形式，工程建设种类。项目概况表的形式可参见表 5-3。

表 5-3 项目概况表

1	项目名称			
2	项目建设单位			
3	建设地点			
4	投资类型			
5	建设类型			
6	项目起止时间			
7	项目背景	简要说明项目的目标、任务		
8	项目基本情况	名称	规模(万吨、万方)	建设投资(万元)
9	项目决算总投资			

2）项目决策关键点。简单表述项目的立项背景以及完成目标。

3）项目实施情况。简述项目实际建成的建设规模、主要内容及相关决策批准的变化情况。简要描述工程项目在执行各个阶段中的主要时间段、承接单位及其必须说明的内容，并阐述项目执行的全过程中主要节点。

4）项目生产运行的状况和效益状况。简单表述项目运行的实际状况以及财务效益状况。

（2）前期工作评价

前期工作评价指的是评判项目的可行性研究报告以及初步设计环节的相关工作。比较项目落实后的状况和可行性研究报告以及最初的设计，评判项目的资源、工艺技术、建设规模以及市场条件的符合性，评判项目前期工作建设程序的合规性。

1）可行性研究评价。

① 编制单位资质和基础资料评价。评判研究报告编制机构的资质是不是符合要求。考察工程是否附有建设单位委托书等基本信息，判断基本信息是否内容完整、资料是否正确，重点关注有无变动，当改变涉及设计变更的，要说明变化的原因。

② 资源与原料条件评价。探究项目落实前后的资源与原料条件有无变化，需要探究变动出现的缘由和造成的影响。

③ 市场评价。说明可行性研究报告中市场分析与实际的差距，分析产生差距的原因，评价可行性研究报告市场预测的合理性、前瞻性和科学性。对比表的格式可参见表5-4。

表5-4 可研销量与实际销量对比表

序号	项目名称	单位	××年	××年	××年
1	年中转量	万吨/年			
1.1	可研值				
1.2	实际值				
2	完成率	%			

④ 外部环境评价。评价外部条件是否有变化，如有变化应说明变化的原因。

⑤ 建设内容和工艺方针评价。阐述有没有组织不同方针比较，评价运用的工艺技术方针的适用性、先进性，如在落实过程中方案出现变动，表述变动的缘由。

⑥ 总图及系统配套工程评价。简要解释总图和其配套工程(水、电、汽等公用工程等)能否适应现实要求，特别是有无重大漏点、较大变动，如有很大变动，要说明变动原因。

2）前评价报告评价。表述可行性研究报告的评价单位以及资质，简单表述前评价报告主要结论。考察评价研究报告有没有对可行性研究报告内容组织全面的调查研究与分析，对建设项目资金、技术、施工方法以及建筑环境等方面存在的重大问题能够提供相关观点和意见，并评价其合理性，着重关注研究报告的合理性以及公平性。

3）项目决策程序评价。评价项目建议书、可行性报告以及项目审批的各环节是不是满足了相关规范。评价项目前期的各项工作时间是不是科学合理，以及政策程序是不是满足了相关规范。评价工程建设时间对建设项目的影响。评价前期工作在各个阶段的时间实施状况，如有严重延误，解释原因，并分析对建设项目进行的措施影响。项目决策程序表的形式可参见表 5-5。

表 5-5　项目决策程序表

序号	项目名称	完成时间	部门/单位	备注
1	建议书(预可研)批复			
2	可行性研究报告编制			
3	环境影响评价报告			
4	环境影响评价报告批复			
5	安全影响评价报告			
6	安全影响评价报告批复			
7	可行性研究报告评价			
8	可行性研究报告批复			

4）项目初步设计评价。

① 设计单位资质与进度评价。评价设计单位资质是否和工程规范符合，表述设计单位选取的手段。结合单项工程评价设计进展，若有进度提前或者推迟的情况，应说明原因。

② 初步设计依据及设计基础资料评价。判断工程设计依据完备度、准确度，说明基础设计资料是否能符合工程设计要求。

③ 规模、工艺技术及主要设备选型评价。评价初步设计规模是否和可行性研究报告审批内容相符。评价工艺技术的合理性、前瞻性。评价设备的选型是否满足工程需要。必要时可指出设备选型所存在的缺陷。

④ 系统工程评价。比较系统工程的主要建设内容和可行性研究报告，对系统工程的可靠性以及合理性组织评价。说明是否有变化，如有较大变化应说明原因，并评价其变化的合理性。

⑤ 前期工作评价结论。根据以上各项评价，对项目前期管理工作进行综合考核，着重衡量决策依据是不是完善、程序是不是合规、投产时间是不是正确及投资决策是不是科学，汇总项目前期管理工作中各种方面的成功经验和教训。

（3）建设实施评价

项目建设实施评价是评价自施工图设计到项目完工的所有环节是否和国家、行业规范相符；工程质量是否和设计标准相符。

1）施工图设计评价。

① 设计进度及内容评价。评价图纸设计质量能否达到工程进度要求，对整个工程进度产生重大影响的，应说明原因。

② 施工图设计与批复后初步设计符合性评价。评价施工图的初步设计范围和初步设

计内容有没有重大变动，如有很大变动，应分析原因。

③ 设计水平及质量评价。评价施工图设计是否和国家、行业以及地方条例相符。评价设计单位的服务水平。根据图纸设计变更数量对投资、质量和工期影响的程度等，判断图纸设计质量，而对于涉及投资、质量、工期等的重(较)大设计变更，应研究原因。设计变更统计表形式可参照表 5-6。

表 5-6　设计变更统计表

序号	变更项目	变更内容	变更金额	变更原因	审批单位
1					
2					
3					

2）工程建设管理评价。

① 工程管理评价。评价建设项目管理模式，说明现有的管理水平是否满足工程的实际需要，分析并总结项目实施过程中好的管理经验和不足之处。

② 施工准备评价。评价项目征地办理、开工审批等各类施工准备是否和施工需求相符。

③ 招投标及采购工作评价。评价项目招投标过程中程序的合法性。评价关键设备和材料采购方式、质量品质对项目的影响，如有较大影响，应加以分析。

④ 工程监理评价。评价工程监理单位对项目投资、安全、质量等方面的作用。如在监理过程中存在重大问题的，应加以说明。

⑤ 工程进度评价。评价项目建设的实施状况，简要描述项目的进度控制目标实现状况。如在关键工程进度上有重大变动，则分析原因。

⑥ 工程质量评价。评价质量控制目标完成情况、质量的控制措施与管理制度的落实状况。如有重大质量问题，应分析说明。

⑦ 工程竣工验收评价。简单表述完工验收报告的结论。评判完工验收的手段、程序的正确性。

⑧ 建设实施评价结论。对整个项目建设实施环节组织整体评价。对项目建设实施环节所有相关部门，如对设计、施工、监理和建设等单位进行评价，并概括项目建设实施环节获取的经验以及教训。

（4）生产运行评价

生产运行评价指的是自生产准备、试生产、生产运行到后评价时点各个环节工作的评价。

1）生产准备评价

① 评价生产准备程序是否合理、投资方法是否合理、设备是否能适应投产要求。

② 评价组织架构是否合理，人员配备是否充足。

③ 评价各个职位的条例是否完备，操作步骤是否标准，预案是否完整。

④ 评价环境保护是否满足相关要求，安全防范是否到位。

2）试运行情况评价

① 评价试运行过程中工艺步骤和系统配套状况是否科学、是否符合设计规范，如有重大问题出现，则探究相关缘由。

② 说明在试运行中所存在的问题和采取的解决办法。

3）生产运行评价。通过对企业运营工作各方面的考核，对整个企业运营过程作出整体考核结论，总结企业运营过程各项操作的成功经验和教训。

（5）经济效益评价

1）主要经济指标实现程度评价。比较后评价的主要经济指标和可行性研究报告的有关指标，对经济指标的完成状况组织评价，表 5-7 展示的是经济指标对比表格式。

表 5-7　主要经济指标对比表

序号	项目名称	单位	可行性研究值	后评价值	差值	比例/%
			(1)	(2)	(2)-(1)	$\frac{(2)-(1)}{(1)}$
1	项目总投资	万元				
1.1	建设投资	万元				
1.2	建设期利息	万元				
1.3	流动资金	万元				
2	营业收入(生产期平均)	万元				
3	总成本费用(生产期平均)	万元				
4	税后利润(生产期平均)	万元				
5	内部收益率(全部投资)	%				
6	财务净现值(全部投资)	万元				
7	投资回收期(全部投资)	年				

2）投资和执行情况评价。

① 投资变动分析。通过对建设项目的竣工决算项目和批复的可行性研究项目成本和初始设计概算的对比，研究变动范围和产生变化的理由。

如建设项目的竣工结算与初批复期可行性报告投资估算差距在百分之十之内，就可以简单说明。但一旦差距在百分之十以上或单个建设工程的真实施工竣工决定投入与初始设计概算差距在百分之十以上，就必须展开详细分析，对工程投入构成的各部分费用加以比较，并剖析各分项费用中超支及节省的具体原因。

② 投资水平分析。比较项目完工结算和同类项目的工程投资水平，做好横向对比。

③ 资金来源及到位情况。简要说明建设资金的来源情况，分析说明该资金的投入能否适应项目的要求。

④ 投资控制的经验和教训。从可控要素和不可控要素着手细致归纳经验和教训，探究超投入、不合理投入和造成损失浪费的原因。

3）经济效益分析。

① 项目投产以来生产经营及效益状况。简要说明建设项目投资日期、生产运营状况、产品销售状况。总结并计算建设项目投资开始到后评价时点之前各个年度的成本费用、营业收入以及盈利水平，比较可行性研究报告中预估的数据，探究出现变化的缘由。

② 项目经济效益后评价。简要说明主要生产经营指标、总成本费用、营业收入、盈利能力等内容。在探究项目效益变动缘由时，需要结合可行性研究报告的投资预算、营业收入以及成本费用，逐一比对，探究出现变动的缘由。

4）不确定性分析。后评价中确定了建设项目的投入、建设期等。所以，对于航油公司而言，对效益造成影响的不安定要素包括油品的生产量、价格差异、物流价格等，以上要素和前期比较不确定性都出现了巨大变化，后评价主要针对以上阐述的参数组织定量分析以及定性分析。定性分析探究的是不安定要素的变动态势以及变动导致的损失，从而提供避免损失、管理经营风险的措施。

5）经济效益评价结论。概括建设项目的投资决策以及执行等工作步骤中相关管理部门、各个环节以及各个阶段工程造价管控的经验以及教训，调研项目投产到后评价时点之前的现实收益状况，并预计接下来的收益能力，判断项目效益能否完成预期目标，对不能完成预期目标的项目编制有效建议，归纳经验和教训，了解对项目效益目标存在影响的问题。

（6）影响与持续性评价

主要评价对环境、社会、市场以及资源等层面的影响，进而评判相关项目。

1）影响评价。

① 环境影响评价。简单表述项目建设对环境的影响，环境保护举措是否合理，环保指标是否达标。

② 社会影响评价。简述建设项目对当地就业、经济发展和满足区域油品需求所起的作用。

2）持续性评价。

① 资源分析。研究油品供应及资源的可持续性对项目经济效益的影响。

② 规模及技术分析。从油库数量、能耗、技术条件与设施等方面研究技术的先进性与适用性。

③ 市场分析。针对企业情况，研究该企业在地区市场的地位，在地区市场的发展方向，评价项目可持续发展的优点和缺陷。

3）影响与持续性评价结论。评价项目完工以后对环境、持续性以及社会等层面的影响，获取项目影响以及持续性的综合评价结果，对日后的发展潜力加以展望。

（7）综合评价结论

1）综合评价结论。结合建设项目的前期工作、建设实施、生产运行、经济效益、影响以及持续性等后评价，组织概括，探究项目实现目标的状况，编制建设项目投资后评价的整体结论。

可以通过成功性评价确定项目的整体评价结果。项目的成功性指标考核级别分为优、良、中、差四个级别。

2）主要经验、教训。

① 主要经验。通过综合评价，对项目实施过程中好的做法加以总结提炼，为今后相似的项目提供经验和借鉴。

② 主要教训。通过综合评价，对项目实施过程中的失误与不足加以归纳总结，用以防范今后类似情况再次出现。

5.3.2 建设项目投资后评价意见反馈和扩散

1. 建设项目投资后评价意见的反馈

评价成果的反馈是建设项目投资后评价的关键特征，反馈状况会影响后评价实现最终目的的状况。

（1）建设项目投资后评价反馈系统的组成和作用

建设项目的管理系统，一般由“输入”“处理”“输出”和“反馈”四个基本要素组成。系统“输入”一般体现了对各项经费、人员、资金、科技和管理人员等因素的投入；信息系统“处理”表现为建设项目的建设运营，即对投入因素的运用；信息系统“输出”表现为建设项目的产量和结果，“反馈”则主要体现为对工程项目的建设运行情况和建设项目产量开展的综合分析调研，方便找到问题、确定目标，把结果提供于今后对工程项目建设运行情况的各个环节，从而提高建设项目的建设运营效率和决策能力，后评价在建设项目系统中的反馈作用如图 5-4 所示。

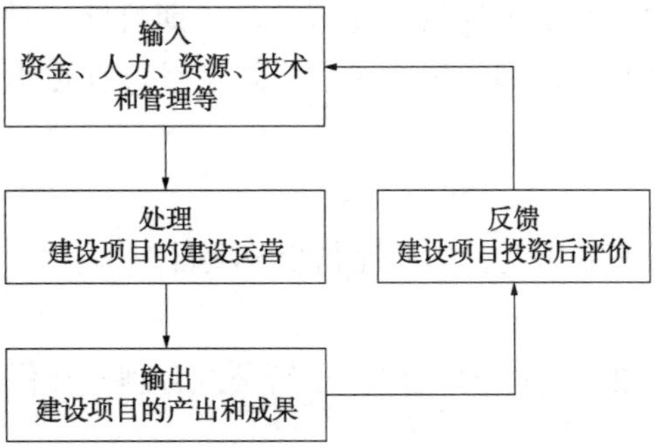

图 5-4 建设项目系统

评价结果反映体系是项目投资后评价制度中的一项重要组成部分。这是一种反映并扩散评价结果的动态过程，而且该机构还必须确保这些结果在新建或现有的项目中，以及其他的项目中得以接受和使用。因此评价效果的核心是其总结的经验教训在项目过程中所接受和使用的有效性。这种经验教训可以在项目生命周期的各个过程控制中总结和使用，包括立项阶段的项目选择、工程准备阶段的技术改进、在建工程执行阶段风险的防范与对策、竣工项目运行阶段控制的改进与提高等。评价反馈系统通过提交并转送已完工工程的实施情况，增强了管理工作的责任制和透明度。

（2）建设项目投资后评价反馈系统的运作过程

工程管理中建设项目投资后评价的反馈管理流程为：基于对经济环境影响的要求，由投资管理者经过决策与评价后明确了建设目标并提出具体的方案，进而对实施方案进行可行性分析与讨论，并将分析结论向投资管理者作出了反馈。这种反馈在建设项目周期的不同阶段发挥着不同的作用。在项目决策过程，促进项目管理者及时修正错误，实现目标方法的改良与发展，提高决策的科学性和合理性。在建设项目建设阶段，通过对建设项目进行中间评价，能够将评价信息及时向建设项目管理人员进行反馈，有利于对建设项目全过程的动态信息，并采取适当的措施对方案和执行计划进行调整，保证建设项目顺利进行。在运营阶段，通过建设项目投资后评价将建设项目运营的实际经济效益和社会效益与决策阶段的预期目标相比较，可以实现对建设和运营过程的科学分析和评价，将这些评价信息及时向投资决策者反馈，有利于改进和完善今后投资项目的决策并提高投资效益。

从某种意义上来看，项目投资后评价是反馈控制法在项目管理中的实际应用。对于项目计划的合理与否，以及工程建设计划的实际水平怎么样，都能够采用反馈的手段加以检验，进而对项目结果作出合理预测，并由此来修改和完善工程建设计划并完成方案的调整，根据经过研究论证后的分析结论对投资者作出合理回报，并通过反馈手段给出完善建议，这就是被动反馈。而这种反馈的主要意义，就是在投资决策中及时修正可能存在的错误，确保工程计划尽可能地完善。在投资运行时，可以利用项目投资后评价把项目的运行成果和原预定计划相比较，给投资决策提出依据，这是主动反馈。这种反馈的主要目的在于检验目标决策是否符合实际，进而采取相应的措施或调整目标，优化方案，或改进项目的运营，保证目标的实现。

(3) 建设项目投资后评价反馈的形式

后评价成果的反馈形式丰富多彩，主要形式如以下表述：

1) 向贷款机构进行反馈。贷款机构依据评价成果和信息对未来贷款计划编制和技术援助计划等进行调整，改进和完善即将建设的建设项目、在建建设项目和完工建设项目。

2) 向投资者进行反馈。投资人可以尽快吸取经验教训，并采用弥补举措，以增加投资效果。

3) 向政府部门进行反馈。政府部门在制定发展方针、发展计划和总体策略中参考借鉴。

4) 向社会反馈。借助不同的形式公开后评价成果，如信息系统、成果发布会、成果讨论会以及出版物等，提升后评价信息的利用效率，强化公众监督。

2. 建设项目投资后评价意见的扩散

后评价成果反馈涉及两个层次：其一是评价信息的报告和扩散，涵盖了评价机构和人员的责任。也就是说，后评价的成绩和信息必须及早上报给投资决策、勘察设计、立项管理、评估监测和建设项目实施等环节和有关机构。其二是后评价成果的运用，即发挥后评价对改进建设项目决策和管理的参考作用，这是后评价成果反馈的本质功效。在反馈时必须重视评价成果、评价者和应用者之间的联系机制，更好地发挥后评价成果的反馈功能。

通过反馈，建设项目投资后评价的成果应反映到新建设项目的决策和管理过程中。首先，要建立和健全投资管理的法规，从法律、制度、程序上形成体系，建立必要的执行和管理机构；其次，要建立建设项目管理的信息数据库，从建设项目筛选、立项、实施、完工到运营全过程进行监测管理；最后，保存和发展后评价的业务队伍，在实践中运用和发展与国际接轨的评价理论和方法，不断提高后评价质量。

在实际运作上，加强后评价与新建设项目决策的联系是一个重要环节。建设项目决策立项阶段，应借鉴国际经验，在建设项目可研报告中增加一项必备的内容，即“过去的经验教训”，说明过去投资与拟建建设项目的主要经验教训以及本建设项目拟采取的措施。在建设项目准备阶段，要建立建设项目管理信息系统，明确项目的监测评价指标、监测程序、监测的执行和管理，没有建立信息系统的建设项目一律不得开工。在建设项目实施阶段，应实施建设项目绩效管理，进行中间评价；严格把住竣工验收的关口，竣工报告必须达到建设项目自评报告的深度要求。在建设项目总结评价阶段，建立健全建设项目事后评价的制度和信息反馈机制，使之规范化、制度化。通过投资项目四个主要阶段的控制，可以形成一个比较完整的建设项目投资后评价体系。

附录 A

民航供油工程建设案例分析

A.1 民航供油工程建设案例分析

民航供油工程是指为保证民用运输机场正常安全运行而建设的具有航油接收、储存、输转、发放等功能的工程项目，主要包含机场油库、机坪管网、加油设备设施及相关配套设备设施的建设。民航供油工程在生产中储运的物料主要为 3 号喷气燃料(航空煤油)。工程建设风险管控主要是通过工程建设前安全预评价、安全设计审查进行初步安全风险管控，同时对工程建设中相关风险管控措施进行建议，通过工程建设结束后安全设施验收、安全现状评价对安全设施运行情况进行风险评估及管控。本章节将以某大型机场民航供油工程为基础，具体描述工程建设、试运行及正式运行过程中存在的有害因素进行风险分析，以及新技术的应用加强风险管控措施。

A. 1. 1 机场油库建设案例分析

1. 油库概况

民航供油工程中的油库，是指为民用运输机场提供航油，具有航油接收、储存、输转、发放及航油质量检验、航油计量统计等功能的场所，一般包括储油库、中转油库、机场油库。储油库是接收和储存铁路、水路、公路或输油管道来油，并为中转油库、机场油库输转航油的专用储备油库。中转油库是接收和储存铁路、水路、公路或输油管道来油，主要为机场油库输转航油的油库。机场油库主要直接为航空加油站、机坪加油管道等输送航油的油库。大型机场民航供油工程的建设中，通常建设机场油库。

机场油库一般主要建设有储油罐区、辅助生产区、行政办公区、预留罐区及相应的管道末站、铁路、水路、公路接卸区。

2. 机场油库危险源及危险有害因素分析

针对机场油库化学品泄漏进行事故模拟分析，采用 QRA 定量风险评价软件。该定量风险评价以全世界范围内石油化工装置的事故数据，进行定量风险分析和危险性评价。应用 FTA 的特定事故或故障，层层分析其发生原因。应用危险与可操作性 HAZOP 分析生产运行过程中工艺参数在操作控制过程中可能产生的偏差，以及这些偏差对系统的影响及可能性的大小，从而找出导致偏差的原因，并针对偏差的后果检查已有的安全保护措施和提出应采取的补偿措施。

通过采用以上三种分析方法，对该项目机场油库进行了全面的检查和分析，并提出了相应的措施，从而有助于安全生产条件的进一步完善，有助于防范安全事故的发生，有助于提高机场油库的本质安全程度。具体风险辨识结果如下：

(1) 火灾爆炸事故分析

机场油库最大的危险源就是 3 号喷气燃料。3 号喷漆燃料是具有火灾爆炸危险性的物质，具有易燃性、易爆性、易蒸发性、易泄漏扩散危险性、易聚集性、易产生静电等危险特性，较容易因泄漏而引发火灾爆炸事故。

（2）中毒窒息事故分析

高浓度喷气燃料蒸气具有一定的毒性。蒸气可引起眼及上呼吸道刺激症状，吸入液态喷气燃料可引起吸入性肺炎，摄入引起口腔、咽喉和胃肠道刺激症状，使其成为引发中毒窒息事故的危险源。

（3）触电事故分析

配电室、配电线路以及在生产过程中使用的各种电气拖动设备(如电动机)、照明线路及照明器具等均存在直接接触电击或间接接触电击的可能。带负荷(特别是感性负荷)拉开裸露的闸刀开关，误操作引起线路短路或者开启式熔断器熔断等情况发生时，炽热的金属微粒飞溅等产生电流的热效应、化学效应、机械效应能够对人体造成局部伤害，导致电弧烧伤、电流灼伤、电烙印、电气机械性伤害、电光眼等。

（4）机械伤害事故分析

机械伤害危险是指由于机器零件、工具、工件或飞溅的固体、流体物质等，以及与设备有关的机械作用，可能对人的身心健康造成损伤或危害的各种物理综合因素，以及与设备有关的滑倒、倾倒和坠落的危险。机械伤害危险的实质，是机械能(动能和势能)的非正常做功、传递或转化，导致对人员的接触性伤害。机械伤害危险的主要形式有夹挤、碾压、剪切、切割、缠绕或卷入、戳扎或刺伤、摩擦或磨损、飞出物打击、高压流体喷射，以及与设备有关的碰撞、滑倒、倾倒和坠落等，造成人身伤亡事故。

（5）高处坠落事故分析

在恶劣天气，如大风、大雨天气，或夜间照明不好的情况下操作；护栏高度、强度、尺寸不够；作业点地面有油、水、冰；平台、扶梯过窄等原因导致人身伤亡事故及财产直接损失，或造成停产等间接损失。

（6）噪声危害事故分析

未设置降噪、减噪措施，降噪、减噪措施设计不当，或人员暴露于强噪声环境中，且个人防护不够，噪声容易引起职业性耳聋。

（7）油品质量风险分析

航空燃料被称为飞机的“血液”，其安全品质指标直接影响飞机的安全使用性能。油品质量是中国航油企业生命，关系着民航飞行安全。航空煤油在生产、储运、加注过程中，燃料中可能带有一些杂质，影响燃料的结晶性。洁净性不好的燃料，影响发动机燃料系统的正常工作。确保航空煤油质量合格，是保障航空运输和人民生命财产安全的重要措施之一(表 A-1)。

表 A-1　机场油库主要有害因素及分布

序号	危险有害因素	存在部位
1	火灾爆炸	储油罐区、油泵房、其他罐区
2	机械伤害	油泵房、各类动设备的转动部件
3	触电	油泵房、变配电室等所有用电设备所在的场所
4	中毒窒息	储油罐区、油泵房
5	高处坠落	储油罐区、较高的维修平台
6	噪声危害	油泵房
7	油品质量	油品质量检验系统

3. 采用的安全设施和防护措施

（1）防泄漏

1）为防止油品在储运过程中发生冒罐和泄漏，造成爆炸和火灾事故，机场油库储罐均设液位控制措施，液位信号远传至值班室，当液位达到高、低液位值时，系统报警处理；当储罐液位达到高高或低低液位时，系统自动切断罐的进、出口阀门，并自动停运卸油泵或发油泵。

2）设备和管道的连接处采用可靠的密封措施；可燃液体的金属管道除需采用法兰连接的部位外，均应采用焊接连接。

3）设备类型及结构需符合工艺操作要求，设备材质应根据工艺介质和工艺参数的不同选用合适材料。

4）工艺阀门选用钢制平板闸阀等，选用密封好的阀门，油罐进出口等关键位置开关频繁的阀门，选用双关双断阀等。

5）油罐底部防渗漏系统设计及应用。该项目在油罐底部敷设碳氢化合物感应测漏电缆，通过埋设测漏电缆来监测油罐罐底板的完好性，可以第一时间发现航空煤油泄漏并准确定位泄漏点，快速定位泄漏源，并将泄漏报警信号远传至控制室，联锁泄漏油罐电动操作阀门关闭，防止油品大量泄漏，有效防止事故污染扩大。防火堤内全部采用防渗设计，防火堤外埋地油罐采用双壁罐设计，可有效防止油罐泄漏后对土壤造成污染，双壁之间设有泄漏检测报警装置，远传至控制室，并联锁入口电动阀门关闭。所有可能涉及作业环境可能出现跑冒滴漏的场景，均采用抗渗混凝土设置收集沟可流至隔油池，降低事故状态下渗漏系数(图 A-1)。

图 A-1　油罐底部测漏电缆施工图

6）油罐边缘板防变形控制施工工艺

为保证航空煤油油品质量，在设计上航空煤油储罐设计为锥底。为了防止雨水和喷淋水流到罐基础沥青砂防腐层，设计时加宽了底板边缘板，在边缘板外围再焊接挡水板，这样 20000 立方米油罐底圈罐壁外表面沿径向至边缘板外缘的距离变为 350 毫米。在施工过程中，技术部门会同工程师经过多次研究和论证，结合长期施工经验，在焊接大脚焊缝时采取强制反变形固定措施，克服了处边缘板外部呈现波浪形。通过强制反变形措施和焊接顺序调整，克服了航油储罐施工边缘板变形难题，提高了施工质量，超过设计要求，防止后期运行过程中在边缘板焊缝部位发生泄漏。

（2）防火、防爆

1）根据相关标准对机场油库周边及内部安全间距分析，其无论与机场油库内外各建构筑物间距均满足相应行业及国家标准。

2）采用安全流速，防止静电产生，输送易燃、易爆介质的管道均设有可靠的静电接地系统。

3）储罐设置冷却喷淋系统，高温天气开启，降低储罐内油品温度。

4）机场油库内安装有先进的消防自动化系统，消防自动化系统是以现场仪表、阀门及消防泵控制系统为基础的，以可编程逻辑控制器为控制核心的，通过计算机终端来显示和完成操作的消防控制和管理的系统。消防自动化系统具有消防联动控制的功能。消防联动设置的目的是，可以通过一个联动按钮进行启泵、开阀操作，从而缩短泵启动及阀门开启时间，减少消防作业的准备时间，为消防系统能够尽快投入作业赢得宝贵时间。同时，采用消防联动设置，能够提高开阀准确性，减少误操作。当油罐着火时，除启动消防泵、打开相关消防管道阀门外，还要开启临近油罐的消防水阀，仅依靠操作人员的记忆难免开错阀门。通过程序联动不仅能准确、快速地开启所需阀门，还能确保不开错阀门，节省宝贵的消防水源。

5）电液联动紧急切断阀应用。结合国家、行业相关政策和法律法规要求，将油罐罐根第一道阀门设计为电液联动轻型平板闸阀。该阀门配备直行程电液联动执行机构，自带液动蓄能机构，罐区失火事故或失电故障情况下，依靠自身能在半分钟之内能够自动完成阀门关闭操作。短时间内可迅速关闭阀门，无动力电仍可开关1个行程，断电后直接关闭阀门，避免了事故发生后，人员无法靠近操作，事故扩大的风险(图A-2)。

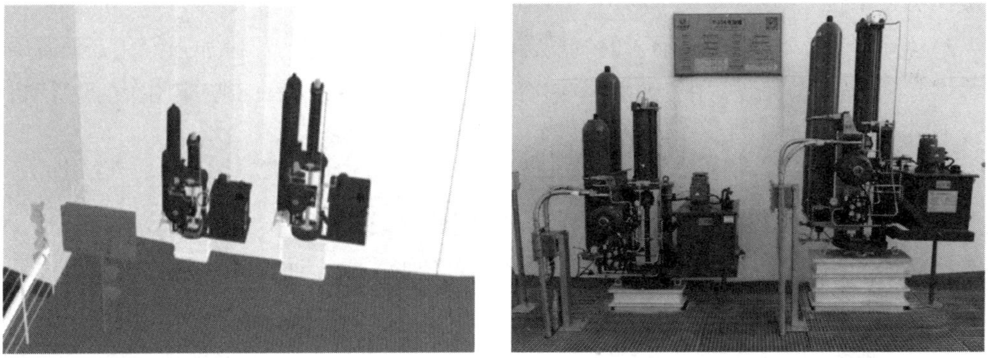

图A-2　电液联动紧急切断阀

6）防火堤外雨污水阀门自动切换防止油气聚集。储油罐区雨水经明沟收集，进入集水坑，通过暗管排出储油罐区，在防火堤外设转换电动阀门、水封井。初期罐区内雨水若含油花时，可排入含油污水管道，并收集于隔油池内，按含油污水统一处理；后期清净雨水排至库区雨水收集池用于绿化浇洒，多余雨水排至库内雨水管网。阀门平时均关闭，防止事故时油品流出防火堤外，电动阀操作采用远程手动方式，大大提高操作效率，减少员工冒雨、雪操作的劳动量。

7）采用快开盲板式过滤分离器。快开盲板篮式过滤器及快开盲板技术在石油石化系统已比较成熟。但由于航油对水分杂质的过滤精度极高，之前航油系统一直采用法兰封头式过滤分离器顶盖，每次开盖更换滤芯需要拆装数十个螺栓，操作烦琐，作业时间长，易出现密封面渗油等问题，且开关检查更换滤芯频率较高。过滤器内容长期存油，油气浓度较高，一旦金属工具使用错误就容易出现金属碰撞火化，引起火灾爆炸事故。该项目创新地将快开盲板技术应用到航油过滤分离器顶盖上，锁环式快开盲板通过筒体短节和盲板盖间锁环的收拢和张开实现快速开启或关闭，可在1分钟之内开启顶盖，操

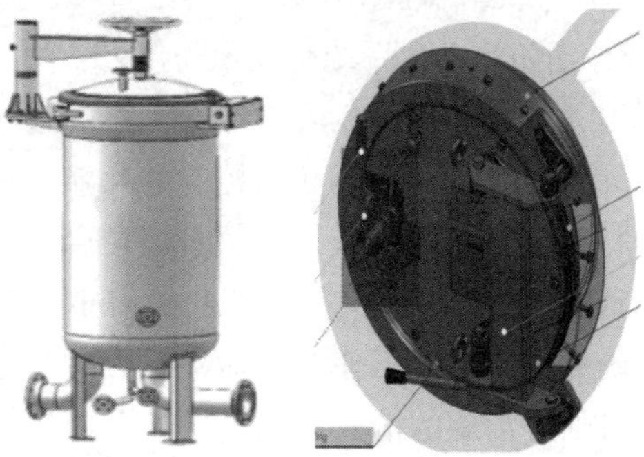

图 A-3　快开盲板式过滤分离器

作便捷，密封性好，可靠性高，不再有螺栓紧固和密封不严的问题，大大降低了火灾爆炸的风险(图 A-3)。

(3) 防腐

1) 由于油罐较高，喷砂除锈污染面大，油罐底板、壁板、顶板均在预制工厂处理好，喷涂可焊性的车间底漆，减少污染，保护环境。外防腐面漆具有良好的耐海洋性气候、耐紫外线、耐油性、耐沾污性，外观醒目，有较好的装饰和标志效果，保光保色性佳。

2) 储罐阴极保护的方法分为外加电流法和牺牲阳极法。由于牺牲阳极埋设在储罐基础中，不易更换和检测。该项目储油罐采用网状阳极形式的强制电流保护，在每座油罐底部设长效参比电极。埋地卧式油罐外壁采用内钢外玻璃纤维双层罐。

(4) 防噪声

1) 噪声源主要为各类泵及电机、风机、变压器等。在工艺及生产允许的条件下，选用低噪声设备。

2) 将具有噪声和非电离辐射的变压器单独设立变压器室。厂区加强绿化，设置绿化带可以起到降低噪声的作用，油库区绿化面积不小于 20%，进一步响应国家“四型”机场建设要求。

(5) 防坠落

1) 在人员进行操作、维护、巡检的工作位置，设梯子平台、护栏、安全盖板等。油罐盘梯两侧和罐顶周围设有栏杆，油罐顶部设置环形平台，通往其他附件的地方设防滑踏步，以确保操作人员的人身安全。

2) 目前系统内储罐油品取样均为人工现场操作手摇泵或爬至罐顶完成，整个上、中、下三点罐下取样全过程需要开关阀门十余次，手摇泵操作劳动强度大，每座油罐需要操作将近 20 分钟，工作量较大，工作强度较高，人员在上下盘梯及在罐顶作业时，高处坠落风险较大。在未开发三点取样装置之前，航油系统内全部采用手动开阀取样，并采用手摇泵循环检查管内油品，质量检查桶内油品需要人工开阀自流或启泵返回储油罐或回收罐。结合操作流程需求，中国航油研发具有研发专利的罐下智能三点取样装置，航空煤油油罐内浮动出油装置的上、中、下部分别设置三个取样口，包括上取样管线、中取样管线和下取样管线，连接至罐外的取样阀组。该装置内设两台油泵和多个电动阀门，可一键自动取样，实现全自动三点循环、取样、回收质量检查桶内油品的功能，取样精确，时间缩短一半，大大降低了工作强度，减少油品的浪费，减少了上下盘梯及罐顶作业时产生的作业风险(图 A-4)。

(6) 防雷、防静电

机场油库内油泵房、末站接卸区、含油污水处理间、罐区防火堤内为易燃易爆危险场所，为了安全生产，必须做好防雷防静电接地保护工作。防雷防静电接地系统做到安全可靠、经济合理。

图 A-4　三点取样装置示意图

（7）油品质量管控

1）自动放沉技术应用。航空煤油对水分、杂质含量要求非常严格，为此航空煤油油罐在国内外都选用下锥底油罐，航空煤油油罐中的水分、杂质会快速沉积至锥底中心的集污槽，再手动打开排沉管道上的阀门，利用虹吸原理，将集污槽中的底油排出检测。基于民航业对油品质量的高标准要求，中国航油自主研发具有产权专利的自动排沉系统。

自动排沉系统具体为一种用于航油自动放沉的油水界面分析仪和电动阀门的组合应用，将油水界面仪放入排污槽内，测量槽内水分、杂质含量，根据所测水分、杂质含量数据联锁控制放沉电动阀门启闭，实现全自动排放罐内水分杂质。采用同轴柱形电容传感器的油水分析仪，测量航空煤油中的水分含量，检测油、水、汽的分层界面，对油品质量进行评定，实现放沉自动化；通过电容式传感器、控制器和阀门配合使用，能够实现对储油罐内部的积水进行排泄，自动化程度高；变送器内部设置安全栅，以保证信号使其始终处于低电压小电流的工作状态，从而减小爆炸的可能性。自动排沉系统通过防爆认证，安全可靠，大大减少了员工操作，避免了人为目视检测的误差对油品质量控制的影响，减少了油品的浪费，降低人员作业强度大而带来的风险(图 A-5)。

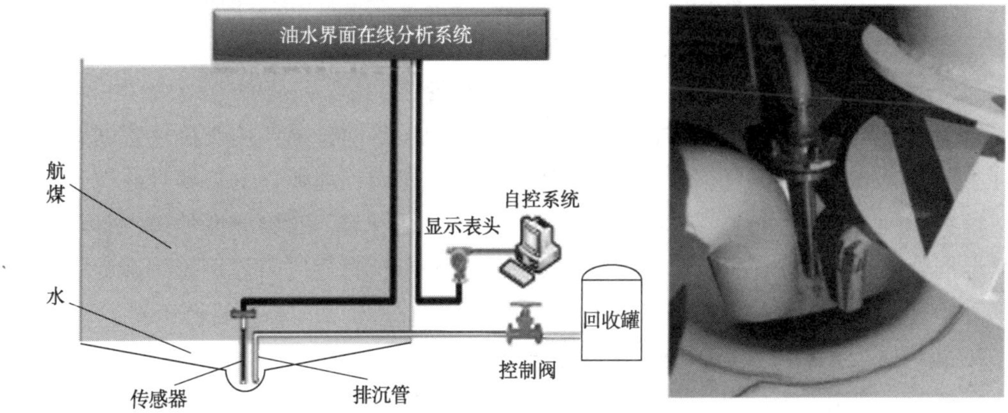

图 A-5　自动排沉系统

2）视窗式质量检查桶研发。航油传统质量检查桶标配为磁翻板液位计，在筒体外侧设置，上下各有一个细管与检查桶相连，底油操作时，作业人员通过磁翻板红白刻度了解桶内油品液位高度。由于检查桶内油品为油罐锥底集污槽内排出的可能含水分杂质的底油，北方地区冬天气温低于零度，可能出现磁翻板液位计与桶体连接细管内液体冻住，导致磁翻板液位计失真的隐患。中国航油创新研发设计了视窗式质量检查桶，不再需要设置液位计，液位直观显示，安全可靠，降低了溢油的风险，同时可以直接检查桶内的油品质量(图 A-6)。

图 A-6　视窗式质量检查桶

A. 1. 2　机坪管网建设案例分析

1. 机坪管网概况

民用机场机坪输油管道是给飞机加油的大动脉，在飞机加油保障中，起着保驾护航的关键作用。机坪管网是机场油库向机坪直接为管线加油车输送航空燃料的管道，一般包括供油主管、加油次环管、加油支管、加油短管、装油支管。机坪管网一般配套安装有机坪加油管道系统，即通过加油泵组、恒压工艺及供油控制系统，将机场油库储罐内的航空燃料经浮动出油装置、加油泵组、过滤分离器、流量计、机坪加油管道和管线加油车，直接给飞机加油的工艺及控制系统。机坪管网在关键节点安装阀门井、加油栓井、高低点排放井等设施，便于加强机坪管网运行管控。

经调研我国钢管生产情况和管道建设及管理情况，目前，国产用作机坪管网管道的钢管主要有输送流体用无缝钢管、直缝电阻焊钢管、螺旋缝埋弧焊钢管和直缝埋弧焊钢管四种类型。无缝钢管和直缝电阻焊钢管多用于小口径管道，螺旋缝埋弧焊钢管和直缝埋弧焊钢管适用于大口径管道。根据钢管生产工艺特点，直缝电阻焊钢管、螺旋缝埋弧焊钢管和直缝埋弧焊钢管多用于品种较为单一、生产批量较大的机坪管网工程。

2. 机坪管网危险源及危险有害因素分析

机坪管网采用安全检查表法、危险度法、事故模拟法围绕有关事故发生的可能性、严重程度等进行分析，并提出了安全防范相关措施，极大地降低了建设生产过程中的危险性和事故的严重程度，从而保证安全生产。采用安全检查表法对该项目与国家有关安全生产的法律、法规、规章、规范的符合性进行了评价，针对该项目采取的安全措施，提出对策、措施、建议。具体风险辨识结果如下：

(1) 火灾爆炸事故分析

油品在管道、阀门等设备内流动时，易产生和积聚静电。油品发生小孔径喷射时，因其流速极快，会产生高电位静电，尤其是当气体中含有其他微粒物质时，静电危险性更大。因此，静电放电是导致火灾爆炸事故的一个重要原因。

(2) 中毒窒息事故分析

在常温、常压条件下，泄漏油气的比重比空气重，因此一旦从阀门、法兰等容易发生油品泄漏的部位泄漏，阀井通常为通风不良的地方，油气容易滞留在阀井内，造成阀井内窒息气体聚集。当人员下井作业时，容易造成人员中毒窒息事故发生(表 A-2)。

表 A-2　机坪管网主要有害因素及分布

序号	危险有害因素	存在部位
1	火灾爆炸	加油栓井、阀井
2	中毒窒息	阀井

3. 采用的安全设施和防护措施

(1) 防泄漏

1) 输送管道采用焊接的连接方式，同时法兰连接处采用可靠的密封垫片，从而有效防止油品泄漏，降低爆炸气体混合聚集概率，确保危险有害因素得到安全控制。

2) 根据管道承受温度、压力、腐蚀、冲击、承重等程度的不同，在选材、连接方法、几何尺寸等方面要考虑防震、防腐、防热应力等措施，重要管道需作应力计算，保证长周期运行的要求。

3) 机坪加油管网测漏系统研究与应用。机坪加油管网是一个给飞机恒压供油的系统，其特点为管线长，加油分支较多，且埋设在混凝土站坪下，不利于监测、维护。机坪加油系统发生的未知泄漏会造成飞机和建筑的潜在破坏、紧急事故停运带来的损失和潜在人身伤害。目前国内华南地区某大型机场使用过德国汉莎公司的温度—压力法自动化测漏系统，该系统运行条件受限，需在关闭机坪加油管网的情况下占用 2 小时进行测漏，阀门信号及通信系统容易受外界因素干扰影响测漏结果，且该系统无法精确定位泄漏点，给抢维修工作带来困难。

通过走访国外大型机场，在该项目中引入一套全天候连续、可靠、有效的可定位的管道测漏系统。管道测漏系统主要由碳氢化合物感应电缆(HSC 技术)、通信模块及主控制器组成，通过测漏电缆来监测机坪管线的完整性，快速定位泄漏源，保障管线安全。将感应电缆全程与机坪加油管线同沟平行敷设，并在油罐基础内砂层中敷设，其下敷防渗土工膜。通信模块与感应电缆兼容连接负责收集报警信号，主控制器收集并实时显示所有链路的泄漏源位置。机坪所有通信模块通过光纤通信链路连接至机场油库控制室内主控制器。

当泄漏发生在供油管线某处，感应电缆与油品接触时会产生电阻变化，仅需 10 毫升到 30 毫升的航油就能检测和迅速定位泄漏点，可检测出因为管道砂眼缝隙而导致的少量泄漏，测量精度在±1 米，泄漏检测时间为 10~20 分钟，可实现全天 24 小时在线监测泄漏，平时无须操作，定位准确，维护、抢修方便，安全环保，经济与社会效益显著(图 A-7)。

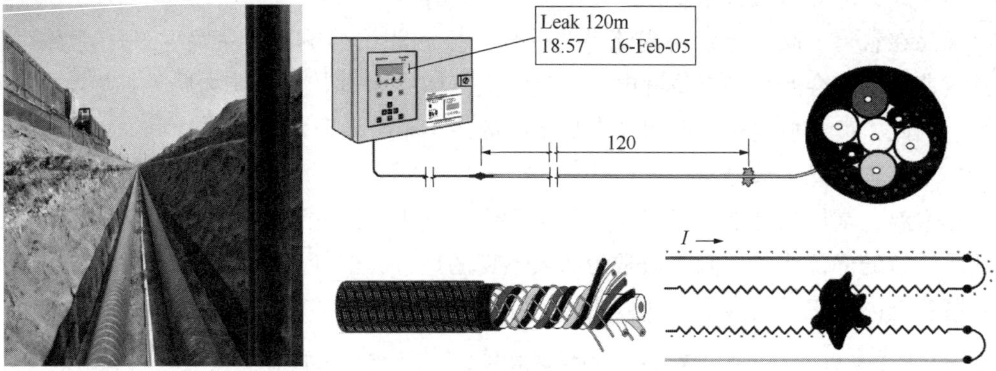

图 A-7 管道测漏系统

4）随着民航业的高速发展，利用机坪管网进行加油作业已成为新建或扩建机场的主要选择。机坪管道监控系统的主要功能包括机坪 ESD（紧急关闭）、阀井内管线压力监控、管线分支段电动阀的控制及监控阀井内的水位监测等。作为机坪管网安全系统之一的机坪紧急关闭系统，能够在机坪管网突发油料泄漏等情况下快速触发停泵信号，及时关闭泄漏点位相邻的阀门，防止事故持续扩大。ESD 紧停信号可与机场油库内加油泵实施联锁，在紧急状态下可切断机坪加油泵供油。

5）自主研发“机坪加油管网水力模拟分析软件”。针对超大型机场机坪加油管网构型进行了专项研究，克服了机坪复杂管网瞬态水击计算的难题，中国航油开发出了机坪加油管网仿真模拟软件，填补了国内空白，降低了生产运行中机坪管网水击风险。当压力发生变化时，可随时监控机坪管网系统泄漏的情况（图 A-8）。

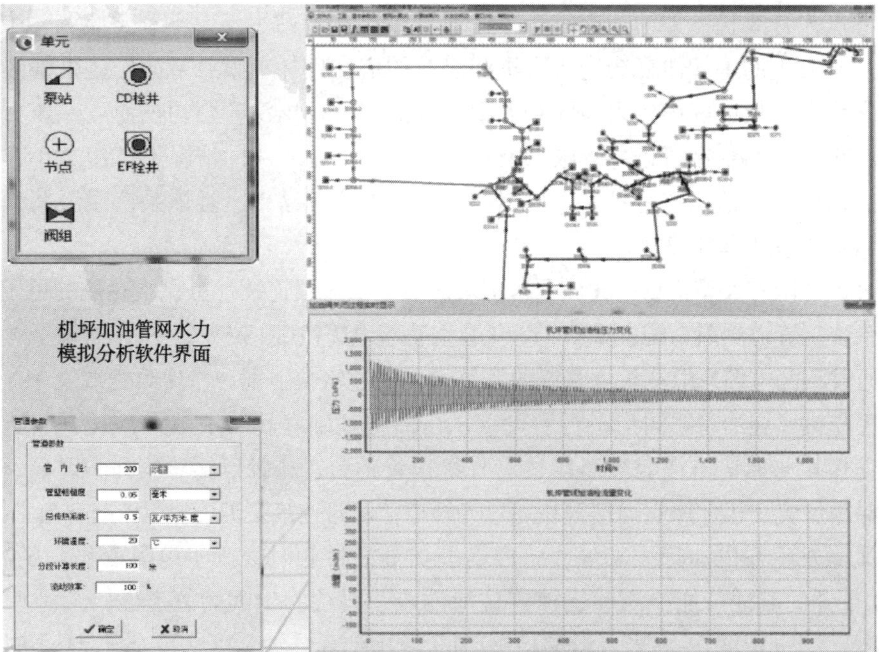

图 A-8 机坪加油管网水力模拟

6）创新使用智能阴极保护系统。航油机坪加油管道阴极保护通常采用牺牲阳极或深井阳极方式。该项目在航油系统创新采用柔性阳极（MMO/Ti 阳极）智能保护系统，该系统保护电流均匀，抗干扰性能好，对机坪内其他管道影响小，免维护。在机坪内设置了电位采集桩和恒电位仪，通过机坪的光纤布线将信号接入监控室的机坪管道监控系统，在监控室可实时显示机坪现场的阴极保护参数并进行自动调控，实现了机坪加油管道阴极保护智能化，降低了管道腐蚀的风险（图 A-9）。

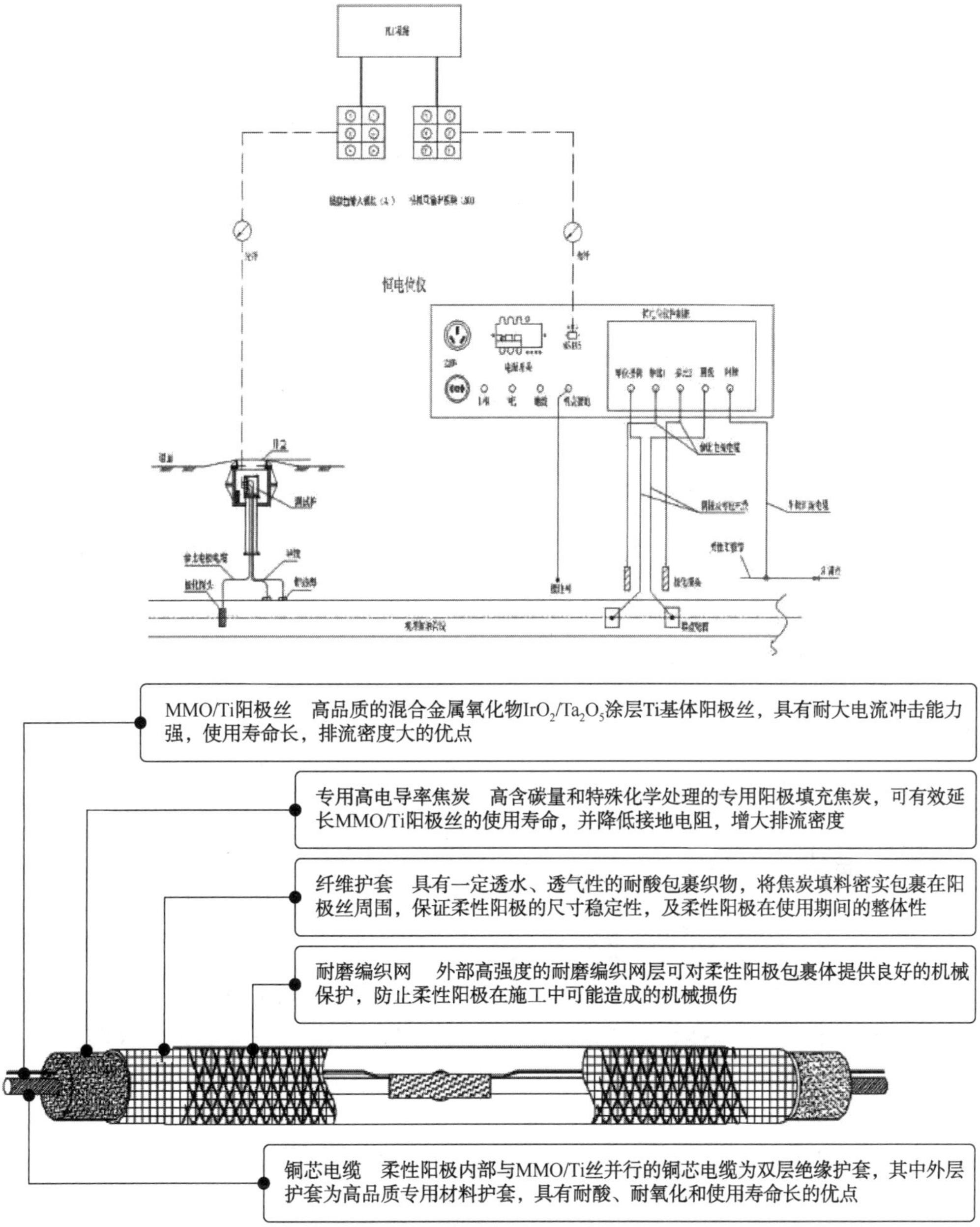

图 A-9　智能阴极保护系统

（2）防火、防爆

为监督加油作业情况，保障航油的供应安全，该项目应用机坪视频监控系统。机坪视频监控系统通过设置在各个机位前的摄像机来实时监控停靠在机坪上给飞机加油的航油加油车的工作过程。该系统充分利用视频压缩技术、流媒体转发技术、数据库技术、软件技术、数字化整合技术、网络通信等高新技术手段，同时结合光纤视频联网技术，建设远程监控平台管理系统，实现对航油各工作点位的及时调看和控制，在安全管理和应急指挥中发挥有效的辅助决策作用。

（3）防腐

在恶劣环境条件下，普通钢管会出现严重腐蚀，从而导致钢管使用年限减少。采用防腐措施后，钢管使用寿命将有所延长，一般情况下可以使用30~50年。三层结构的聚乙烯防腐涂层(3PE)以其良好的抗腐蚀性、抗水气渗透性以及力学性能著称，是目前全球公认使用效果最好、性能最佳的管道防腐涂层，从而被广泛应用于诸多工程当中，在机坪管道防腐工艺中也得到了广泛应用。3PE防腐层对于埋地管道的寿命来说是至关重要的，同样材质的管道，有的埋在地下几十年不腐蚀，有的几年就发生泄漏。就是因为它们采用了不同的外防腐层。

当所有联锁开关在复位状态下，他们形成一个完整的回路，车辆才能在安全的情况下移动；任何一个联锁断开，导致此回路形成断路时，气路制动系统启动，防止车辆移动。从而在技术层面上解决拉坏飞机加油接头、拉坏油车接头的事故发生。

A.2 配套设施建设案例分析

民航供油配套设施是支撑民航供油设施设备主体发挥效益所必不可少的附属、辅助设施。民航供油配套设施因其自身功能独特性，相较于一般油品储运工程具有自身特点。本章节将中国航油某大型综合性科研基础设施及某计量检定中心检定实验室为例，具体阐述民航供油配套设施因其自身功能独特性而特有的风险因素，以及采取的针对性风险管控及监督管理措施。

A.2.1 某大型综合性科研基础设施

科研基础设施作为自主创新的物质技术基础，能够为突破科学前沿、攻克技术瓶颈、解决重大科技问题、实现技术创新和变革提供科学的研究手段。民航科研基础设施是提升我国民航自主创新能力、支撑关键核心技术攻关、促进科技成果转移转化的重要创新平台，其建设是一项科学工程，具有鲜明的工程和科技双重属性。

1. 工程概况

该大型综合性科研基础设施是按照国际标准进行建造的，主要用于航空燃料过滤设备综合性能试验与检测，能够完成标准中规定的单支滤芯性能测试、整机性能测试、滤芯结构强度测试等测试分析程序。为使该大型综合性科研基础设施测试范围能够覆盖目前国内外全流量系列航空燃料过滤设备，将其检测能力上限由标准中规定的570立方米/小时提高至600立方米/小时。同时，为拓展该科研设施的应用范围，在建设过程中充分考虑了设施的可扩展性，经过功能扩展，利用该设施能够开展航空燃料核心添加剂、绿色燃料、油品智能化质量管控技术等研究方向的实验研究工作。

该设施包括1套单支滤芯性能测试系统、1套滤芯结构强度测试系统、3套整机性能测试系统，主要工艺设备设施包括2座200立方米立式高架锥底油罐、1座20立方米埋地卧式回收罐及油罐附件、1座20立方米隔油池、2台白土过滤器、2台净化过滤器、1台自动加杂质撬装装置和1台自动加水撬装装置等，并配套设置检测、控制仪表、工艺自动化系统、消防设备设施等。同时，项目还配套了试验及分析用仪器，包括过滤材料及综合性能测试类、航油品质分析类和实验室通用设备类仪器设备。

项目建筑面积约2000平方米，建筑整体装配率为85.1%，达到AA级装配式建筑标准。其中，配套用房单体建筑装配率可达到AAA级。

2. 危险因素分析

由于该设施类似民航供油工程中的油库，因此其也具有常规民航油库所涉及的危险、有害因素(表A-3)。同时，由于该设施具有特定的科研功能，因此相较于常规民航供油工程具有大流量、高流速等极限条件特点，并且，保证试验测试条件的稳定性、一致性也是科研设施设计和建设过程中需要关注的重要问题。

表A-3　危险、有害因素存在的主要场所分布表

序号	危险有害因素导致的事故类型	主要存在区域或设备
1	火灾、爆炸	装卸油区、罐区、变电站、压力管道等
2	中毒和窒息	油罐区、检测泵房、清罐作业等
3	触电	变电站配电装置、配电线路及各类用电设备
4	起重伤害	检维修、拆卸作业过程中可能使用到起重机械
5	物体打击	油罐顶及其他2米以上作业平台、上人屋顶等
6	机械伤害	泵、风机等转动机械
7	车辆伤害	装卸油区、道路
8	高处坠落	油罐顶及其他2米以上作业平台、上人屋顶等
9	噪声	泵、风机等转动机械等
10	坍塌	罐区、检测泵房、实验室

与常规民航供油工程相比，本设施的风险点还包括以下方面：

(1) 检测泵房面积增加带来的房屋结构变化

按照国际标准要求，为实现对全流量系列航空燃料过滤分离器、预过滤器等设备的性能检测，测试系统的检测流量需要覆盖0~600立方米/小时，与常规民航供油工程相比，该设施的检测流量跨度较大。综合考虑泵的运行效率和运行安全，以及标准中对于泵在测试流量下的转速要求，设置单台泵难以完全覆盖检测流量，因此，需要设置多套测试系统来覆盖目标流量，这就使得检测泵房空间需求增大。此外，在检测泵房内还要设置过滤分离器、白土过滤器及自动加注撬等相关设备，加之还需考虑实验过程中的人员操作空间，以及未来实验壳体的吊装与安装作业、泵及阀门等设备检维修作业的空间，使得检测泵房空间需求进一步增加。因此，本项目检测泵房的面积较常规输油泵房的面积有所增加，需改变房屋结构设计来适应其面积的增加。

（2）由于加注污染物引起的腐蚀风险

按照MH 5008—2017《民用运输机场供油工程设计规范》的规定，机坪管道、工艺管道(不锈钢材质除外)应进行内防腐设计。对于采用了内防腐设计的管道，在长期运行过程中，管道内防腐层由于会受到液流和固体颗粒冲蚀等作用，会导致管道内涂层损伤和脱落，从而影响测试过程中固体颗粒物浓度，破坏测试条件的一致性。此外，在测试过程中，按照国际标准要求，需向测试系统中加入一定浓度的水分，且在某些极限条件下，加水量较大。若采用经内防腐层处理的管道作为工艺管道，由于水分的长期沉积，也易出现管道腐蚀。

3. 危险因素应对措施

（1）排架结构在检测泵房建设中的应用

经优化，在检测泵房内设置6个具有不同设计流量的测试系统来覆盖目标流量，因此，导致检测泵房空间需求增加。为了确保检测泵房在具有较大房屋面积的同时，保证房屋结构安全，检测泵房采用了适用于单层工业厂房的排架结构。排架结构下部有两排柱子，上方为屋架。

本项目检测泵房的两排柱子采用钢筋混凝土预制柱。为保证预制柱达到承载要求，在施工过程中特别注意了预制柱在制作过程中的重叠层数、预埋件防锈处理、起吊方式等问题。由于预制柱制作时恰逢冬季，为了保证混凝土干燥过程中的温度，在制作时搭建了临时暖房，并利用电热装置来保持暖房温度，从而确保预制柱能够符合质量要求。

（2）不锈钢管道的应用

若采用航空燃料管输中常用的碳钢管道，则必须在管道内壁涂敷防腐层，以避免因为水分的存在而导致管道锈蚀。但由于工艺系统中存在小口径管道，防腐补口较为困难，因此本项目的工艺管道全部采用不锈钢管道。

不锈钢管道的焊接与碳钢管道的焊接有所不同。为了保证焊接质量，本项目中，对于管径小于DN150的不锈钢管道采用全氩弧焊，对于管径为DN150及以上的不锈钢管道采用氩电联焊的方式，即首先采用氩弧焊焊接焊缝底部，再用电弧焊盖面的焊接方法。

（3）立式高架锥底罐及地上管道的应用

为有效排出含水含固体颗粒杂质的实验油品，避免因水分和固体颗粒杂质沉积给工艺系统及设备带来不利影响，本项目主要采取了以下两项措施：一是采用了立式高架锥底罐，大坡度的锥形底部便于储罐内底部污油的快速排出；二是工艺管道全部采用地上敷设，并在适当位置设置排放点，确保能够排净管道内含水含固体颗粒杂质的油品。在具体实施过程中，由于检测系统的最大流量较大，且按照标准要求，在滤芯测试过程中需要进行阀门快速关断、泵启停等操作，其所导致的大流量条件的水击和动量变化，给高架锥底罐和地上管道的安全稳定带来了不利影响。项目为确保实验过程中高架罐及地上管道的安全稳定运行，采用“三维建模+瞬态模拟”技术，对实际工况下高架锥底罐和地上管道的力学响应过程进行分析，制定有针对性防范措施，指导工程设计和建设。

1）立式高架锥底罐应用过程中的安全问题。立式高架锥底罐的基座是由6个框架柱和1个圈梁组成。由于评定平台能够达到的最大流量为600立方米/小时，流量较大，其冲击力可能会导致检测罐出现侧向位移。为了验证设计是否安全有效，项目进行了力学模拟分析，按 1∶1 的比例对基座和油罐进行建模，分析流动条件下动量变化对油罐的冲击。结果表明，项目的设计能够有效应对油罐的侧向位移，确保罐体安全。

2）地上管道应用过程中的安全问题。在对过滤设备进行性能测试的过程中，需要制造水击过程，测试滤芯在水击条件下的承压能力。当水击过程发生时，流体经过弯头、大小头短接、扩大短接等典型管件时，速度方向的改变引起动量的变化进而诱导产生冲击力，从而引起管道位移或振动，致使管道处于不安全状态。相比于地下敷设而言，地上管道更容易产生位移或振动。为了减小因为水击而导致的地上管道的位移和振动，本项目进行了瞬态力学模拟分析，分析水击作用下"罐-管道"系统的安全性，并提出了相应防治措施。

A. 2. 2　某计量检定实验室

某计量检定中心作为国家民用机场航空加油设备计量站，是国家市场监督管理总局授权的法定计量检定机构，统筹管理国家站体系建设及授权项目的开展工作。中心计量检定实验室具体开展各项量值溯源、量值传递工作，确保航油企业贸易交接在用计量器具合法有效，完成法制计量的实验室使命。

1. 工艺设备设施简介

实验室工艺设备以油流量实验室最为复杂，实验室工艺设计先进、作业流程完善。检定作业前需将待检流量计安装在工艺管道上。检定作业过程中，检定介质喷气燃料从储油罐到达油泵(三台离心泵并联组合使用)，经油泵出口到消气器、过滤器、进入稳压罐。介质在稳压罐内完成充气对比调节稳压后，到达待检流量计工作管段。该部分有 50 毫米至 200 毫米不同公称直径的并联管道五个，每个管道有一个气动夹表器(气动伸缩器)，用于安装被检流量计。上游 2~5 倍直径处安装温度、压力仪表，管道末端安装流量调节阀。五条管道并联出口安装标准体积管，检定介质在体积管出口有两个回路，一路进入车间西侧地井，经加油车流量计、加油接头回主管线进而返回检定储油罐进口；另一路通过主管线直接返回储油罐进口，两路管道分设阀门控制。此工艺设计既可以完成从油流量最高标准到次级标准的传递，亦可完成从次级标准到工作表的传递即标准表比较法的检定工作。检定工作结束后需通过氮气扫线排空管线及流量计腔体内部喷气燃料、从管线上拆卸流量计、利用起重天车吊装流量计转运至旋转控油装置排空流量计腔体内残余油品等一系列操作，完成检定工作。

除工艺管线及阀门外，油流量实验室主要设备设施有小型标准体积管及配套供电设备、检定用储油罐、消气器、粗过滤器、稳压罐、泄油罐、三台离心泵、一台转子泵等。另外，为方便流量计装卸作业，在车间设计安装 5 吨起重机天车一台。

油流量室以外的其他实验室多为独立操作设备，相对而言无复杂工艺，不再赘述。

2. 危险因素分析及应对防护措施

油流量实验室部分设备与油库设备设施通用，如油泵、工艺管线及阀门等，故下表内所列的主要危险有害因素中部分与民航供油工程共性因素重合。下文重点介绍基于实验室检定工艺及作业流程的特殊性存在的特殊风险(表 A-4)。

表 A-4　检定实验室危险、有害因素及其分布一览表

序号	危险有害因素导致的事故类型	主要存在区域或设备
1	火灾、爆炸	油罐区，检定车间工艺管线、配电间、温度室等
2	中毒、窒息	油罐区、车间、泵房、温度室、密度室等
3	窒息	氮气间
4	触电	配电间、配电线路及各室用电设备
5	起重伤害	检维修、拆卸作业过程中天车吊装作业
6	高处坠落	传统容量检定作业中油罐顶部
7	机械伤害	油泵、风机、风扇等转动机械
8	割伤、划伤	钢卷尺、密度计、温度计损坏等
9	工具伤人	流量室、压力室等维修工具
10	噪声	体积管运行、油泵、风机等转动机械

（1）流量标准装置拆装、吊装转运、控油过程中喷气燃料挥发引发人员中毒的安全风险。

基于油流量实验室作业流程的特殊性，油品挥发引发的油料中毒风险尤为突出。

1）风险特征分析：

① 鉴于实验室采用在线检定方式，流量计检定前需要安装在工艺管线上，检定结束后拆卸。在安装拆除过程中不可避免地造成油品蒸发。为尽可能避免上述情况，拆卸前采用氮气扫线作业。在氮气吹扫管线的过程中，基于现有技术条件，氮气很难将管线及流量计腔体内部残存油品完全吹扫干净，因此在安装、拆卸流量计过程中不可避免地造成少量油品从打开的法兰两端滴落至集油槽内，从而造成油品挥发；在吊装转运前需用扳手拆卸流量计底部放油丝堵，因工具、操作空间所限，存在余油洒落操作人员手部的可能，同时放油孔与面部距离过近，容易造成人员在操作中吸入油气(图 A-10)；吊装转运过程中也会有少量余油从流量计底部打开的放油孔滴落挥发；在旋转控油装置控油过程中，腔体内残余油品在较长时间内从流量计进、出口端及底部放油孔流入控油装置底部集油槽，因此在余油收集的过程中，不可避免地产生油品挥发。

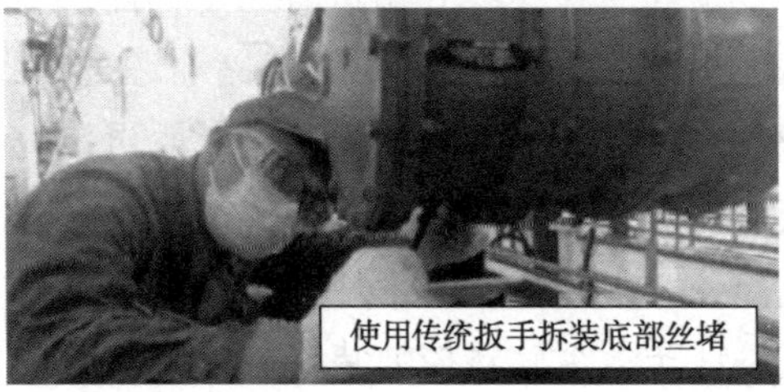

图 A-10　传统方法拆装底部丝堵

② 喷气燃料同时具有一定毒性，可通过呼吸道、皮肤、消化道进入人体并引起中毒。员工佩戴手套能最大限度避免皮肤直接接触油品，但挥发的油品在开启车间全部轴流风机(排风装置)、员工佩戴护目镜、口罩的情况下，挥发的油蒸气仍不可避免地从呼吸道进入人体从而对操作人员健康造成危害。经呼吸道、皮肤进入人体的喷气燃料，不经过肝脏直接通过呼吸或皮肤表皮进入血液循环，危害极大。当空气中油蒸汽含量达到 0.28%时，经过 12~14 分钟，人就会感到头晕；当油蒸气含量达到 1.13%~2.22%时，人会发生急性中毒，严重时当场晕倒、丧失知觉。一旦出现员工中毒事故，对员工生命

安全、身体健康危害极大。同时，排放的油气会对空气环境造成微量污染。出于对员工职业健康保护及环境保护的要求，必须采取进一步措施。

2）防护措施：

① 用气动棘轮代替传统扳手拆卸底部放油丝堵，加大操作人员面部与装置底部放油丝堵的距离，同时解决戴手套操作传统扳手不方便的问题，并避免腔体内余油撒落到操作人员手部(图 A-11、图 A-12)。

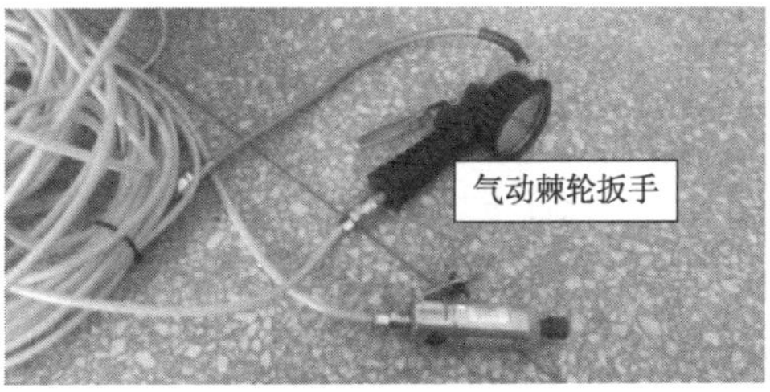

图 A-11　气动棘轮扳手

图 A-12　气动棘轮扳手拆装底部丝堵

② 研制成功《一种磁性接油盒和刮板流量计组件》(图 A-13)。当吊装流量计时，磁性接油盒通过磁吸组件牢固吸附于流量计腔体连接处，流量计内的余油直接滴落在接油口内，磁性接油盒可随流量计移动(图 A-14)，解决了在刮板流量计移动条件下接油困难、容易造成油料遗撒的问题。该装置已取得国家实用新型专利。

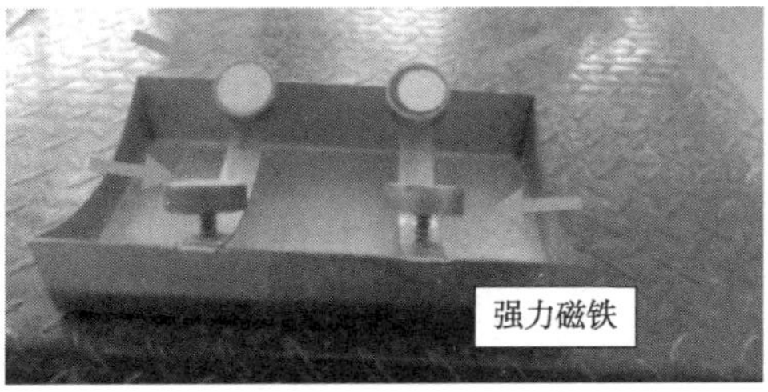

图 A-13　一种磁性接油盒

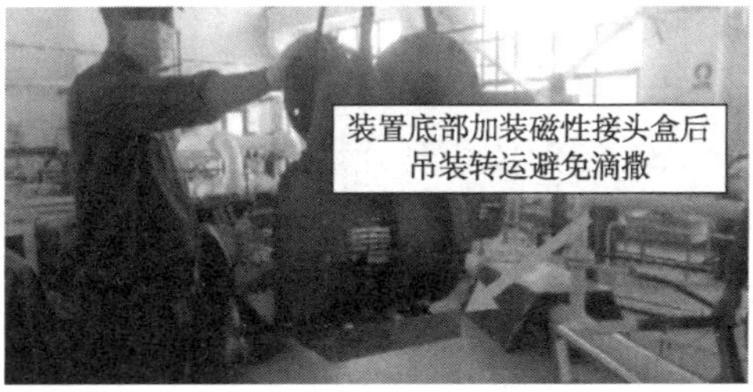

图 A-14　吊装转运流量计

3）发明《一种流量计旋转控油装置》对检定结束的流量计进行旋转、倒置控油操作(图 A-15、图 A-16)，彻底排空内部余油，避免运输过程中对人员健康及环境造成损害。旋转操作结束后对静置控油中的装置加盖以防油品挥发的专用罩(图 A-17)，减少油品挥发，最大限度减少车间内油蒸汽浓度，确保员工作业安全与职业健康。该装置已取得国家实用新型专利。

图 A-15　控油装置

图 A-16　操作控油装置控油

图 A-17　防油品挥发专用罩

(2) 氮气间人员缺氧窒息的安全风险

氮气间是油流量实验室配套设施，氮气泄露引发人员缺氧窒息是重要的作业风险之一。

1) 风险特征分析。实验室车间设置氮气间以完成工艺管线吹扫作业。由于氮气间采用无窗设计，在门关闭的情况下形成了密闭空间。在氮气瓶接卸减压阀过程中可能造成氮气少量泄漏，设备故障可能造成氮气迅速集聚。氮气一旦积聚将引起密闭空间内缺氧。操作人员开门进入时可能因缺氧导致人员窒息，严重时会危及生命安全。

2) 防护设备及措施：

① 在氮气间东西两侧设计两个通风口，在西侧通风口安装强制排风装置，电源接通时自动排风；同时在氮气间安装氧含量报警器，并与安装于另一侧的通风设备实现联动，一旦氧含量低于正常标准，报警器发出警报的同时，自动开启另一台通风设备，与原有的强制排风装置共同排除氮气间内空气实现快速换气，确保氮气间氧含量合格，进一步确保作业人员人身安全。

② 制定氮气间操作规程，防止人员误操作及误入缺氧环境。

(3) 国产体积管计量球、四通阀引起检定数据异常的安全风险。

体积管是油流量检定实验室的重要设备，检定数据准确与否直接关系到量值传递的合法性。

1) 隐患特征分析：

① 计量球是体积管重要配件，球体材质、结构、外形等变化对流量检定精度都有着十分重要的影响。检定数据异常分为两种情况，一是数据合格但线性变差或首次检定不合格经调整后复检合格；二是在对体积管进行期间核查实验过程中发现数据虽在合格范围，但变化较大，据此判定体积管存在某种隐性的性能改变。数据异常是由于计量球材质、结构、外形等性状改变引起的。实验证明，在被检标准装置性能正常的情况下，因计量球自身材质、外形、弹性变形程度改变引起的检定/校准数据差异最大可达千分之五以上，远超流量标准装置的合格标准的千分之一。

② 体积管重要部件四通阀材长期使用中易出现磨损及局部变形，加速了密封圈的更换频次，影响了检定/校准结果的稳定性。

2) 治理预防措施：

① 经多次试验后对球体结构、材质进行改进设计，改变橡胶球硬度、改变球体结构。试验成功了两种成熟的球体：实心球与充硅油空心球。实心球耐压强度远高于正常检定/校准最高 7 兆帕的要求，该球在使用到寿命极限时会发生变形而不会破损。由于整体硬度较高，在低温运行时偶发运行中速度不稳定，存在影响检定精度可能，故不适

合冬天低温使用。充硅油空心球加工工艺较前者复杂，将球体壁厚控制在公称直径的20%，以确保球体弹性满足正常工况运行的基础上最大限度地保证强度与耐压指标，适合四季使用。

② 对四通阀阀体材料进行技术升级，将阀体铸铁材质换成不锈钢材质，减少了运行中的磨损，提高了检定精度，延长了使用寿命。

（4）计量人员高空坠落风险

计量检定及其他计量作业中部分涉及上罐作业。虽有护栏、安全带等保护措施，仍存在人员跌落摔伤等风险。

1）容量检定人员中高空坠落及坠物风险。传统容量检定中，作业人员需在罐顶、罐下配合作业，风险较大。

① 隐患特征分析。在传统容量检定径向偏差测量过程中，操作人员需在罐顶用绳索固定径向偏差测量仪，由罐下人员多次拉动绳索完成测量。存在罐上人员跌落、仪器坠落砸伤罐下人员等风险。

② 隐患消除措施。引进全站仪替代径向偏差测量仪，通过引进先进仪器设备改变作业方式彻底消除风险。引进瑞士莱卡 MS60 全站扫描仪，用于立式油罐的检定，莱卡3DDisto 用于卧式油罐检定。同时配备激光垂准仪，手持式激光测距仪等先进设备作为容量检定辅助设备。

2）密度测量作业中人员滑倒、高空坠落。传统密度测量作业由测量人员到罐顶完成，风险较大。

① 隐患特征分析。密度测量作业（同时测量温度、液位等数据）常用以监控油罐储量变化、损耗等情况，测量结果是实验室计量审计的数据基础。传统作业方式由计量人员携带计量器具爬上十几米高的油罐从计量孔取样测量，劳动强度大，危险系数高。恶劣天气下，旋梯湿滑，存在员工滑倒、高空坠落的风险。

② 隐患消除措施。实验室采取技防措施，携手相关企业研发《新型储罐在线自动计量系统》。该系统实现了代替人工爬罐进行油罐取样、测温和密度测量作业，同时具有油罐高低液位报警等多种报警功能，极大提高了储存与收发油安全。该项目获得国家知识产权局实用新型专利。基于该系统编制的《油库自动计量技术规范》已报中国航空运输协会团体标准。

3. 以实用专利科技创新等方式化解风险消除隐患

检定实验室自 1985 年成立以来，在研发先进设备消除隐患，化解风险方面取得了诸多成果。源于维修实践用于精准调整流量计刮板以确保检定数据合格的《一种刮板调整方法》（获发明专利）、《一种刮板调整工装》（实用新型专利）；填补 GB/T 1885—1998《石油计量表》在应用方面空白的《密度修正及产品验证软件》；利用移动互联网、物联网和大数据云平台等手段，通过系统软件，以台式计算机、笔记本电脑、移动终端 PAD 为载体，实现计量器具收发、检定的网络化动态管理的《中国航油计量管理系统》；联合中国科学院力学研究所开发的《影响流量在线检定因素及控制软件研究》；参与编写的JJG 667《液体容积式流量计检定规程》《民用航空油料刮板流量计校准规范程》等规程、校准规范及行标、团标，不再一一列举。

参 考 文 献

[1] 杨建平，杜端甫. 重大工程项目风险管理中的综合集成方法[J]. 中国管理科学，1996，4(4)：5.
[2] Chicken，J C，Posner，T. Risks evaluation of sahand new town 1226 housing project and exploring their effects on time and cost of the project. The Philosophy of Risk，1998，21.
[3] 刘莎莎. 基于BIM技术的建设项目风险管理研究[D]. 荆州：长江大学，2019.
[4] Xia N，Zou P X W，Griffin M A，et al. Towards integrating construction risk management and stakeholder management：A systematic literature review and future research agendas[J]. International Journal of Project Management，2018，36(5)：701-715.
[5] 罗小凤. 加油站内控风险类别与防控管理浅谈[J]. 中国集体经济，2022(5)：2.
[6] 苗军. 低油价下我国石油企业SWOT分析及应对策略[J]. 石油化工管理干部学院学报，2021，23(1)：6.
[7] 郝继东. 浅析石油公司面临的油污责任风险及保险保障——以中国海洋石油总公司为例[J]. 中外企业家，2016(5)：2.
[8] 李素鹏. 合规管理体系标准解读及建设指南[M]. 北京：人民邮电出版社，2021.
[9] 刘洪. 工程建设全过程风险防控实务[M]. 北京：中国建筑工业出版社，2017.
[10] 孙成双. 建设项目风险管理[M]. 北京：中国建筑工业出版社，2013.
[11] 陈梁. 谈对企业管理安全的分析[J]. 中国科技投资，2017(2)：207.
[12] 上海市企业安全风险分级管控实施指南. 沪应急行规〔2019〕2号.
[13] 陈天一. LOPA在化工安全仪表系统SIL定级中的应用分析[J]. 中国化工贸易，2019，11(11)：129.
[14] 危险与可操作性分析(HAZOP分析)应用导则. AQ/T 3049—2013[S]. 2013.
[15] 保护层分析(LOPA)方法应用导则. AQ/T 3054—2015[S]. 2015.
[16] 陈天一. LOPA在化工安全仪表系统SIL定级中的应用分析[J]. 中国化工贸易，2019，11(11)：129.
[17] 薛守贵. 现阶段政府工程质量监督管理体系存在问题的探讨[J]. 安徽建筑，2004，11(4)：2.
[18] 李秀芳. 浅谈如何加强建筑工程施工质量控制[J]. 中国新技术新产品，2012(01)：180.
[19] 刘增梅. 工程建设项目坍塌事故动作原因的识别与控制研究[D]. 中国矿业大学(北京)，2018.
[20] 陈大伟，方东平，张延东. 我国建筑业安全生产长效机制构建对策研究[J]. 建筑经济，2009(2)：4.
[21] 张创. 伏牛溪油库扩建工程风险评价研究[D]. 青岛：中国石油大学(华东)，2014.
[22] 王堃. 装配式建筑安全风险因素分析及应对措施研究[D]. 天津：天津大学，2020.
[23] 王钢. 智能建筑的安全管理[D]. 上海：上海交通大学，2007.
[24] 张靖. 智能建筑的基础环境安全风险及防范措施[J]. 硅谷，2011(8)：1.
[25] 谢发龙. 智能建筑的安全风险分析与对策[J]. 中国城市经济，2011(2)：2.
[26] 朱婧. 智慧城市的建筑安全管理技术探讨[J]. 大众标准化，2021(23)：3.
[27] 王洁华. 程控交换机的环境要求分析[J]. 硅谷，2013(24)：2.
[28] 王核成. 信息化与管理创新：2006年全国第十届企业信息化与工业工程学术年会论文集[M]. 北京：电子工业出版社，2006.
[29] 李森，李陶深，洪茹. 电子政务网络安全防护体系构建[J]. 广西科学院学报，2009(4)：3.
[30] 孙钢锁，马芳，郑伟，等. 视频监控系统防雷措施及设计方案浅析[J]. 科技风，2009(16)：1.
[31] 吴斌. 建筑智能化系统运行与维护技术[M]. 北京：中国电力出版社，2008.

[32] 张远翼，程娇华. 智能建筑安全管理策略浅析[J]. 电脑与电信，2010(4)：3.

[33] 余成波，冯丽辉，潘盛辉. 虚拟仪器技术与设计[M]. 重庆：重庆大学出版社，2006.

[34] 毛东旭. 智能建筑的安全管理研究[J]. 城市建设理论研究：电子版，2013(34)：1-4.

[35] 王猛. 智慧档案馆一体化系统构建的研究[D]. 南京：南京邮电大学，2018.

[36] 尹智庆. 以安全管理为核心[J]. 中国计算机用户，2004(13)：2.

[37] 阙建林. 浅析电力企业信息网络的安全运行与管理[J]. 中国新技术新产品，2012(15)：24-25.

[38] 王玉娜，谢梦平，李晓婷. 建筑工业化多主体系统风险网络研究综述[J]. 工程管理学报，2017，31(06)：29-33.

[39] 刘伟芳，王建廷. 基于SNA的装配式建筑项目多主体行为风险分析[J]. 天津城市建设学院学报，2020，026(002)：112-117.

[40] 齐宝库，李长福. 基于BIM的装配式建筑全生命周期管理问题研究[J]. 施工技术，2014(15)：5.

[41] 赵明. 试论建筑工程项目安全管理制度创新举措[J]. 中外建筑，2013(1)：2.

[42] 杨勤，徐蓉. 建筑工程项目安全管理应用创新[M]. 北京：中国建筑工业出版社，2011.

[43] 李伟民. 施工项目安全管理预警体系建立与实证研究[D]. 长春：长春工程学院，2015.

[44] https://www.zhihu.com/question/282528751/answer/2107137550

[45] https://www.zhihu.com/question/282528751/answer/2107137550

[46] 智能建造系统基础理论与体系结构[J]. 土木工程与管理学报，2021，38(02)：105-111+118.

[47] https://wjrsbu.smartapps.cn/zhihu/article? id=421346615&isShared=1&_swebfr=1&_swebFromHost=baiduboxapp

[48] 韩靓. 智能制造时代下机器人在建筑行业的应用[J]. 建筑经济，2018，39(3)：23-27.

[49] KURT M LUNDEEN，VINEET R KAMAT，CAROL C MENASSA，et al. Scene understanding for adaptive manipulation in robotized construction work[J]. Automation in construction，2017，82.

[50] 把脉数字化转型新趋势 探索高质量发展新路径[N]. 中国建设报，2020-09-18(2).

[51] 车平，李军平，邹勇，等. 港珠澳大桥组合梁钢主梁机器人自动焊试验及应用[J]. 焊接，2017(10)：59-63.

[52] 陈伟乐，宋神友，金文良，等. 深中通道钢壳混凝土沉管隧道智能建造体系策划与实践[J]. 隧道建设(中英文)，2020，40(4)：465-474.

[53] 周冲，郑义，黄铁群，等. 预制PC构件生产线工业机器人系统设计[J]. 施工技术，2020，49(5)：80-84.

[54] 龙森，裘秋波，柴志军. 无人化智能设备上路，公路养护新拐点——浙江营运高速路面无人智能化集群施工技术全球首试[J]. 中国公路，2021(4)：71-73.

[55] 王志坚. 高速铁路隧道机械化修建技术创新与智能化建造展望——以郑万高速铁路湖北段为例[J]. 隧道建设(中英文)，2018，38(3)：339-351.

[56] 李俊红，徐明星. CRTS双块式无砟轨道智能化建造设备研究[J]. 智能城市，2020，6(8)：170-171.

[57] 张赛，黄声享，张文. 基于Android的移动端自动放样系统设计与实现[J]. 测绘通报，2019(S2)：181-184.

[58] 曹启光，韩立柱. RTS放样机器人在钢结构工程测量中的应用[J]. 施工技术，2017，46(18)：30-31，69.

[59] 张亮. BIM与机器人全站仪在场地地下管线施工中的综合应用[J]. 施工技术，2016，45(6)：27-31，48.

[60] 童鹏程，张同波．BIM 技术结合测量机器人放样功能在高层建筑领域的应用[J]．测绘通报，2018(11)：161-163.

[61] 陶璐璐，李帅．碧桂园博智林："机器人建房"梦想照进现实[N]．中国建材报，2021-04-14(3).

[62] 建筑信息模型应用统一标准．GB/T 51212—2016.

[63] 崔兵，张金月，刘相池．基于计算机视觉技术的施工机械操作员疲劳作业检测方法[J/OL]．土木建筑工程信息技术：1-11[2021-04-25].

[64] 谢逸，张竞文，李韬，等．基于视频监控的地铁施工不安全行为检测预警[J]．华中科技大学学报(自然科学版)，2019，47(10)：46-51.

[65] 李明山，韩清鹏，张天宇，等．改进 SSD 的安全帽检测方法[J]．计算机工程与应用，2021，57(8)：192-197.

[66] 徐守坤，倪楚涵，吉晨晨，等．基于 YOLOv3 的施工场景安全帽佩戴的图像描述[J]．计算机科学，2020，47(8)：233-240.

[67] 李文龙，李慧民，裴兴旺，等．基于结构熵权——可信性测度理论的装配式建筑吊装施工安全风险评估[J]．武汉大学学报(工学版)，2020，53(5)：410-417.

[68] 杨奇，周红波，唐强达．考虑系统特征的概率风险分析方法在塔吊施工安全风险评估中的应用[J]．安全与环境学报，2020，20(5)：1637-1644.

[69] HAYTHAM H，ELMOUSALAMI. Artificial intelligence and parametric construction cost estimate modeling：state-of-the-art review[J]. Journal of Construction Engineering and Management，2020，146(1).

[70] 祁兵，李忠富．利用排队论确定挖土机数量及其在 BIM 中的应用[J]．工程管理学报，2015，29(5)：109-113.

[71] 林佳瑞，张建平，钟耀锋．基于 4D-BIM 的施工进度——资源均衡模型自动构建与应用[J]．土木建筑工程信息技术，2014，6(6)：44-49.

[72] 牛达钰，祁神军，吴国来，等．基于情景模拟的沉浸式建筑工人安全教育培训[J]．工程管理学报，2020，34(5)：37-41.

[73] 刘勇．VR、AR 在建筑工程信息化领域的应用[J]．土木建筑工程信息技术，2018，10(4)：100-107.

[74] 胡轶，康志宏，曹乐，等．北京中关村科技园-丰台创新中心项目 BIM 技术综合应用[J]．土木建筑工程信息技术，2019，11(4)：7-12.

[75] 张连第，柴君飞，邢树华，等．基于虚拟现实技术的起重机虚拟驾驶培训系统[J]．工程机械与维修，2020(S1)：115-118.

[76] 王孜睿，来炳恒，李昌华．虚拟现实技术在设备安装中的应用[J]．西安建筑科技大学学报(自然科学版)，2008，40(2)：275-279.

[77] 罗汀，耿铁，张星．虚拟现实在机场高填方压实质量监控系统中的应用[J]．工业建筑，2018，48(10)：137-141.

[78] 姚习红，周业梅，加松，等．基于三维激光扫描的建筑物逆向建模实现方法及应用[J]．工业建筑，2020，50(3)：178-181，189.

[79] 陈会品，王宇波，孙佳佳，等．三维扫描技术在哈尔滨站房改造施工中的应用[J]．建筑技术，2019，50(1)：74-77.

[80] 王代兵，杨红岩，邢亚飞，等．BIM 与三维激光扫描技术在天津周大福金融中心幕墙工程逆向施工中的应用[J]．施工技术，2017，46(23)：10-13.

[81] 张东波，王卓琳，蒋利学．三维激光扫描技术在外墙外保温系统缺陷检测中的应用[J]．施工技术，2020，49(9)：20-23.

[82] 刘金典，张其林，张金辉. 基于建筑信息模型和激光扫描的装配式建造管理与质量控制[J]. 同济大学学报(自然科学版)，2020，48(1)：33-41.

[83] 王二民，郭际明，杨飞，等. 利用三维激光扫描技术检测建筑物平整度及垂直度[J]. 测绘通报，2019(6)：85-88.

[84] 李武，孔德玉，唐德琪，等. 基于三维激光扫描及 BIM 的装配式混凝土结构施工安装偏差研究[J]. 建筑结构，2020，50(S2)：484-488.

[85] 彭德坤，朱发东，文常娟，等. 大扭转双向曲面玻璃幕墙设计与施工[J]. 建筑结构，2020，50(9)：103-109.

[86] 付洋杨，吕彦雷. 三维激光扫描虚拟预拼装技术在钢结构工程上的应用分析[J]. 中国建筑金属结构，2020(4)：45-47.

[87] 袁亚通，任志平，张兴志，等. 基于全息扫描的大型复杂钢结构变形监测与受力评估新技术[J]. 科学技术与工程，2019，19(35)：328-335.

[88] 刘小阳，高彦笑. 地面三维激光扫描技术在土方测量中的应用[J]. 科技创新与应用，2018(14)：163-164.

[89] 王泽强，卫启星，刘占省，等. 三维扫描与 BIM 技术在巴基斯坦真纳墓吊灯复原中的应用[J]. 施工技术，2019，48(24)：33-36.

[90] 龙润泽，鲁明军. 三维激光扫描技术用于老旧小区改造中二维信息提取与平面制图[J]. 测绘通报，2020(9)：127-131.

[91] 王海龙，牛立舒，阙圣超，等. BIM+三维扫描技术在天津平安泰达金融中心超深基坑施工中的应用[J]. 施工技术，2020，49(22)：83-86.

[92] 李芒原，张传浩，杨二东，等. 基于 BIM+3D 激光扫描技术的复杂深基坑监测技术研究及应用[J]. 建筑结构，2019，49(S1)：751-755.

[93] 姚习红，陈浩，加松，等. 三维激光扫描建筑信息建模技术在超高层钢结构变形监测中的应用[J]. 工业建筑，2019，49(2)：189-193.

[94] 宋云记，王晓民，王智. 基于三维激光扫描技术的钢结构扰度检测及应用[J]. 测绘通报，2020(12)：160-163.

[95] 中华人民共和国建筑法

[96] 中华人民共和国招标投标法

[97] 中华人民共和国数据安全法

[98] 中华人民共和国网络安全法

[99] 中华人民共和国个人信息保护法

[100] 中华人民共和国民法典

[101] 建设工程质量管理条例(2019 修正)

[102] 工程监理企业资质管理规定(2018 修正)

[103] 建设工程勘察设计资质管理规定(2016 修正)

[104] 最高人民法院关于审理建设工程施工合同纠纷案件司法解释(一)

[105] 最高人民法院关于审理建设工程施工合同纠纷司法解释(二)

[106] 最高人民法院关于建设工程承包合同案件中双方当事人已确认的工程决算价款与审计部门审计的工程决算价款不一致时如何适用法律问题的电话答复意见([2001]民一他字第 2 号 2001 年 4 月 2 日)

[107] 最高人民法院关于审理建设工程施工合同纠纷案件适用法律问题的解释(一)

[108] 最高人民法院关于人民法院在审理建设工程施工合同纠纷案件中如何认定财政评审中心出具的审核结论问题的答复((2008)民一他字第4号)
[109] 刘枬. BIM技术应用的法律问题：国外研究综述. 2019，6：36.
[110] 最高人民法院关于审理建设工程施工合同纠纷案件适用法律问题的解释
[101] 郭斌，王士卿. 企业法律风险防控实务[M]. 北京：法律出版社，2013.
[102] 韩爱芹，秦玉彬. 法律风险基本理论与防范技巧[M]. 北京：冶金工业出版社，2011.
[103] 蒋云贵. 法律风险理论与法学、风险学范式及其实证研究[M]. 北京：中国政法大学出版社，2015.
[104] 邓铭庭. 建设工程的法律风险与防控[M]. 杭州：浙江大学出版社，2018.
[105] 单建国. 建设工程法律风险防范[M]. 北京：法律出版社，2013.
[106] 中国城市科学研究会绿色建筑与节能专业委员会[M]. 建筑工业化典型工程案例汇编. 北京：中国建筑工业出版社，2015.
[107] 杜明芳. 中国智能建造新技术新业态发展研究[J]. 施工技术(中英文)，2021，50(13)：54-59.
[108] 刘枬，张媛杰. BIM技术应用的法律问题：国外研究综述[J]. 土木建筑工程信息技术，2019，11(06)：36-41.
[109] 冯静. 大数据时代人工智能的法律风险及其防范[J]. 法制与社会，2020(13)：216-217.
[110] 李晓钟. 大数据时代人工智能的法律风险及其防范[J]. 法制博览，2019(20)：238.
[111] 姚万勤. 大数据时代人工智能的法律风险及其防范[J]. 内蒙古社会科学(汉文版)，2019，40(02)：84-90.
[112] 姜自莹. 基于区块链的知识产权数字化：技术路径、风险及其防范[J]. 河北科技大学学报(社会科学版)，2022(4)：22-30.
[113] 陶林. 近六年来国内关于人工智能法律规制的研究评述[J]. 青岛科技大学学报(社会科学版)，2021，37(02)：87-93.
[114] 王新迪. 人工智能背景下数字知识产权法律保护优化路径[J]. 法制博览，2023(05)：31-33.
[115] 李旭. 人工智能的法律风险及应对路径[J]. 湖南工程学院学报，2021，31(01)：83-90.
[116] 杨方程. 人工智能法律规制研究方法述评[J]. 贵州民族大学学报(哲学社会科学版)，2022(06)：119-140.
[117] 汪小娟. 人工智能风险源分析[J]. 技术热点，2020(Z1)：69-71.
[118] 孙嘉欣. 人工智能时代背景下的法律规制研究[J]. 法制博览，2022(17)：43-45.
[119] 张于喆. 人工智能时代大数据风险管理的建议[J]. 中国经贸导刊，2018(06)：63-65.
[120] 刘宪权. 人工智能时代的刑事风险与刑法应对[J]. 法商研究，2018(1).
[121] 邸莹. 人工智能时代下的风险分析与刑法规制[J]. 广州市公安管理干部学院学报，2019(01)：52-56.
[122] 肖瑞. 数字化时代企业数据合规活动的法律风险与防范[J]. 江苏工程职业技术学院学报，2022，22(01)：72-76.
[123] 张媛杰. 制约我国BIM技术应用的关键法律因素及对策研究[D]. 重庆：重庆交通大学，2021.
[124] 陈娟. 总包方工程发包法律风险的识别与防范[J]. 建筑，2010(10)：23-25+4.
[125] 于日奎. 油田企业建设工程领域存在的法律风险及防范对策[J]. 现代经济信息，2012(10)：219.
[126] 王成著. 项目工程全过程法律风险管控策略[J]. 法制博览，2021(23)：181-182.
[127] 姚亚琼. 试论国有工程企业海外经营法律风险防控[J]. 法制与社会，2017(30)：80-81.

[128] 彭姝晨. 石油天然气管道工程中的法律风险规避[J]. 法制博览，2021(02)：154-155.
[129] 李俊. 石油天然气管道工程的法律风险及应对建议[J]. 法制与社会，2020(14)：48-49.
[130] 李敏. 石油石化工程服务"一带一路"法律风险管理[J]. 中国石油企业，2017(05)：73-75.
[131] 李运. 石油工程全过程全方位法律风险防控模式构建[J]. 胜利油田党校学报，2013，26(01)：77-79.
[132] 冉金磊. 如何构筑建工项目法律风险"防火墙"[J]. 中国律师，2021(07)：67-69.
[133] 寿坚荣. 浅议石油天然气管道工程的法律风险及应对策略[C].《上海法学研究》集刊，2019.
[134] 张玉怀. 浅析长输管道工程施工法律风险防范[J]. 经济研究导刊，2013(15)：272-274.
[135] 王正. 浅谈航道疏浚施工企业合同法律风险防范[J]. 北方经贸，2013(07)：90，99.
[136] 何俊鹏. 浅谈大型水电工程建设中的法律风险与防范[J]. 法制与经济(上旬)，2013(08)：73-75.
[137] 欧阳东. 论建设工程设计的法律风险防控[J]. 建筑经济，2015，36(04)：91-94.
[138] 周新文. 炼化工程企业法律风险防范与对策[J]. 当代石油石化，2009，17(12)：38-40，44.
[139] 万卫强. 建筑工程违法发包、转包、违法分包、挂靠的认定及其法律风险和对策[J]. 当代经济，2016(32)：88-91.
[140] 吴妍. 建筑工程法律风险分析与防范研究[J]. 法制与社会，2020(20)：62-63.
[141] 邹增韵. 建筑工程法律风险分析与防范[J]. 山西建筑，2017，43(10)：232-233.
[142] 卢昉青. 建设工程招投标法律风险防范研究[J]. 法制与社会，2017(24)：204-205.
[143] 钟晓东. 建设工程施工合同法律风险与防范(上)[J]. 仲裁研究，2009(02)：64-77.
[144] 钟晓东. 建设工程施工合同法律风险与防范(下)[J]. 仲裁研究，2009(03)：33-46.
[145] 韩樱. 建设工程施工的法律风险防控措施分析[J]. 法制博览，2018(17)：132，131.
[146] 颜文敏. 建设工程领域的法律风险识别[J]. 法制与社会，2012(25)：268-269.
[147] 徐宁. 建设工程结算纠纷案例分析及法律风险防范[J]. 法制经纬，2021(08)：24-26.
[148] 李一帆. 建设工程合同中发包人法律风险研究[D]. 大连：大连海事大学，2014.
[149] 杨志冰. 建设工程合同法律风险防范研究[D]. 武汉：华中科技大学，2014.
[150] 汪舒舒. 建设工程合同法律风险的防控研究[D]. 武汉：武汉理工大学，2009.
[151] 陈亮宇. 建设工程法律风险规避和争议解读. 智能建筑与城市信息，2014(04)：25-32.
[152] 郭家汉. 加强工程勘察设计企业法律风险防范势在必行——来自中国勘察设计协会部分会员企业的调查与思考. 中国勘察设计，2020(03)：69-79.
[153] 康娟. 基础设施工程项目法律风险防范与管理. 现代妇女(下旬)，2014(10)：147.
[154] 仇俊彦. 海外钢结构建设工程项目风险管理研究[D]. 南昌：南昌大学，2019.
[155] 雷海红. 国内外工程项目管理模式对比分析研究[D]. 南昌：南昌大学，2007.
[156] 胡守勇. 工程招标投标实务与法律风险防范[J]. 阿坝师范高等专科学校学报，2013，30(02)：46-49.
[157] 王景. 工程项目管理中合同法律风险的防范与控制[J]. 中国国际财经(中英文)，2017(10)：137.
[158] 雍俊华. 工程项目管理中法律风险的控制[J]. 中国招标，2012(18)：29-33.
[159] 高印立. 工程项目管理过程中的典型法律问题探讨[J]. 建筑经济，2009(05)：23-26.
[160] 唐朝晖. 工程建设中的法律风险防范[J]. 中国有色金属，2013(12)：62-63.
[161] 屈健. 防范建设工程法律风险维护建设单位合法权益[J]. 时代金融，2012(11)：164，166.
[162] 石科. 大型工程建设企业合同管理中的法律风险控制研究[J]. 法制与社会，2018(13)：181-182.

[163] 孙洪涛. 大石油石化工程服务“一带一路”法律风险管理[J]. 中小企业管理与科技(中旬刊), 2018(02): 99-100.
[164] 武建平.《民法典》合同编视角下建设工程合同法律风险及控制要点探析[J]. 法制与经济, 2020(11): 46-50.
[165] 郑一争. “一带一路”建设中对外工程承包的法律风险及应对[J]. 河南大学学报(社会科学版), 2018(2).
[166] 胡建谅. “一带一路”建设项目风险管理实践与探索[J]. 建筑经济, 2020(9).
[167] 赵庆华, 余璠璟, 严斌. 工程审计[M]. 南京: 东南大学出版社, 2015.
[168] 林源, 林梃. 工程建设项目审计关注点、新发展与挑战[J]. 现代商贸工业, 2022, 43(05): 191-193.
[169] 宋晓刚, 曹聪慧. 基于 BIM 的工程项目全过程造价控制方法研究[J]. 建筑经济, 2018, 39(05): 56-58.
[170] 赵庆华, 余璠璟, 严斌. 工程审计[M]. 南京: 东南大学出版社, 2015.
[171] 张方山, 隋丽静. 天然气高压输配系统建设项目管理流程专项审计案例[J]. 中国内部审计, 2012(08): 52-53.
[172] 熊瑛. 论 PPP 模式建设项目审计监督的特点、机制与路径[J]. 产业创新研究, 2019(12): 146-147.
[173] 陈学安, 于月华, 陈豪雅, 等. 国有企业内部审计职能转型升级的目标与实现路径[J]. 财务与会计, 2021(05): 74-75.
[174] 徐庆阳, 王心怡, 丁钦睿. BIM 在工程审计中应用的影响因素分析[J]. 建筑经济, 2022, 43(S1): 511-515.
[175] 黄康强, 卓文婉, 黄邦夏. 广东移动审计信息化平台建设实践探索[J]. 中国内部审计, 2019(07): 74-79.
[176] 戴永胜. BIM 在建筑工程竣工结算审计中的应用[J]. 审计与理财, 2015(6): 19-20.
[177] 魏文云. “十四五”时期国有企业内部审计资源优化发展的研究[J]. 财经界, 2021(34): 181-182.
[178] 孙威. 高校基建项目全过程跟踪审计的研究与应用[D]. 南京: 南京理工大学, 2011.
[179] 王韦. BIM 情境下的工程审计实施框架研究[D]. 南京: 南京审计大学, 2021.
[180] 赵海英. 海上油气田建设项目全生命周期后评价模式方法的探究[J]. 中小企业管理与科技(中旬刊), 2015(12): 51.
[181] 孙继升, 温伟, 常春光, 等. 关于政府投资项目后评价指标体系的设计研究[J]. 中国工程咨询, 2022(01): 54-59.
[182] 李强. 建设工程项目后评价方法探析[J]. 低碳世界, 2020, 10(08): 210-211.
[183] 张静. 建设工程项目后评价的内容及评价方法[J]. 中国产经, 2021(22): 42-44.
[184] 建设工程质量检测管理办法(建设部令第 141 号).
[185] 董进和. 关于投资项目后评价方法的研究[J]. 中国工程咨询, 2014(03): 17-18.
[186] 李涛, 梁新华, 吕如楠, 等. 建筑工程质量评价体系研究[J]. 工程质量, 2020, 38(07): 4-8.
[187] 中国某航空油料集团工程项目结算审计规范(试行).
[188] 黄有亮, 徐向阳, 谈飞, 等. 工程经济学[M]. 南京: 东南大学出版社, 2015.
[189] 王振坡, 王丽艳. 建设工程经济学[M]. 重庆: 重庆大学出版社, 2018.